Pythonで学ぶ線形代数学 第2版

塚田 真・金子 博・小林 羑治・髙橋 眞映・野口 将人［共著］

Ohmsha

発刊にあたって

線形代数は理学、工学はもちろんのこと、幅広い分野の基礎となる学問です。しかし、線形代数を大学の初年度で学んだ人たちの多くは、戸惑いや苛立ちを覚えたのではないかと思います。一体何の役に立つのかという素朴な疑問に対する明快な説明がないまま学ばされるのが、その最大の理由と思われます。そのため、上の学年に進み、具体的な研究テーマに線形代数を適用する機会を得て、初めてその機能や効用が理解できたという声を少なからず耳にします。特に、パターン情報処理や、近年期待が高まりつつある機械学習に関する研究テーマはその好例です。これらの研究を通じて線形代数がいかに重要な役割を果たしているかを実感したという人は少なくありません。したがって、線形代数の深い理解に到達するには、応用と一体になった学び方が最も効率的です。その点、本書は'線形代数の基礎理論とその応用'という一貫した方針で書かれていますので、まさしく理想的な教科書と言えましょう。

もう一つ、本書の特徴として挙げられるのは、線形代数を学ぶ手段としてPythonを用いているという点です。これまでに機械学習用の基盤ソフトが種々公開されており、手軽に試せるようになっています。これらの基盤ソフトで提供されているのは基本的にPythonの関数です。したがって、機械学習の研究に取り組むにはPythonを使いこなせることが必須となりますし、他の分野でも今後Pythonの重要性はますます増してくると思われます。このPythonも、具体例に適用しつつ学ぶのが効率的で、その最適な対象が線形代数の演算です。なぜなら、Pythonは線形代数演算との相性が極めて良いからです。本書全体を貫いている'線形代数を学ぶためのPython、Pythonを学ぶための線形代数'という基本的姿勢により、読者は両者を効率的にしかも同時に学ぶことができます。

本書のテーマ選択内容にも、著者の見識が伺えます。中でも、特異値分解、一般化逆行列、マルコフ場についての解説が良い例です。これらは機械学習、パターン情報処理にとっては重要であるものの、一般の線形代数の教科書ではほとんど触れられることのないテーマで、この点も本書の価値を高めています。

本書を読破することにより、線形代数とPythonという有力な道具が、読者にとって自家薬籠中の物となることを願ってやみません。

2020年3月

名古屋大学名誉教授・工学博士　石井 健一郎

改訂版によせて

本書の初版が出てからちょうど4年が経過しました。その間に、生成AIが急速に普及し、大きな社会変革をもたらそうとしています。新しい技術であるAIにおいても、数学の基礎理論は欠くことはできません。特に線形代数学はその重要性が増していると言えるでしょう。本書の数学的な内容は、一般的な線形代数学の教程を網羅しつつ、初年級の授業では普通はあまり深入りしないフーリエ解析、行列のスペクトル理論、特異値分解と一般化逆行列までを簡単な応用例なども含めて解説しています。

4年の間に、本書執筆で得た知見をもとにSpringer社から数学教科書シリーズ（SUMAT）の一つとして“Linear Algebra with Python: Theory and Applications”[注1]を、我々著者グループの手で出版にまで漕ぎ着けることができました。この過程で、海外の数学の専門家数名による原稿の査読という大変貴重な機会を得ることができました。一方、本書の日本の熱心な読者の方たちからは、これまでにいくつかの誤りを指摘していただきました。また、線形代数に関連するキーワードで、追加すべきと筆者自身が感じてきたことなどもありました。これらの点を踏まえて、改訂版では多くの箇所で修正や加筆を行いました。

Pythonに関する部分では、今回は改めてその環境を見直しました。一部の人たちからは初版における準備の章のオーバーヘッドが重荷だという声もあり、この章を本論との関連が希薄なところを削除して大幅にスリム化し、減ったページ数は第1章以降での重要な加筆やコードのより詳しい説明に充当しました。一方、改訂版ではプログラムによるカラー、3D、動画およびサウンドの出力を閲覧できるWebサイトのQRコードを配置し、プログラムの実行結果が正確に把握できるように配慮しました。また、乱数を用いた実験では、本書の改訂版の年度の数字2024を乱数の種（シード値）として使っていますが、この値を変えた実験も行ってみてください。さらに、練習問題のなかった第9章、第10章にも読者の理解を確かめるのに役立つ問題を加えました。

完成度の高まった改訂版が、読者の線形代数学のより一層の理解の助けになることを願って止みません。

2024年9月　著者

注1　M. Tsukada, Y. Kobayashi, H. Kaneko, S. Takahasi, K. Shirayanagi, & M. Noguchi, “Linear Algebra with Python,” Springer Undergraduate Texts in Mathematics and Technology, Springer, 2023.

はじめに

本書について

本書は、「線形代数の応用」を学びたい人のための線形代数学の基礎的な教科書です。**具体的な応用を理解するためには、抽象的な基礎理論を正しく理解しなければならない**という趣旨で書かれています。

線形代数学は**ベクトル**と**行列**に関する理論であるといえます。高等学校で習うベクトルというと、2次元平面や3次元空間での幾何学の問題における利用、力学や電磁気学など物理学での応用を思い浮かべるかもしれませんが、それらはベクトルのほんの一面でしかありません。

ベクトルや行列の考え方を利用した計算を総称して**線形計算**ということがあります。多項式や三角関数などの関数はベクトルと考えられ、微分や積分も線形計算の一種であるという見方ができます。物理学では、系の状態は**微分方程式**によって定式化されますが、その微分方程式を解くために線形代数学で学ぶ**固有値問題**が関わってきます（第9章）。工学では、音声処理、画像処理、通信理論、制御理論などの分野で**フーリエ解析**と呼ばれる手法が用いられますが、これはベクトルどうしの内積から定義される**直交性**と密接に関わりがあります（第6章）。確率論や統計学で用いられる計算は主に積分計算であり、線形代数学における連立方程式や固有値の問題と結びついてきます（第10章）。

今日、人工知能（AI）、ビッグデータなどの用語が飛び交っていますが、これらの世界を理解するには線形代数に精通することが肝要です。本書では、上に述べたような応用に随時触れながら、線形代数学の理論を一から構築していきます。

大学の理工系の学部では、微積分と線形代数は教養数学の二つの柱です。微積分については、微分は速度や加速度など、積分は面積や体積などといったように具体例をイメージしやすいと思います。しかし線形代数については、行列の積、行列式、逆行列、固有値・固有ベクトルなど、それが何の役に立つのかが意味不明で悩まされるものです。

しかも、線形代数学の授業で鍛えた計算力が将来の役に立つことはほとんどないといえるでしょう。上の応用例からも容易に想像がつくように、線形代数の応用分野では瞬時に大規模な計算を行わなければなりません。紙と鉛筆による人間の手計算では手に負えないような計算がほとんどで、そこではコンピュータが威力を発揮します。手計算による解き方を知っていれば、大規模な問題を解くためのコンピュータのプログラムが書けるようになると考えるかもしれません。しかし今日では、すでにコード化された、さまざまな線形計算のツールが存在しています。このようなツールで事足りてしまうことがほとんどであり、多くの場合、自分でコードを書く必要すらありません。

我々に必要な能力は「問題解決に役立ちそうなツールを探し出し、それを的確に使いこなすこと」にあります。そのためには、線形代数が応用されるさまざまな事例を知っておく必要があります。そして、その個々の事例になぜそのツールが有効に働くのかという原理を知っておかなければなりません。

本書の第9章、第10章では、そのような事例のいくつかを取り上げています。そこに至るまでの第1章から第8章では、ほぼ完結した線形代数学の理論が構築されています。一つひとつの数学的事実にはほとんど手を抜くことなく、可能な限りオリジナルの証明を付けてあります。また、具体的な数値計算では、プログラミング言語の一つであるPythonを電卓代わりに使いながら説明していきます。

なぜPythonか

本書を手にした人の中には、「Pythonで学ぶ」というタイトルに惹かれた方もいるかもしれません。では、なぜPythonなのでしょうか。

Pythonを使う最大の理由は、線形計算を扱う便利なツールがたくさんあるからです。分数は分数のまま扱え、文字定数や変数が含まれていれば文字式で計算結果を表示できますし、必要に応じて方程式も解いてくれる数式処理が可能であることが、本書の前半の数学的な意味を解説するときには大いに役立ちます。

また、Pythonには対話モードもあります。これを用いると、あたかも電卓を使っているかのように、一つひとつの計算ステップを確認しながら式変形を進めることができます。計算の途中で、2次元ベクトルや3次元ベクトルを視覚的に眺めることも可能です。行列式、逆行列、固有値などの線形代数特有の計算問題は、1行で書けるコードで答えを見つけることもできます。大学で学ぶ線形代数学の教科書に載っている練習問題の多くは、Pythonで答え合わせができてしまうでしょう。

必要ならば新たに練習問題を作成することもでき、その際に少し工夫すれば、人間が紙と鉛筆で手計算するのにふさわしい問題を考慮して作ることも可能です。実際に筆者の一人は、Pythonで線形代数の問題をランダムに生成して、教室の学生全員に異なる数値の問題を解かせる授業を長年行ってきました。そこでは計算の面倒さに不公平を生じさせないという点もプログラムで配慮しています。

しかし、そのような演習問題レベルの計算ばかりしていても線形代数の真のご利益は理解しづらいでしょう。そんなときは、音声や画像など規模（次元）の大きなデータを扱ってみるとよいでしょう。これらのデータファイルを、フォーマットをほとんど意識せずに、線形計算しやすいベクトル化されたデータとして読み込むこともできてしまいます。自分が撮影した画像や録音した音を線形代数で学んだ手法で加工してみれば、線形代数がより面白く感じられるでしょう。

さらには本書で学んだことをRaspberry Piなどの小型のマイコンボードに実装して、AIロボットを作ることも夢ではありません。わずか数千円のマイコンボードで本書に掲載してあるPythonのコードがそのまま、一部の例外を除いてほとんどが実用になる速度で動くというのは驚くべきことです。

本書の構成と読み方

本書の各章の関係は図1のようになっています。

第3〜5章および第7章は、有限次元線形空間特有の話が多く含まれていて、ここが線形代数学の真髄ともいえる部分ではあります。しかし、本書で取り扱う応用では、無限次元線形空間を舞台にして

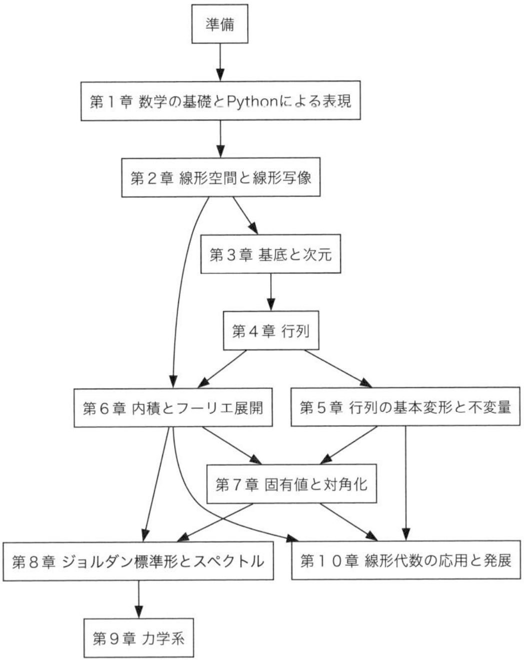

▲**図1** 本書のダイアグラム

理論を構築したほうがよいことも多くあります。それは関数解析学という分野に発展していきます。第6章は関数解析学の一部の話題を含みます。第2章から第6章に先に進んでみることも一つの読み方であると思います。特に第5章では行列式や逆行列の計算方法を説明しているため、ここを読み飛ばすことで、面倒な計算で悩んで線形代数が嫌いになってしまうことを回避できるかもしれません。

後で理由を述べますが、第6章、第7章の次は、比較的内容の難しい第8章および第9章を後回しにして、第10章を先に読むのもよいかもしれません。章ごとの概要を示しておきます。

準備

Pythonのインストールなど、本書を読み進めるにあたっての下準備を行います。もうすでに環境はできているという方は第1章に進んでください。

第1章　数学の基礎とPythonによる表現

線形空間の数学的理論を展開するために必要な数、集合および写像について必要最小限のことを紹介します。また、Pythonでこれらの数学的概念がどのように表現されるのかについて学びます。

第2章　線形空間と線形写像

線形代数の舞台装置である線形空間と、主役ともいえる線形写像という概念を導入します。本書では、いわゆる抽象線形空間から線形代数を説き起こしていきます。

第3章　基底と次元

ここで学ぶのは基底という概念です。基底が存在すると、抽象線形空間を取り扱いやすいn個の成分が並んだn次元ベクトルとして見ることができるようになります。基底は線形空間の座標系と考えることもでき、線形代数では都合のよい座標系をどう選ぶかが主要なテーマであるといっても過言ではありません。

第4章　行列

線形写像が行列で表現できることを学びます。行列の積などの演算の意味がここで明らかになってきます。

第5章　行列の基本変形と不変量

行列の基本変形という方法を学び、行列式や逆行列の計算、あるいは連立1次方程式を解く方法として活用します。行列とは線形写像を基底を通して表現した一つの顔であり、基底を変えるとまた異なる表情を見せます。しかし、どのように表現しても変化しない、元の線形写像に付随した特徴量というものがあります。基本変形を用いて、その特徴量を求める方法を学びます。

第6章　内積とフーリエ展開

ベクトルとベクトルの積がスカラーとなる内積について学びます。内積によってベクトルが直交するという概念が導入され、フーリエ解析という手法に発展します。これは数学、物理学、工学などで大きな役割を果たします。その一端をここで紹介します。

第7章　固有値と対角化

線形代数を学ぶ上で最も重要といえる行列の固有値と対角化について学びます。第5章の説明で線形写像に付随した特徴量について述べますが、行列の基本変形の組合せだけでは得られない特徴量もあります。行列を対角行列にするとそれが明らかとなります。固有値はそのような特徴量の一つです。

第8章　ジョルダン標準形とスペクトル

対角化できない行列をジョルダン標準形と呼ばれるものに変形して解析する方法を学びます。ジョルダン標準形は行列理論の一つの完成された到達点です。この応用として、応用数学でしばしば登場するペロン・フロベニウスの定理を証明します。

第9章　力学系

ジョルダン標準形の応用として線形の微分方程式の解の挙動を、ペロン・フロベニウスの定理の応用としてマルコフ過程のエルゴード定理を紹介します。時間とともに前者は決定的に、後者は確率的にそれぞれ変化するシステムであり、いずれも力学系と総称される分野に含まれます。

第10章　線形代数の応用と発展

特異値分解と一般化逆行列について取り上げ、具体的な応用例をいくつか紹介します。取り上げた応用例は、それぞれほんの入り口の部分にしか過ぎませんが、各テーマを論じた専門書を読む上での足掛かりとなるように、ここだけで完結する本質的な部分は厳密に解説したつもりです。

従来、大学初年級の線形代数学の教科書では、一般の正方行列に対するジョルダン標準形までを一区切りにして、特異値分解と一般化逆行列は全く触れられてきませんでした。

ジョルダン標準形の導入には、一般化固有空間など新たな知識も必要になり、理解するにはもう一つ大きなハードルを越えなければなりません。また、理解するための動機付けとなる応用例も第9章でできる限り詳しく論じていますが、一部、線形代数学の範囲を逸脱した知識（解析学など）が必要となります。一方、特異値分解と一般化逆行列は線形代数学の2大テーマである連立方程式論と固有値問題の両方の帰結であり、固有値に関しては取り扱いの比較的容易なエルミート行列についてまでの知識で理解できます。しかも、非正方行列までも含む任意の行列に対して適用可能であり、今日、ジョルダン標準形の応用以上によく用いられています。特異値分解と一般化逆行列は、線形代数学を学ぶ上での動機付けの面からもぜひ知っておくべき話題であると筆者たちは考えています。

本書が線形代数学のカリキュラムの考え方に一石を投じることを願っています。

本書の執筆には当初の予想を遥かに超えた時間を要してしまいました。この間、原稿が完成するまで辛抱強く見守ってくださり、脱稿するやいなや筆者の予想を超えるスピードで出版までこぎつけてくださったオーム社編集局の橋本享祐さんに心より感謝いたします。また、この本の執筆のきっかけを作っていただきました、筆者たちとは長年親交のあるオーム社の望月登志恵さんもずっと励まし続けてくださいました。あわせて御礼申し上げます。さらに、IT・数理研究所という我々の知的遊戯を楽しめる空間を開設してくださったスマイルビット社の矢作浩さんに感謝申し上げたいと思います。この場所があることで、原稿の執筆や共著者との綿密な打ち合わせが円滑にできました。

最後に、執筆者たちの集団である数学・ゲーム工房の活動をあたたかく見守り、ときには活動に陰に陽に協力してくれる、共著者それぞれの家族の人たちに感謝したいと思います。

献辞　本書を、偉大な先生であった今は亡き梅垣壽春先生と上坂吉則先生に捧げます。

2020年3月

塚田　真・金子　博・小林羑治・髙橋眞映・野口将人

本書のサポートページ

次の数学・ゲーム工房のWebサイト内にて、本書で用いたソースコードや実行結果などを公開しています。

https://www.math-game-labo.com/

ご利用にあたっては次の点にご注意ください。

- 本書のプログラムは本書をお買い求めになった方がご利用いただけます。
- 本プログラムの著作権は塚田　真、金子　博、小林羑治、髙橋眞映、野口将人、数学・ゲーム工房に帰属します。
- 本書に掲載されている情報は2024年9月時点のものです。Pythonのライブラリのバージョンアップなどによって動作しなくなることがありますので、ご注意ください。
- 本プログラムを利用したことによる直接あるいは間接的な損害に対して、著作者およびオーム社はいっさいの責任を負いかねます。利用は利用者個人の責任において行ってください。

目　次

凡　例

<table>
<tr><td>$a = b$</td><td>aとbは等しい</td><td>a == b</td></tr>
<tr><td>$a \stackrel{\text{def}}{=} b$</td><td>$a$を$b$で定義する</td><td>a = b</td></tr>
<tr><td>$\text{not}\, P$</td><td>Pでない</td><td>not(P)</td></tr>
<tr><td>$P \,\text{and}\, Q$</td><td>PかつQである</td><td>P and Q</td></tr>
<tr><td>$P \,\text{or}\, Q$</td><td>PまたはQである</td><td>P or Q</td></tr>
<tr><td>$P(x) \;\Rightarrow\; Q(x)$</td><td>$P(x)$ならば$Q(x)$である</td><td></td></tr>
<tr><td>$P(x) \;\Leftrightarrow\; Q(x)$</td><td>$P(x)$と$Q(x)$は同値である
（または必要十分である）</td><td></td></tr>
<tr><td>$x \in A$</td><td>xが集合Aの要素（元）である
（またはxはAに属する）</td><td>x in A</td></tr>
<tr><td>$\{a, b, c\}$</td><td>要素a、b、cから成る集合</td><td>set([a,b,c]), {a,b,c}</td></tr>
<tr><td>$\{x \mid P(x)\}$</td><td>$P(x)$であるx全体の集合</td><td></td></tr>
<tr><td>$\{x \in U \mid P(x)\}$</td><td>$P(x)$であるUの要素x全体の集合</td><td>{x for x in U if P(x)}</td></tr>
<tr><td>$\emptyset$</td><td>空集合</td><td>set()</td></tr>
<tr><td>$A \subseteq B$</td><td>AはBの部分集合である
（またはAはBに含まれる）</td><td>A <= B, A.issubset(B)</td></tr>
<tr><td>$A \subsetneq B$</td><td>AはBの真部分集合である</td><td>A < B</td></tr>
<tr><td>$A \cup B$</td><td>AとBの和集合</td><td>A | B, A.union(B)</td></tr>
<tr><td>$A \cap B$</td><td>AとBの積集合</td><td>A & B, A.intersection(B)</td></tr>
<tr><td>$A \setminus B$</td><td>AとBの差集合</td><td>A - B, A.difference(B)</td></tr>
<tr><td>$A \triangle B$</td><td>AとBの対称差集合</td><td>A.symmetric_difference(B)</td></tr>
<tr><td>$A \times B$</td><td>AとBの直積集合</td><td></td></tr>
<tr><td>A^{C}</td><td>Aの補集合</td><td></td></tr>
<tr><td>$f : X \to Y$</td><td>fはXからYへの写像である</td><td></td></tr>
<tr><td>$x \mapsto x$の式</td><td>無名関数（ラムダ式）</td><td>lambda x: xの式</td></tr>
<tr><td>$f : x \mapsto x^2$</td><td>関数$f(x)$をx^2で定義する</td><td>f = lambda x: x**2</td></tr>
<tr><td>$f(x) \stackrel{\text{def}}{=} x^2$</td><td>関数$f(x)$を$x^2$で定義する</td><td>def f(x): return x**2</td></tr>
<tr><td>f^{-1}</td><td>写像(全単射)fの逆写像</td><td></td></tr>
<tr><td>$g \circ f$</td><td>写像fとgの合成写像</td><td></td></tr>
<tr><td>$\text{range}(f)$</td><td>写像fの値域</td><td></td></tr>
<tr><td>$\text{kernel}(f)$</td><td>線形写像fの核</td><td></td></tr>
</table>

$\mathbb{N}$	自然数全体の集合	
$\mathbb{R}$	実数全体の集合	
$\mathbb{C}$	複素数全体の集合	
$\mathbb{K}$	$\mathbb{R}$または$\mathbb{C}$	
$[a,b]$	閉区間 $\left\{x \in \mathbb{R} \mid a \leqq x \leqq b\right\}$	
(a,b)	開区間 $\left\{x \in \mathbb{R} \mid a < x < b\right\}$	
$(a,b]$	半開区間 $\left\{x \in \mathbb{R} \mid a < x \leqq b\right\}$	
$[a,b)$	半開区間 $\left\{x \in \mathbb{R} \mid a \leqq x < b\right\}$	
$\mathrm{Re}\, z$	複素数zの実部	`x.real`
$\mathrm{Im}\, z$	複素数zの虚部	`x.imag`
$\lvert z\rvert$	複素数zの絶対値	`abs(x)`
$\overline{z}$	複素数zの共役複素数	`x.conjugate()`
$\langle \boldsymbol{x}_1, \boldsymbol{x}_2, \ldots, \boldsymbol{x}_n \rangle$	$\{\boldsymbol{x}_1, \boldsymbol{x}_2, \ldots, \boldsymbol{x}_n\}$が生成する部分空間	
$\dim V$	Vの次元	
$\lVert\boldsymbol{x}\rVert$	$\boldsymbol{x}$のノルム	
$\langle \boldsymbol{x} \mid \boldsymbol{y} \rangle$	$\boldsymbol{x}$と$\boldsymbol{y}$の内積	
$S^{\perp}$	Sの直交補空間	
$\boldsymbol{A}^{\mathrm{T}}$	行列$\boldsymbol{A}$の転置行列	
$\boldsymbol{A}^{*}$	行列$\boldsymbol{A}$の随伴行列	
$\boldsymbol{A}^{-1}$	正則行列$\boldsymbol{A}$の逆行列	
$\mathrm{rank}\,(\boldsymbol{A})$	行列$\boldsymbol{A}$の階数	
$\lvert\boldsymbol{A}\rvert$, $\det(\boldsymbol{A})$	正方行列$\boldsymbol{A}$の行列式	
$\boldsymbol{A}^{\dagger}$	行列$\boldsymbol{A}$の一般化逆行列	
$U \oplus V$	線形空間UとVの直和空間	
$U \otimes V$	線形空間UとVのテンソル積空間	

準　備

Pythonを実際に動かしながら本書を読む際に必要となる環境として、3種類のコンピュータシステムWindows、macOSおよびRaspberry Pi OS（Linux）の場合について、インストールの仕方からプログラムを書いて動かすまでを説明します。本書では、NumPy（numpy、行列計算）、SciPy（scipy、科学技術計算）、SymPy(sympy、数式処理)、Matplotlib（matplotlib、グラフ描画）、Pillow（PIL、画像処理）、VPython（vpython、3D画像およびアニメーション）という名称で呼ばれる外部ライブラリ[注1]（カッコ内はその外部ライブラリをPythonのプログラムで参照するときの名前と、その代表的な機能）を使用します。

インストールの仕方は、本書の執筆時点[注2]で本書のコードをすべて実行できることを確かめた方法を紹介します。読者が読んでいる時点では変わっている可能性がありますので、その場合はインターネットの情報などを参考にしてください。Pythonの使い方については、この章では第1章に入る前にどうしても知っておかなければならないことに限って説明します。

0.1　Windowsへのインストール

ここでは、Anacondaと呼ばれるシステムをインストールする方法を紹介します。Anacondaを利用すると、Pythonの本体およびNumPy、SciPy、SymPy、Matplotlib、Pillowを含む、よく使われるライブラリを一括してインストールできます。

https://www.anaconda.com/download/

から、Python3.xのインストーラをダウンロードし、インストールを実行します。実行開始後はインストール画面の指示に従い、選択肢がある場合は推奨（Recommend）されているほうを選択して進めてください。インストールが終了したら、Windowsのスタートボタンのメニューに Anaconda3の項目が追加されていることを確かめてください。

引き続いて、Anacondaに含まれていないライブラリのパッケージVPythonをインストール[注3]するために、スタートメニューのAnaconda3の項目からAnaconda PowerShell Promptを開いて、コマンドラインから次のコマンドを実行します。

```
conda install -c conda-forge vpython
```

Anacondaでインストールした Pythonに、外部ライブラリを新たにインストールする場合は、この

注1　純正のPythonに付属していて、インストールすることなく使えるライブラリを内部ライブラリといいます。それに対して、サードパーティーが開発したライブラリでPythonとは別にダウンロードとインストールが必要なものを、外部ライブラリといいます。
注2　2024年9月時点。
注3　VPythonのインストールについては、https://vpython.org/ も参考にしてください。

ようにcondaコマンドを使います。

なお、Anacondaを利用するのではなく、次節のmacOSの場合と同様にpython.orgからWindows用のインストーラを入手する方法でも、Pythonを利用できます。

0.2 macOSへのインストール

Windowsの場合と同様にAnacondaを利用することもできますが、ここではPythonのインストールの基本である本家python.orgからインストーラをダウンロードする方法を紹介します[注4]。

https://www.python.org/downloads/

のページから、macOS用のmacOS 64-bit universal2 installerというインストーラを選択しダウンロードします。ここでは、本書改訂版執筆時点で最新であるPython3.12をダウンロードしてきたと仮定して話を進めますので、他のバージョンのPythonを利用する場合はバージョン番号`3.12`の部分を読み替えてください。保存されたインストーラのファイルをダブルクリックして開きます。後は画面の指示通りに、選択肢がある場合は推奨（Recommend）されているほうを選択しながら進みます。

インストーラが正しく終了したら、この本で用いるPythonのライブラリをインストールしましょう。まず、ターミナル[注5]を立ち上げます。Pythonのライブラリをインストールするには、`pip`というコマンドを使うのが標準的ですが、macOSにプレインストールされてるPythonと区別して、今インストールしたPythonであることを明示して実行するために、`pip3.12`とバージョン番号の付いた名前で使う必要があります。

```
pip3.12 install --upgrade pip
pip3.12 install pillow
pip3.12 install numpy
pip3.12 install matplotlib
pip3.12 install scipy
pip3.12 install sympy
pip3.12 install vpython
```

1行目のコマンドで`pip`自体を最新の状態にします。2行目以降は、Pillow、NumPy、Matplotlib、SciPy、SymPyおよびVPythonの各ライブラリをインストールするコマンドです。すべてのコマンドの実行が終了したら、ターミナルを閉じます。

注4　macOSにプレインストールされているPython3を利用する場合は、次の0.3節の仮想環境を作る方法を参考にしてください。
注5　ターミナルは、ユーティリティフォルダにあります。このフォルダはFinderのメニューバーの「移動」メニューから開けます。

0.3 Raspberry Pi OS（Linux）へのインストール

本書は初版から今日に至るまで、教育用に開発されたRaspberry Piと呼ばれるLinuxワンボードマイコンで、プログラムの実装から原稿作成までほぼすべてを行ってきました。ここでは、その環境を紹介しつつ、そこで使われている**仮想環境**[注6]について説明します。Pythonといった場合、Pythonというプログラミング言語体系を指すのと区別して、実際にコンピュータに実装されたPythonで書かれたプログラムを処理するシステムのことを**Pythonインタプリタ**と呼ぶことにします。仮想環境では、Pythonインタプリタは共通で異なる外部ライブラリを備えた複数のシステム環境が、互いに影響を与えることなく利用できます。あるいは、バージョンの異なる複数のPythonインタプリタを使い分ける場合にも有効です。仮想環境の構築および利用の仕方は、WindowsやmacOSでもだいたい共通しています。

著者たちが使っているハードウェアは、Raspberry Pi model 4および400です。OSは、

https://www.raspberrypi.com/software/

で配布されているRaspberry Pi OS (Legacy, 64-bit) Debian Bullseye with security updates and desktop environmentというバージョンのものを利用しています（Imagerというアプリを用いてダウンロードしてmicroSDカードに書き込む方法は、QRコードの動画を参照）。Pythonインタプリタは、OSにプレインストールされているPython3.9を利用します。システムの準備ができたら、まず最初にターミナルを開いて

```
sudo apt install python3-full -y
```

を実行します。これはPythonインタプリタに、本書で利用する機能（次の節で述べるidleというIDE）を追加するためです。このコマンドのみ、管理者権限で実行します。

これ以降は、WindowsやmacOSにも応用可能です。ターミナルを開いて以下の一連のコマンドを実行します。

```
python3 -m venv linalgpy
source linalgpy/bin/activate
pip install --upgrade pip
pip install pillow
pip install numpy
pip install matplotlib
pip install scipy
pip install sympy
pip install vpython
```

注6　Pythonの環境とは、Pythonにインストールされているライブラリの集合、PythonがインストールされているOSと関連するアプリ、さらにはPythonを利用する状況などまでも含めたシステム全体をいいますが、ここでの仮想環境とは、インストールされているライブラリの集合を使い分ける仕組みのことをいいます。

1行目では、本書を読むための仮想環境を構築する場所としてホームディレクトリ下に`linalgpy`（Linear Algebra with Pythonの略。このディレクトリの置き場所および名前は自由に決めてください）という新たなディレクトリが作られ、そこに仮想環境に必要なディレクトリのツリーができます。2行目は、作成した仮想環境に入るコマンドで、このあとの一連の`pip`コマンドは仮想環境で実行されます。仮想環境を作り直したくなれば、ディレクトリをまるごと削除することも可能です。また、`linalgpy`の部分を変更して別のディレクトリを作り、そこに他の仮想環境を構築して異なる仮想環境を共存させることも可能です。

0.4 Pythonの起動

Pythonを利用するには、**IDE**（Integrated Development Environment、統合開発環境）を用いると便利です。これまでの設定で、IDLEという名称のIDEが利用可能ですので、ここではそれを使うことを前提に説明していきます[注7]。

- **Windowsの場合**：Anaconda PowerShell Promptを開いて、コマンドラインから`idle`と実行すると立ち上がります。SpyderというIDEも使えます[注8]。多少の操作性の違いはありますが、本書の説明を読み替えることは容易だと思います。
- **macOSの場合**：Finderのメニューバーで「移動」メニューから「アプリケーション」フォルダを開くと、Python3.12というフォルダがあります。その中にあるIDLEのアイコンをダブルクリックして開きます。あるいは、ターミナルから`idle3`コマンドを実行すると立ち上がります[注9]。
- **Raspberry Pi OS（Linux）の場合**：ターミナルを開いて

```
source linalgpy/bin/activate
python -m idlelib.idle
```

  または、仮想環境にあるPythonのパスを直接指定して

```
/home/xxxxx/linalgpy/bin/python -m idlelib.idle
```

  で立ち上げます（*xxxxx*はユーザのホームディレクトリの名前）。

  メインメニューの「プログラミング」にあるIDLEでは、プレインストールされているPythonの環境でIDLEが立ち上がるため、仮想環境は使用できません。メインメニューの「設

注7 IDLEはこれまでPythonの標準ともいえるIDEでしたが、最近はより高機能な他のIDEが登場してきており、IDEの主役の座からは降りつつあります。しかし本書では、いくつかの異なるPythonの環境作りを紹介しており、共通の推奨すべき新しいIDEが見当たりません。高機能なIDEでは、その機能もいちいち説明しなければならず、初心者にはハードルが高い場合もあります。python.orgからインストールしたPythonにはまだIDLEが同梱されており、IDLEには素朴な良さもあります。そのため、ここではIDLEを使うことを前提にしています。

注8 スタートメニューのAnaconda3の項目の下にある「Spyder」をクリックすると開くことができます。

注9 `idle`コマンドを実行すると、プレインストールされているPythonが立ち上がります。

定」にあるMain Menu Editorで新しいアイテムを作り、コマンドは仮想環境にあるPythonのフルパスを指定します。

　または、メインメニューの「プログラミング」にあるThonnyというIDEを使うこともできます。この場合、Thonnyのメニューバーから「Run」>「Configure Interpreter...」と進み、Python executableの欄でPythonインタープリタとして、仮想環境にあるPythonのフルパスを設定します。

　IDLEにはPythonのプログラムを編集する**エディットウィンドウ**と、Pythonとの間のインタフェースとなる**シェルウィンドウ**があります。IDLEを開くと、シェルウィンドウが開きます。シェルウィンドウに表示されている>>>を**シェルプロンプト**といいます。シェルプロンプトの後に、キーボードからPythonの命令コードを入力してEnterキー（Returnキー）を押すと、Pythonに命令が伝わります。このようなPythonの使い方を、**対話モード**といいます。

　対話モードは、高機能な電卓になります。計算したい四則演算の式を入力してEnterキーを押します。このとき、シェルプロンプトに続く行の先頭に空白を入れてはいけません。演算子などの前後に読みやすいように空白を入れることは許されます。Enterキーを押す前ならば、矢印キーやBackspaceキー、Deleteキーを使って行を編集できます。

▼対話モードでの実行例

```
>>> 1/2-(2+3)*0.5
-2.0
>>> a=123
>>> x=456
>>> a+x
579
```

　続いて、プログラムウィンドウにプログラムを書いて実行してみましょう。IDLEのシェルウィンドウのメニューバー[注10]の「File」から「New File」を選ぶと、まっさらなウィンドウが開きます。このウィンドウをエディットウィンドウといい、ここにPythonのプログラムを書きます。

▼プログラム：example01.py

```
print(1/2 - (2+3)*0.5)
a, x = 123, 456
print(a+x)
```

　プログラムの場合も、各行の先頭に勝手に空白を入れてはいけません。この例では読みやすいように、演算子の両脇などに空白を入れています。対話モードの場合とは異なり、プログラムで計算結果

注10　macOSの場合は、シェルウィンドウをアクティブにして、画面上部に表示されるIDLEのメニューバーから開きます。

を表示するにはprint関数を用います注11。

プログラムが完成したら、エディットウィンドウのメニューバー注12の「Run」から「Run Module」を選びます。あるいは単に、ファンクションキーF5を押すだけでも構いません。ファイルを保存するかどうかを確認されるので、「OK」ボタンを押します。すると保存先（ファイル名およびフォルダ）を指定するダイアログが表示されます。ここではexample01と名前を付けて、Desktop（デスクトップ）フォルダに保存することにします。ファイルが保存されると、計算結果がシェルウィンドウに表示されます。

▼実行結果

```
-2.0
579
```

Pythonのプログラムファイルには、自動的にpyという拡張子が付けられます。いったん、IDLEを終了しましょう。シェルウィンドウとエディットウィンドウの両方を閉じれば、IDLEは終了します。

再度、IDLEを起動します。メニューバーから「File」→「Open」→「.pyファイル選択」でexample01.pyを開きます注13。エディットウィンドウが開いてプログラムが表示されたら、ファンクションキーF5を押すと再び同じ実行結果が表示されます。IDLEでPythonのプログラムを実行すると（実行した後でなければなりません）、シェルウィンドウでの対話モードでプログラムで定義された変数などを参照することができます。

▼対話モードでの変数の参照

```
>>> a, x, a+x
(123, 456, 579)
>>> a*x, a/x
(56088, 0.26973684210526316)
```

0.5 ライブラリの利用

Pythonでは、**ライブラリ**注14を用いることで、新たな機能を追加できます。ライブラリを利用するには、対話モードでもプログラムの中でも、**インポート**注15を行います。例として、数学関数のための標準ライブラリであるmathを使ってみましょう。

注11 対話モードのときのように式だけを書くと、式の計算は行われますが表示されません。また、計算結果を参照する手段がありません。計算結果を変数に代入しておけば、プログラム実行後に対話モードに入ったとき、その変数の値を参照できます。

注12 macOSの場合は、エディットウィンドウをアクティブにして、画面上部に表示されるIDLEのメニューバーから開きます。

注13 導入したPython環境によっては、マウスで.pyファイルのアイコンを右クリックしたりダブルクリックしたりして開けることもあります。

注14 Pythonではモジュールという用語を同じ意味で用います。明確な定義の違いはありませんが、比較的規模の大きなものを「ライブラリ」、ライブラリの中に含まれるライブラリや自作のライブラリなど比較的小さなものを「モジュール」と呼ぶことが多いようです。

注15 インポートについては、0.7節で改めて説明します。

▼対話モードでの実行例

```
1 >>> from math import pi, sin, cos
2 >>> pi
3 3.141592653589793
4 >>> sin(pi)
5 1.2246467991473532e-16
6 >>> sin(pi/2)
7 1.0
8 >>> cos(pi/4) ** 2
9 0.5000000000000001
```

- **1行目** … **import文**といいます。mathで定義されているpi、sin、cosという名前をインポートして使えるようにします。それぞれ、円周率π、正弦関数sin、余弦関数cosを表します。
- **2〜9行目** … π、$\sin\pi = 0$、$\sin\dfrac{\pi}{2} = 1$、$\cos^2\dfrac{\pi}{4} = \dfrac{1}{2}$を計算しています。円周率の小数点以下は無限に繰り返しなく続くので、3行目で表示しているπの値は決められた有効桁数で丸めた値です。5行目は$1.2246467991473532 \times 10^{-16}$という意味で、本来は0になるべき値が0になっていません。同様に、9行目も0.5であるべき数値が10^{-16}程度の誤差を含んでいます。これらの誤差は、無理数πの**丸め誤差**や、sinやcosなどの三角関数が無限級数を有限の項で打ち切った近似式で表されることによる**打ち切り誤差**などに起因すると考えられます。

続いて、外部ライブラリであるNumPyとMatplotlibを利用してみましょう。NumPyは、本書の主要なテーマであるベクトルおよび行列計算を数値的計算によりサポートしてくれるライブラリです。Matplotlibは、関数のグラフなどを表示するのに用いるライブラリです。IDLEでexample01.pyを作成したのと同じ要領で、新しくexample02.pyというファイルを作りましょう。

▼プログラム：example02.py

```
1 from numpy import linspace, pi, sin, cos, exp
2 import matplotlib.pyplot as plt
3 
4 x = linspace(-pi, pi, 101)
5 for y in [x - 1, x**2, sin(x), cos(x), exp(x)]:
6     plt.plot(x, y)
7 plt.xlim(-pi, pi), plt.ylim(-2, 4), plt.show()
```

- **1行目** … NumPyで定義されているlinspace、pi、sin、cos、expをインポートします[注16]。
- **2行目** … ライブラリMatplotlibに含まれるライブラリ[注17]pyplotをインポートします。このよ

注16　数学関数や定数などは標準ライブラリのmathにも定義されていますが、本書ではNumPyで定義されているものを主に用います。
注17　ライブラリは木構造になっていることがあります。

うに宣言すると、pyplotで定義されている名前はすべてplt.という接頭語を付けて参照できるようになります。

- **4行目** … xは、$-\pi$からπまでの実数区間を100等分して、その両端を含む101個の点からなる等差数列

$$-\pi = x_0,\ x_1,\ \ldots,\ x_{100} = \pi$$

を表します。$x_0, x_1, \ldots, x_{100}$はそれぞれ、x[0]、x[1]、…、x[100]で表されます。

- **5,6行目** … $y = x - 1$、$y = x^2$、$y = \sin x$、$y = \cos x$、$y = \exp(x)$のグラフを作成します。xは、NumPyで定義されているarray（以下、**アレイ**と呼びます）クラスのオブジェクトです[注18]。例えば、y = x ** 2のとき（**は冪乗を表します）、yは

$$y_0 = x_0^2,\ y_1 = x_1^2,\ \ldots,\ y_{100} = x_{100}^2$$

である数列$y_0, y_1, \ldots, y_{100}$を表します。plt.plot(x, y)は

$$(x_0,\ y_0),\ (x_1,\ y_1),\ \ldots,\ (x_{100},\ y_{100})$$

の点を結んだ折れ線グラフです。

- **7行目** … グラフのx軸およびy軸の描画する範囲を指定し、それぞれ$-\pi \leqq x \leqq \pi$および$-2 \leqq y \leqq 4$とします。plt.show()は、ディスプレイにウィンドウを開き、そこに実際にグラフを描画します（図1。図の横のQRコードからカラーの図が閲覧できます。以降の図もQRコードがあるものは同様に閲覧できます）。あとで述べるように、Jupyter NotebookをIDEとして用いている場合は、グラフはWebブラウザ上に描画され、plt.show()は必要ありません。この行のように、本書ではプログラムのコードの行数を減らすために、式をカンマで区切って並べて1行に書くことがしばしばあります。Pythonでは複数の文[注19]を1行に記述するためにセミコロン;を使用できます。この例では式を並べているので、カンマをセミコロンに変えても同じ実行結果になります。セミコロンを使って代入文を並べる方法を用いると、プログラムexample01.pyの2行目は

```
a=123; x=456
```

とも書けますが、式ではなく文を並べているので、このセミコロンをカンマに変えることはできません。本書では、セミコロンは対話モードにおいて特別な場合に限り用いることがあります。一方、

注18　Pythonのクラスとオブジェクトについては第1章で解説します。

注19　式は文になりますが、文は式であるとは限りません。Pythonでは、=を使った代入文は式ではなく文です。また、等しいことを表す==を使った等式は式です。Python3のマイナーバージョンであるPython3.8では新たに:=を使う代入式が導入されました。

```
a, b = 123, 456
```

のように書くこともでき、これは本書でもしばしば用います。それぞれ、実際に用いるところで、もう少し詳しい説明をします。

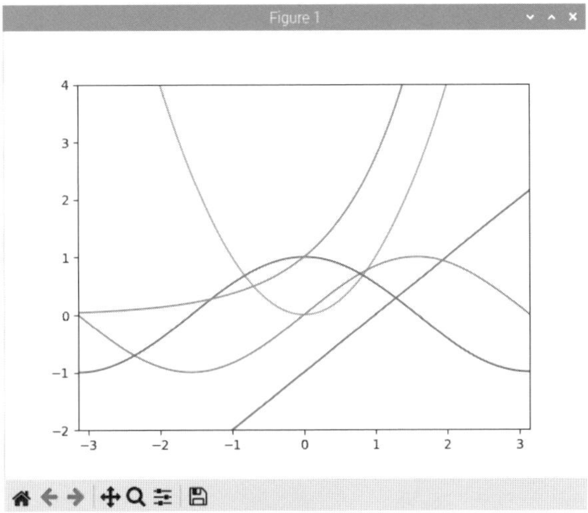

▲図 1　example02.py の実行結果

次は数式計算の外部ライブラリであるSymPyを用いて、方程式を解いてみましょう。

▼プログラム：example03.py

```
1  import sympy
2  from sympy.abc import x, y
3
4  ans1 = sympy.solve([x + 2 * y - 1, 4 * x + 5 * y - 2])
5  print(ans1)
6  ans2 = sympy.solve([x**2 + x + 1])
7  print(ans2)
8  ans3 = sympy.solve([x**2 + y**2 - 1, x - y])
9  print(ans3)
```

- **1行目** … このようにインポートすると、SymPyで定義されている名前はすべて sympy. という接頭語を付けて参照できるようになります。SymPyで定義された solve という名前であれば、sympy.solve のように使います。
- **2行目** … 方程式の未知数に用いるシンボル x と y をインポートして使います。これはPythonの変数とは異なるものです。

- **4, 5 行目** … 連立方程式を解きます。方程式は $=0$ の形に変形した左辺を並べて [と] で囲みます。
- **6, 7 行目** … 2次方程式を解きます。
- **8, 9 行目** … 連立2次方程式を解きます。円 $x^2+y^2=1$ と直線 $y=x$ の交点を求めます。

▼実行結果

```
{x: -1/3, y: 2/3}
[{x: -1/2 - sqrt(3)*I/2}, {x: -1/2 + sqrt(3)*I/2}]
[{x: -sqrt(2)/2, y: -sqrt(2)/2}, {x: sqrt(2)/2, y: sqrt(2)/2}]
```

解は数値ではなく分数や根号を用いた式の形で得られ、シンボルをキーとする辞書の形式で表現されます。また、解が2通りあるときは、辞書を要素とするリストの形式で表現されます。辞書およびリストについては第1章で改めて説明します。sqrt は平方根、I は虚数単位を意味する SymPy で定義された名前です。

さまざまなフォーマットの画像ファイルを取り扱える外部ライブラリ Pillow（PIL）を使ってみましょう。

▼プログラム：lena.py

```
1  import PIL.Image as Img
2
3  im0 = Img.open('lena.png')
4  print(im0.size, im0.mode)
5  im1 = im0.convert('L')
6  im1.thumbnail((100, 100))
7  print(im1.size, im1.mode)
8  im1.save('lena.jpg')
```

- **1 行目** … ライブラリ PIL のモジュール Image を、Img という名前でインポートします。
- **3 行目** … 画像ファイルを読み込みます。画像ファイルのフォーマットは自動的に判断されます。画像はプログラムと同じフォルダに入れておきます。プログラムと異なるフォルダにある場合は、'photos/lena.png' のようにパスを指定してください。
- **4 行目** … 読み込まれた画像の大きさとカラー情報を表示します。
- **5 行目** … 画像 im0 から、カラー情報をグレースケールに変換した画像 im1 を新たに作ります。

- **6行目** … 画像 im1 自身の大きさを変更して書き換えます注20。画像の縦横比を変えずに、指定された大きさに収まるように変換されます。
- **8行目** … 画像を保存します。ファイル名の拡張子で指定された画像フォーマットで保存します。

▼実行結果

```
(512, 512) RGB
(100, 100) L
```

オリジナルの画像および変換された画像は、図2のようになります。

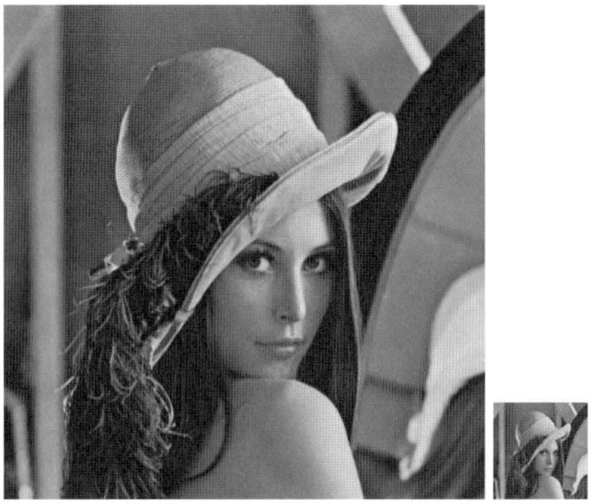

▲**図2**　オリジナルの画像（左）と変換された画像（右）

3次元画像を描画できるライブラリVPythonを、対話モードで使ってみましょう。

▼対話モードでの実行例

```
>>> from vpython import *
>>> B=sphere()
>>> B.texture='earth_texture.jpg'
```

1行目で、vpythonをインポートします。このような形式でインポートすると、vpythonで定義されたすべての名前が使えます。2行目を実行すると、Webブラウザが開き、真っ黒な空間を背景に白い球が現れます（図3左）。マウス操作で画面のスクリーンの大きさ（スクリーンの辺または角を左クリックでドラッグ）や見る方向（スクリーン上で右クリックしたままマウスを動かす）を変えられ、見る位置を前後（スクリーン上で左右同時にクリック、または中央ボタンを押したままマウスを動かす）に動かせます（図3中央）。3行目を実行すると、球が地球儀に変わります（図3右）。QRコードから操作例の動画が閲覧できます。

注20　破壊的メソッドといいます。

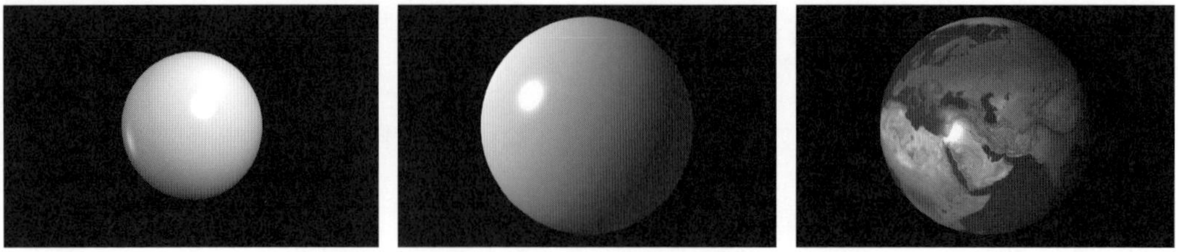

▲図3　VPythonを用いて描いた3次元空間内の3D画像

0.6 Pythonの構文

次のプログラムprime.pyは、与えられた整数N未満の素数を要素とするリストを求めるものです。2以上N未満の整数nに対して、それまでに見つかっている素数（初期状態は空）で順に割り算を行い、割り切れるものがあればnは素数ではなく、そうでなければnは素数であると判定し、素数のリストに付け加えます。

▼プログラム：prime.py

```
 1  def f(N):
 2      P = []
 3      for n in range(2, N):
 4          q = 1
 5          for p in P:
 6              q = n % p
 7              if q == 0:
 8                  break
 9          if q:
10              P.append(n)
11      return P
12
13  if __name__ == '__main__':
14      P = f(20)
15      print(P)
```

行頭の空白を**字下げ（インデント）**といいます。Pythonでは字下げによって、入れ子になったブロック構造を表します。上のプログラムは、図4のようなブロック構造になっています。

IDLEをはじめとするPythonの統合開発環境のプログラムエディタでは、入力するとき字下げが必要なところを推測し、Enterキーを押すと改行して適当な位置までカーソルを移動してくれます。prime.pyの場合、9行目を入力しようとしたときは、自動的に前の行と同じレベルの字下げの位置にカーソルが移動しますが、そのような場合はBackspaceキーを使って前の空白を消し、所望の字下げの位置（5行目のforが始まる位置）まで戻します。

```
def f(N):
    P = []
    for n in range(2, N):
        q = 1
        for p in P:
            q = n % p
            if q == 0:
                break
        if q:
            P.append(n)
    return P

if __name__ == '__main__':
    P = f(20)
    print(P)
```

▲**図4** プログラムprime.pyのブロック構造

- **1行目** … 11行目までがf(N)を定義するための一つのブロックであり、このブロックの先頭の行をdef文といいます。fを**関数名**、Nを**仮引数**といいます。

- **2行目** … Pを、それまでにわかっている素数を記憶しておくリストとして用意し、初期値は空にしておきます。

- **3行目** … 10行目までが繰り返しを表す一つのブロックであり、このブロックの先頭の行を**for文**といいます。次の行からブロックの最後の行までを、変数nが2以上N未満の整数値を動きながら繰り返します。nを**ループカウンタ**といいます。

- **4行目** … qを1としておいて、この値が0になったらnは素数でないことにします。

- **5行目** … 8行目までが一つのブロックです。for文でループカウンタpが素数のリストPの要素を動きながら、次の行からブロック最後の行までを繰り返します。

- **6行目** … n % pは、nをpで割った余りを計算する式です。この余りをqとします。

- **7, 8行目** … この2行で一つのブロックであり、先頭の行を**if文**といいます。ifの右側を**条件節**といい、この条件が真であるとき、if文の次の行からブロック最後の行までを実行します。条件節のq == 0で使われている==は等号であり、代入の=とは区別されます。qが0ならば、8行目の**break文**によって一番内側のブロック（5～8行目のブロック）を抜けます。

- **9, 10行目** … if文で始まる一つのブロックです。このブロックは、直前のfor文で始まるブロックと同じ字下げレベルにあります。直前のブロックを抜けてこのブロックに到達するのは、break文でループを抜けた場合と、ループカウンタがすべての値を動ききった場合のどちらかです。前者の場合はqの値は0、後者の場合はqは0以外の数になります。Pythonでは0ではない数はブール値Trueを持ちます。qのブール値がTrueならば、整数nを新たな素数としてリストPに付け加えます。

- **11行目** … **return文**といい、完成した素数のリストPを返します。
- **12行目** … プログラムのコードを読みやすくするため、空行を入れても構いません。
- **13〜15行目** … 関数は、定義しただけでは実行されません。このプログラムで実際に実行されるのは、13行目のif文から始まるブロックです。このif文はPythonにおける慣用句の一つで、このプログラムがライブラリとしてではなく（つまり、他のプログラムにインポートされるのではなく）メインプログラムとして実行されるとき条件節`__name__ == '__main__'`は真となり、if文の次の行からブロック最後の行までが実行されます。プログラムにおける関数の定義部とメインプログラムを、このように分けて書かなければならないという規則はありません。13〜15行目を、if文の行を取り除いて字下げなしにした次の2行で置き換えると、このプログラムを他のプログラムにインポートしたときにも、これらの行が実行されます。

```
P = f(20)
print(P)
```

14行目で`f(20)`（20は**実引数**という）を**呼び出す**ことで実引数の値が仮引数に渡されて[注21]、はじめて関数定義の中身が実行されます。return文で返される値のことを**戻り値**といいます。ここでは戻り値が変数Pに代入されます。そして15行目で、Pの値を表示します。

IDLEのエディットウィンドウでこのプログラムを実行すると、シェルウィンドウには20未満の素数のリストが表示されます。シェルウィンドウから対話モードでプログラムで定義された関数を呼び出したり、変数の値を参照したり変更したりといったこともできます。別の実引数で関数fを呼び出せば、その実引数未満の素数が改めて計算し直されます。変数Pの値は、定義し直さない限り、プログラムで定義したまま変わりません。

▼prime.pyをエディットウィンドウで実行した後の、シェルウィンドウでの実行例

```
[2, 3, 5, 7, 11, 13, 17, 19]
>>> f(50)
[2, 3, 5, 7, 11, 13, 17, 19, 23, 29, 31, 37, 41, 43, 47]
>>> P
[2, 3, 5, 7, 11, 13, 17, 19]
```

注21　数学の言葉でいえば、例えば関数の定義 $f(x) \stackrel{\text{def}}{=} x^2$ で使われる変数は x である必要はなく $f(t) \stackrel{\text{def}}{=} t^2$ などでも問題ありません。仮の名前ということで、これを仮引数といいます。一方、$f(20)$ や $f(x+1)$ を計算するとき実際に引き渡される（代入される）数20や式 $x+1$ のことを実引数といいます。

0.7　インポート

例えば「海を渡る」といった場合、古代人が舟で海を越えるという意味なのか、若者が留学のため外国へ行くという意味なのか、状況によって変わります。Pythonで、この名前はここにある意味で使いなさいと教えてあげることを、**インポート**といいます。この言葉の例のように、同じ名前でも定義されている場所によって違った機能を持つこともしばしばあります。名前の定義された場所が、ライブラリ（または、モジュール）といえます。Pythonにおけるインポートの仕方は何通りかあります。まず一つ目は、example02.pyでNumPyに対して使った次のようなインポートの仕方です。

```
from numpy import linspace, pi, sin, cos, exp
```

import以下にライブラリで定義されている名前を並べると、そこに挙げた名前をそのまま使えます。インポート文は対話モードでも利用可能です。内部ライブラリmathを対話モードで使った例でも、同じ方法をとりました。

ライブラリで定義されている名前で使いたいものをいちいち挙げるのが面倒な場合、VPythonの説明における対話モードで使った次のようなインポートの仕方もあります。

```
from vpython import *
```

これは便利な反面、あらかじめ定義されている名前を予期せず書き換えてしまったり、いくつかのライブラリを同時に使うときに名前の衝突が起きたりする恐れがあります。このような危険を冒さずに、ライブラリで定義されている名前をすべて使えるようにするインポートの仕方もあります。SymPyのexample03.pyで用いた次のような方法です。

```
import sympy
```

この方法だと、sympy.solveのように接頭語sympyを付ければ、SymPyで定義された名前がすべて使えます。

インポートする名前が長い場合は、example02.pyでmatplotlib.pyplotに対して用いた次のような方法が使えます。

```
import matplotlib.pyplot as plt
```

これはライブラリの省略名を適当に決め、その名前を接頭語にしてplt.plotのように用いる方法です。

例として、自分の作ったprime.pyをライブラリとし、素数のリストを作る関数fを利用したいとします。prime.pyと同じフォルダに、インポートの仕方の違う次の3通りのファイルを作り、それぞれうまく機能することを確かめてみましょう。

▼プログラム：test1.py

```
from prime import f
print(f(50))
```

▼プログラム：test2.py

```
import prime
print(prime.f(50))
```

▼プログラム：test3.py

```
import prime as pr
print(pr.f(50))
```

0.8 Jupyter Notebookの利用

Jupyter Notebookという、Pythonのコードを埋め込んだ文書を作成するツールがあります。しかも、埋め込んだコードはその文書の中で実行が可能で、グラフなども文書内で表示できます。さらに、数学の教科書のような数式なども書き込めます。

WindowsでAnacondaをインストールした場合は、スタートメニューのAnaconda3の項目の下にある「Jupyter Notebook」をクリックすると立ち上がります。macOSおよびRaspberry Pi OSでは、ターミナルから次のコマンドを実行して立ち上げます。

```
jupyter notebook
```

Windowsの場合でも、Anaconda PowerShell Promptからこのコマンドで立ち上げることもできます。

Notebookをはじめて起動する前に、作業用のフォルダを作っておくとよいでしょう。ここでは適当な場所にnotebookという名前のフォルダを作ったとして話を進めます。Notebookを立ち上げると、ファイルやフォルダのツリーが表示されるので、リンクを辿って用意したnotebookというフォルダを探してクリックします。次に図5のように、右端の「New」ボタンを押すとプルダウンメニューが開くので、「Python 3（ipykernel）」を選びます。これを**カーネル**（kernel）と呼びます。プルダウンメニューに「Python 3（ipykernel）」の項目がない場合は、「Notebook」を選ぶとカーネルを選択するダイアログが表示されるので、「Python 3（ipykernel）」を選び「Select」ボタンを押します。

「Untitled」というタイトルで新しいシートが追加され、選択したカーネル（Python3）の環境で開きます。ページ内のメニューバーから「File」をクリックしてプルダウンメニューを開き、「Rename...」を選択してタイトルを変更しておきましょう。ここでは、例えば「My1stNotebook」とします。変更すると、開いているタブのタイトルが変わります（図6）。QRコードから操作例を閲覧できます。

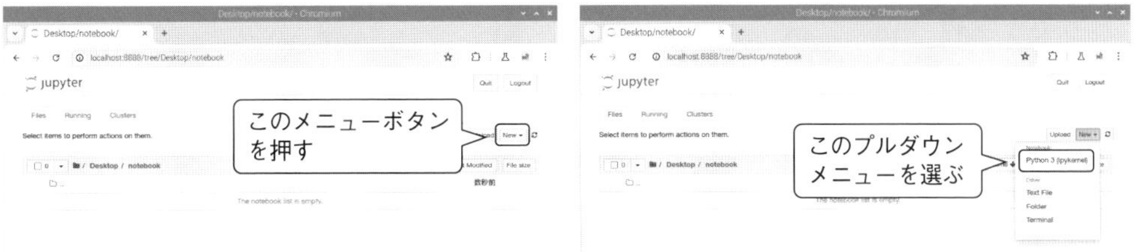

▲**図5**　最初にPython3を選択する

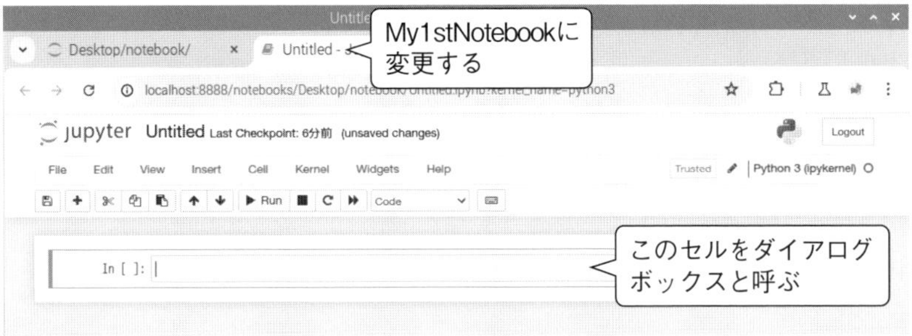

▲**図6**　作成するNotebookの名前を変更する

`In [ ]:`と書かれている右のダイアログボックスのことを**セル**といいます。セルにはPythonのコードを書くことができます。

▼セルの使用例

```
print(1 + (2+3)*0.5)

a = 123
x = 456
print(a+x)
```

プログラムを入力したら、最後にShiftキーを押しながらEnterキーを押す（以下、Shift + Enterキーを押すと表現します）と実行されます。対話モードの計算も可能です。例えば先ほどのプログラムを実行した後で、セルに`a`と入力してShift + Enterキーを押すと、変数`a`の値が表示されます。ページ内のメニューバーから「File」→「Save Notebook」を選ぶ（または、フロッピーディスクの形のアイコンをクリックする）と、それまでの計算過程が保存されます。`notebook/`のページに戻ると、`My1stNotebook.ipynb`というファイルが作成されていることを確認できます。ここで一度Notebookを終了しましょう。ページ内のメニューバーから「File」→「Close and Shut Down Notebook」を選び、「OK」ボタンを押します。

再度Notebookを起動して`notebook/`に移動して、新しいNotebook「My2ndNotebook」を作

ります。0.5節で作ったプログラム`example02.py`の内容をNotebookで実行してみましょう。ダイアログボックスに次を入力します。

```
In [1]: from numpy import *
        import matplotlib.pyplot as plt
```

ダイアログボックス上でEnterキーを押すと改行ができますが、このときPythonの中ではまだ内容の評価は行われませんので、Backspaceキーで前に上の行に戻ることもできます。Shift + Enterキーを押して初めて入力された文が評価されます。誤りがなければ新しいダイアログボックスが開きますのでの、その中に次を入力します。

```
In [2]: x = linspace(-pi, pi, 101)
        for y in [x - 1, x**2, sin(x), cos(x), exp(x)]:
            plt.plot(x, y)
        plt.xlim(-pi, pi), plt.ylim(-2, 4)
```

入力が終わったら、Shift + Enterキーを押すとWebブラウザの同じタブにグラフが表示されます(図7左)。このとき、`plt.show()`は必要ありません。

次はMy3rdNotebookを作り、VPythonを使ってみましょう。

```
In [1]: from vpython import *
        B = box()
```

と入力してShift + Enterキーを押すと、ページ内に立方体が描画されます。続いて、新しいダイアログボックスに

```
In [2]: B.color = color.red
```

と入力してShift + Enterキーを押すと、立方体の色は赤に変わります。さらに

```
In [3]: B.pos = vec(5,5,5)
```

と入力してShift + Enterキーを押すと立方体の中心が3次元空間の原点から座標$(5,5,5)$の点に移動します。自動的にズーム機能が働くので、立方体は小さくなったように見えます（図7右)。

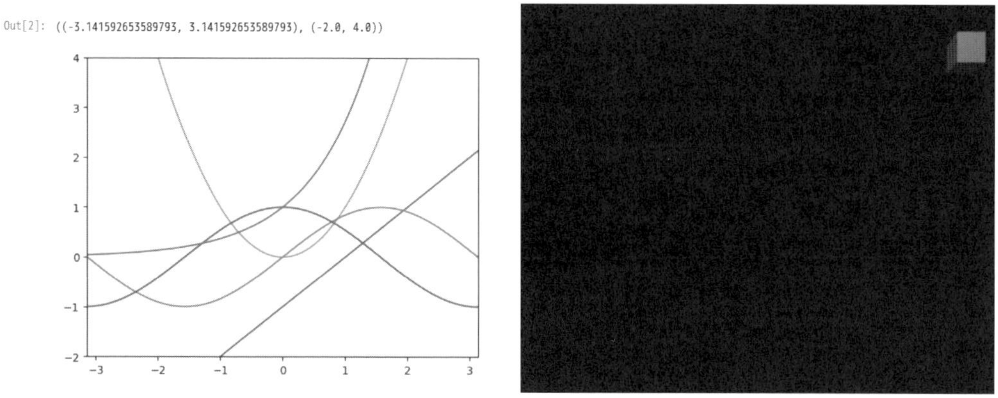

▲**図7**　MatplotLib（左）およびVPython（右）によるNotobookに表示される画像

この本では、Pythonで線形代数の練習問題を生成することがあります。そのいくつかは、LaTeX（ラテフまたはラテックと発音する）形式で出力しています。LaTeXは数式を含む文章を、プログラミング言語のようにテキストベースで作成できる組版システムです。紙面の都合上、LaTeXについては詳しく説明はしませんが、関連書籍やインターネット（「latex」で検索）上で多くの情報が見つけられると思いますので、それらを参考にしてください。ここでは、Jupyter Notebookを用いて、LaTeX形式の出力をタイプセット（LaTeX特有の形式で書かれた数式などを読める形に変換）する方法を紹介します。

Jupyter Notebookを立ち上げ、Notebookの名前を付けましょう。メニューバーにあるプルダウンメニューから、Codeとなっていたセルのタイプを Markdownに変更すると、ダイアログボックス（Codeタイプのセル）のプロンプト`In[ ]`の表示が消えます。このMarkdownタイプのセルでは、**マークダウン記法**と呼ばれる書き方で特定の記号に意味を持たせて、箇条書きや表などの構造を持った文章をタイプセットすることができます（図8）。

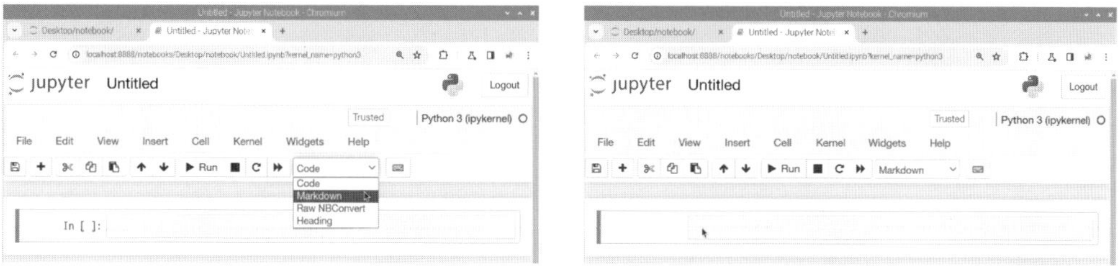

▲**図8**　セルのタイプをCode（左）からMarkdown（右）に変更する

数式は`$`と`$`で囲んで、LaTeX形式の数式のコードを書きます。図9左は、第4章のプログラム`latex1.py`の出力をコピーして貼り付けた例です。Shift + Enterキーを押すと図9右のように、テキストの中の数式がタイプセットされて表示されます。このような書式をLaTeXでは**インライン数式モード**といいます。

一方、通常のテキストの行中ではなく、数式をセンタリングして表示させるための書式をLaTeXで

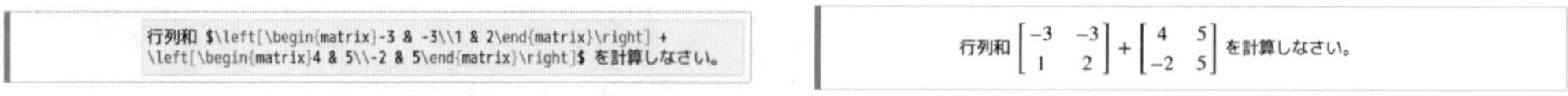

▲**図 9** インライン数式モードのコード（左）とタイプセットされた数式（右）

は**ディスプレイスタイル数式モード**といいます。この書式では、複数の式を等号を揃えて表示したりすることができます。再びプルダウンメニューからMarkdownを選択して、この形式の数式を含むテキストをセルに書きます。図10左は、第4章のプログラム`latex2.py`の出力をコピーして貼り付けた例です。Shift + Enterキーを押すと図10右のように、数式がセンタリングされて表示されます。この例ではLaTeXのディスプレイスタイル数式モードのalign環境とよばれる書式を利用して、等号揃えにしています。

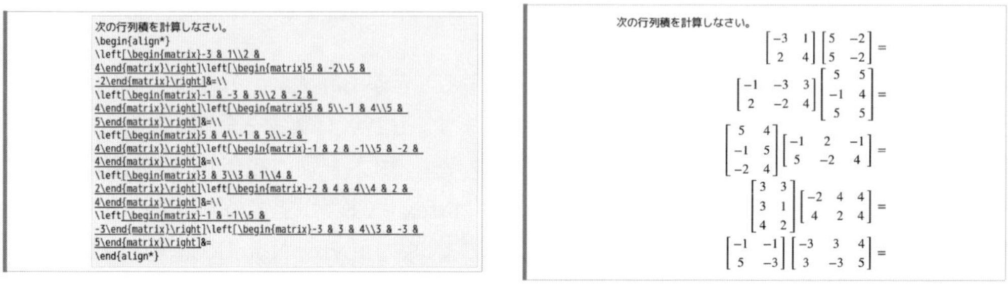

▲**図 10** ディスプレイスタイル数式モードのコード（左）とタイプセットされた数式（右）

タイプセットされた数式をマウスでクリックすると、LaTeX形式のテキストを編集することができます。

第1章 数学の基礎とPythonによる表現

さて、Pythonを使いながら線形代数を学んでいく準備が整いました。この章では、線形代数を学ぶ上で必要となる数学の基礎である命題、数（実数、および複素数）、集合、写像などの概念について見ていきます。また、これらの概念がPythonでどのように表現されるのかについても学びます。Pythonを使って、実際に手を動かしながら数学を学んでいきましょう。

1.1 命題

数学である「こと」[注1]を述べた文章のことを**命題**といいます。命題が正しいとき、その命題は**真**（しん）であるといい、間違っているとき、その命題は**偽**（ぎ）であるといいます。真および偽を、命題の**真理値**といいます。「偶数である素数が存在する」の真理値は真であり、「2乗すると2となる有理数が存在する」の真理値は偽です。

P および Q が命題であるとします。このとき、$\mathrm{not}\,P$（**否定**、「P でない」と読む）、$P\,\mathrm{and}\,Q$（**論理積**、「P かつ Q である」と読む）および $P\,\mathrm{or}\,Q$（**論理和**、「P または Q である」と読む）はいずれも命題であり、その真理値は**真理値表**と呼ばれる表（表1.1）によって定められます。

▼**表 1.1** 真理値表

P	$\mathrm{not}\,P$
偽	真
真	偽

P	Q	$P\,\mathrm{and}\,Q$	$P\,\mathrm{or}\,Q$
偽	偽	偽	偽
偽	真	偽	真
真	偽	偽	真
真	真	真	真

Pythonでは真理値のことを**ブール値**といい、真は`True`、偽は`False`で表します。

命題論理のド・モルガンの法則とは、いつでも

$$\mathrm{not}\,(P\,\mathrm{and}\,Q)$$

の真理値は

$$(\mathrm{not}\,P)\ \mathrm{or}\ (\mathrm{not}\,Q)$$

注1　正しいか間違っているかの判断の対象となる事柄です。1.3節で述べる集合の要素になる「もの」とは区別します。

の真理値と一致するというものです（表 1.2）。

▼**表 1.2**　ド・モルガンの法則（その1）

P	Q	not P	not Q	P and Q	not (P and Q)	(not P) or (not Q)
偽	偽	真	真	偽	真	真
偽	真	真	偽	偽	真	真
真	偽	偽	真	偽	真	真
真	真	偽	偽	真	偽	偽

表 1.2の真理値表を確かめるプログラムを作ってみましょう。

▼プログラム：demorgan1.py

```
1  for P in [False, True]:
2      for Q in [False, True]:
3          print(P, Q, not P, not Q, P and Q,
4                not(P and Q), (not P) or (not Q))
```

このプログラムの3、4行目はPythonの一つの行です。括弧の中では適当な場所での改行が許されます。

▼実行結果

```
False False True True False True True
False True True False False True True
True False False True False True True
True True False False True False False
```

問 1.1　もう一つの命題論理のド・モルガンの法則を示す表 1.3 の真理値表の空欄を埋めなさい。また、それをPythonで確かめなさい。

▼**表 1.3**　ド・モルガンの法則（その2）

P	Q	not P	not Q	P or Q	not (P or Q)	(not P) and (not Q)
偽	偽	真	真	偽		
偽	真	真	偽	真		
真	偽	偽	真	真		
真	真	偽	偽	真		

「xは2より大きい整数である」や「xは素数である」のように、変数xの値によって真理値が変わるとき、これらを**命題関数**といいます。$P(x)$および$Q(x)$を、それぞれある命題関数を表すものとします。xの値によらず「$P(x)$の真理値が真であるときはいつでも$Q(x)$の真理値も必ず真である」ということを

$$P(x) \;\Rightarrow\; Q(x)$$

と表します。これは、命題関数$\left(\text{not}\, P(x)\right)$ or $Q(x)$（これを$P(x) \to Q(x)$で表現します）が変数xの値によらずいつでも真であることと同じ意味です。⇒は「**ならば**」と読みます。例えば、「xは4の倍数である ⇒ xは偶数である」などと使われます。

また、xの値によらず「$P(x)$と$Q(x)$の真理値がいつでも一致する」ということを、$P(x)$と$Q(x)$は「**同値**」（または「**必要十分**」）であると表現し、

$$P(x) \;\Leftrightarrow\; Q(x)$$

で表します。これは、$P(x) \Rightarrow Q(x)$と$Q(x) \Rightarrow P(x)$の両方が成立することと同じ意味です。また、命題関数$\left(P(x) \to Q(x)\right)$ and $\left(Q(x) \to P(x)\right)$（これを$P(x) \leftrightarrow Q(x)$と表現します）が、変数$x$の値によらずいつでも真であることとも同じ意味です。例えば、「xは4の倍数であり平方数である ⇔ xは偶数であり平方数である」などと使われます。

1.2 実数と複素数

実数および**複素数**は次の性質を満たします[注2]。

1. $x + y = y + x$
2. $(x + y) + z = x + (y + z)$
3. $x + 0 = x$
4. $x + (-x) = 0$
5. $xy = yx$
6. $(xy)\,z = x\,(yz)$
7. $1x = x$
8. $x \neq 0 \;\Rightarrow\; \dfrac{1}{x} \cdot x = 1$
9. $x\,(y + z) = xy + xz$

実数xおよびyによって$z = x + iy$（iは**虚数単位**）と表現されるとき、xは複素数zの**実部**といい、$\mathrm{Re}\, z$で表します。また、yは複素数zの**虚部**といい、$\mathrm{Im}\, z$で表します。虚部が0ではない複素数を**虚数**といい、実部が0である虚数を**純虚数**といいます。

$$|z| \overset{\text{def}}{=} \sqrt{x^2 + y^2}$$

$$\overline{z} \overset{\text{def}}{=} x - iy$$

と定義して（ここで、$\overset{\text{def}}{=}$は左辺を右辺の式で定義するという意味です）、$|z|$をzの**絶対値**、$\overline{z}$をzの**共役複素数**といいます。このとき、以下が成立します。

注2　これらの証明は、自然数を特徴付けるペアノの公理から出発して自然数、整数、有理数、実数、複素数の場合へと拡張していかなければならないので、かなり長い道のりとなります。

1. $|z|^2 \;=\; z\overline{z}$
2. $|z_1 z_2| \;=\; |z_1|\,|z_2|$
3. $z = \overline{z} \;\Leftrightarrow\; z$は実数である
4. $\overline{z_1 + z_2} \;=\; \overline{z_1} + \overline{z_2}$
5. $\overline{z_1 \cdot z_2} \;=\; \overline{z_1} \cdot \overline{z_2}$
6. $|z_1 + z_2| \;\leqq\; |z_1| + |z_2|$

問1.2　上の1から6を証明しなさい。

複素数はいつでも

$$z \;=\; |z|\,(\cos\theta + i\sin\theta)$$

と表現することができ、これをzの**極形式表示**といいます。このとき、θをzの**偏角**といいます。$z = 0$のときは、偏角は定義しません。

ここで、三角関数$\sin x$、$\cos x$および指数関数e^xは、それぞれ**マクローリン級数展開**によって

$$\sin x = \frac{x}{1!} - \frac{x^3}{3!} + \frac{x^5}{5!} - \frac{x^7}{7!} + \cdots$$

$$\cos x = 1 - \frac{x^2}{2!} + \frac{x^4}{4!} - \frac{x^6}{6!} + \cdots$$

$$e^x = 1 + \frac{x}{1!} + \frac{x^2}{2!} + \frac{x^3}{3!} + \frac{x^4}{4!} + \cdots$$

と表現できることが知られています（図1.1）。この図を作成したプログラムはQRコードからダウンロードできます。

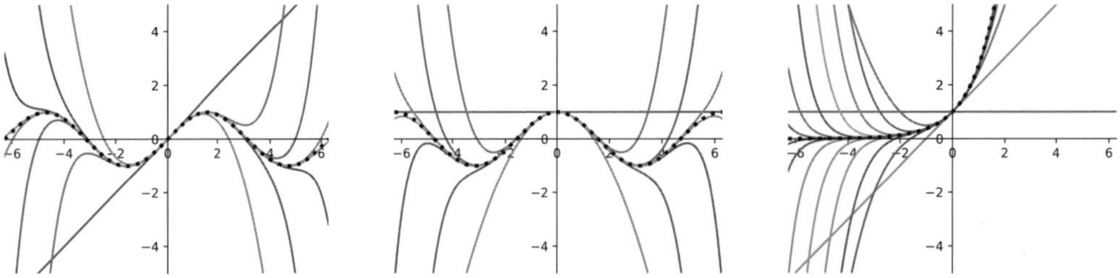

▲**図 1.1**　左から$\sin x$、$\cos x$、e^xのマクローリン級数の収束の様子

問1.3　Matplotlibを利用して、それぞれ第3項までの展開式のグラフを描きなさい。

e^xのマクローリン級数展開の式に$x = i\theta$を代入して、i^2を-1に置き換えると

$$e^{i\theta} \;=\; \cos\theta + i\sin\theta \qquad \cdots \quad (*)$$

という式を得ます（収束性の議論は微積分の教科書を参照してください）。この式を**オイラーの公式**と

呼びます。複素数の極形式表示は

$$z = |z| \, e^{i\theta}$$

と書くことができます。

問 1.4 上の式 $(*)$ を、$e^{i\theta}$ の定義であるとします。以下の問に答えなさい。

1. 三角関数の加法定理を使って、$e^{i(\theta_1+\theta_2)} = e^{i\theta_1} e^{i\theta_2}$ を導きなさい。
2. n は自然数であるとします。数学的帰納法でド・モアブルの定理 $\left(e^{i\theta}\right)^n = e^{in\theta}$ を示しなさい。
3. 自然数 n に対して、$z^n = 1$ を満たす複素数 z はちょうど n 個存在することを示しなさい。

Pythonでは、整数や実数を取り扱えます。整数と実数はコンピュータ上では記憶の仕方が異なるので、それぞれint型、float型と区別します。扱える数の範囲も限られていますが、さしあたって四則演算などでは意識して使い分ける必要はあまりありません。注意しなければならない事例が出てきたときに説明します。

複素数も標準で扱うことができます。虚数の表現には `j` を用い[注3]、虚数単位は `1j` または `1.0j` で表現します。$x \overset{\text{def}}{=} 1 + 2i$ として、実部 $\mathrm{Re}\, x$、虚部 $\mathrm{Im}\, x$、絶対値 $|x|$ および共役複素数 $\overline{x}$ を求めるには次のようにします。

```
>>> x = 1 + 2j
>>> x.real, x.imag, abs(x), x.conjugate()
(1.0, 2.0, 2.23606797749979, (1-2j))
```

$y \overset{\text{def}}{=} 3 + 4i$ として、複素数どうしの演算 $x + y$、xy、$\dfrac{x}{y}$ を計算してみましょう。

```
>>> y = 3 + 4j
>>> x + y, x * y, x / y
((4+6j), (-5+10j), (0.44+0.08j))
```

$e = 2.718281828459045$ および $\pi = 3.141592653589793$ として、$e^{\pi i}$ を計算してみましょう。冪乗は `**` を使います。

```
>>> 2.718281828459045 ** 3.141592653589793j
(-1+1.2246467991473532e-16j)
```

注3　虚数単位に j を用いるのは、電流を表すために i を用いる電気工学者の慣習に由来します。Python では、整数や実数を表す数を j の前に置いて純虚数を表現します。

虚数部にほぼ0に近い誤差$1.2246467991473532 \times 10^{-16}$が生じています。NumPyでは円周率$\pi$や自然対数の底$e$が定義されていますが、これらの定数も誤差を含んでいます。

```
>>> from numpy import pi, e
>>> e**(pi * 1j)
(-1+1.2246467991473532e-16j)
```

1.3　集合

「もの」の集まりを**集合**といい、集まっている「もの」一つひとつのことをその集合の**要素**または**元**といいます。集合には2通りの表現の仕方があります。一つは、集まっている「もの」をすべて並べて

$$\{2,\ 3,\ 5,\ 7\},\quad \{\text{水星}, \text{金星}, \text{地球}, \text{火星}, \text{木星}, \text{土星}, \text{天王星}, \text{海王星}\}$$

のように表す方法で、**外延的記法**といいます。もう一つは集合の要素が持つ性質を用いて

$$\{n \mid n\text{は10以下の素数である}\},\quad \{x \mid x\text{は太陽系の惑星である}\}$$

のように表す方法で、**内包的記法**といいます。

$$\left\{\frac{m}{n} \;\middle|\; m\text{は整数である and }n\text{は1以上の整数である}\right\}$$

のような表現もあります。これは分数全体の集合、すなわち有理数全体の集合となります。

xが集合Aの要素であることを

$$x \in A$$

と書き、xはAに**属する**と読みます。not $(x \in A)$であることを$x \notin A$と書きます。

何も要素を持たない集合を**空集合**と呼び、$\emptyset$で表します。空集合も含め、高々有限個の要素からなる集合を**有限集合**といい、そうでない集合を**無限集合**といいます。最初に挙げた四つの集合の例はいずれも有限集合であり、その次の例（有理数全体の集合）は無限集合です。

頻繁に登場する集合は特別な記号で表します。1以上の整数を**自然数**といい、自然数全体の集合を$\mathbb{N}$で表します。多少あいまいな表現ですが[注4]、

$$\mathbb{N} \;=\; \{1, 2, 3, \ldots, n, \ldots\}$$

です。実数全体の集合は$\mathbb{R}$で表し、複素数全体の集合を$\mathbb{C}$で表します。

$$\mathbb{C} \;=\; \{x + yi \mid x \in \mathbb{R} \text{ and } y \in \mathbb{R}\}$$

と表現できます。$\mathbb{N}$、$\mathbb{R}$、$\mathbb{C}$はいずれも無限集合です。$\mathbb{R}$は**数直線**で、$\mathbb{C}$は**複素平面**で表現できます（図1.2）。$\mathbb{C}$の部分集合$\{z \mid |z| \leqq 1\}$を、複素平面の**単位円**といいます。

注4　未定義の記号...や変数nが使われています。

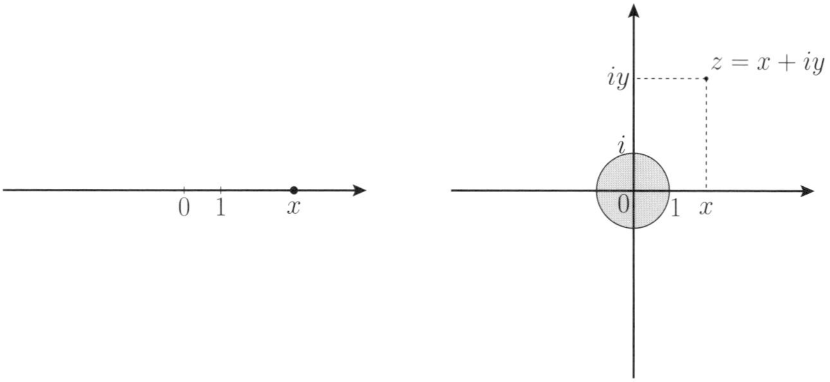

▲**図 1.2** 数直線（左）と、複素平面およびその単位円（右）

AおよびBを集合とします。$x \in A \Rightarrow x \in B$であるとき[注5]、すなわち、$A$の要素がすべて$B$の要素でもあるとき、$A$は$B$の**部分集合**である（または$A$は$B$に**含まれる**）といい、$A \subseteq B$と表します。任意の集合$A$に対して、$\emptyset \subseteq A$は成立します。集合$A$と$B$に対して$x \in A \Leftrightarrow x \in B$が成立するとき、すなわち、$A \subseteq B$と$B \subseteq A$の両方が成立するとき、$A$と$B$は等しいといい、$A = B$と表します。$A \subseteq B$であるが$A = B$ではないとき、$A$は$B$の**真部分集合**であるといい、$A \subsetneq B$で表します[注6]。

集合Aに対して、

$$2^A \stackrel{\text{def}}{=} \{X \mid X \subseteq A\}$$

と定義して、2^AをAの**冪集合**[注7]と呼びます。

$$2^{\emptyset} = \{\emptyset\}, \quad 2^{\{1\}} = \{\emptyset, \{1\}\}, \quad 2^{\{1,2\}} = \{\emptyset, \{1\}, \{2\}, \{1,2\}\}$$

問 1.5 冪集合$2^{\{1,2,3\}}$を外延的記法で書き下しなさい。また、n個の要素からなる集合の冪集合の要素数は2^nであることを示しなさい。

集合AとBに対して、

$$A \cup B \stackrel{\text{def}}{=} \{x \mid x \in A \text{ or } x \in B\}$$
$$A \cap B \stackrel{\text{def}}{=} \{x \mid x \in A \text{ and } x \in B\}$$
$$A \setminus B \stackrel{\text{def}}{=} \{x \mid x \in A \text{ and } x \notin B\}$$
$$A \triangle B \stackrel{\text{def}}{=} (A \setminus B) \cup (B \setminus A) = (A \cup B) \setminus (A \cap B)$$

と定義して、それぞれ**和集合**、**積集合**、**差集合**、**対称差集合**といいます。

注5　何も言及されていない変数xは**自由変数**といい、「任意の」という意味を含みます。
注6　本書では、部分集合あるいは真部分集合の意味で$\subset$の記号は使いません。
注7　冪乗に使われる冪（べき）です。

$$x \in A \cup B \Leftrightarrow x \in A \text{ or } x \in B$$

$$x \in A \cap B \Leftrightarrow x \in A \text{ and } x \in B$$

$$x \in A \setminus B \Leftrightarrow x \in A \text{ and not } (x \in B)$$

が成立します。また、「$x \in A \triangle B$」は、「$x \in A$」と「$x \in B$」の排他的論理和[注8]と同値になります。

集合で何かを議論するとき、ある集合Uを固定しておいて、その集合の要素や部分集合だけを考えればよいということがあります。このようなとき、集合Uのことを**全体集合**と呼びます。例えば、素数について議論するならば$\mathbb{N}$を全体集合として、有理数・無理数について議論するならば$\mathbb{R}$を全体集合として考えることになるでしょう。Uを全体集合とするとき、命題関数$P(x)$が真となるUの要素x全体の集合を$\{x \in U \mid P(x)\}$で表します。$A \subseteq U$に対して

$$A^{\complement} \overset{\text{def}}{=} \{x \in U \mid x \notin A\}$$

をAの**補集合**といいます。**集合演算のド・モルガンの法則**と呼ばれる次の式が成立します。

$$(A \cap B)^{\complement} = A^{\complement} \cup B^{\complement}$$

$$(A \cup B)^{\complement} = A^{\complement} \cap B^{\complement}$$

問1.6　命題論理のド・モルガンの法則から、集合演算のド・モルガンの法則を導きなさい。

Pythonでも、数学のように要素を並べた形の集合を表現できます。対話モードで実行した例を示します。

```
1  >>> A = {2, 3, 5, 7}; A
2  {2, 3, 5, 7}
3  >>> B = {3, 6, 9, 6, 3}; B
4  {9, 3, 6}
5  >>> set()
6  set()
```

集合`{1,2,3}`を、`set([1,2,3])`と書き表すこともあります。集合Bのほうは、重複する要素が取り除かれています。空集合は`set()`です。`{}`は違う意味になるので注意してください[注9]。

本書では、対話モードで代入文の後に代入されたものを確認する場合に限り、上の例の1行目や3行目のようにセミコロンを使うこととします。

集合は要素の並びが違っても、同じものとみなされます。

```
7  >>> B == {9, 6, 3}
8  True
```

注8　命題PとQに対し、$(P \text{ or } Q)$ and not $(P \text{ and } Q)$を**排他的論理和**といいます。

注9　Pythonの歴史的経緯により、項目が空である辞書の意味になります。辞書については1.5節で説明します。

所属記号∈は、inを使います。

```
>>> 2 in A
True
>>> 2 in B
False
```

和集合∪と積集合∩はそれぞれ、|と&を使います。

```
>>> A | B
{2, 3, 5, 6, 7, 9}
>>> A & B
{3}
```

部分集合を表す記号⊆は、<=を使います。不等号<は真部分集合を表す記号となります。

```
>>> A & B <= A
True
>>> A < A
False
```

Pythonでは集合Xが集合Yの部分集合であることは、X.issubset(Y)と表現することもできます。

```
>>> (A & B).issubset(A)
True
>>> A.issubset(A | B)
True
```

issubsetは、**集合クラスのメソッド**[注10]であるという言い方をします。
和集合と積集合も、集合クラスのメソッドによっても表現できます。

```
>>> A | B == A.union(B)
True
>>> A & B == A.intersection(B)
True
```

Pythonでは集合であるということを、**集合クラスのオブジェクト**であるという言い方をします。

注10　メソッドについては1.6節で解説します。

集合クラスのオブジェクトは、有限個の要素を持つものに限られています。数学では素数全体の集合というものが考えられますが、これは集合クラスのオブジェクトとして表現することはできません。有限個の要素を持つ集合に限れば、Pythonでも集合の内包的記法と似たような表現が可能です。

```
>>> {x for x in range(2, 10) if all([x%n for n in range(2, x)])}
{2, 3, 5, 7}
```

$2 \leqq x < 10$である整数xのうち、$2 \leqq n < x$であるすべての整数nで割り切れないもの（つまり、素数）の集合という意味です。このような表現をPythonでは集合の**内包表記**と呼んでいます。

実数全体の集合$\mathbb{R}$の部分集合で**区間**と呼ばれるものがあります。$a, b \in \mathbb{R}$に対して、

$$[a,b] \overset{\text{def}}{=} \{x \in \mathbb{R} \mid a \leqq x \leqq b\}, \quad (a,b) \overset{\text{def}}{=} \{x \in \mathbb{R} \mid a < x < b\}$$
$$(a,b] \overset{\text{def}}{=} \{x \in \mathbb{R} \mid a < x \leqq b\}, \quad [a,b) \overset{\text{def}}{=} \{x \in \mathbb{R} \mid a \leqq x < b\}$$

と定義して[注11]、$[a,b]$を**閉区間**、(a,b)を**開区間**、$(a,b]$および$[a,b)$を**半開区間**といいます。また、これらを**有限区間**と呼びます。さらに、

$$(-\infty,a) \overset{\text{def}}{=} \{x \in \mathbb{R} \mid x < a\}, \quad [a,\infty) \overset{\text{def}}{=} \{x \in \mathbb{R} \mid a \leqq x\}$$
$$(-\infty,a] \overset{\text{def}}{=} \{x \in \mathbb{R} \mid x \leqq a\}, \quad (a,\infty) \overset{\text{def}}{=} \{x \in \mathbb{R} \mid a < x\}$$

と定義し、$(-\infty,\infty) \overset{\text{def}}{=} \mathbb{R}$とします。これらは**無限区間**と呼びます。$-\infty$、$\infty$は数ではありません。

1.4　順序対とタプル

ものxとyをペアにした(x,y)を**順序対**といいます。n個のもの$x_1, x_2, \ldots, x_n$を並べた$(x_1, x_2, \ldots, x_n)$を、**n重タプル**といいます。このとき、順序対のxやy、およびn重タプルの$x_1, x_2, \ldots, x_n$はそれぞれ、順序対およびn重タプルの**成分**といいます。特に、$(x_1, x_2, \ldots, x_n)$のx_iを、第i番目の成分といいます。順序対やタプルでは、成分の並び方が異なるものは別ものとして考えます。また、同じ成分が重複して登場することもあります。集合としては$\{1,2\} = \{2,1\} = \{1,2,1\}$でしたが、順序対である$(1,2)$と$(2,1)$、3重タプルである$(1,2,1)$はいずれも別ものです。

集合Xから要素xを選び、集合Yから要素yを選んで作った順序対(x,y)をすべて集めた集合を$X \times Y$で表し、集合XとYの**直積**（または**デカルト積**）といいます。同様に、集合$X_1, X_2, \ldots, X_n$からそれぞれ要素を選んだn重タプル$(x_1, x_2, \ldots, x_n)$を全部集めた**n重直積集合**$X_1 \times X_2 \times \cdots \times X_n$も考えることができます。集合$X_1, X_2, \ldots, X_n$の要素の個数がそれぞれ$k_1, k_2, \ldots, k_n$であったとき、$X_1 \times X_2 \times \cdots \times X_n$の要素は全部で場合の数の$k_1 \times k_2 \times \cdots \times k_n$個あります。数の冪乗にならって、$X_1 = X_2 = \cdots = X_n = X$であるとき、$X_1 \times X_2 \times \cdots \times X_n$は$X^n$で書き表します。$X$の要素が$k$個であるならば、$X^n$の要素は全部で$k^n$個あります。

注11　順序対と同じ記号で紛らわしいので、開区間(a,b)を$]a,b[$などと書く流儀もあります。

$\mathbb{R}\times\mathbb{R}=\mathbb{R}^2$は、$xy$-座標平面（2次元平面）の点$(x,y)$の全体の集合であるといえます。$xyz$-座標空間（3次元空間）の点の全体は$\mathbb{R}^3$とみなすことができます。$\mathbb{R}^1$の要素は1個の成分しか持たない$(x)$ですが、これは$x$と同じものとみなします。したがって、$\mathbb{R}^1=\mathbb{R}$と考えることにします。

Pythonにおいて、順序対やn重タプルにあたるものは**タプル**です。集合では{}で囲みましたが、タプルでは()で囲みます。ここでは$x\overset{\text{def}}{=}(1,2)$、$y\overset{\text{def}}{=}(2,1)$、$z\overset{\text{def}}{=}(1,2,1)$とします。

```
1 >>> x = (1, 2); x
2 (1, 2)
3 >>> y = (2, 1); y
4 (2, 1)
5 >>> z = (1, 2, 1); z
6 (1, 2, 1)
```

$x=y$、$x=z$、$y=z$かどうかを確かめます。

```
7 >>> x == y, x == z, y == z
8 (False, False, False)
```

7行目の`x == y`、`x == z`、`y == z`はすべて`False`というブール値になります。8行目の答えはタプルで返ってきます。カンマを用いて値を並べると、それらの値からなるタプルになります。

タプル`t`に対して`set(t)`は、`t`のすべての成分からなる集合になります。集合およびタプルはそれぞれ`set`および`tuple`という**型**[注12]の名前を持ちます。型の名前を付けて型を変換することを、**キャスト**するという言い方をします。上で定義したタプル`x`、`y`、`z`を集合にキャストしてみましょう。

```
9 >>> set(x) == set(y), set(x) == set(z), set(y) == set(z)
10 (True, True, True)
11 >>> set(x), set(y), set(z)
12 ({1, 2}, {1, 2}, {1, 2})
```

いずれも成分は1と2だけなので、タプルの並びに関わらず、集合にキャストすると等しくなります。12行目は、集合を成分とするタプルになっていることに注意してください。

タプルの成分は、位置を指定して参照することができます。タプルの先頭の成分の位置は0で、後ろに行くごとに1増えていきます。次の例の`a`は位置3までしかないため、`a[4]`はエラーとなります。

```
13 >>> a = (2, 3, 5, 7); a
14 (2, 3, 5, 7)
```

注12 Pythonではtypeといいます。型は、後述するクラスの一種です。

```
>>> a[0], a[1], a[2], a[3]
(2, 3, 5, 7)
```

タプルの末尾の成分の位置は -1 で、前に行くごとに1減っていきます。a[-5] はエラーとなります。

```
>>> a[-1], a[-2], a[-3], a[-4]
(7, 5, 3, 2)
```

Pythonでは、成分が1個のタプルは (1,) のように書きます。(1) と書くと、丸括弧は式の優先順位を表すとみなされて、1と同じものになります。Pythonでは数学とは異なり、成分が1個のタプルはその成分とは別ものとみなされます。

```
>>> x = (1,); x
(1,)
>>> x[0]
1
```

1.5　写像と関数

X と Y をいずれも空でない集合とします。X の各要素 x に対して、Y のある要素 y をただ一つ対応させる対応の仕方を、X から Y への**写像**といいます。写像は一つのものとして扱い、必要ならば f、g、h などの名前を付けて引用します。f と名前が付けられた写像では、$x \in X$ が対応する Y の要素を $f(x)$ で表します。f が X から Y への写像であるということを、

$$f : X \to Y$$

で表現し、

$$Y^X \stackrel{\text{def}}{=} \{f \mid f : X \to Y\}$$

と定義します。この表記は、X の要素数が x、Y の要素数が y であるとき、Y^X の要素数は y^x となることに由来します。

数学では写像と**関数**はほぼ同じ意味で使われます。Y が実数全体の集合 $\mathbb{R}$ または複素数全体の集合 $\mathbb{C}$ であるとき、f は関数であるということが多いといえます。Pythonでは数学の写像にあたるものを**関数**（**function クラス**のオブジェクト）と呼び、写像と呼ぶことはありません。数学では定義できますが、Pythonでは定義できない関数というものもあります。例えば、$f : \mathbb{R} \to \mathbb{R}$ で、x が有理数のとき $f(x) = 1$、無理数のとき $f(x) = 0$ であると定義されているような関数は定義できません。一方でPythonの関数は、**手続き**にあたるものを含みます。手続きとは一般に、一連の手順に名前を付けることにより、プログラムの一つ以上の箇所でその名前を呼び出すだけで手順に従って仕事

をしてくれる仕組みのことをいいます[注13]。print関数がその一例であり、print(x)を呼び出すと引数xの内容がシェルウィンドウなどに出力されます。print関数はインポートせずに使える**組込み関数**の一つですが、その一連の手順がコンピュータの内部で実際どのように実装されているのかを利用者が知る必要はありません。関数の引数に何を与えたらどのような結果になるかという規則（これを関数の**仕様**といいます）だけを知っていれば十分です。1.4節で述べたキャストも組込み関数です。

数学での関数定義と、それに対応するPythonの表現をいくつか見てみましょう。

1. **単純な式による定義**

$$f(x) \stackrel{\text{def}}{=} x^2 - 1$$

```
def f(x):
    return x**2 - 1
```

2. **場合分けによる定義**

$$g(x) \stackrel{\text{def}}{=} \begin{cases} 0 & x < 0 \text{のとき} \\ 1 & \text{その他} \end{cases}$$

```
def g(x):
    if x < 0:
        return 0
    else:
        return 1
```

3. **無名関数**

$$x \mapsto x^2 - 1$$

```
lambda x: x**2 - 1
```

無名関数は、関数にいちいち名前を付ける必要がないときに用います。Pythonではこの表現を**ラムダ式**と呼んでいます[注14]。無名関数の書き方は写像としての対応関係がわかりやすいので、これを使って関数に名前を付けて定義したくなる場合もあります。数学では $f(x) \stackrel{\text{def}}{=} x^2$ は $f: x \mapsto x^2$ のように書くのが普通です。Pythonでは`def f(x): return x**2 - 1`は`f = lambda x: x**2 - 1`と書くことができます。

階乗のような関数は数学的帰納法により定義されます。これはPythonでは**再帰法**[注15]を用いて定義します。

注13　プログラミング言語によっては、サブルーチンまたは副プログラムとも呼ばれます。

注14　この名称は、計算理論の分野において計算を抽象化したラムダ計算という体系があり、そこで用いられる $\lambda x.x^2 - 1$ のようなラムダ記法に由来しています。

注15　関数の中で自分自身の関数を呼び出すことを再帰といいます。

$$f(n) \stackrel{\text{def}}{=} \begin{cases} 1 & n=0\text{のとき} \\ n \cdot f(n-1) & \text{その他} \end{cases}$$

```
>>> f = lambda n: 1 if n==0 else n * f(n-1)
>>> [f(n) for n in range(11)]
[1, 1, 2, 6, 24, 120, 720, 5040, 40320, 362880, 3628800]
```

ここで、`1 if n==0 else n * f(n-1)`は**3項演算子**と呼ばれます。

写像$f : X \to Y$に対して、直積集合$X \times Y$の部分集合である

$$\{(x, y) \mid x \in X \text{ and } y = f(x)\}$$

を、fの**グラフ**といいます。二つの写像fとgのグラフが等しいとき、$f = g$であるとします。

$f : X \to Y$のとき、Xをfの**定義域**といいます。また、$A \subset X$に対して、

$$\begin{aligned} f(A) &\stackrel{\text{def}}{=} \{f(x) \mid x \in A\} \\ &= \{y \mid y = f(x)\text{となる}x \in A\text{が存在する}\} \end{aligned}$$

と定義して、これをAのfによる**像**といいます。特に、定義域Xのfによる像をfの**値域**といい、range(f)で表します。一方、$B \subset Y$に対して

$$f^{-1}(B) \stackrel{\text{def}}{=} \{x \mid f(x) \in B\}$$

と定義して、これをBのfによる**逆像**といいます。

$f : X \to Y$の値域がYに等しいとき、fをYの**上への写像**または**全射**であるといいます。一方、「$x_1 \neq x_2 \Rightarrow f(x_1) \neq f(x_2)$」、あるいはこれと同値な「$f(x_1) = f(x_2) \Rightarrow x_1 = x_2$」という条件を満たすとき、$f$は**1対1写像**または**単射**であるといいます。

$f : X \to Y$が1対1上への写像（**全単射**ともいう）のとき、$f(x) \mapsto x$というYからXへの写像を考えることができます。この写像をf^{-1}で表し、fの**逆写像**といいます。

$f : X \to Y$および$g : Y \to Z$に対して、$h : x \mapsto g(f(x))$は$h : X \to Z$となります。このhをfとgの**合成写像**といい、$g \circ f$で表します。

$g : X \to Y$および$f : Y \to Z$がいずれも全単射のとき、$z = (f \circ g)(x)$とすると

$$\left(g^{-1} \circ f^{-1}\right)(z) = g^{-1}\left(f^{-1}(f(g(x)))\right) = g^{-1}(g(x)) = x$$

なので、$(f \circ g)^{-1} = g^{-1} \circ f^{-1}$がいえます。

$f : x \mapsto x$である$f : X \to X$を、X上の**恒等写像**といいます。恒等写像は逆写像を持ち、それは自分自身です。また、$f : X \to Y$が逆写像を持つならば$f^{-1} \circ f$はX上の恒等写像、$f \circ f^{-1}$はY上の恒等写像となります。したがって、$\left(f^{-1}\right)^{-1} = f$です。

1.6　Pythonにおけるクラスとオブジェクト

Pythonでは「もの」のことを**オブジェクト**と呼びます。同じ構造を持つオブジェクトの全体を一

まとめにした抽象的概念を**クラス**といいます。例えば、3.14というのはfloatクラスのオブジェクトの人間の目に見える形です[注16]。実際のオブジェクトは浮動小数点数というデータ形式の2進数でコンピュータのメモリ上に格納されます。intクラスのオブジェクトである整数とは記憶の仕方が異なります。

Pythonには、要素を持つオブジェクトが何種類かあります。すでに説明した集合やタプルがその例です[注17]。要素を持つオブジェクトは、タプルのように要素が順番に並んでいるものと、集合のように要素の並び方は問わないものに分かれます。要素が順番に並ぶオブジェクトとしては、文字列とリストが代表的です。これらのオブジェクトの要素はタプルと同じように、並んでいる順番に0番目、1番目、2番目などと数えて、その番号で要素を参照できます。この番号のことを**添字**または**インデックス**といいます。また、後ろからは、−1番目、−2番目、−3番目のように、負数の添字でも参照できます。

▼文字列（string）とその使用例

```
>>> A = 'Hello Python!'; A
'Hello Python!'
>>> print(A)
Hello Python!
>>> print(A[0], A[1], A[2], A[3])
H e l l
>>> print(A[-1], A[-2], A[-3], A[-4])
! n o h
```

文字列はクォーテーションマーク'またはダブルクォーテーションマーク"で囲みます。文字列の要素は、タプル同様に添字で参照できます。

▼リスト（list）とその使用例

```
>>> B = ['Earth', 'Mars', 'Jupiter']; B
['Earth', 'Mars', 'Jupiter']
>>> print(B[0], B[1], B[2])
Earth Mars Jupiter
>>> print(B[-1], B[-2], B[-3])
Jupiter Mars Earth
>>> B.append('Saturn'); B
['Earth', 'Mars', 'Jupiter', 'Saturn']
```

注16　「プログラム」という用語は、言語の文法に従って人間が読み書きできるプログラムの字面と、コンピュータのメモリ上にある機械語と呼ばれるプログラムの両方の意味で用いられ、前者の意味で使うときは**コード**といいます。数や後述する文字列などの定数のコード上での表現を**リテラル**といいます。float型という名称は、機械語における実数の表現が**浮動小数点方式**に従っていることに由来しています。

注17　数学では集合の構成要素は「要素」、ベクトルなど並びに順序がある構成要素は「成分」（数列などでは「項」）と使い分けていますが、Pythonの世界ではすべて「要素」という用語を用いるのが一般的です。

リストは[]で囲みます。リストの要素も添字で参照できます。appendは**リストクラスのメソッド**です。リストの最後尾に新たな要素を付け加えるもので、リストBの内容が一部変更されます。

人間が使う辞書は英和辞典や国語辞典のように項目の並びが重要ですが、Pythonの辞書と呼ばれるクラスは要素の並びに順番がありません。要素を参照するには**キー**を用います。人間が使う辞書では「Python: プログラミング言語の一つ」のように言葉とその説明がありますが、辞書の見出しになる言葉がキーにあたります。

▼辞書（dictionary）とその使用例

```
>>> C = {'Earth': '3rd', 'Mars': '4th', 'Jupiter': '5th'}; C
{'Earth': '3rd', 'Mars': '4th', 'Jupiter': '5th'}
>>> C['Earth']
'3rd'
>>> C['Saturn'] = '6th'; C
{'Earth': '3rd', 'Mars': '4th', 'Jupiter': '5th', 'Saturn': '6th'}
```

辞書は{}で囲みます。**キー**を要素として、そのキーに対する**値**をコロン:で対にしたものを並べます。キーを用いて、そのキーに対する値を参照できます。新たなキーとそのキーに対する値を付け加えることで、辞書Cの内容が一部変更されます。

要素を持つオブジェクトは、集合と同様にinで要素の有無を調べられます。また、for文と組み合わせればループカウンタになります。

▼プログラム：planet.py

```
1  C = {'Earth': '3rd', 'Mars': '4th', 'Jupiter': '5th'}
2  for x in C:
3      print(f'{x} is the {C[x]} planet in the solar system.')
4  print()
5  for x in sorted(C):
6      print(f'{x} is the {C[x]} planet in the solar system.')
```

- **2行目** … xは辞書Cのキーを動きます。
- **3行目** … f'{x} is the {C[x]} planet in the solar system.'は**フォーマット文字列**と呼ばれるもので、{}で囲まれた部分にxおよびC[x]の値を埋め込んだ文字列が生成されます。
- **5行目** … 辞書のキーの並びはコンピュータの都合で決められるので、ある意図を持った並びにしたい場合はsorted関数を使います。この例では、いわゆる辞書式順序になります。sorted関数の引数を変更すれば、別の並び方にすることもできます。

▼実行結果

```
Earth is the 3rd planet in the solar system.
Mars is the 4th planet in the solar system.
Jupiter is the 5th planet in the solar system.

Earth is the 3rd planet in the solar system.
Jupiter is the 5th planet in the solar system.
Mars is the 4th planet in the solar system.
```

フォーマット文字列はPython3.6から新しく付け加えられた記法です。等価な三つの記法も知っておきましょう。

```
1 >>> x, y, z = 1, 2, 3; x, y, z
2 (1, 2, 3)
3 >>> f'{x}+{y}+{z}'
4 '1+2+3'
5 >>> '{}+{}+{}'.format(x, y, z)
6 '1+2+3'
7 >>> '%s+%s+%s' % (x, y, z)
8 '1+2+3'
```

3行目はフォーマット文字列、5行目は文字列クラスのformatメソッド、7行目はフォーマット演算子を用いています。

リストクラスにはsorted関数と似たsortメソッドがあります。

```
9 >>> A = [z, y, x]; A
10 [3, 2, 1]
11 >>> sorted(A)
12 [1, 2, 3]
13 >>> A
14 [3, 2, 1]
15 >>> A.sort()
16 >>> A
17 [1, 2, 3]
```

sortメソッドは、そのリスト自身を書き換えてしまう破壊的メソッドです。

あるクラスのメソッドとは、そのクラスのオブジェクトを操作することに特化した関数です。リストクラスのメソッドappendは、リストの内容を変更しているので破壊的メソッドです。辞書でも、C['Saturn'] = '6th'のようにすると辞書Cの内容が変更されます。リスト、集合、辞書は、オブジェクトが生成された後にその一部または全体を変更できるので、**変更可能なオブジェクト**と呼ばれます。タプルと文字列はオブジェクトが生成された後に中身を書き換えられないので、**変更不能なオブジェクト**といいます。整数、実数、複素数などの数を表すクラスのオブジェクトも変更不能です。変更不能なオブジェクトは、辞書のキーになることができます。

1.7　リスト、配列、および行列

n個の「もの」が順番に並んだものを**リスト**といいます。このとき、nのことをリストの**長さ**といいます。

数学ではn重タプルとリストの言葉の使い分けは、概ね次のようにいえるでしょう。n重タプルは、nが一定でしかも各i番目の成分がある決まった集合の要素である場合、すなわち、タプルをある特定のn重直積集合の要素と考えている場合に使います。それに対してリストは、長さが可変でn重直積集合の要素であるということを意識せず、ものを単に列挙するときに用いられます。

Pythonにおけるタプルとリストの違いは、タプルは変更不能なオブジェクトであり、リストは変更可能なオブジェクトであるということです。これまで見てきた通り、タプルは()で囲み、リストは[]で囲みます。

```
1  >>> A = (1, 2, 3); A
2  (1, 2, 3)
3  >>> B = [1, 2, 3]; B
4  [1, 2, 3]
5  >>> A[0], B[0]
6  (1, 1)
7  >>> B[0] = 0; B
8  [0, 2, 3]
9  >>> A[0] = 0
10 Traceback (most recent call last):
11   File "<pyshell#13>", line 1, in <module>
12     A[0] = 0
13 TypeError: 'tuple' object does not support item assignment
```

タプルやリストのi番目の要素を参照するときは、A[$i-1$]あるいはB[$i-1$]とします。添字が1ではなく0から始まっているためです。リストの要素には代入もできます。タプルの要素には代入はできません。10〜13行目のように、代入しようとするとエラーになります。リストには要素を追加するappendメソッドがありましたが、タプルにこれに相当するものはありません。タプルおよびリストはいずれも要素を持たないことがあり、それぞれ()および[]で表します。これらの長さは0であるとします。

$k_1, k_2, \ldots, k_n \in \mathbb{N}$に対して、

$$I = \{1, 2, \ldots, k_1\} \times \{1, 2, \ldots, k_2\} \times \cdots \times \{1, 2, \ldots, k_n\}$$

として、空でない集合Xに対し、$A : I \to X$をX上の$\boldsymbol{n}$**次元配列**といいます。

$A\big((i_1, i_2, \ldots, i_n)\big)$を$a_{i_1, i_2, \ldots, i_n}$で表すことにして、

$$A = [\![a_{i_1, i_2, \ldots, i_n}]\!]_{i_1=1,}^{k_1} \, {}_{i_2=1,}^{k_2} \, \cdots, {}_{i_n=1}^{k_n}$$

のように表現することにします。$a_{i_1, i_2, \ldots, i_n}$を、$A$の$i_1 i_2 \cdots i_n$成分（または要素）と呼び、$i_1 i_2 \cdots i_n$を**添字**（**インデックス**）といいます。

1次元配列$[\![a_i]\!]_{i=1}^{k}$は、k重タプル$(a_1,\ a_2,\ \ldots,\ a_k)$とみなすことができます。2次元配列$[\![a_{ij}]\!]_{i=1,}^{k} \, {}_{j=1}^{l}$の成分を縦横に並べて

$$\begin{bmatrix} a_{11} & a_{12} & \cdots & a_{1l} \\ a_{21} & a_{22} & \cdots & a_{2l} \\ \vdots & \vdots & \ddots & \vdots \\ a_{kl} & a_{k2} & \cdots & a_{kl} \end{bmatrix}$$

と表現したものを[注18]、(k, l)型の**行列**といいます。行列の横の並びを**行**といい、上から1行目、2行目、…、k行目などと数えます。行列の縦の並びを**列**といい、左から1列目、2列目、…、l列目などと数えます。

多くのプログラミング言語では**配列**と呼ばれるデータ構造が備わっており、配列を用いて行列を表現することが可能です。Pythonには特に配列というクラスはありません。通常、リストを入れ子にすることにより行列を表現できるからです。

▼プログラム：matrix.py

```
1  A = [[1, 2, 3], [4, 5, 6], [7, 8, 9]]
2  for i in range(3):
3      for j in range(3):
4          print(f'A[{i}][{j}]=={A[i][j]}', end=', ')
5      print()
```

- **1行目** … Aは、三つの要素を持つリストで、要素はすべてリストです。
- **4行目** … print関数は通常、最後に改行コードを送出しますが、endが与えられると改行コードがその文字列に置き換わります。
- **5行目** … 引数のないprint()は、改行コードのみ送出します。

注18　a_{11}は1次元配列の11番目の成分、あるいはa_{ij}は1次元配列の$i \times j$番目の成分とも読めるので、本来はa_{ij}を$a_{i,j}$と書くべきですが、慣習に従い、誤解の生じない場合に限りこのように表記します。

▼実行結果

```
A[0][0]==1, A[0][1]==2, A[0][2]==3,
A[1][0]==4, A[1][1]==5, A[1][2]==6,
A[2][0]==7, A[2][1]==8, A[2][2]==9,
```

通常のプログラミング言語の実装では、配列の要素はすべて同じデータ型であることが必要となります。Pythonではリストで代用しているので、配列の要素は違ったデータ型でも構いません。1列目は学生の名前である文字列、2列目は学籍番号である整数値などといった使い方ができます。このような柔軟性はあるものの、Pythonの処理系が**インタプリタ**注19であることもあいまって、行列計算にリストを使うと、行列が大きくなるにつれて計算速度が低下します。

NumPyには配列にあたるndarrayクラス注20（以下の説明では、単に**アレイ**と呼ぶことにします）が定義されており、行列や関数の計算を高速に実行できます注21。アレイにはベクトルや行列計算に便利な関数やメソッドが用意されており、コードも書きやすく（読みやすく）なります。アレイを用いた本格的な計算は、以降の章で徐々に勉強していきましょう。

1.8 画像データの準備

この節では、第3章以降でPythonを用いた実験に用いる画像データを用意しておきます。読者はこれからの学習が楽しくなるように、自分のオリジナルのデータを作成しておくとよいでしょう。

●1.8.1 PILとNumPyによる画像データの2値化

大きな行列で表されるデータの一つである画像データについて、NumPyを利用してアレイとして扱ってみましょう。

▼プログラム：lena1.py

```
import PIL.Image as Img
from numpy import array

im1 = Img.open('lena.png').convert('L')
im1.thumbnail((100, 100))
A = array(im1)
m, n = A.shape
B = A < 128
```

注19　コードを解釈し、コンピュータで実行できるようにするシステムを言語処理系といいます。言語処理系がメモリに常駐して、コードを1行ずつ解釈実行するものをインタプリタといいます。一方、コードを一括して変換し、言語処理系の手を離れて実行できる機械語にまでするものをコンパイラといいます。前者を通訳、後者を翻訳に例えると、それぞれの特質を理解できると思います。

注20　組込みライブラリでarrayという名前がすでに使われてたので、先頭にndを付けて区別しています。ndはn次元という意味です。組込みライブラリarrayを本書で使うことはありません。

注21　インタプリタに行列計算を任せてしまうと考えると、高速になる理由を想像できるのではないでしょうか。実際、NumPyを使うと、C言語で書かれてコンパイルされた高速な行列計算プログラムが呼び出されます。インタプリタは、それを仲介しているに過ぎません。

```
 9 h = max(m, n)
10 y0, x0 = m / h, n / h
11
12 def f(i, j):
13     return (x0*(-1+2*j/(n-1)), y0*(1-2*i/(m-1)))
14
15 P = [f(i, j) for i in range(m) for j in range(n) if B[i, j]]
16 with open('lena.txt', 'w') as fd:
17     fd.write(repr(P))
```

- **1行目** … モジュール`PIL.Image`を`Img`と名前を付けてインポートします。

- **2行目** … ライブラリ`numpy`から、アレイを作るための`array`をインポートします。

- **4,5行目** … PNG形式の画像ファイル`lena.png`からデータを読み込み、グレースケールに変換したものを`im1`として取得します。さらに、その画像を縮小します。

- **6行目** … 画像データ`im1`からアレイを生成して、それを`A`とします。アレイはリストを用いて表現した行列よりも便利な機能を備えたデータ構造です。`A`の内容を見てみましょう。

```
>>> A
array([[161, 161, 159, ..., 115, 143, 160],
       [158, 158, 156, ..., 125, 107,  73],
       [156, 155, 156, ..., 100,  52,  43],
       ...,
       [ 55,  61,  84, ...,  58,  55,  52],
       [ 51,  53,  75, ...,  54,  59,  74],
       [ 48,  50,  66, ...,  54,  78,  99]], dtype=uint8)
>>> A[0, 0]
161
```

シェルウィンドウに表示するには大き過ぎるので、一部省略して表示されます。末尾の`dtype=uint8`は、要素のデータ型が8ビット符号なし整数（0以上256未満の整数）であるという意味です。これはグレーレベルの値（0：黒、255：白）を表します。アレイでは、要素は一律に同じ型になります。アレイにおける要素の参照は`A[i, j]`で行います。リストやタプル同様に、添字は0から始まります。

- **7行目** … `A.shape`は、`A`の列数（画像の横の大きさ）および行数（画像の縦の大きさ）を成分とするタプルです。それぞれ`m`と`n`に代入します。代入文の右辺がタプルやリストの場合、右辺に要素が同じ個数の変数を並べると、それらの順番に対応する要素の値が代入されます。

■ **8行目** … `A < 128`は、アレイ`A`の要素をすべて128と比較し、128未満ならば`True`、そうでなければ`False`として、`A`と同じ形[注22]（行数と列数）で要素がブール値であるアレイを返します。つまり`A`の要素のグレーレベルを閾値（しきいち）128でブール値にしたもので、そのアレイを`B`とします。

```
>>> m, n
(100, 100)
>>> B
array([[False, False, False, ...,  True, False, False],
       [False, False, False, ...,  True,  True,  True],
       [False, False, False, ...,  True,  True,  True],
       ...,
       [ True,  True,  True, ...,  True,  True,  True],
       [ True,  True,  True, ...,  True,  True,  True],
       [ True,  True,  True, ...,  True,  True,  True]])
```

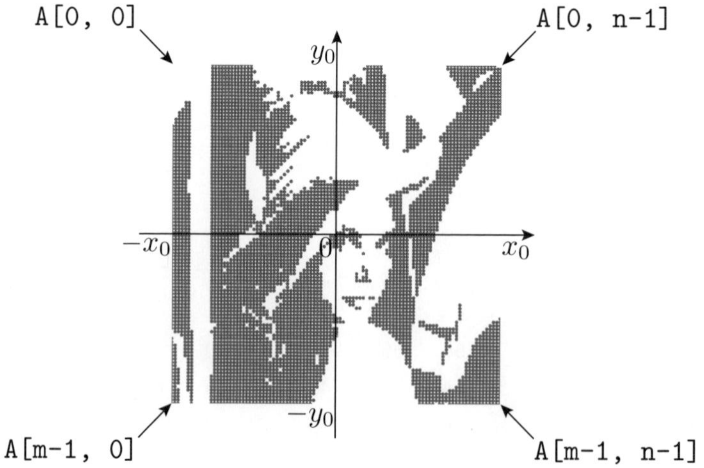

▲**図 1.3**　画像とxy座標平面との対応関係

■ **10行目** … 画像の縦横比は変えずに長いほうの辺の長さが1となるように縮小して、縦を`y0`および横を`x0`とします。このように、代入文の右辺にカンマで区切ってオブジェクトを並べると、これらのオブジェクトが並んだ一つのタプルと解釈されます。すなわち、Pythonにおける`x, y = a, b`という表現は`x, y = (a, b)`であると解釈され、7行目の説明のところで述べたように、これは`x = a; y = b`と同じ結果になります。

■ **12, 13行目** … 画像の第i行第j列の画素を、xy-座標平面の$-1 \leqq x \leqq 1$、$-1 \leqq y \leqq 1$の点(x, y)に対応させる関数を定義します。具体的には、$(i, j) \mapsto (x, y)$を

注22　NumPyではshapeといいます。

$$
\begin{aligned}
(0,0) &\mapsto (-x_0,\quad y_0) \\
(0,n-1) &\mapsto (\ \ x_0,\quad y_0) \\
(m-1,0) &\mapsto (-x_0,\ -y_0) \\
(m-1,n-1) &\mapsto (\ \ x_0,\ -y_0)
\end{aligned}
$$

と変換されるようにします（図 1.3）。座標の変換式は次のようになります。

$$
f\ :\ (i,j)\ \mapsto\ \left(x_0\left(-1+\frac{2j}{n-1}\right),\ y_0\left(1-\frac{2i}{m-1}\right)\right)
$$

画像が正方形であれば、すなわち $m = n = 100$ ならば $x_0 = y_0 = 1$ ですが、そうでない場合は長辺がちょうど -1 と 1 の間に収まるようにしています。

```
>>> f(0, 0)
(-1.0, 1.0)
>>> f(0, 99)
(1.0, 1.0)
>>> f(99, 0)
(-1.0, -1.0)
>>> f(99, 99)
(1.0, -1.0)
```

- **15 行目** … B をスキャンして、要素のブール値が True である点の座標 (x, y) を要素とするリスト P を作ります。
- **16, 17 行目** … P のリストを repr 関数で文字列にして、テキストファイル lena.txt に書き込みます。open 関数の引数 'w' は、ファイルを書き込みのために開くことを意味します。オブジェクトを文字列に変換する関数としては、str 関数もあります。str 関数を使うと、人間にとって読みやすい文字列となりますが、その文字列を Python のコードとして評価することはできません。repr 関数で文字列にしたものは、eval 関数で元に戻せます。

```
>>> A = array([1, 2, 3]); A
array([1, 2, 3])
>>> print(A)
[1 2 3]
>>> str(A)
'[1 2 3]'
>>> repr(A)
'array([1, 2, 3])'
>>> eval('array([1, 2, 3])')
array([1, 2, 3])
```

次のプログラムlena2.pyは、テキストファイルlena.txt（QRコードからダウンロードできます）を読み込んで2値化した図を表示するものです。

▼プログラム：lena2.py

```
1  import matplotlib.pyplot as plt
2
3  with open('lena.txt', 'r') as fd:
4      P = eval(fd.read())
5  x, y = zip(*P)
6  plt.scatter(x, y, s=3)
7  plt.axis('scaled'), plt.xlim(-1, 1), plt.ylim(-1, 1), plt.show()
```

- **3, 4行目** … 'r' はファイルを読み込みのために開くことを意味します。lena1.pyでreprを用いて文字列に変換したデータを、関数evalでリストに戻します。

- **5行目** … Pは2次元座標のリスト

$$[(x_1, y_1),\ (x_2, y_2),\ \ldots,\ (x_n, y_n)]$$

です。これをx座標のリスト$[x_1, x_2, \ldots, x_n]$と、y座標だけのリスト$[y_1, y_2, \ldots, y_n]$に分けて、それぞれxおよびyとします。

- **6, 7行目** … Matplotlibで、散布図を作ります。s=3は、座標(x_i, y_i)に打つ点の大きさを意味します。plt.axis('scaled')はグラフの縦横比を、x座標の範囲とy座標の範囲の比率に合わせます。このようにして図1.4左が表示されます。図1.4右はその一部を拡大したものです。

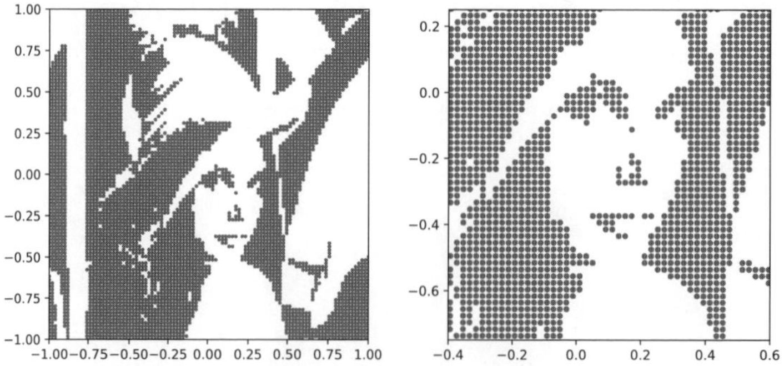

▲**図 1.4**　2値化された平面画像

1.8.2 複素数値化した手書き文字データをGUIで作る

第6章や第10章では、複素数値化されたデータを扱います。2次元平面に書かれた文字などの線図形を描画し、複素数値化したデータとして保存するGUIツール[注23]を作ってみましょう。ここでは、Tkinterという組み込みのライブラリを利用します。

このプログラムでは、複素平面の $-1 \leqq \mathrm{Re}\, z \leqq 1$ かつ $-1 \leqq \mathrm{Im}\, z \leqq 1$ （$z \in \mathbb{C}$）である領域に文字が書かれたものとして、複素数を要素とするリスト（複素数の数列）で軌跡を表してテキストファイル`tablet.txt`（QRコードからダウンロードできます）に保存することにします。

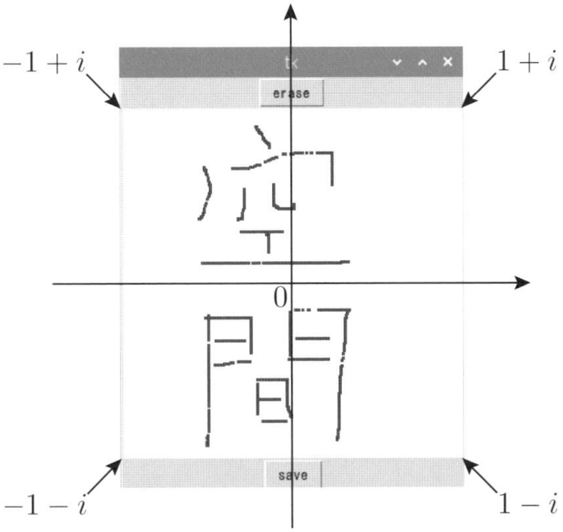

▲図 1.5　複素平面上の線図形を作成するGUI

▼プログラム：tablet.py

```
from tkinter import Tk, Button, Canvas

def point(x, y):
    return C.create_oval(x-1, y-1, x+1, y+1, outline='blue', fill='blue')

def PushButton(event):
    x, y = event.x, event.y
    Segs.append([((x, y), point(x, y))])

def DragMouse(event):
    x, y = event.x, event.y
    Segs[-1].append(((x, y), point(x, y)))
```

注23　Graphical User Interfaceの略であり、マウスなどにより画面を操作することでコンピュータとやりとりできるプログラムを指します。

```
13
14 def Erase():
15     if Segs != []:
16         seg = Segs.pop()
17         for p in seg:
18             C.delete(p[1])
19
20 def Save():
21     if Segs != []:
22         L = []
23         for seg in Segs:
24             for (x, y), _ in seg:
25                 L.append((x - 160)/160 + 1j*(160 - y)/160)
26         with open(filename, 'w') as fd:
27             fd.write(repr(L))
28         print('saved!')
29
30 filename = 'tablet.txt'
31 Segs = []
32 tk = Tk()
33 Button(tk, text="erase", command=Erase).pack()
34 C = Canvas(tk, width=320, height=320, bg='white')
35 C.pack()
36 C.bind("<Button-1>", PushButton)
37 C.bind("<B1-Motion>", DragMouse)
38 Button(tk, text="save", command=Save).pack()
39 tk.mainloop()
```

- **1行目** … GUI作成のためのライブラリとしてtkinterを利用します。tkクラスのオブジェクトに、マウスクリックで操作可能なボタンであるButtonクラスのオブジェクト、マウスドラッグで線図形を描けるキャンバスであるCanvasクラスのオブジェクトを配置して使います。

- **3, 4行目** … キャンバス上の点を表現するオブジェクトを生成します。1行だけの関数なので、利用しているPushButton関数とDragMouse関数に直接戻り値に相当する式を記述してもよいのですが、1行が長く読みにくくなるので、補助的に使うための関数にしました。プログラムでは、読みやすくする工夫も大切です。

- **6〜28行目** … マウス操作を感知したら実行される関数を定義します。マウスをドラッグしている間、マウスポインタの位置座標とキャンバス上に描画された点のオブジェクトを対にしたタプルの変化を記録したリストを一つの線分として考えます。

- **30行目** … saveボタンが押されたときにデータを保存するファイルの名前です。
- **31行目** … Segsは、PushButton関数とDragMouse関数で作成される線分を表すリストを一つひとつの要素として、それらを記録するためのリストです。
- **32〜38行目** … 画面にウィンドウを作り、それにキャンバスやボタンを組み込んで、マウスの操作によりどの関数を呼び出すかを決めます。eraseボタンが押されると、直近に描画された線分を取り除きます。saveボタンが押されると、Segsの位置座標のデータを複素数に変換し、一つのリストにしてファイルに保存します。
- **39行目** … マウスの操作が起こることを待つ無限ループに入ります。作成されたウィンドウを閉じない限り、プログラムは終了しません。ある「こと」が起きたときにどういう動作をするかプログラムに記述しておいて「こと」の発生を待つことを、**事象駆動型**（**イベントドリブン**）プログラミングと呼びます。

1.8.3 グレースケールの手書き文字データ

文字データを線図形ではなくグレースケールの平面図形として扱うこともあります。図1.6は、よく機械学習の実験に使われるMNISTの手書き数字のデータの一部を示したものです。

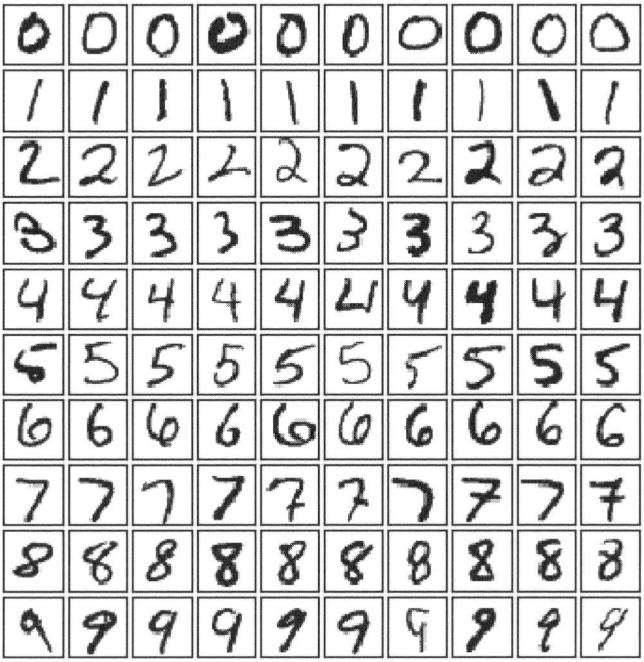

▲**図1.6** MNISTの手書き数字データの一部

http://yann.lecun.com/exdb/mnist/

のページには

- train-images-idx3-ubyte.gz: training set images (9912422 bytes)
- train-labels-idx1-ubyte.gz: training set labels (28881 bytes)
- t10k-images-idx3-ubyte.gz: test set images (1648877 bytes)
- t10k-labels-idx1-ubyte.gz: test set labels (4542 bytes)

の四つのファイルがあります注24。これらをダウンロードして解凍注25したものを、これから作成するプログラム`mnist.py`と同じフォルダに置きます。ファイル名をそれぞれ

- train-images.bin
- train-labels.bin
- test-images.bin
- test-labels.bin

としておくことにします。train-images.binとtest-images.binのファイルには、それぞれ60,000個と10,000個の画像があります。train-labels.binとtest-labels.binのファイルには、各画像のラベル（画像が表す数字）が保存されています。通常、train-*のほうが機械学習の学習に使われ、test-*のほうが学習結果の検証に用いられます。これらはバイナリファイルですが、どのようなデータ形式となっているかはダウンロード元のページの最後のほうに書いてあります。説明されている形式に従い、次のプログラムで中身を覗いてみましょう。

▼プログラム：mnist.py

```python
import numpy as np
import matplotlib.pyplot as plt

N = 10000
with open('test-images.bin', 'rb') as f1:
    X = np.fromfile(f1, 'uint8', -1)[16:]
X = X.reshape((N, 28, 28))
with open('test-labels.bin', 'rb') as f2:
    Y = np.fromfile(f2, 'uint8', -1)[8:]
D = {y: [] for y in set(Y)}
for x, y in zip(X, Y):
```

注24　上のURLからこれらのファイルを直接ダウンロードできない場合は、本書のサポートページに掲載している対処方法をご参照ください。

注25　gzという拡張子の圧縮ファイルは、macOSおよびRaspberry Piではダブルクリックで解凍できます。Windowsでは7-ZipやLhaplusなどのフリーの解凍ソフトをインストールする必要があります。

```
12     D[y].append(x)
13 print([len(D[y]) for y in sorted(D)])
14
15 fig, ax = plt.subplots(10, 10)
16 for y in D:
17     for k in range(10):
18         A = 255 - D[y][k]
19         ax[y][k].imshow(A, 'gray')
20         ax[y][k].tick_params(labelbottom=False, labelleft=False,
21                              color='white')
22 plt.show()
```

- **4行目** … Nは、データ数です。

- **5, 6行目** … 画像のバイナリファイルを読み込みます。ここではファイルのデータを、uint8、すなわち符号なし8ビット整数として、最後まで読み込みます（-1を正の整数値にすると、読み込むバイト数を指定できます）。16バイト目より前はファイルのヘッダなので、データ部分だけをアレイXとします。

- **7行目** … Xは要素数が$N \times 28 \times 28$の1次元アレイなので、これを3次元アレイに変換します。

- **8, 9行目** … ラベルのバイナリファイルを読み込みます。8バイト目から、0〜9の整数値が書かれた1バイトのデータが並んでいるので、これをアレイYとします。

- **10行目** … ラベルをキーとする辞書を作ります。キーnに対する値は、nのつもりで書かれた全パターンのリストとします。最初は空リストです。set(Y)は、アレイYから重複する要素を取り除いた集合です。ここでは0から9の整数になるはずです。

- **11〜13行目** … zip(X, Y)は、Xの要素xとYの要素yをそれぞれ順番に取り出して作られるタプル(x, y)を要素とするリストです。画像xのラベルがyなので、辞書におけるラベルyに対するリストに画像xを付け加えます。このようにして画像をラベルで分類した辞書Dが完成します。13行目では、各ラベルに画像がいくつ保存されているかを調べています。具体的には、辞書のキーの並びをsorted関数で整列し、その順番（0、1、2、…）で画像数をリストの形で表示します。テストデータは各ラベル（0〜9）に対して、次の数の画像がありました。

```
[980, 1135, 1032, 1010, 982, 892, 958, 1028, 974, 1009]
```

- **15〜22行目** … 0〜9のラベルについて、それぞれ最初の10パターンの画像を表示します。15行目は、一つの図に複数のグラフを埋め込むための用意です。グラフを10行10列に並べます。18行目で、画像の白黒を反転したものをAとしています。19行目で、Aをグレースケールで描画します。20、21行目では、グラフの目盛りなどを表示しないようにしています。22行目で、実際に図1.6のように表示されます。

第2章 線形空間と線形写像

前章で数学的な準備が整ったので、この章では線形代数の舞台装置である線形空間および線形代数の主役ともいえる線形写像について学びます。

線形空間とはベクトルの集合です。高校数学で馴染み深い平面ベクトルや空間ベクトルは、ベクトルのほんの一例に過ぎません。多項式や三角関数などの関数もベクトルであることをここで学びます。それを応用すれば、音もベクトルと見ることができます。Pythonを利用して、これらさまざまな顔を持つベクトルを、実際に目で見たり耳で聴いたりします。

この章では、線形代数の抽象的議論（抽象線形空間）に慣れましょう。抽象的議論は無味乾燥に思えるかもしれませんが、一見異なる物事を統一的に扱うことによって見通しをよくする科学的思考であり、最も重要な手段の一つです。わずかな公理から出発する飛躍のない議論の進行が、心地よく感じるようになってくればしめたものです。後続の章で、抽象的議論が徐々に具体化されて、人間の手またはコンピュータによる計算方法が明らかになっていきます。

2.1 線形空間

以下、本書では、$\mathbb{K}$によって実数全体の集合$\mathbb{R}$または複素数全体の集合$\mathbb{C}$のいずれかを表すものとします。$\mathbb{K}$を**スカラー体**、その要素を**スカラー**といいます。

Vをある集合とします。次の1から5の条件をすべて満たすときに、Vは$\mathbb{K}$上の**線形空間**または**ベクトル空間**といい、Vの要素のことを**ベクトル**といいます[注1]。

1. 任意のベクトル$\boldsymbol{x}$、$\boldsymbol{y}$に対して、**ベクトル和**と呼ばれる2項演算$\boldsymbol{x}+\boldsymbol{y}\in V$を決めることができる（**ベクトル和に関して閉じている**[注2]）
2. 任意のベクトル$\boldsymbol{x}$と任意のスカラーaに対して、**スカラー倍**と呼ばれる2項演算$a\boldsymbol{x}\in V$を決めることができる（**スカラー倍に関して閉じている**）
3. **零ベクトル**と呼ばれる一つのベクトル$\boldsymbol{0}\in V$を決めることができる（**零ベクトルを持つ**）
4. 任意のベクトル$\boldsymbol{x}$に対して、**逆ベクトル**と呼ばれる単項演算$-\boldsymbol{x}\in V$を決めることができる（**逆ベクトルに関して閉じている**）

注1　ベクトルとスカラーの区別を明確にするために、ベクトルは太字で表すことにします。

注2　$\boldsymbol{x}+\boldsymbol{y}$を$V$の中に決めることが重要です。それを「閉じている」という言葉で表現しています。スカラー倍、逆ベクトルについても同様です。

5. 上で決めたベクトル和、スカラー倍、零ベクトル、逆ベクトルに対して、**線形空間の公理**[注3]と呼ばれる次の条件を満たす

(a) $\boldsymbol{x} + \boldsymbol{y} = \boldsymbol{y} + \boldsymbol{x}$　　(b) $(\boldsymbol{x} + \boldsymbol{y}) + \boldsymbol{z} = \boldsymbol{x} + (\boldsymbol{y} + \boldsymbol{z})$

(c) $\boldsymbol{x} + \boldsymbol{0} = \boldsymbol{x}$　　(d) $\boldsymbol{x} + (-\boldsymbol{x}) = \boldsymbol{0}$

(e) $a\,(\boldsymbol{x} + \boldsymbol{y}) = a\boldsymbol{x} + a\boldsymbol{y}$　　(f) $(a + b)\,\boldsymbol{x} = a\boldsymbol{x} + b\boldsymbol{x}$

(g) $(ab)\,\boldsymbol{x} = a\,(b\boldsymbol{x})$　　(h) $1\boldsymbol{x} = \boldsymbol{x}$

ここで、$0 \in \mathbb{K}$と$\boldsymbol{0} \in V$は区別します。また、$1 \in \mathbb{K}$です。

$\mathbb{R}$上の線形空間は**実線形空間**ともいい、ベクトルに掛けることができる数は実数に限られます。$\mathbb{C}$上の線形空間は**複素線形空間**ともいい、ベクトルに掛ける数として複素数まで許されます。特に、$\mathbb{R}$は実線形空間であり、$\mathbb{C}$は複素線形空間です。$\mathbb{C}$は、複素数がベクトル、実数がスカラーと考え、実数と複素数の積をスカラー倍とすれば、実線形空間であるとも考えられます。この場合は、スカラーの0はベクトルの$\boldsymbol{0}$と同じものになります。一方、$\mathbb{R}$は、実数をベクトル、複素数をスカラーと考え、複素数と実数の積をスカラー倍としても、スカラー倍が$\mathbb{R}$で閉じないため、複素線形空間ではありません。

例 2.1　ある平面上（あるいは、空間内）の有向線分どうしは、互いに平行移動して始点も終点もぴったり一致するときに、同じ大きさと方向を持つと考えます。この量を、$\vec{x}$、$\vec{y}$、$\vec{z}$などで表すことにします。図 2.1 は、ベクトル和$\vec{x} + \vec{y}$の決め方、およびそれが$\vec{y} + \vec{x}$に等しくなること（線形空間の公理(a)）を示しています。

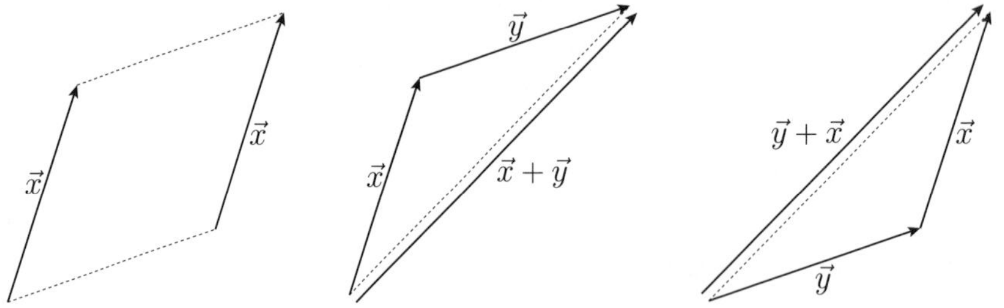

▲**図 2.1**　ベクトル和

スカラー倍$a\vec{x}$は、$a > 0$のときは方向を変えずに大きさをa倍した量、$a < 0$のときは方向を正反対にして大きさを$|a|$倍した量と決めます。$a = 0$とすると$a\vec{x}$は大きさが0になってしまい、この場合は特別に方向を持たない量となりますが、これを$\vec{0}$とします。さらに、$a = -1$のときの$a\vec{x}$を$-\vec{x}$

注3　これから展開する線形代数学では、これらの性質を理論の出発点とするので公理といいます。しかし、ある空間が線形空間であるということを示すには、ベクトル和、スカラー倍、零ベクトル、逆ベクトルを決めた上で、この公理が成立することを証明しなければなりません。

とします。これで、ベクトル和、スカラー倍、零ベクトル、逆ベクトルが決まりました。スカラー倍は実数だけを考えて注4、このようなベクトルの全体は実線形空間となります。

問2.1 例 2.1 で、線形空間の公理 (b) から (h) までの条件の幾何学的意味を考えなさい。

Matplotlibを用いて、2次元空間のベクトルに対して$\vec{x}+\vec{y}=\vec{y}+\vec{x}$が成立することを視覚的に確かめてみましょう。

▼プログラム：vec2d.py

```
1 from numpy import array
2 import matplotlib.pyplot as plt
3
4 o, x, y = array([0, 0]), array([3, 2]), array([1, 2])
5 arrows = [(o, x+y, 'b'), (o, x, 'r'), (x, y, 'g'), (o, y, 'g'), (y, x, 'r')]
6 for p, v, c in arrows:
7     plt.quiver(p[0], p[1], v[0], v[1], color=c, units='xy', scale=1)
8 plt.axis('scaled'), plt.xlim(0, 5), plt.ylim(0, 5), plt.show()
```

- **4行目** … ベクトル$\vec{0}=(0,0)$、$\vec{x}=(3,2)$、$\vec{y}=(1,2)$を、それぞれアレイo、x、yで表現します。アレイを用いてベクトルを表現すると、ベクトル和$\vec{x}+\vec{y}$はx + y、スカラー倍$2\vec{x}$は2 * xのように表せます。
- **5行目** … 矢印として描画したいベクトルのリストです。始点、ベクトル、色の三つ組（タプル）を、矢印を決めるパラメタとします。
- **6, 7行目** … タプル(p, v, c)がリストarrowsの一つひとつの要素となって、繰り返し矢印を描きます。Matplotlibの矢印を描画するための関数quiverを使います。quiverの最初の四つの実引数は**位置引数**と呼ばれるものです。その後の三つcolor、units、scaleは**名前引数**と呼ばれ、=の右辺が実引数となります。位置引数は与える順番が意味を持ちます。一方、名前引数は名前が意味を持つので、与える順番を変えても構いません。units='xy'は矢印の大きさの与え方であり、x座標とy座標で指定することを意味します。scale=1は矢印を描くときの縮尺です。数値を大きくすると小さく描画されます。
- **8行目** … 図2.2左を得ます。

VPythonを用いて、3次元空間のベクトルに対して$(\vec{x}+\vec{y})+\vec{z}=\vec{x}+(\vec{y}+\vec{z})$が成立することを視覚的に確かめてみましょう。

注4　平面や空間のベクトルの複素数倍は、今は直感的に思い浮かべることはできないでしょう。第6章や第7章で、実線形空間を複素線形空間に拡大して考えると都合のよいことがあります。

▼プログラム：vec3d.py

```
1  from vpython import vector, curve, arrow, mag
2
3  o, x, y, z = vector(0,0,0), vector(1,0,0), vector(0,1,0), vector(0,0,1)
4  for v in [x, y, z]:
5      curve(pos=[-2*v, 2*v], color=v)
6  arrows = [(o, x+y), (x, y+z), (o, x+y+z), (o, x), (y, x), (z, x), (y+z, x),
7            (o, y), (x, y), (z, y), (x+z, y), (o, z), (x, z), (y, z), (x+y, z)]
8  for p, v in arrows:
9      arrow(pos=p, axis=v, color=v, shaftwidth=mag(v)/50)
```

- **3行目** … VPythonのvectorクラスを用いて、ベクトル$\vec{0} = (0,0,0)$、$\vec{x} = (1,0,0)$、$\vec{y} = (0,1,0)$、$\vec{z} = (0,0,1)$を、それぞれo、x、y、zで表すことにします。

- **4, 5行目** … 曲線を描くことができるcurve関数を用いて、xyz座標空間の座標軸を描きます。x軸、y軸およびz軸を、それぞれ-2から2の範囲で赤、緑および青色の直線で表します。

- **6, 7行目** … 矢印として描画したいベクトルのリストです。始点、ベクトルの対（タプル）を、矢印を決めるパラメタとします。

- **8, 9行目** … タプル(p, v)がリストarrowsの一つひとつの要素となって、繰り返し矢印を描きます。ベクトルの色と軸の太さは、ベクトルの成分や大きさで決めることにします。図2.2右は、画面上でマウスをドラッグすることにより、視点を変えています（QRコード参照）。

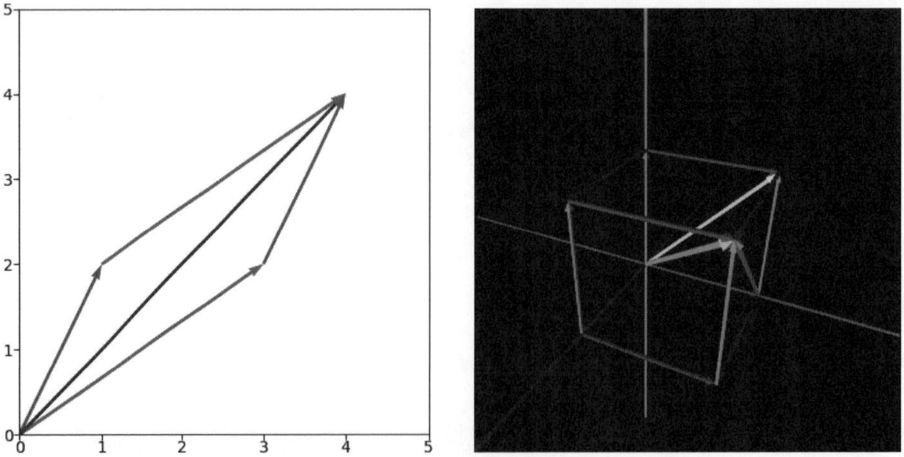

▲**図 2.2**　平面ベクトル（左）と空間ベクトル（右）

問2.2　vec3d.pyで、線形空間の公理を確かめなさい。

線形空間の公理から、以下の主張が直ちに導かれます[注5]。

1. $\boldsymbol{x}+\boldsymbol{y}=\boldsymbol{z} \Rightarrow \boldsymbol{y}=\boldsymbol{z}-\boldsymbol{x}$　（注：$\boldsymbol{z}-\boldsymbol{x}$ は $\boldsymbol{z}+(-\boldsymbol{x})$ を意味する）
   $\because \boldsymbol{x}+\boldsymbol{y}=\boldsymbol{z}$ とすると、

$$
\begin{aligned}
\boldsymbol{y} &= \boldsymbol{y}+\boldsymbol{0} && \text{（線形空間の公理(c)より）}\\
&= \boldsymbol{y}+\bigl(\boldsymbol{x}+(-\boldsymbol{x})\bigr) && \text{（線形空間の公理(d)より）}\\
&= (\boldsymbol{y}+\boldsymbol{x})+(-\boldsymbol{x}) && \text{（線形空間の公理(b)より）}\\
&= (\boldsymbol{x}+\boldsymbol{y})+(-\boldsymbol{x}) && \text{（線形空間の公理(a)より）}\\
&= \boldsymbol{z}+(-\boldsymbol{x}) && \text{（仮定より）}
\end{aligned}
$$

2. $a \neq 0$ のとき、$a\boldsymbol{x}=\boldsymbol{y} \Rightarrow \boldsymbol{x}=\dfrac{\boldsymbol{y}}{a}$　（注：$\dfrac{\boldsymbol{y}}{a}$ は $\dfrac{1}{a}\boldsymbol{y}$ を意味する）
   $\because a \neq 0$ で、$a\boldsymbol{x}=\boldsymbol{y}$ とすると、

$$
\begin{aligned}
\boldsymbol{x} &= 1\boldsymbol{x} && \text{（線形空間の公理(h)より）}\\
&= \left(\frac{1}{a}\cdot a\right)\boldsymbol{x} && \text{（数の性質より）}\\
&= \frac{1}{a}(a\boldsymbol{x}) && \text{（線形空間の公理(g)より）}\\
&= \frac{1}{a}\boldsymbol{y} && \text{（仮定より）}
\end{aligned}
$$

3. **（零ベクトルの一意性）** $\boldsymbol{x}+\boldsymbol{y}=\boldsymbol{x} \Rightarrow \boldsymbol{y}=\boldsymbol{0}$
   $\because \boldsymbol{x}+\boldsymbol{y}=\boldsymbol{x}$ とすると、1より $\boldsymbol{y}=\boldsymbol{x}+(-\boldsymbol{x})=\boldsymbol{0}$
4. $0\boldsymbol{x}=\boldsymbol{0}$
   $\because \boldsymbol{x}+0\boldsymbol{x}=1\boldsymbol{x}+0\boldsymbol{x}=(1+0)\boldsymbol{x}=1\boldsymbol{x}=\boldsymbol{x}$ なので、3より $0\boldsymbol{x}=\boldsymbol{0}$
5. $a\boldsymbol{0}=\boldsymbol{0}$
   $\because$ 4より、$a\boldsymbol{0}=a(0\boldsymbol{0})=(a0)\boldsymbol{0}=0\boldsymbol{0}=\boldsymbol{0}$
6. **（逆ベクトルの一意性）** $\boldsymbol{x}+\boldsymbol{y}=\boldsymbol{0} \Rightarrow \boldsymbol{y}=-\boldsymbol{x}$
   $\because \boldsymbol{x}+\boldsymbol{y}=\boldsymbol{0}$ とすると、1より $\boldsymbol{y}=\boldsymbol{0}+(-\boldsymbol{x})=(-\boldsymbol{x})+\boldsymbol{0}=-\boldsymbol{x}$
7. $(-1)\boldsymbol{x}=-\boldsymbol{x}$
   $\because \boldsymbol{x}+(-1)\boldsymbol{x}=1\boldsymbol{x}+(-1)\boldsymbol{x}=(1+(-1))\boldsymbol{x}=0\boldsymbol{x}=\boldsymbol{0}$ なので、6より $-\boldsymbol{x}=(-1)\boldsymbol{x}$
8. $-(-\boldsymbol{x})=\boldsymbol{x}$
   $\because (-\boldsymbol{x})+\boldsymbol{x}=\boldsymbol{x}+(-\boldsymbol{x})=\boldsymbol{0}$ なので、6より $-(-\boldsymbol{x})=\boldsymbol{x}$
9. $a\boldsymbol{x}=\boldsymbol{0} \Rightarrow a=0 \text{ or } \boldsymbol{x}=\boldsymbol{0}$
   $\because a\boldsymbol{x}=\boldsymbol{0}$ とする。$a=0$ とすると結論は正しい。$a=0$ でないとすると、2と5より $\boldsymbol{x}=\dfrac{1}{a}\boldsymbol{0}=\boldsymbol{0}$ なので、結論は正しい。よって、いずれにせよ、結論は正しい。

注5　「P のとき、$Q \Rightarrow R$ である」という主張に対して、P のことを**前提条件**、Q のことを**仮定**、R のことを**結論**といいます。この形の主張は、P と Q を真であるとして、R を証明によって導き出します。前提条件はないこともあれば、省略されていることもあります。ここでの各主張では、$\boldsymbol{x}$ や $\boldsymbol{y}$、$\boldsymbol{z}$ はある線形空間のベクトルである、という前提条件は省略されています。

問2.3 次を証明しなさい。

1. $\boldsymbol{x}+\boldsymbol{x}=2\boldsymbol{x}$　（ヒント：線形空間の公理の(f)と(h)を使う）
2. $\overbrace{\boldsymbol{x}+\boldsymbol{x}+\cdots+\boldsymbol{x}}^{n\text{個}}=n\boldsymbol{x}$　（ヒント：数学的帰納法を使う）
3. $ab\neq 0$ならば、$\dfrac{\boldsymbol{x}}{a}+\dfrac{\boldsymbol{y}}{b}=\dfrac{b\boldsymbol{x}+a\boldsymbol{y}}{ab}$
4. $\boldsymbol{x}\neq\boldsymbol{0}$のとき、$a\boldsymbol{x}=\boldsymbol{x}$ならば$a=1$である
5. $\boldsymbol{x}\neq\boldsymbol{0}$のとき、$a\boldsymbol{x}=b\boldsymbol{x}$ならば$a=b$である

$\mathbb{K}^n$ は、$\mathbb{K}$ 上の線形空間です。ここで、一つこの本での約束があります。$\mathbb{K}^n$ の要素 $\vec{x}=(x_1,x_2,\ldots,x_n)$をベクトルと考えるときには

$$\vec{x}=\begin{bmatrix}x_1\\x_2\\\vdots\\x_n\end{bmatrix}$$

と縦に成分を並べて表記することがあります。紙面の都合で(行数の節約のために)、$(x_1,\ x_2,\ \ldots,\ x_n)$のままで書くときもあります。ベクトル和は

$$\begin{bmatrix}x_1\\x_2\\\vdots\\x_n\end{bmatrix}+\begin{bmatrix}y_1\\y_2\\\vdots\\y_n\end{bmatrix}\overset{\text{def}}{=}\begin{bmatrix}x_1+y_1\\x_2+y_2\\\vdots\\x_n+y_n\end{bmatrix}$$

と決めます。この場合は、ベクトルを横に書くより縦に書いたほうが見やすいでしょう。スカラー倍は

$$a\,(x_1,\ x_2,\ \ldots,\ x_n)\overset{\text{def}}{=}(ax_1,\ ax_2,\ \ldots,\ ax_n)$$

零ベクトルは

$$(0,\ 0,\ \ldots,\ 0)$$

逆ベクトルは

$$-(x_1,\ x_2,\ \ldots,\ x_n)\overset{\text{def}}{=}(-x_1,\ -x_2,\ \ldots,\ -x_n)$$

で決めます（ここでは紙面の都合で横に並べて書いています）。このとき、線形空間の公理(a)は次のように確かめられます。

$$\begin{bmatrix}x_1\\x_2\\\vdots\\x_n\end{bmatrix}+\begin{bmatrix}y_1\\y_2\\\vdots\\y_n\end{bmatrix}=\begin{bmatrix}x_1+y_1\\x_2+y_2\\\vdots\\x_n+y_n\end{bmatrix}\qquad\text{（ベクトル和の定義より）}$$

$$= \begin{bmatrix} y_1 + x_1 \\ y_2 + x_2 \\ \vdots \\ y_n + x_n \end{bmatrix} \quad \text{（数の性質より）}$$

$$= \begin{bmatrix} y_1 \\ y_2 \\ \vdots \\ y_n \end{bmatrix} + \begin{bmatrix} x_1 \\ x_2 \\ \vdots \\ x_n \end{bmatrix} \quad \text{（ベクトル和の定義より）}$$

問2.4 $\mathbb{K}^n$ が線形空間の公理(b)〜(h)を満たすことを確かめなさい。

xy-座標平面の点(x, y)は$\mathbb{R}^2$のベクトルに、xyz-座標空間の点(x, y, z)は$\mathbb{R}^3$のベクトルに1対1に対応します（図2.3左および中央）。$n \geqq 4$のときは、$\mathbb{R}^n$の要素を矢印や点として図示することはできませんが、$1 \leqq i \leqq n$である整数iに対してx_iを対応させる関数のグラフとして表現することができます（図2.3右）。

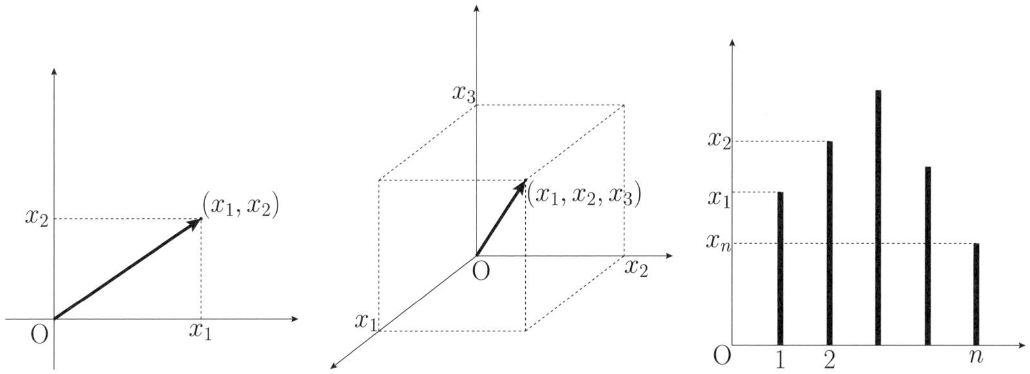

▲**図2.3** 2次元ベクトル（左）、3次元ベクトル（中央）、n次元ベクトル（右）

空でない集合Xに対して、X上で定義され$\mathbb{K}$に値をとる関数の全体$\mathbb{K}^X$は$\mathbb{K}$上の線形空間です。関数$f, g \in \mathbb{K}^X$に対して

$$f + g \ : \ x \mapsto f(x) + g(x)$$

をベクトル和とします。$a \in \mathbb{K}$に対して

$$af \ : \ x \mapsto af(x)$$

をスカラー倍とします。定数関数

$$0 \ : \ x \mapsto 0$$

を零ベクトルとし、

$$-f \;:\; x \mapsto -f(x)$$

を f の逆ベクトルとします。このとき、線形空間の公理 (a) は次のように確かめられます。任意の $x \in X$ について、

$$\begin{aligned}(f+g)(x) &= f(x) + g(x) && \text{（ベクトル和の定義より）}\\ &= g(x) + f(x) && \text{（数の性質より）}\\ &= (g+f)(x) && \text{（ベクトル和の定義より）}\end{aligned}$$

問2.5　$\mathbb{K}^X$ が線形空間の公理 (b)〜(h) を満たすことを確かめなさい。

$f, g \in \mathbb{R}^{[-\pi,\pi]}$ を、例えば

$$f(x) \stackrel{\text{def}}{=} x^2 + x + 1, \qquad g(x) \stackrel{\text{def}}{=} 3\sin x + 4\cos x$$

とします。Matplotlibでグラフを描画して、ベクトル和 $f+g$、スカラー倍 $2f$、逆ベクトル $-f$ を見てみましょう（図2.4）。

▼プログラム：func.py

```
from numpy import pi, sin, cos, linspace
import matplotlib.pyplot as plt

f = lambda x: x**2 + x + 1
g = lambda x: 3*sin(x) + 4*cos(x)
x = linspace(-pi, pi, 101)
plt.subplot(121), plt.ylim(-15, 30)
plt.plot(x, 0*x, color='red')
plt.plot(x, f(x), color='green')
plt.plot(x, g(x), color='blue')
plt.text(3, 0, '0', color='red', fontsize=20)
plt.text(-3, f(-3), 'f', color='green', fontsize=20)
plt.text(-3, g(-3), 'g', color='blue', fontsize=20)
plt.subplot(122), plt.ylim(-15, 30)
plt.plot(x, f(x)+g(x), color='cyan')
plt.plot(x, -f(x), color='magenta')
plt.plot(x, 2*f(x), color='yellow')
plt.text(-3, f(-3)+g(-3), 'f+g', color='cyan', fontsize=20)
plt.text(3, -f(3), '-f', color='magenta', fontsize=20)
plt.text(3, 2*f(3), '2f', color='yellow', fontsize=20)
plt.show()
```

- **4, 5行目** … 関数 $f: x^2 + x + 1$ および $g: 3\sin(x) + 4\cos(x)$ を定義します。
- **6行目** … 区間 $[-\pi, \pi]$ を100等分した101個の点のアレイを x とします。
- **7〜13行目** … `subplot(121)` は、画面を縦方向に1行、横方向に2列に区切った2個の領域のうちの1番目の領域、すなわち左側にグラフを描くという意味です。`subplot(1,2,1)` と書いても同じ意味になります。`plt.ylim(-15, 30)` で、グラフ y 軸の範囲を指定します。ここには、0、f および g のグラフを作成します。6行目で定義したアレイ x に対して、`0*x` はアレイ x のすべての成分が0倍されたアレイ、すなわち x と同じ要素数の0を成分とするアレイになります。`f(x)`（または `g(x)`）は x のすべての成分に関数 f（または g）を適用したアレイとなります[注6]。11〜13行目は、それぞれの関数を表す曲線付近に、`text` 関数で説明のための文字を書き加えます。
- **14〜20行目** … `subplot(122)` は、画面を縦方向に1行、横方向に2列に区切った2個の領域のうちの2番目の領域、すなわち右側にグラフを描くという意味です。`subplot(1,2,2)` と書いても同じ意味になります。ここには関数 $f+g$、$-f$ および $2f$ のグラフを作成し、説明の文字を書き加えます。

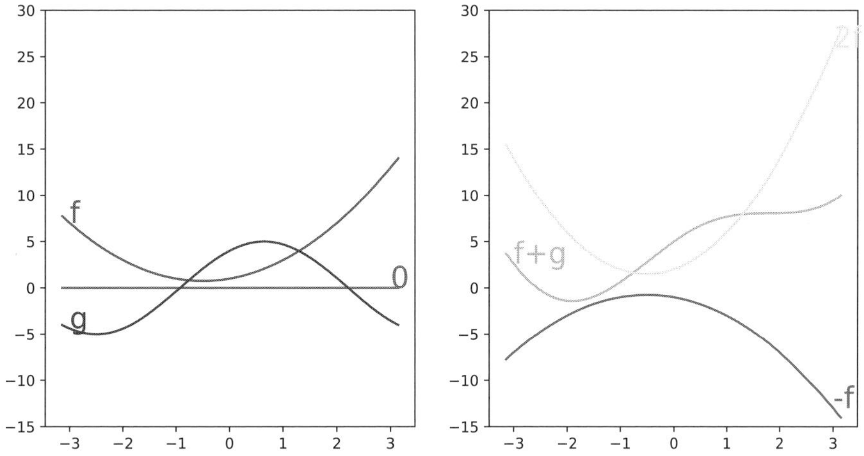

▲**図 2.4** $\mathbb{R}^{[-\pi,\pi]}$ のベクトル和、スカラー倍、零ベクトル、逆ベクトル

$[0, 2\pi]$ 上で定義され $\mathbb{C}$ に値をとる関数の全体 $\mathbb{C}^{[0,2\pi]}$ は、複素線形空間になります。$f_n : t \mapsto e^{int}$ である $f_n \in \mathbb{C}^{[0,2\pi]}$ を考えてみましょう（$n = 0, \pm1, \pm2, \ldots$）。$t$ を0から 2π まで変化させたときの $f_n(t) = \mathrm{Re}\, f_n(t) + i\, \mathrm{Im}\, f_n(t)$ を、3次元空間に値をとる関数

$$t \mapsto (t,\ \mathrm{Re}\, f_n(t),\ \mathrm{Im}\, f_n(t))$$

のグラフとして描くことができます。

注6　アレイに関数を適用すると、アレイの個々の要素に関数が適用されます。これをブロードキャストといいます。リストの場合、要素に関数を適用するには、リスト内包表記を用いるか、あるいは組込み関数 map を利用します。アレイとブロードキャストを用いたほうがコードが読みやすく、多次元のアレイにも応用でき、しかも要素数が多い場合の実行が高速です。

▼プログラム：cfunc.py

```
1  from numpy import exp, pi, linspace
2  import matplotlib.pyplot as plt
3
4  f = lambda n, x: exp(1j * n * x)
5  x = linspace(0, 2 * pi, 1001)
6  plt.figure(figsize=(10, 5))
7  plt.subplot(121, projection='3d')
8  for n in range(-3, 0):
9      plt.plot(x, f(n, x).real, f(n, x).imag)
10 plt.subplot(122, projection='3d')
11 for n in range(4):
12     plt.plot(x, f(n, x).real, f(n, x).imag)
13 plt.show()
```

- **4行目** … 複素数値関数 $f_n : x \mapsto e^{inx}$ を定義します。
- **5行目** … 区間 $[0, 2\pi]$ を 1000 等分した両端も含む 1001 個の点を要素とするアレイを x として定義します。
- **7行目** … 画面を1行2列に分割した1番目の領域に、3次元グラフの座標軸を設定します。
- **8, 9行目** … $n = -3, -2, -1$ に対する $x \mapsto f_n(x)$ のグラフを描きます。
- **10行目** … 画面を1行2列に分割した2番目の領域に、3次元グラフの座標軸を設定します。
- **11, 12行目** … $n = 0, 1, 2, 3$ に対する $x \mapsto f_n(x)$ のグラフを描きます。

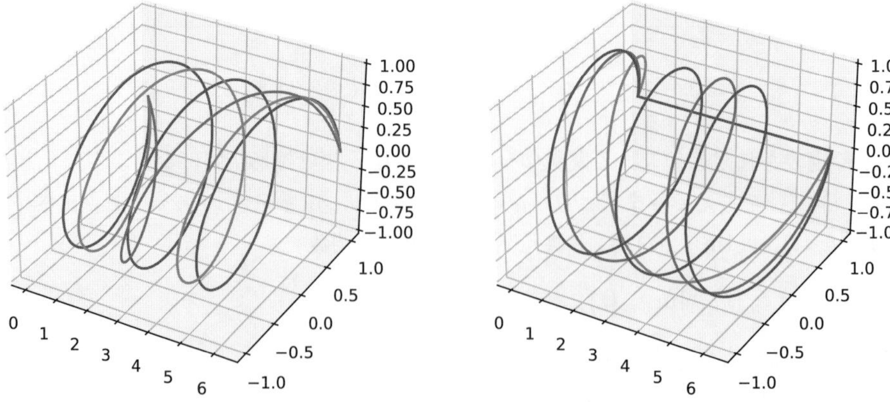

▲**図 2.5**　$\mathbb{C}^{[0,2\pi]}$ のベクトル（グラフ上でマウスをドラッグすると視点が変えられます。QR コードに操作例）

問2.6　上のプログラムで、n の動く範囲を変えて関数の形を観察しなさい。特に、500近く、および1000近くで動かしてみなさい。

2.2　部分空間

V を $\mathbb{K}$ 上の線形空間とします。V の部分集合 W が、V の**部分空間**であるとは、V で定義されていたベクトル和、スカラー倍、零ベクトル、逆ベクトルで、W 自身が $\mathbb{K}$ 上の線形空間となること、すなわち、

1. 任意の $\boldsymbol{x}, \boldsymbol{y} \in W$ に対して、$\boldsymbol{x} + \boldsymbol{y} \in W$ である（ベクトル和に関して閉じている）
2. 任意の $a \in \mathbb{K}$ および任意の $\boldsymbol{x} \in W$ に対して、$a\boldsymbol{x} \in W$ である（スカラー倍に関して閉じている）
3. $\mathbf{0} \in W$ である（零ベクトルを持つ）
4. 任意の $\boldsymbol{x} \in W$ に対して、$-\boldsymbol{x} \in W$ である（逆ベクトルに関して閉じている）

を満たすことです。

線形空間の公理 (a)〜(h) の条件は V で成立していますから、W で成立するかを改めて確かめる必要はありません。3の条件は W が空集合でないという条件の下で、$a = 0$ として2から導かれます。4の条件も、$a = -1$ として2から導かれます。問2.7にあるように、W が空集合でないという条件の下で、1から4の条件は一つにまとめることができます。

問2.7　1から4の条件は、W が空集合でないという条件の下で、次と同値であることを証明しなさい。

5. 任意の $a, b \in \mathbb{K}$ および任意の $\boldsymbol{x}, \boldsymbol{y} \in W$ に対して、$a\boldsymbol{x} + b\boldsymbol{y} \in W$

また、部分空間 W は、任意の $a_1, a_2, \ldots, a_n \in \mathbb{K}$ および任意の $\boldsymbol{x}_1, \boldsymbol{x}_2, \ldots, \boldsymbol{x}_n \in W$ に対して

$$a_1\boldsymbol{x}_1 + a_2\boldsymbol{x}_2 + \cdots + a_n\boldsymbol{x}_n \in W$$

を満たすことを示しなさい。

V 自身は明らかに V の部分空間です。また、$\mathbf{0} + \mathbf{0} = \mathbf{0}$、任意の $a \in \mathbb{K}$ に対して $a\mathbf{0} = \mathbf{0}$ であることなどから $\{\mathbf{0}\}$ も V の部分空間です。この二つの部分空間を、**自明な部分空間**といいます。

$\mathbb{R}^2$ の部分空間は、自明な部分空間以外は、原点を通る直線に限られます。$\mathbb{R}^3$ の部分空間は、自明な部分空間以外は、原点を通る直線、および原点を通る平面に限られます。ただしここではまだ、直線および平面とは何かは、数学的に厳密には明らかにされていません[注7]。

注7　第３章で、次元および基底による線形空間の表現によって明らかになります。

問2.8 $\mathbb{R}^2$ および $\mathbb{R}^3$ の部分空間に関する上の事実を、幾何学的に理解しなさい。

W_1 および W_2 を V の部分空間とします。このとき、$W_1 \cap W_2$ は V の部分空間になります。なぜならば、$\mathbf{0} \in W_1$ かつ $\mathbf{0} \in W_2$ なので、$\mathbf{0} \in W_1 \cap W_2$ です。また、$a, b \in \mathbb{K}$ および $\boldsymbol{x}, \boldsymbol{y} \in W_1 \cap W_2$ を任意とすると、$\boldsymbol{x}, \boldsymbol{y} \in W_1$ なので W_1 が部分空間であることから、$a\boldsymbol{x} + b\boldsymbol{y} \in W_1$ です。同様に $a\boldsymbol{x} + b\boldsymbol{y} \in W_2$ もいえます。したがって、$a\boldsymbol{x} + b\boldsymbol{y} \in W_1 \cap W_2$ であり、$W_1 \cap W_2$ は部分空間となります。

次に、$\{W_i \mid i \in I\}$ を V の部分空間を要素とする空でない集合とします[注8]。

$$\bigcap_{i \in I} W_i \overset{\text{def}}{=} \{\boldsymbol{x} \mid \text{任意の} i \in I \text{に対して、} \boldsymbol{x} \in W_i \text{である}\}$$

と定義します。特に、$I = \{1, 2, \ldots, n\}$ のときは、

$$\bigcap_{i \in I} W_i = W_1 \cap W_2 \cap \cdots \cap W_n$$

です。このとき、$\displaystyle\bigcap_{i \in I} W_i$ は V の部分空間になります。

問2.9 $\displaystyle\bigcap_{i \in I} W_i$ は V の部分空間となることを証明しなさい。

問2.10 V を $\mathbb{K}$ 上の線形空間とするとき、$S \subseteq V$ に対して、$S \subseteq W \subseteq V$ である部分空間 W のうち、集合の包含関係に関して最小のものが存在することを示しなさい。
ヒント：$\{W_i \mid i \in I\}$ を、S を部分集合として含む部分空間の全体の集合とすると、$W_0 = \displaystyle\bigcap_{i \in I} W_i$ が最小の部分空間となります。最小であることは、$W \subseteq W_0$ かつ $W \in \{W_i \mid i \in I\}$ であるならば、$W = W_0$ であることによります。

問2.11 V の部分空間 W に対して、W^{C} は V の部分空間には決してならないことを示しなさい。また、V の部分空間 W_1 および W_2 に対して、$W_1 \cup W_2$ や $W_1 \setminus W_2$ が部分空間となるかどうかを考えなさい。

注8　もし部分空間を要素とする集合を理解することが難しければ、$V = \mathbb{R}^2$ または $\mathbb{R}^3$ として、原点を通るいくつかの直線、あるいは平面を要素とする集合をイメージしてください。

2.3 線形写像

VおよびWを$\mathbb{K}$上の線形空間とします。写像$\boldsymbol{f}: V \to W$が**線形写像**であるとは、$\boldsymbol{f}$がV上のベクトル和、スカラー倍、零ベクトル、逆ベクトルという線形構造をすべてWに反映するとき[注9]、すなわち、

1. 任意の$\boldsymbol{x}, \boldsymbol{y} \in V$に対して、$\boldsymbol{f}(\boldsymbol{x}+\boldsymbol{y}) = \boldsymbol{f}(\boldsymbol{x}) + \boldsymbol{f}(\boldsymbol{y})$である（**ベクトル和を保存する**）
2. 任意の$a \in \mathbb{K}$および$\boldsymbol{x} \in V$に対して、$\boldsymbol{f}(a\boldsymbol{x}) = a\boldsymbol{f}(\boldsymbol{x})$である（**スカラー倍を保存する**）
3. $\boldsymbol{f}(\boldsymbol{0}_V) = \boldsymbol{0}_W$である（**零ベクトルを保存する**）
4. 任意の$\boldsymbol{x} \in V$に対して、$\boldsymbol{f}(-\boldsymbol{x}) = -\boldsymbol{f}(\boldsymbol{x})$である（**逆ベクトルを保存する**）

が成立するときをいいます。

ここで、$\boldsymbol{0}_V$はVの零ベクトル、$\boldsymbol{0}_W$はWの零ベクトルを表します。図2.6はベクトル和を保存することのイメージです。3の条件は、$a = 0$として2から導かれます。4の条件も、$a = -1$として2から導かれます。問2.12にあるように、1から4の条件は一つにまとめることができます。

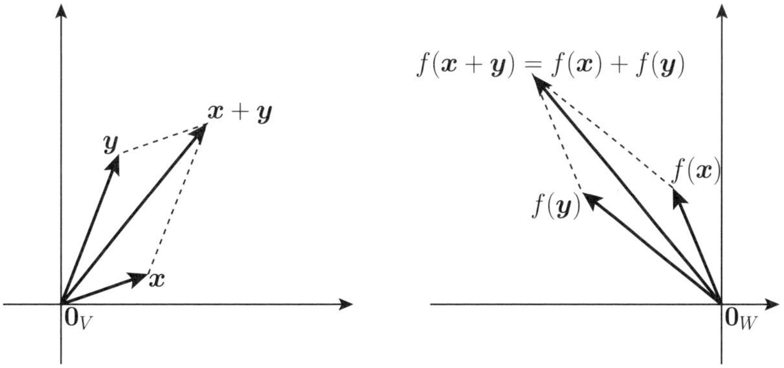

▲**図 2.6** ベクトル和の保存

問2.12 $\boldsymbol{f}$が線形写像であるための条件は、次の一つの条件と同値であることを示しなさい。

5. 任意の$a, b \in \mathbb{K}$および任意の$\boldsymbol{x}, \boldsymbol{y} \in V$に対して、

$$\boldsymbol{f}(a\boldsymbol{x}+b\boldsymbol{y}) = a\boldsymbol{f}(\boldsymbol{x}) + b\boldsymbol{f}(\boldsymbol{y})$$

また、線形写像$\boldsymbol{f}$は、任意の$a_1, a_2, \ldots, a_n \in \mathbb{K}$および任意の$\boldsymbol{x}_1, \boldsymbol{x}_2, \ldots, \boldsymbol{x}_n \in W$に対して、

$$\boldsymbol{f}(a_1\boldsymbol{x}_1 + a_2\boldsymbol{x}_2 + \cdots + a_n\boldsymbol{x}_n) = a_1\boldsymbol{f}(\boldsymbol{x}_1) + a_2\boldsymbol{f}(\boldsymbol{x}_2) + \cdots + a_n\boldsymbol{f}(\boldsymbol{x}_n)$$

を満たすことを示しなさい。

注9　**線形構造を保存する**という言い方をします。

V, W を $\mathbb{K}$ 上の線形空間とします。線形写像 $\boldsymbol{f}, \boldsymbol{g} : V \to W$ に対して、$\boldsymbol{f}+\boldsymbol{g} : \boldsymbol{x} \mapsto \boldsymbol{f}(\boldsymbol{x})+\boldsymbol{g}(\boldsymbol{x})$ を、**線形写像の和**といいます。また、$a \in \mathbb{K}$ および線形写像 $\boldsymbol{f} : V \to W$ に対して、$a\boldsymbol{f} : \boldsymbol{x} \mapsto a\boldsymbol{f}(\boldsymbol{x})$ を、**線形写像のスカラー倍**といいます。

U, V, W を $\mathbb{K}$ 上の線形空間とします。線形写像 $\boldsymbol{f} : V \to W$ および $\boldsymbol{g} : U \to V$ に対して、合成写像 $\boldsymbol{f} \circ \boldsymbol{g} : \boldsymbol{x} \mapsto \boldsymbol{f}(\boldsymbol{g}(\boldsymbol{x}))$ を、**線形写像の合成**といいます。

線形写像の和、スカラー倍、合成写像はいずれも線形写像となります。線形写像の和が線形写像になることは次で確かめられます。

$$
\begin{aligned}
(\boldsymbol{f}+\boldsymbol{g})(a\boldsymbol{x}+b\boldsymbol{y}) &= \boldsymbol{f}(a\boldsymbol{x}+b\boldsymbol{y})+\boldsymbol{g}(a\boldsymbol{x}+b\boldsymbol{y}) && \text{（線形写像の和の定義より）}\\
&= a\boldsymbol{f}(\boldsymbol{x})+b\boldsymbol{f}(\boldsymbol{y})+a\boldsymbol{g}(\boldsymbol{x})+b\boldsymbol{g}(\boldsymbol{y}) && \text{（}\boldsymbol{f},\boldsymbol{g}\text{が線形写像より）}\\
&= a(\boldsymbol{f}(\boldsymbol{x})+\boldsymbol{g}(\boldsymbol{x}))+b(\boldsymbol{f}(\boldsymbol{y})+\boldsymbol{g}(\boldsymbol{y})) && \text{（線形空間の公理より）}\\
&= a(\boldsymbol{f}+\boldsymbol{g})(\boldsymbol{x})+b(\boldsymbol{f}+\boldsymbol{g})(\boldsymbol{y}) && \text{（線形写像の和の定義より）}
\end{aligned}
$$

問2.13　線形写像のスカラー倍および合成写像も線形写像となることを確かめなさい。

線形写像 $\boldsymbol{f} : V \to W$ が全単射であるとき、$\boldsymbol{f}$ を**線形同型写像**であるといい、V と W は**同型**であるといいます。線形同型写像の逆写像 $\boldsymbol{f}^{-1} : W \to V$ も線形同型写像です。$\boldsymbol{f}^{-1}$ の線形性は、$\boldsymbol{y}=\boldsymbol{f}(\boldsymbol{x})$, $\boldsymbol{w}=\boldsymbol{f}(\boldsymbol{v})$ として、

$$
\begin{aligned}
\boldsymbol{f}^{-1}(a\boldsymbol{y}+b\boldsymbol{w}) &= \boldsymbol{f}^{-1}(a\boldsymbol{f}(\boldsymbol{x})+b\boldsymbol{f}(\boldsymbol{v})) && \text{（仮定より）}\\
&= \boldsymbol{f}^{-1}(\boldsymbol{f}(a\boldsymbol{x}+b\boldsymbol{v})) && \text{（}\boldsymbol{f}\text{が線形写像より）}\\
&= a\boldsymbol{x}+b\boldsymbol{v} && \text{（}\boldsymbol{f}^{-1}\text{が}\boldsymbol{f}\text{の逆写像より）}\\
&= a\boldsymbol{f}^{-1}(\boldsymbol{f}(\boldsymbol{x}))+b\boldsymbol{f}^{-1}(\boldsymbol{f}(\boldsymbol{v})) && \text{（}\boldsymbol{f}^{-1}\text{が}\boldsymbol{f}\text{の逆写像より）}\\
&= a\boldsymbol{f}^{-1}(\boldsymbol{y})+b\boldsymbol{f}^{-1}(\boldsymbol{w}) && \text{（仮定より）}
\end{aligned}
$$

で示すことができます。

$\boldsymbol{f} : V \to W$ を $\mathbb{K}$ 上の線形写像とし、$\boldsymbol{f}$ の値域を $\mathrm{range}(\boldsymbol{f})$ で表します。このとき、$\mathrm{range}(\boldsymbol{f})$ は W の部分空間となります。なぜならば、$\mathrm{range}(\boldsymbol{f}) \subseteq W$ であり、$\boldsymbol{f}(\boldsymbol{0}_V)=\boldsymbol{0}_W$ より $\boldsymbol{0}_W \in \mathrm{range}(\boldsymbol{f})$ なので、$\mathrm{range}(\boldsymbol{f})$ は W の空でない部分集合です。$a, b \in \mathbb{K}$ および $\boldsymbol{y}_1, \boldsymbol{y}_2 \in \mathrm{range}(\boldsymbol{f})$ を任意とします。すると $\boldsymbol{y}_1=\boldsymbol{f}(\boldsymbol{x}_1)$, $\boldsymbol{y}_2=\boldsymbol{f}(\boldsymbol{x}_2)$ となる $\boldsymbol{x}_1, \boldsymbol{x}_2 \in V$ が存在し、

$$
a\boldsymbol{y}_1+b\boldsymbol{y}_2 \;=\; a\boldsymbol{f}(\boldsymbol{x}_1)+b\boldsymbol{f}(\boldsymbol{x}_2) \;=\; \boldsymbol{f}(a\boldsymbol{x}_1+b\boldsymbol{x}_2)
$$

です。よって、$a\boldsymbol{y}_1+b\boldsymbol{y}_2 \in \mathrm{range}(\boldsymbol{f})$ がいえます。

一方、

$$
\mathrm{kernel}(\boldsymbol{f}) \overset{\mathrm{def}}{=} \{\boldsymbol{x} \mid \boldsymbol{f}(\boldsymbol{x})=\boldsymbol{0}_W\}
$$

と定義して、これを $\boldsymbol{f}$ の**核**といいます（図2.7）。$\mathrm{kernel}(\boldsymbol{f})$ は、$\{\boldsymbol{0}_W\}$ の $\boldsymbol{f}$ による逆像です。

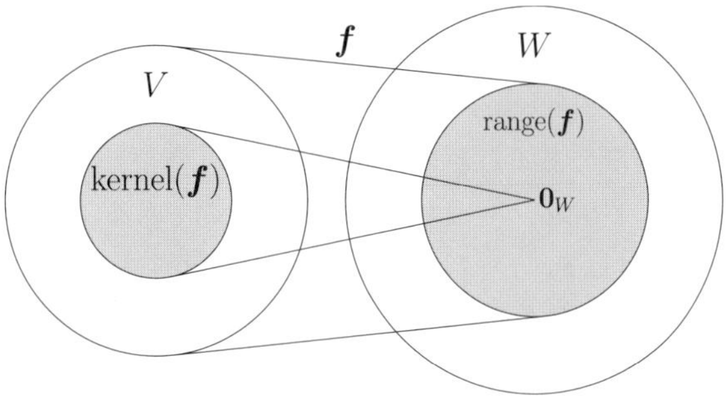

▲図 2.7　核と値域

kernel$(\boldsymbol{f})$も、Vの部分空間です。なぜならば、kernel$(\boldsymbol{f}) \subseteq V$であり、$f(\mathbf{0}_V) = \mathbf{0}_W$より$\mathbf{0}_V \in$ kernel$(\boldsymbol{f})$なので、kernel$(\boldsymbol{f})$はVの空でない部分集合です。$a, b \in \mathbb{K}$および$\boldsymbol{x}_1, \boldsymbol{x}_2 \in$ kernel$(\boldsymbol{f})$を任意とします。すると$\boldsymbol{f}(\boldsymbol{x}_1) = \boldsymbol{f}(\boldsymbol{x}_2) = \mathbf{0}_W$より、

$$\boldsymbol{f}(a\boldsymbol{x}_1 + b\boldsymbol{x}_2) \;=\; a\boldsymbol{f}(\boldsymbol{x}_1) + b\boldsymbol{f}(\boldsymbol{x}_2) \;=\; a\mathbf{0}_W + b\mathbf{0}_W \;=\; \mathbf{0}_W$$

です。よって、$a\boldsymbol{x}_1 + b\boldsymbol{x}_2 \in$ kernel$(\boldsymbol{f})$がいえます。

線形写像$\boldsymbol{f} : V \to W$の値域と核に関して、次が成立します。

1. $\boldsymbol{f}$が全射 $\Leftrightarrow$ range$(\boldsymbol{f}) = W$
2. $\boldsymbol{f}$が単射 $\Leftrightarrow$ kernel$(\boldsymbol{f}) = \{\mathbf{0}_V\}$

1は、全射の定義そのものです。2を示しましょう。まず、$\boldsymbol{f}$が単射であるとします。$\boldsymbol{x} \in$ kernel$(\boldsymbol{f})$であるとすると$\boldsymbol{f}(\boldsymbol{x}) = \mathbf{0}_W$です。一方、$\boldsymbol{f}(\mathbf{0}_V) = \mathbf{0}_W$だったので、$\boldsymbol{f}(\boldsymbol{x}) = \boldsymbol{f}(\mathbf{0}_V)$となり、$\boldsymbol{f}$が単射であることから$\boldsymbol{x} = \mathbf{0}_V$がいえます。逆に、kernel$(\boldsymbol{f}) = \{\mathbf{0}_V\}$であると仮定します。$\boldsymbol{x}, \boldsymbol{y} \in V$が$\boldsymbol{f}(\boldsymbol{x}) = \boldsymbol{f}(\boldsymbol{y})$であるとき、

$$\boldsymbol{f}(\boldsymbol{x} - \boldsymbol{y}) \;=\; \boldsymbol{f}(\boldsymbol{x}) - \boldsymbol{f}(\boldsymbol{y}) \;=\; \mathbf{0}_W$$

なので、仮定より$\boldsymbol{x} - \boldsymbol{y} = \mathbf{0}_V$、すなわち、$\boldsymbol{x} = \boldsymbol{y}$がいえます。

問2.14　$a, b, c, d \in \mathbb{R}$を定数とします。$(x, y) \in \mathbb{R}^2$に対して

$$\begin{cases} u &= ax + by \\ v &= cx + dy \end{cases}$$

を満たす$(u, v) \in \mathbb{R}^2$を対応させる写像を$\boldsymbol{f}$とします。$\boldsymbol{f} : \mathbb{R}^2 \to \mathbb{R}^2$が線形写像であることを証明しなさい。また、$(a, b, c, d) = (1, 2, 2, 3)$および$(a, b, c, d) = (1, 2, 2, 4)$の場合それぞれについて、$\boldsymbol{f}$の核と値域を求めなさい。

問2.15 定数関数、1次関数および2次関数の全体 $V=\left\{ax^2+bx+c \mid a,b,c\in\mathbb{R}\right\}$ を考えます。次の問に答えなさい。

1. V が線形空間であることを示しなさい。
2. $W=\left\{ax+b \mid a,b\in\mathbb{R}\right\}$ は V の部分空間であることを示しなさい。
3. $f\in V$ に対して、$D(f)$ は f の微分 f' を表すものとします。例えば、$D(1)=0,\ D(x)=1,\ D\left(x^2\right)=2x$ です。$D:V\to V$ は線形写像であることを示しなさい。
4. $\mathrm{range}\,(D)$ および $\mathrm{kernel}\,(D)$ を求めなさい。

2.4 応用：音を見る

音は空気の振動です。これは時間と共に変化する空気の圧力（音圧）という関数と考えられます。このとき

- ベクトル和は、二つの音を同時に鳴らした音です。
- スカラー倍は、音量を上げ下げすることです。
- 零ベクトルは無音です。
- 逆ベクトルは位相の逆転ですが、残念ながら人間の耳で聞き分けることはできません。ただし、ある音とその逆ベクトルである音を足し算すると零ベクトル、すなわち無音になるはずです[注10]。

ここでは音を扱うために、SciPyというPythonの外部ライブラリを使います。音声データにはいくつかのファイルフォーマットがありますが、ここではWAV形式のファイルを用います。インターネットなどでWAV形式の音を録音したファイルを探してきましょう[注11]。拡張子はwavです。この実験には数秒の長さのものが適切です。次のプログラム内のファイル名`sample.wav`の部分は、自分が見つけてきたファイル名に変更して実行してください。

▼プログラム：soundwav.py

```
import scipy.io.wavfile as wav
import numpy as np
import matplotlib.pyplot as plt

rate, Data = wav.read('sample.wav')
```

注10　この原理を応用したものが、ノイズキャンセラー付きヘッドフォンです。外界から入ってきた雑音を、その雑音の逆ベクトルと足し合わせることで雑音を打ち消します。

注11　Audacityというアプリケーションを用いると、WAV形式のファイルで音声を録音できます。Windows、macOS用のアプリケーションはAudacityのホームページからダウンロードできます。Raspberry Piの場合は、aptコマンドを使ってaudacityという名前のパッケージをインストールします。

```
6  print(rate, Data.shape, Data.dtype)
7  t = len(Data) / rate
8  dt = 1 / rate
9  print(t, dt)
10 x = np.arange(0, t, dt)
11 y = Data / 32768
12 if len(Data.shape) == 1:
13     plt.plot(x, y, linewidth=0.1)
14     plt.xlim(0, t), plt.ylim(-1, 1)
15 elif len(Data.shape) == 2:
16     plt.subplot(211), plt.xlim(0, t), plt.ylim(-1, 1)
17     plt.plot(x, y[:, 0], linewidth=0.1)
18     plt.subplot(212), plt.xlim(0, t), plt.ylim(-1, 1)
19     plt.plot(x, y[:, 1], linewidth=0.1)
20 plt.show()
```

- **1行目** … SciPyは、信号処理や統計処理などのデータサイエンスのためのライブラリであり、WAV形式のファイルを簡単に取り扱うことができます。
- **5行目** … WAVファイル`sample.wav`注12を読み込みます。`rate`は1秒間のサンプリング数、`Data`は音のデータ本体です。
- **6〜9行目** … `rate`と`Data`の形（`Data.shape`）を調べます。

```
22050 (248835,) int16
11.285034013605442 4.5351473922902495e-05
```

と表示されれば、その録音はサンプリングレート22050 Hz（ヘルツ）、つまり1秒間を22050に分割した時間間隔で音を拾ったものです。`Data`は1次元アレイで、248835個の音（モノラル）が並んでいます。録音時間は248835/22025で約11秒間ということになります。また、サンプリングした一つひとつの音の高さは符号付き16ビット整数値（int16）で記録されています。したがって、-32768以上32768未満の整数値に量子化されています。

```
48000 (947644, 2) int16
19.742583333333332 2.0833333333333333e-05
```

と表示されれば、その録音はサンプリングレート48000 Hzです。`Data`は2次元アレイで、947644個の左右二つの音（ステレオ）が並んでいます。録音時間は947644/48000で約20秒間というこ

注12　実行する際は、用意したWAVファイルの名前にしてください。

とになります。

- **10行目** … xは、0秒からt秒までのdt秒間隔の時刻の数列です。tは含みません。`np.linspace(0, t, len(data), endpoint=False)`でも、同じ数列が得られます。
- **11行目** … yは、Dataの −32768以上32768未満の整数で表されている音圧レベルを、−1以上1未満の実数に変換したアレイです。
- **12〜20行目** … モノラルとステレオで異なる処理をします。elif文は、直前のif文が成立しないとき、elifに続く条件節が成立する場合にブロックが実行されます。ステレオのときは、グラフを縦に2分割した上下に、左右の音の波形を描きます。図2.8が表示される波形の例です。モノラルの場合は14行目、ステレオの場合は16行目と18行目のplt.xlimの引数の値を変更すれば、部分的に時間軸を拡大して見ることができます。

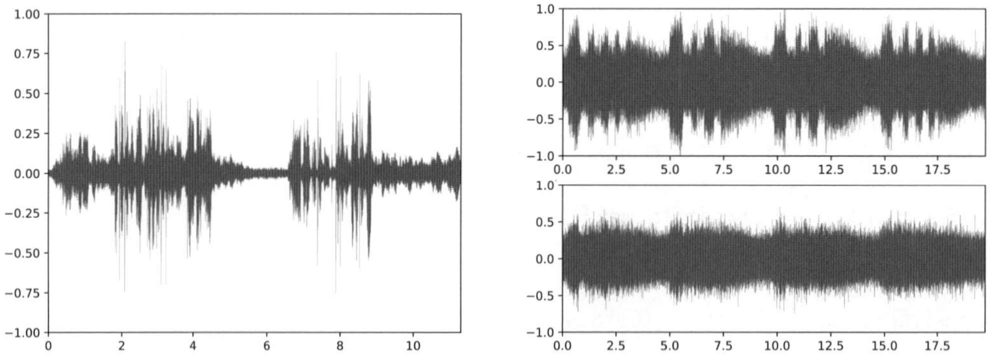

▲**図 2.8**　音を見る（左：モノラル、右：ステレオ、実際の音源がQRコードからダウンロードできます）

次のプログラムは、人工的にドミソの音を作って、それを重ねて和音にしたものを2秒の長さのWAVファイルとして保存するものです。ドの音、ミの音、ソの音、ドミソの和音のそれぞれについて、1秒後から1.01秒までの間の波形をグラフにしたのが図2.9です。

▼プログラム：chord.py

```
from numpy import arange, pi, sin
import scipy.io.wavfile as wav
import matplotlib.pyplot as plt

xmax, rate = 2, 22050
x = arange(0, xmax, 1 / rate)

def f(hz):
    octave = [2**n for n in [0, 1, 2, -2, -1]]
```

```
10         return [sin(2 * pi * hz * m * x) * 0.9 for m in octave]
11
12  A = f(440.000000)
13  B = f(493.883301)
14  C = f(523.251131)
15  D = f(587.329536)
16  E = f(659.255114)
17  F = f(698.456463)
18  G = f(783.990872)
19  CEG = (C[0] + E[0] + G[0]) / 3
20  Data = (CEG * 32768).astype('int16')
21  wav.write('CEG.wav', rate, Data)
22  plt.figure(figsize=(20, 5))
23  for y, c in [(C[0], 'r'), (E[0], 'g'), (G[0], 'b'), (CEG, 'k')]:
24      plt.plot(x, y, color=c)
25  plt.xlim(1, 1.01), plt.show()
```

- **5行目** … xmaxは音の長さ（秒）とします。rateはサンプリング周波数です。
- **6行目** … xは、0を初項、サンプリング周期を公差とする等差数列のxmax未満を要素とするアレイです。
- **8～10行目** … 与えられたhzを基準の音の周波数として、上下2オクターブ分、合計五つの音源を作ります。振幅が1未満になるように0.9倍しています。戻り値は、基準の音源、1オクターブ上の音源、2オクターブ上の音源、2オクターブ下の音源、1オクターブ下の音源を表すアレイが順に並んだリストです。1オクターブ下と2オクターブ下の音源を負のインデックスで参照できるように、このような並びにしています。
- **12～18行目** … A（ラ）からG（ソ）の音源を作ります。例えば、A[0]からG[0]、A[1]からG[1]、A[-1]からG[-1]がそれぞれ、基準の音階、1オクターブ上の音階、1オクターブ下の音階になります。
- **19行目** … 和音を作ります。絶対値が1を超えないように、和を3で割っています。
- **20行目** … −1以上1未満の実数値を−32768以上32768未満の整数値（16ビット整数）に変換します。この処理を量子化といいます。
- **21行目** … 作成した和音をWAVファイルとして保存します。
- **22～25行目** … 和音とその構成音について、1秒後からの0.01秒間の波形をグラフにします。ド、ミ、ソの各単音およびドミソの和音はそれぞれ赤、緑、青および黒の曲線で描きます（図2.9）。

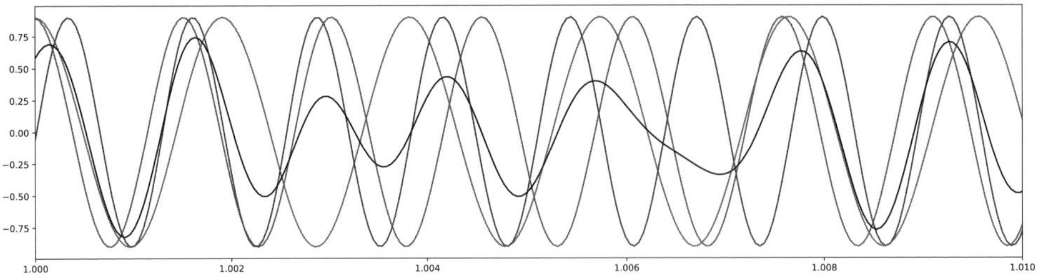

▲**図 2.9**　ド（赤）、ミ（緑）、ソ（青）の単音とドミソ（黒）の和音のグラフの一部

この実験で得られた和音のWAVファイルは、第6章の実験で利用します。図2.9横のQRコードからダウンロードできます。また、66ページの注11で紹介したAudacityを活用して、C、D、Eそれぞれの単音と、CDEの和音を波形の変化を表示しながら連続して再生した動画もあわせてご覧ください。

第3章 基底と次元

この章では、線形代数において重要な役割を果たす、部分空間を生成するという概念と線形独立性について学びます。これらによって基底および次元という概念が生まれ、この二つは線形空間を解析するための便利な道具となります。またそれに付随して、重要な定理が登場します。線形独立という考え方は、線形代数を学び始めたときに多くの人が最初につまづくところです。これを理解できないと先に進めなくなるので、心して勉強しましょう。

この章で習うことはすべて、連立方程式と密接に関連しています。Pythonでは、連立方程式を数値として解くこと、数式として解くこと（分数は分数のまま、あるいは文字の入ったまま）の両方が可能です。何かに応用するなら前者、数学的な意味を考えるなら後者が適しています。両方とも覚えて、Pythonを電卓として自在に使えるようになりましょう。

3.1 有限次元線形空間

V は $\mathbb{K}$ 上の線形空間であるとします。$\boldsymbol{a}_1, \boldsymbol{a}_2, \ldots, \boldsymbol{a}_n \in V$ に対して、任意の $x_1, x_2, \ldots, x_n \in \mathbb{K}$ による表現

$$x_1\boldsymbol{a}_1 + x_2\boldsymbol{a}_2 + \cdots + x_n\boldsymbol{a}_n$$

を、$\boldsymbol{a}_1, \boldsymbol{a}_2, \ldots, \boldsymbol{a}_n$ の**線形結合**と呼びます。$\boldsymbol{a}_1, \boldsymbol{a}_2, \ldots, \boldsymbol{a}_n$ の線形結合の全体の集合を W とします。W は $\{\boldsymbol{a}_1, \boldsymbol{a}_2, \ldots, \boldsymbol{a}_n\}$ を部分集合として含む最小の部分空間です。これは次のようにして証明できます。まず、

$$\boldsymbol{a}_i \ = \ 0\boldsymbol{a}_1 + \cdots + 1\boldsymbol{a}_i + \cdots + 0\boldsymbol{a}_n \ \in \ W \qquad (i = 1, 2, \ldots, n)$$

より、各 $\boldsymbol{a}_i$ は $\boldsymbol{a}_1, \boldsymbol{a}_2, \ldots, \boldsymbol{a}_n$ の線形結合で表現できるので、W は $\{\boldsymbol{a}_1, \boldsymbol{a}_2, \ldots, \boldsymbol{a}_n\}$ を含むことがいえます。2.2 節の問 2.7 の条件 5 を利用して、W が部分空間であることを示しましょう。今示したことから、W は空集合ではありません。任意の $\alpha, \beta \in \mathbb{K}$ および W の任意のベクトル $x_1\boldsymbol{a}_1 + x_2\boldsymbol{a}_2 + \cdots + x_n\boldsymbol{a}_n$ と $y_1\boldsymbol{a}_1 + y_2\boldsymbol{a}_2 + \cdots + y_n\boldsymbol{a}_n$ を考えると、

$$\begin{aligned} &\alpha\left(x_1\boldsymbol{a}_1 + x_2\boldsymbol{a}_2 + \cdots + x_n\boldsymbol{a}_n\right) + \beta\left(y_1\boldsymbol{a}_1 + y_2\boldsymbol{a}_2 + \cdots + y_n\boldsymbol{a}_n\right) \\ &= \left(\alpha x_1 + \beta y_1\right)\boldsymbol{a}_1 + \left(\alpha x_2 + \beta y_2\right)\boldsymbol{a}_2 + \cdots + \left(\alpha x_n + \beta y_n\right)\boldsymbol{a}_n \ \in \ W \end{aligned}$$

なので、W は V の部分空間です。さらに、$\{\boldsymbol{a}_1, \boldsymbol{a}_2, \ldots, \boldsymbol{a}_n\} \subseteq W'$ である V の任意の部分空間 W' を

考えると、W' は部分空間なので、任意の $x_1, x_2, \ldots, x_n \in \mathbb{K}$ に対して $x_1\boldsymbol{a}_1 + x_2\boldsymbol{a}_2 + \cdots + x_n\boldsymbol{a}_n \in W'$ であり、$W \subseteq W'$ がいえます。よって、W が部分集合の包含関係で最小であることがいえました。

W のことを、$\{\boldsymbol{a}_1, \boldsymbol{a}_2, \ldots, \boldsymbol{a}_n\}$ が**生成する**（または、**張る**）部分空間といい、

$$\langle \boldsymbol{a}_1, \boldsymbol{a}_2, \ldots, \boldsymbol{a}_n \rangle$$

で表すことにします。

V が有限個のベクトルから生成されるとき、V は**有限次元線形空間**であるといいます。本書で取り扱う線形空間は、一部を除きほとんどが有限次元線形空間です。有限次元線形空間 V では、V を生成する $\{\boldsymbol{a}_1, \boldsymbol{a}_2, \ldots, \boldsymbol{a}_n\}$ を見つけること、しかもできるだけ小さい n を探すことが重要になります。n（次元と呼びます）が見つかると、線形空間 V 上の線形代数に関わる計算はすべて $\mathbb{K}^n$ の世界に翻訳できることが、この章と次の章で明らかになってきます。

3次元空間で二つのベクトルから生成される部分空間を見るために、その二つのベクトルの線形結合を1000個ランダムに作成してみましょう。

▼プログラム：lincombi.py

```
1  from vpython import vector, curve, color, arrow, points
2  import numpy.random as npr
3  
4  npr.seed(2024)
5  for v in [vector(1, 0, 0), vector(0, 1, 0), vector(0, 0, 1)]:
6      curve(pos=[-5*v, 5*v], color=v)
7  x = vector(*npr.normal(0, 1, 3))
8  arrow(pos=vector(0, 0, 0), axis=x, color=color.cyan)
9  y = vector(*npr.normal(0, 1, 3))
10 arrow(pos=vector(0, 0, 0), axis=y, color=color.magenta)
11 P = [a*x + b*y for (a, b) in npr.normal(0, 1, (1000, 2))]
12 points(pos=P, radius=2)
```

- **1, 2行目** … VPythonにも乱数を発生させる関数randomが定義されていますが、**乱数の種**を選ぶことができ、正規乱数を発生させることができるNumPyのモジュールrandomを使うことにします。
- **4行目** … 乱数の種を与えます。同じ種（今の場合、2024）を与えると、いつでも同じ乱数の系列が得られ、乱数を用いた実験結果は同じになります[注1]。
- **5, 6行目** … 座標軸を、曲線を描く関数curveを用いて、x 軸、y 軸および z 軸いずれも -5 から5の

注1　関数seedを呼び出さないと、コンピュータの内部の時計から種をとるので、実行するたびに違った結果になります。

範囲で、それぞれ赤緑青の3色で表示します。色はそれぞれの軸の単位ベクトルをそのままRGB値として用います。

- **7〜10行目** … `normal(0, 1, 3)` は、各要素が独立で標準正規分布（平均が0で標準偏差が1）に従うアレイを生成します。`vector` は三つの引数が必要ですが、`p` が長さ3のリスト（またはタプル、アレイ）であるとき `vector(*p)` という形で呼び出すと、`p` の三つの要素が分解されて `vector` に三つの引数が渡されます。このようにして3次元空間のベクトル `x` および `y` をランダムに生成し、矢印で描画します。
- **11行目** … 2次元標準正規分布に従う `(a, b)` を1000個作り、線形結合 `a * x + b * y` を作ります。`normal(0, 1, (1000, 2))` は1000行2列の行列を表すアレイですが、これを長さ2のアレイを要素とする長さ1000のアレイとみなして、集合の内包表記と同じように**リスト内包表記**で線形結合のリストを作っています。
- **12行目** … `W` のベクトルは点で描画します（図3.1）。マウスで視点を変えてみると、1000個の点はすべてある平面上にあり、その平面上に `x` と `y` のベクトルも乗っていることがわかります。

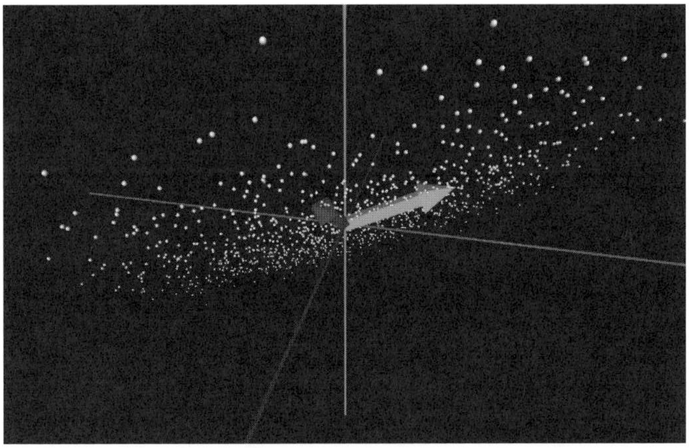

▲図 3.1　3次元空間における2個のベクトルの線形結合

2次元座標平面 $\mathbb{R}^2$ を考えてみます。$\vec{p} = (1, 2)$ とします。$\vec{p}$ のスカラー倍 $a\vec{p} = (a, 2a)$ はすべて直線 $l : y = 2x$ に乗っています。したがって、$\langle \vec{p} \rangle$ はこの直線 l になります。もう一つ別に $\vec{q} = (2, 3)$ を持ってきます。この点は直線 l 上にはありません。$(x, y) \in \mathbb{R}^2$ が $\vec{p}$ と $\vec{q}$ の線形結合で書けるとすると、

$$\begin{bmatrix} x \\ y \end{bmatrix} = a \begin{bmatrix} 1 \\ 2 \end{bmatrix} + b \begin{bmatrix} 2 \\ 3 \end{bmatrix}$$

から、連立方程式

$$\begin{cases} x &= & a &+ & 2b \\ y &= & 2a &+ & 3b \end{cases}$$

を得ます。これを a, b について解くと

$$\begin{cases} a &= & -3x &+ & 2y \\ b &= & 2x &- & y \end{cases}$$

が得られます。任意の $(x, y) \in \mathbb{R}^2$ に対して a, b をこのように決めれば必ず $\vec{p}$ と $\vec{q}$ の線形結合で書けるので、$\langle \vec{p}, \vec{q} \rangle$ は $\mathbb{R}^2$ となります。この連立方程式を、SymPyで解いてみましょう。

▼プログラム：eqn1.py

```
1  from sympy import solve
2  from sympy.abc import a, b, x, y
3
4  ans = solve([a + 2*b - x, 2*a + 3*b - y], [a, b])
```

- **2行目** … 文字定数と未知数に使う記号をインポートします。
- **4行目** … 解きたい連立方程式の各式を $=0$ の形に変形し、その左辺を並べたリストを solve 関数の1番目の引数として渡します。何を未知数とするかは、2番目の引数のリストで表します。

▼実行例

```
>>> ans
{b: 2*x - y, a: -3*x + 2*y}
>>> ans[a]
-3*x + 2*y
>>> ans[b]
2*x - y
```

連立方程式の解 ans は、未知数をキーとする辞書となっています。表示される辞書の項目（キー：値）の並び方は上の実行例と異なることがあります。これは辞書がハッシュと呼ばれる特殊なデータ構造で記憶されているからです。しかし、表示される並び方が異なっても、ans[a] や ans[b] のようにキーによって検索される値は一定です。

3次元座標空間 $\mathbb{R}^3$ を考えてみます。$\vec{p} = (1, 2, 3)$ とします。$\vec{p}$ のスカラー倍 $a\vec{p} = (a, 2a, 3a)$ はすべて原点と $\vec{p}$ を通る直線（l とします）に乗っており、$\langle \vec{p} \rangle$ は直線 l となります。もう一つ別に $\vec{q} = (2, 3, 4)$ を持ってきます。この点は直線 l 上にはありません。$\vec{p}$ と $\vec{q}$ のスカラー倍の和で書ける $(x, y, z) \in \mathbb{R}^3$ は、

$$\begin{bmatrix} x \\ y \\ z \end{bmatrix} = a \begin{bmatrix} 1 \\ 2 \\ 3 \end{bmatrix} + b \begin{bmatrix} 2 \\ 3 \\ 4 \end{bmatrix}$$

より、連立方程式

$$\begin{cases} x &= & a &+ & 2b \\ y &= & 2a &+ & 3b \\ z &= & 3a &+ & 4b \end{cases}$$

を満たさなければなりません。aを消去して

$$\begin{cases} 2x &- & y &= & b \\ 3x &- & z &= & 2b \end{cases}$$

となり、右辺を見比べると、$2(2x-y)=3x-z$、すなわち、

$$x-2y+z \;=\; 0$$

の関係式を得ます。これは、原点を通る平面$C: x-2y+z=0$の方程式となります。この平面が$\langle \vec{p}, \vec{q} \rangle$ということになります。SymPyで解いてみます。

▼プログラム：eqn2.py

```
1  from sympy import solve
2  from sympy.abc import a, b, x, y, z
3
4  ans = solve([a + 2*b - x, 2*a + 3*b - y, 3*a + 4*b - z], [a, b])
```

▼実行例

```
>>> ans
[]
```

これは、任意のx, y, zに対しては解なしという意味です。xを変数に加えてみましょう。4行目の`[a, b]`の部分を`[a, b, x]`に変えて、実行し直します。すると、

```
>>> ans
{x: 2*y - z, b: 3*y - 2*z, a: -4*y + 3*z}
```

となります。これは

$$\begin{cases} x &= & 2y &- & z \\ b &= & 3y &- & 2z \\ a &= & -4y &+ & 3z \end{cases}$$

を表しています。1番目の式が平面Cの方程式です。

$\vec{r}=(3,4,5)$とします。$3=2\cdot 4-5$と平面Cの方程式を満たすので、$\vec{r}$は平面Cにあります。したがって、$\langle \vec{p}, \vec{q}, \vec{r} \rangle \;=\; \langle \vec{p}, \vec{q} \rangle$です。

$\vec{r}=(3,1,2)$とします。$3 \neq 2\cdot 1-2$なので、この$\vec{r}$は平面C上にはありません。

$$\begin{bmatrix} x \\ y \\ z \end{bmatrix} = a\begin{bmatrix} 1 \\ 2 \\ 3 \end{bmatrix} + b\begin{bmatrix} 2 \\ 3 \\ 4 \end{bmatrix} + c\begin{bmatrix} 3 \\ 1 \\ 2 \end{bmatrix}$$

から

$$\begin{cases} x &= a + 2b + 3c \\ y &= 2a + 3b + c \\ z &= 3a + 4b + 2c \end{cases}$$

を解くと

$$\begin{cases} a &= -\frac{2}{3}x - \frac{8}{3}y + \frac{7}{3}z \\ b &= \frac{1}{3}x + \frac{7}{3}y - \frac{5}{3}z \\ c &= \frac{1}{3}x - \frac{2}{3}y + \frac{1}{3}z \end{cases}$$

を得ます。任意の$(x, y, z) \in \mathbb{R}^3$は、$a, b, c$をこのように決めれば必ず$\vec{p}, \vec{q}, \vec{r}$の線形結合で書けるので、$\langle \vec{p}, \vec{q}, \vec{r} \rangle = \mathbb{R}^3$となります。この連立方程式を、SymPyで解いてみましょう。

▼プログラム：eqn3.py

```
from sympy import solve
from sympy.abc import a, b, c, x, y, z

ans = solve([a+2*b+3*c-x, 2*a+3*b+c-y, 3*a+4*b+2*c-z], [a, b, c])
```

▼実行例

```
>>> M = [ans[key] for key in [a, b, c]]
>>> M
[-2*x/3 - 8*y/3 + 7*z/3, x/3 + 7*y/3 - 5*z/3, x/3 - 2*y/3 + z/3]
>>> N = [m.subs([[x, 2], [y, 3], [z, 5]]) for m in M]
>>> N
[7/3, -2/3, 1/3]
>>> [n.evalf(2) for n in N]
[2.3, -0.67, 0.33]
```

a, b, cに対する解は、x, y, zの式になります。Nは$x = 2, y = 3, z = 5$を代入した解を求めています。この解は分数になりますが、evalfを使えば分数を小数で表すことが可能です。evalfの引数で有効桁数を指定します。

問3.1 次のそれぞれについて、$\vec{x}$ を A のベクトルの線形結合で表しなさい。また、計算が正しいかをSymPyで解いて確かめなさい。さらに、1についてはMatplotlibで、2についてはVPythonで、$\vec{x}$ と A のベクトルを矢印で描画してみなさい。

1. $\vec{x} = (17, -10)$, $A = \{(5, -4), (4, -5)\}$
2. $\vec{x} = (-16, 1, 10)$, $A = \{(1, 0, 0), (1, 1, 0), (1, 1, 1)\}$

3.2 線形独立と線形従属

$\{\boldsymbol{a}_1, \boldsymbol{a}_2, \ldots, \boldsymbol{a}_n\} \subseteq V$ であるとします。このとき、いつでも

$$0\boldsymbol{a}_1 + 0\boldsymbol{a}_2 + \cdots + 0\boldsymbol{a}_n = \boldsymbol{0}$$

がいえます。

$$x_1\boldsymbol{a}_1 + x_2\boldsymbol{a}_2 + \cdots + x_n\boldsymbol{a}_n = \boldsymbol{0}$$

となるのは、$x_1 = x_2 = \cdots = x_n = 0$ のときに限るとき、$\{\boldsymbol{a}_1, \boldsymbol{a}_2, \ldots, \boldsymbol{a}_n\}$ は**線形独立**であるといいます。例えば、$\boldsymbol{a} \neq \boldsymbol{0}$ とします。$\{\boldsymbol{a}\}$ は線形独立です[注2]。しかし、$\{2\boldsymbol{a}, 3\boldsymbol{a}\}$ は線形独立ではありません。

$$3 \cdot 2\boldsymbol{a} + (-2) \cdot 3\boldsymbol{a} = \boldsymbol{0}$$

なので、$x_1 \cdot 2\boldsymbol{a} + x_2 \cdot 3\boldsymbol{a} = \boldsymbol{0}$ となるのが $x_1 = x_2 = 0$ だけとは限らないからです。

$\{\boldsymbol{a}_1, \boldsymbol{a}_2, \ldots, \boldsymbol{a}_n\}$ が線形独立ではないとき、$\{\boldsymbol{a}_1, \boldsymbol{a}_2, \ldots, \boldsymbol{a}_n\}$ は**線形従属**であるといいます。

$\{(1, 2), (2, 3)\} \subseteq \mathbb{R}^2$ が線形独立であるかどうかを見てみましょう。

$$x \begin{bmatrix} 1 \\ 2 \end{bmatrix} + y \begin{bmatrix} 2 \\ 3 \end{bmatrix} = \begin{bmatrix} 0 \\ 0 \end{bmatrix}$$

とします。このとき、連立方程式

$$\begin{cases} x + 2y = 0 \\ 2x + 3y = 0 \end{cases}$$

は、$x = y = 0$ と解けるので解はこれ以外になく、$\{(1, 2), (2, 3)\}$ は、線形独立であるといえます。

▼プログラム：eqn4.py

```
from sympy import solve
from sympy.abc import x, y

```

注2　第2章で、$\boldsymbol{a} \neq \boldsymbol{0}$ のとき $x\boldsymbol{a} = \boldsymbol{0} \Rightarrow x = 0$ であることを示しました。

```
ans = solve([x + 2*y, 2*x + 3*y], [x, y])
print(ans)
```

▼実行結果

```
{x: 0, y: 0}
```

$\{(1,2),\ (2,4)\} \subseteq \mathbb{R}^2$ はどうでしょうか。これは、連立方程式

$$\begin{cases} x + 2y = 0 \\ 2x + 4y = 0 \end{cases}$$

に帰着されます。この連立方程式は、$x = y = 0$ 以外にも、$x = 2,\ y = -1$ などの解を持ちます。したがって、$\{(1,2),\ (2,4)\}$ は、線形従属となります。

▼プログラム：eqn5.py

```
from sympy import solve
from sympy.abc import x, y

ans = solve([x + 2*y, 2*x + 4*y], [x, y])
print(ans)
```

▼実行結果

```
{x: -2*y}
```

これは、解は $x = -2y$ という意味です。y は任意です。

次のプログラムで、2次元平面上で三つのベクトル $\vec{a} = (1,2)$、$\vec{b} = (2,3)$、$\vec{c} = (2,4)$ を描画してみましょう（図3.2左）。$\vec{a}$ と $\vec{c}$ の二つのベクトルは、原点を通る同じ直線上に乗っています。$\vec{b}$ は、別の方向を向いています。

▼プログラム：arrow2d.py

```
import matplotlib.pyplot as plt

o, a, b, c = (0, 0), (1, 2), (2, 3), (2, 4)
arrows = [[o, a, 'r', 0.1], [o, b, 'g', 0.05], [o, c, 'b', 0.05]]
for p, v, c, w in arrows:
    plt.quiver(p[0], p[1], v[0], v[1], units='xy', scale=1, color=c, width=w)
plt.axis('scaled'), plt.xlim(0, 5), plt.ylim(0, 5), plt.show()
```

$A = \{(1,\ 2,\ 3),\ (2,\ 3,\ 4),\ (3,\ 4,\ 5)\}$ や $B = \{(1,\ 2,\ 3),\ (2,\ 3,\ 1),\ (3,\ 1,\ 2)\}$ はどうでしょうか。A の線形独立性は連立方程式

$$
\text{(a)}\begin{cases} x + 2y + 3z = 0 \\ 2x + 3y + 4z = 0 \\ 3x + 4y + 5z = 0 \end{cases}
$$

を、B の線形独立性は連立方程式

$$
\text{(b)}\begin{cases} x + 2y + 3z = 0 \\ 2x + 3y + z = 0 \\ 3x + y + 2z = 0 \end{cases}
$$

を解くことに帰着されます。

問3.2　上の(a)および(b)の連立方程式を実際に手で解いて、A および B の線形独立性を判定しなさい。

Pythonで解いてみましょう。

▼プログラム：eqn6.py

```
from sympy import solve
from sympy.abc import x, y, z

ans1 = solve([x+2*y+3*z, 2*x+3*y+4*z, 3*x+4*y+5*z], [x, y, z])
print(ans1)
ans2 = solve([x+2*y+3*z, 2*x+3*y+z, 3*x+y+2*z], [x, y, z])
print(ans2)
```

▼実行結果

```
{x: z, y: -2*z}
{x: 0, z: 0, y: 0}
```

(a)は、z は任意で、$x = z,\ y = -2z$ が解となります。実際、例えば $z = 1$ とすると $x = 1,\ y = -2$ となり、これは(a)の一つの解となります。したがって、解は $x = y = z = 0$ に限らないので、A は線形従属です。(b)は、$x = y = z = 0$ しか解がないので、B は線形独立となります。

次のプログラムで、3次元空間の四つのベクトル $(1, 2, 3)$、$(2, 3, 4)$、$(3, 4, 5)$ および $(3, 1, 2)$ を描画してみます（図3.2右）。最初の三つのベクトルは同じ平面上に乗っていますが、最後のベクトルだけ同じ平面上にはありません。

▼プログラム：arrow3d.py

```
from vpython import vector, arrow, curve, mag

o = vector(0, 0, 0)
```

```
for v in [vector(1, 0, 0), vector(0, 1, 0), vector(0, 0, 1)]:
    curve(pos=[-5*v, 5*v], color=v)
for p in [(1, 2, 3), (2, 3, 4), (3, 4, 5), (3, 1, 2)]:
    v = vector(*p)
    arrow(pos=o, axis=v, color=v, shaftwidth=mag(v)*0.02)
```

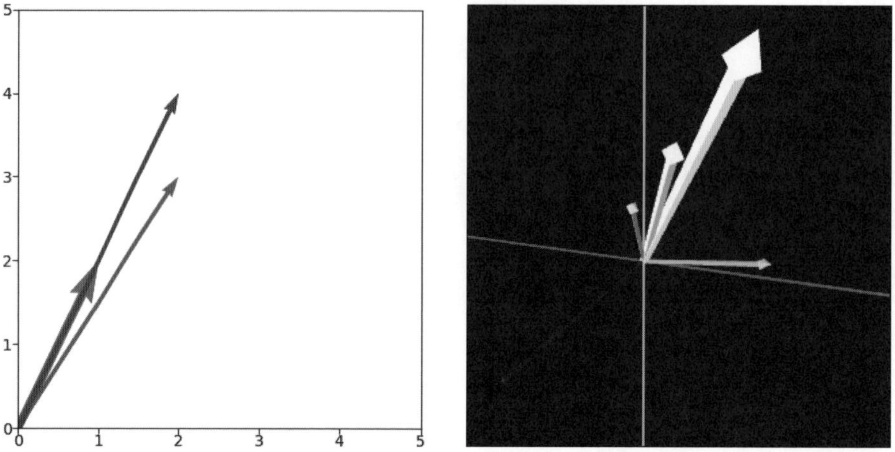

▲図 3.2　arrow2d.py（左）、arrow3d.py（右）

$X = \{\boldsymbol{a}_1, \boldsymbol{a}_2, \dots, \boldsymbol{a}_n\}$が線形独立であるとします。このとき、

$$x_1\boldsymbol{a}_1 + x_2\boldsymbol{a}_2 + \cdots + x_n\boldsymbol{a}_n \ = \ y_1\boldsymbol{a}_1 + y_2\boldsymbol{a}_2 + \cdots + y_n\boldsymbol{a}_n$$

とすると、

$$(x_1 - y_1)\,\boldsymbol{a}_1 + (x_2 - y_2)\,\boldsymbol{a}_2 + \cdots + (x_n - y_n)\,\boldsymbol{a}_n \ = \ \boldsymbol{0}$$

なので、Xが線形独立であることから

$$x_1 - y_1 = x_2 - y_2 = \cdots = x_n - y_n = 0$$

がいえるので、$(x_1, x_2, \dots, x_n) = (y_1, y_2, \dots, y_n)$です。すなわち、線形独立であれば、線形結合の係数はベクトルの並び方の違いを除いて一意といえます。

Xが線形従属であるとします。$x_1 = x_2 = \cdots = x_n = 0$以外に

$$x_1\boldsymbol{a}_1 + x_2\boldsymbol{a}_2 + \cdots + x_n\boldsymbol{a}_n \ = \ \boldsymbol{0}$$

となることがあります。$x_1, x_2, \dots, x_n$の中で0でないものがあるので、それをx_1としても一般性を失いません注3。このとき、

注3　線形独立性と線形従属性は、ベクトルの並び方にはよりません。したがって、必要ならばベクトルを並べ替えて$x_1 \neq 0$として構いません。

$$\boldsymbol{a}_1 \;=\; \frac{-x_2}{x_1}\boldsymbol{a}_2 + \cdots + \frac{-x_n}{x_1}\boldsymbol{a}_n$$

と書けます。逆に、$\boldsymbol{a}_1, \boldsymbol{a}_2, \ldots, \boldsymbol{a}_n$ の中に他のベクトルの線形結合で書けるものがあるとして、それを $\boldsymbol{a}_1$ としても一般性を失いません[注4]。このとき、

$$\boldsymbol{a}_1 \;=\; x_2\boldsymbol{a}_2 + \cdots + x_n\boldsymbol{a}_n$$

なので、

$$(-1)\,\boldsymbol{a}_1 + x_2\boldsymbol{a}_2 + \cdots + x_n\boldsymbol{a}_n \;=\; \boldsymbol{0}$$

となり、X は線形従属となります。すなわち、X が線形従属であることと、「X の中に、他のベクトルの線形結合で書けるベクトルが存在する」ことは同値となります。言い換えると、X が線形独立であることは、「X の中のいかなるベクトルも、そのベクトルを除く他のベクトルが生成する部分空間に属することはない」ということと同値になります。

3.3　基底と表現

$X = \{\boldsymbol{a}_1,\ \boldsymbol{a}_2,\ \ldots,\ \boldsymbol{a}_n\} \subseteq V$ とします。X が線形独立であり同時に V を生成するとき、X は V の**基底**であるといいます。

問3.3　次の事実を示しなさい。

1. 基底に何かベクトルを付け加えると、基底ではなくなる
2. 基底から何かベクトルを取り去ると、基底ではなくなる

$\mathbb{K}^n$ では、

$$\vec{e}_1 = (1, 0, 0, \ldots, 0)$$
$$\vec{e}_2 = (0, 1, 0, \ldots, 0)$$
$$\vdots$$
$$\vec{e}_n = (0, 0, 0, \ldots, 1)$$

とすると、$\{\vec{e}_1, \vec{e}_2, \ldots, \vec{e}_n\}$ は基底となります。この基底を、$\mathbb{K}^n$ の**標準基底**と呼びます。

V に基底 X が存在するとして、その基底に属するベクトルの順番 $\boldsymbol{a}_1,\ \boldsymbol{a}_2,\ \ldots,\ \boldsymbol{a}_n$ を固定しておきます。ここで任意の $\boldsymbol{x} \in V$ に対して

$$\boldsymbol{x} \;=\; x_1\boldsymbol{a}_1 + x_2\boldsymbol{a}_2 + \cdots + x_n\boldsymbol{a}_n$$

と表現することができ、しかも、この表現は一意となります。このとき、この表現を $\boldsymbol{x}$ の基底 X に

注4　ここでも、必要ならばベクトルを並べ替えます。

による**展開**といいます。この展開係数$x_1, x_2, \ldots, x_n$から作られる

$$\vec{x} \ = \ (x_1,\ x_2,\ \ldots,\ x_n) \in \mathbb{K}^n$$

を、$\boldsymbol{x}$のVの基底Xによる**表現**といいます。

ベクトルに対してその表現を対応させる写像$\boldsymbol{f}_X : \boldsymbol{x} \mapsto \vec{x}$を考えます。$\boldsymbol{f}_X : V \to \mathbb{K}^n$は全単射です。$\boldsymbol{f}_X(\boldsymbol{x}) = \vec{x}$、$\boldsymbol{f}_X(\boldsymbol{y}) = \vec{y}$とすると、

$$\begin{aligned}
s\boldsymbol{x} + t\boldsymbol{y} &= s\left(x_1\boldsymbol{a}_1 + x_2\boldsymbol{a}_2 + \cdots + x_n\boldsymbol{a}_n\right) + t\left(y_1\boldsymbol{a}_1 + y_2\boldsymbol{a}_2 + \cdots + y_n\boldsymbol{a}_n\right) \\
&= \left(sx_1 + ty_1\right)\boldsymbol{a}_1 + \left(sx_2 + ty_2\right)\boldsymbol{a}_2 + \cdots + \left(sx_n + ty_n\right)\boldsymbol{a}_n \\
\boldsymbol{f}_X\left(s\boldsymbol{x} + t\boldsymbol{y}\right) &= \left(sx_1 + ty_1,\ sx_2 + ty_2,\ \ldots,\ sx_n + ty_n\right) \\
&= s\vec{x} + t\vec{y} \ = \ s\boldsymbol{f}_X(\boldsymbol{x}) + t\boldsymbol{f}_X(\boldsymbol{y})
\end{aligned}$$

より、$\boldsymbol{f}_X$は線形写像であることがいえます。したがって、$\boldsymbol{f}_X$は線形同型写像であり、Vと$\mathbb{K}^n$は同型になります。$\boldsymbol{f}_X$を、VのXによる**表現**ということもあります。

問3.4　$\boldsymbol{f} : V \to W$を線形同型写像とします。次の事実を証明しなさい。

1. $\{\boldsymbol{v}_1, \boldsymbol{v}_2, \ldots, \boldsymbol{v}_k\}$が$V$を生成するならば、$\{\boldsymbol{f}(\boldsymbol{v}_1), \boldsymbol{f}(\boldsymbol{v}_2), \ldots, \boldsymbol{f}(\boldsymbol{v}_k)\}$は$W$を生成する
2. $\{\boldsymbol{v}_1, \boldsymbol{v}_2, \ldots, \boldsymbol{v}_k\}$が線形独立ならば、$\{\boldsymbol{f}(\boldsymbol{v}_1), \boldsymbol{f}(\boldsymbol{v}_2), \ldots, \boldsymbol{f}(\boldsymbol{v}_k)\}$は$W$は線形独立である
3. $\{\boldsymbol{v}_1, \boldsymbol{v}_2, \ldots, \boldsymbol{v}_k\}$が$V$の基底であるならば、$\{\boldsymbol{f}(\boldsymbol{v}_1), \boldsymbol{f}(\boldsymbol{v}_2), \ldots, \boldsymbol{f}(\boldsymbol{v}_k)\}$は$W$の基底である

VPythonで、3次元空間内にランダムに二つのベクトル$\vec{a}$と$\vec{b}$を取ります[注5]。確率1で$A = \{\vec{a},\ \vec{b}\}$は線形独立になります[注6]。第1章でPILを用いて画像を2値化し、xy-座標平面の点のリストとして保存したデータがありました。そのデータにある点(x, y)に対して

$$\vec{w} \ = \ x\vec{a} + y\vec{b}$$

の点を3次元空間内にプロットしてみましょう。

▼プログラム：lena3.py

```
from vpython import canvas, color, vec, curve, arrow, sin, cos, pi, points
import numpy.random as npr

```

注5　ここでのランダムとは、3次元標準正規分布に従い独立に（これは確率論の意味での「独立性」であり、「線形独立性」とは違います）二つのベクトルをとることを意味します。

注6　最初に$\vec{a}$をランダムにとるとします。これは確率1で原点と異なります。原点と$\vec{a}$を通る直線をlとします。次に$\vec{b}$をランダムにとると、確率1で直線l上にない点が選ばれます。

```
4  scene = canvas(background=color.white, foreground=color.black)
5  for v in [vec(2, 0, 0), vec(0, 2, 0), vec(0, 0, 2)]:
6      curve(pos=[-v, v], color=v)
7  with open('lena.txt', 'r') as fd:
8      XY = eval(fd.read())
9  npr.seed(2024)
10 a = vec(*npr.normal(0, 1, 3))
11 arrow(pos=vec(0, 0, 0), axis=a, shaftwidth=0.1, color=color.cyan)
12 b = vec(*npr.normal(0, 1, 3))
13 arrow(pos=vec(0, 0, 0), axis=b, shaftwidth=0.1, color=color.magenta)
14 P = [x*a + y*b for (x, y) in XY]
15 Q = [cos(n*pi/500)*a + sin(n*pi/500)*b for n in range(1000)]
16 points(pos=P, radius=2, color=vec(0.5, 0.5, 0.5))
17 curve(pos=Q, color=color.yellow)
```

- **1行目** … 三角関数などはVPythonでも定義されているので、それをそのまま使います。
- **4行目** … 結果が見やすいように、3次元空間の背景色を白、前景色を黒に設定します。
- **5, 6行目** … x軸、y軸、z軸を表す線分を描画します。
- **7, 8行目** … 第1章の `lena1.py` を実行して作成されたファイル `lena.txt` から2次元平面の点(x, y)のリストを読み込み、`XY`とします。
- **10〜13行目** … ランダムに$\vec{a}$と$\vec{b}$の二つのベクトルを生成し、矢印で表示します。二つのベクトルは確率1で線形独立になります[注7]。
- **14行目** … リスト`XY`にある点(x, y)を$x\vec{a} + y\vec{b}$に変換したリストを`P`とします。
- **15行目** … 点(x, y)が原点を中心とする半径1の円周上（実際は、正1000角形の頂点）を動いたときの$x\vec{a} + y\vec{b}$のリストを`Q`とします。
- **16行目** … `P`にあるベクトルは、点で描画します。
- **17行目** … `Q`にあるベクトルは、点をつないだ曲線で描画します。

実行結果は、図3.3左のようになります。視線を投影面に垂直になるようにして見ると図3.3右のようになります。マウスの操作だけでは視線の方向が正確には定まりませんので、対話モードで視点を変えてみましょう。

注7　乱数の種によっては、一方が零ベクトルに近いベクトルだったり、二つのベクトルが重なって見えたりすることもあるでしょう。

▼対話モードでの実行例

```
>>> from vpython import cross
>>> c = cross(a, b)
>>> scene.forward = -c
>>> arrow(pos=vec(0,0,0), axis=c, shaftwidth=0.1)
```

cross(a, b)は、ベクトルaとbの**クロス積**と呼ばれるもので、詳しくは第6章の6.3節をご覧ください。

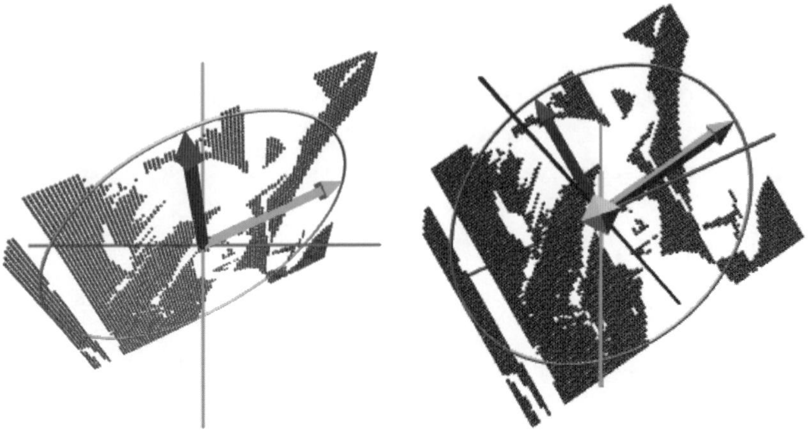

▲**図 3.3**　lena3.pyの実行結果（左はz軸上から、右は平面の原点への垂線上から見下ろしたもの）

問3.5　実数係数で、xを変数とする高々２次の多項式の全体をVとするとき、

$$\{\, x^2+2x+3,\quad 2x^2+3x+1,\quad 3x^2+x+2 \,\}$$

がVの基底となることを示しなさい。また、x^2-2x+1をこの基底により$\mathbb{R}^3$のベクトルとして表現しなさい。

3.4　次元と階数

ここまで、線形空間や線形写像のさまざまな性質を証明してきました。それらのほとんどは定義から短いステップで証明でき、定理と呼べるほどのものではありませんでした。この節ではじめて、二つの定理が登場します。線形代数学の基本定理ともいえる重要な定理です。

定理3.1　線形空間Vがm個のベクトルを要素とする基底を持つならば、線形独立なベクトルの集合の要素数はいつでもm以下である。特に、いかなる基底に属するベクトルの個数もすべてmに等しい。

証明　$A_0 = \{\boldsymbol{a}_1, \boldsymbol{a}_2, \ldots, \boldsymbol{a}_m\}$ を基底とし、$B_0 = \{\boldsymbol{b}_1, \boldsymbol{b}_2, \ldots, \boldsymbol{b}_n\}$ が線形独立であるとする。A_0 が V を生成することから、

$$\boldsymbol{b}_1 = x_1\boldsymbol{a}_1 + x_2\boldsymbol{a}_2 + \cdots + x_m\boldsymbol{a}_m \tag{3.1}$$

と書け、$x_1, x_2, \ldots, x_m$ の中に 0 でないものがある。必要なら $\boldsymbol{a}_1, \boldsymbol{a}_2, \ldots, \boldsymbol{a}_m$ を並べ替えて、$x_1 \neq 0$ として一般性を失わない。A_0 から $\boldsymbol{a}_1$ を取り除き、代わりに $\boldsymbol{b}_1$ を付け加えて $A_1 = \{\boldsymbol{b}_1, \boldsymbol{a}_2, \ldots, \boldsymbol{a}_m\}$ とし、$B_1 = \{\boldsymbol{b}_2, \ldots, \boldsymbol{b}_n\}$ とする。$x_1 \neq 0$ なので、$\boldsymbol{a}_1$ は A_1 の線形結合で表現できる。したがって、A_0 が V を生成することから、A_1 も V を生成することが導かれる。

$$y_1\boldsymbol{b}_1 + y_2\boldsymbol{a}_2 + \cdots + y_m\boldsymbol{a}_m = \boldsymbol{0}$$

とする。式 (3.1) を代入すれば

$$y_1(x_1\boldsymbol{a}_1 + x_2\boldsymbol{a}_2 + \cdots + x_m\boldsymbol{a}_m) + y_2\boldsymbol{a}_2 + \cdots + y_m\boldsymbol{a}_m = \boldsymbol{0}$$

なので整理すると

$$(x_1y_1)\boldsymbol{a}_1 + (x_2y_1 + y_2)\boldsymbol{a}_2 + \cdots + (x_my_1 + y_m)\boldsymbol{a}_m = \boldsymbol{0}$$

であり、A_0 が線形独立であることから

$$x_1y_1 = x_2y_1 + y_2 = \cdots = x_my_1 + y_m = 0$$

となる。$x_1 \neq 0$ なので $y_1 = 0$ でなければならず、したがって $y_2 = \cdots = y_m = 0$ もいえる。よって、A_1 は線形独立であり、V の基底となる。

基底 A_1 と線形独立集合 B_1 に対して同様のことを行う。A_1 が V を生成するので

$$\boldsymbol{b}_2 = z_1\boldsymbol{b}_1 + z_2\boldsymbol{a}_2 + \cdots + z_m\boldsymbol{a}_m \tag{3.2}$$

と表現できる。$z_2 = z_3 = \cdots = z_m = 0$ ではありえない。必要なら $\boldsymbol{a}_2, \boldsymbol{a}_3, \ldots, \boldsymbol{a}_m$ を並べ替えて、$z_2 \neq 0$ として一般性を失わない。A_1 から $\boldsymbol{a}_2$ を取り除き、代わりに $\boldsymbol{b}_2$ を付け加えて $A_2 = \{\boldsymbol{b}_1, \boldsymbol{b}_2, \boldsymbol{a}_3, \ldots, \boldsymbol{a}_m\}$ とし、$B_2 = \{\boldsymbol{b}_3, \ldots, \boldsymbol{b}_n\}$ とする。$z_2 \neq 0$ なので、$\boldsymbol{a}_2$ は A_2 の線形結合で表現できる。したがって、A_1 が V を生成することから、A_2 も V を生成することが導かれる。

$$u_1\boldsymbol{b}_1 + u_2\boldsymbol{b}_2 + u_3\boldsymbol{a}_3 + \cdots + u_m\boldsymbol{a}_m = \boldsymbol{0}$$

とする。式 (3.2) を代入して

$$u_1\boldsymbol{b}_1 + u_2(z_1\boldsymbol{b}_1 + z_2\boldsymbol{a}_2 + \cdots + z_m\boldsymbol{a}_m) + u_3\boldsymbol{a}_3 + \cdots + u_m\boldsymbol{a}_m = \boldsymbol{0}$$

なので整理すると

$$(u_1 + u_2z_1)\boldsymbol{b}_1 + (u_2z_2)\boldsymbol{a}_2 + (u_2z_3 + u_3)\boldsymbol{a}_3 + \cdots + (u_2z_m + u_m)\boldsymbol{a}_m = \boldsymbol{0}$$

であり、A_1 が線形独立であることから

$$u_1 + u_2 z_1 = u_2 z_2 = u_2 z_3 + u_3 = \cdots = u_2 z_m + u_m = 0$$

となる。$z_2 \neq 0$なので$u_2 = 0$でなければならず、したがって$u_1 = u_3 = \cdots = u_m = 0$もいえる。よって、$A_2$は線形独立であり、$V$の基底となる。

この議論を繰り返すとVの基底である$A_1, A_2, \ldots$が次々と得られ、次で終わる。

1. $m < n$のとき：$A_m = \{\boldsymbol{b}_1,\ \boldsymbol{b}_2,\ \ldots,\ \boldsymbol{b}_m\}$, $B_m = \{\boldsymbol{b}_{m+1},\ \ldots,\ \boldsymbol{b}_n\}$
2. $m = n$のとき：$A_m = \{\boldsymbol{b}_1,\ \boldsymbol{b}_2,\ \ldots,\ \boldsymbol{b}_m\}$, $B_m = \{\}$
3. $m > n$のとき：$A_n = \{\boldsymbol{b}_1,\ \boldsymbol{b}_2,\ \ldots,\ \boldsymbol{b}_n, \boldsymbol{a}_{n+1},\ \ldots,\ \boldsymbol{a}_m\}$, $B_n = \{\}$

1の場合、A_mはVを生成するので$\boldsymbol{b}_{m+1}$はA_mの線形結合で書けることになり、B_0が線形独立であったことに矛盾する。よって、2または3のケースが成立するので$n \leqq m$がいえた。特にB_0がVの基底であるとすると、3の場合、B_0（$\subsetneqq A_n$）がVを生成するので、$\boldsymbol{a}_{n+1}$はB_0の線形結合で書けることになり矛盾となる。よって、$m = n$である。■

Vがm個のベクトルを要素とする基底を持つとき、$m = \dim V$と表し、これをVの**次元**といいます。$\mathbb{R}^n$は、実線形空間でありn次元です。$\mathbb{C}^n$は、複素線形空間とするとn次元ですが、実線形空間と考えると$2n$次元です。

Vが有限次元[注8]ならば、Vは必ず有限個の基底を持ちます。実際、AがVを生成するとします。もしAが線形独立でなければ、Aの中のベクトルで他のベクトルの線形結合で書けるものがあります。それをAから取り除いても、AはVを生成したままです。この操作を続けて、Aが線形独立になったとき基底が得られます。

Vが有限次元であるならば、線形独立なベクトルの集合はVのある基底に含まれます。実際、$A \subseteq V$が線形独立であるとします。もしAがVを生成しなければ、Vの中のベクトルでAの線形結合で書けないものがあります。それをAに付け加えても、Aは線形独立なままです。この操作を繰り返しても、Aの要素数がVの次元を超えることはありません。この操作を続けられなくなったとき、AはVを生成し、Vの基底となっています。

Vからいくらでも多くの線形独立なベクトルからなる集合を見つけることができるとき、Vは**無限次元線形空間**であるといいます。無限次元線形空間は決して有限個のベクトルで生成されることはありません。無限次元線形空間の例としては、無限数列全体や多項式全体があります[注9]。

$A = \{\boldsymbol{a}_1,\ \boldsymbol{a}_2,\ \ldots,\ \boldsymbol{a}_n\}$が生成する部分空間の次元を$A$の**階数**といい、$\mathrm{rank}\,A$で表します。これまでに述べてきたことから直ちに、次のことがいえます。

1. $\mathrm{rank}\,A \leqq n$
2. Aが線形独立ならば、$\mathrm{rank}\,A = n$である

注8　3.1節で、「有限次元であるとは、有限個のベクトルで生成されること」と定義しました。
注9　無限次元については、後述の定理3.2の証明の後で補足していますので、ご参照ください。

3. Aが線形従属ならば、$\mathrm{rank}\,A < n$である

Aがある有限次元線形空間Vに含まれ、$\dim V = m$であるとすると、

1. $\mathrm{rank}\,A \leqq m$
2. AがVを生成すれば、$\mathrm{rank}\,A = m$である
3. AがVを生成しなければ、$\mathrm{rank}\,A < m$である

特に、$m = n$のとき、AがVを生成することと、Aが線形独立であることは同値になります。

上の事実を用いると、与えられたベクトルの集合が線形独立であるか、Vを生成するかを調べるには、階数を用いればよいことがわかります。階数を数学的に求める方法は後の章で論じますが、ここではNumPyを用いた計算を紹介します。NumPyの`linalg`[注10]モジュールには`matrix_rank`[注11]という階数を求める関数が定義されているので、それを使います。

▼プログラム：rank.py

```
1  from numpy.linalg import matrix_rank
2
3  def f(*x):
4      return matrix_rank(x)
5
6  a, b, c = (1, 2), (2, 3), (2, 4)
7  print(f(a, b), f(b, c), f(a, c), f(a, b, c))
8  a, b, c, d = (1, 2, 3), (2, 3, 4), (3, 4, 5), (3, 4, 4)
9  print(f(a, b), f(a, b, c), f(a, b, d), f(a, b, c, d))
```

- **3, 4行目** … `matrix_rank`は名前が長いので、`f`という名前で定義し直しています。その際、ちょっとした工夫を施しています[注12]。
- **6〜9行目** … ベクトルを定義し、それらのベクトルを`f`に与えて階数を計算します。

▼実行結果

```
2 2 1 2
2 2 3 3
```

$\vec{a} = (1, 2)$, $\vec{b} = (2, 3)$, $\vec{c} = (2, 4)$に対して、$\{\vec{a}, \vec{b}\}$, $\{\vec{b}, \vec{c}\}$, $\{\vec{a}, \vec{c}\}$および$\{\vec{a}, \vec{b}, \vec{c}\}$の階数はそれ

注10　このモジュールには、後続の章で学ぶ行列に関するさまざまな計算において、有用な関数が定義されています。

注11　この関数は名前からわかるように、本来は後の章で述べる行列の階数を計算するための関数です。

注12　`print`関数のように`f`の引数には1個以上の任意個のベクトルを渡すことができます。例えば`f(a, b, c)`と呼び出すと、三つのベクトル`a`、`b`および`c`からなるリストを引数として、`matrix_rank([a, b, c])`が呼ばれます。`f`の定義で仮引数`x`の前の`*`を省略してしまうと、`f([a, b, c])`のように呼び出す必要があります。

ぞれ2、2、1、2となります。また、$\vec{a}=(1,2,3)$, $\vec{b}=(2,3,4)$, $\vec{c}=(3,4,5)$, $\vec{d}=(3,4,4)$ に対して、$\{\vec{a},\vec{b}\}$, $\{\vec{a},\vec{b},\vec{c}\}$, $\{\vec{a},\vec{b},\vec{d}\}$, $\{\vec{a},\vec{b},\vec{c},\vec{d}\}$ の階数はそれぞれ2、2、3、3となります。

線形写像の像と核の次元に関する次の定理と証明には、これまでに登場した線形空間に関するほとんどすべての概念が登場しますが、証明は特別なアイデアも必要なくほぼ一本道です。読者が今までの話をどれくらい理解できているかの試金石となるでしょう。

定理 3.2（次元定理）　$\boldsymbol{f}: V \to W$ を線形写像とする。V が有限次元のとき、次が成立する。

$$\dim V \;=\; \dim \mathrm{kernel}\,(\boldsymbol{f}) + \dim \mathrm{range}\,(\boldsymbol{f})$$

証明　V の基底を $\{\boldsymbol{v}_1,\boldsymbol{v}_2,\ldots,\boldsymbol{v}_n\}$ とし、$\{\boldsymbol{z}_1,\boldsymbol{z}_2,\ldots,\boldsymbol{z}_k\}$ を $\mathrm{kernel}\,(\boldsymbol{f})$ の基底とする。このとき、$\langle \boldsymbol{f}(\boldsymbol{v}_1),\boldsymbol{f}(\boldsymbol{v}_2),\ldots,\boldsymbol{f}(\boldsymbol{v}_n)\rangle = \mathrm{range}\,(\boldsymbol{f})$ は有限次元であり、$\mathrm{range}\,(\boldsymbol{f})$ の基底 $\{\boldsymbol{y}_1,\boldsymbol{y}_2,\ldots,\boldsymbol{y}_l\}$ を選ぶことができる。

$$\boldsymbol{y}_1 \;=\; \boldsymbol{f}(\boldsymbol{x}_1),\quad \boldsymbol{y}_2 \;=\; \boldsymbol{f}(\boldsymbol{x}_2),\quad \ldots,\quad \boldsymbol{y}_l \;=\; \boldsymbol{f}(\boldsymbol{x}_l)$$

を満たす $\{\boldsymbol{x}_1,\boldsymbol{x}_2,\ldots,\boldsymbol{x}_l\} \subseteq V$ が存在する。$S=\{\boldsymbol{z}_1,\boldsymbol{z}_2,\ldots,\boldsymbol{z}_k,\boldsymbol{x}_1,\boldsymbol{x}_2,\ldots,\boldsymbol{x}_l\}$ が V の基底となることを証明すればよい。

まず、S が V を生成することを証明する。$\boldsymbol{v} \in V$ を任意とする。$\boldsymbol{f}(\boldsymbol{v}) \in \mathrm{range}\,(\boldsymbol{f})$ なので、$\{\boldsymbol{y}_1,\boldsymbol{y}_2,\ldots,\boldsymbol{y}_l\}$ が $\mathrm{range}\,(\boldsymbol{f})$ を生成することから、$a_1,a_2,\ldots,a_l \in \mathbb{K}$ が存在して

$$\boldsymbol{f}(\boldsymbol{v}) \;=\; a_1\boldsymbol{y}_1 + a_2\boldsymbol{y}_2 + \cdots + a_l\boldsymbol{y}_l$$

と書ける。このとき、

$$\begin{aligned}
&\boldsymbol{f}(\boldsymbol{v} - (a_1\boldsymbol{x}_1 + a_2\boldsymbol{x}_2 + \cdots + a_l\boldsymbol{x}_l))\\
&= \boldsymbol{f}(\boldsymbol{v}) - \boldsymbol{f}(a_1\boldsymbol{x}_1 + a_2\boldsymbol{x}_2 + \cdots + a_l\boldsymbol{x}_l)\\
&= \boldsymbol{f}(\boldsymbol{v}) - (a_1\boldsymbol{f}(\boldsymbol{x}_1) + a_2\boldsymbol{f}(\boldsymbol{x}_2) + \cdots + a_l\boldsymbol{f}(\boldsymbol{x}_l))\\
&= \boldsymbol{f}(\boldsymbol{v}) - (a_1\boldsymbol{y}_1 + a_2\boldsymbol{y}_2 + \cdots + a_l\boldsymbol{y}_l) \;=\; \boldsymbol{0}_W
\end{aligned}$$

なので、$\boldsymbol{v} - (a_1\boldsymbol{x}_1 + a_2\boldsymbol{x}_2 + \cdots + a_l\boldsymbol{x}_l) \in \mathrm{kernel}\,(\boldsymbol{f})$ がいえる。$\{\boldsymbol{z}_1,\boldsymbol{z}_2,\ldots,\boldsymbol{z}_k\}$ が $\mathrm{kernel}\,(\boldsymbol{f})$ を生成することから、$b_1,b_2,\ldots,b_k \in \mathbb{K}$ が存在して

$$\boldsymbol{v} - (a_1\boldsymbol{x}_1 + a_2\boldsymbol{x}_2 + \cdots + a_l\boldsymbol{x}_l) = \; b_1\boldsymbol{z}_1 + b_2\boldsymbol{z}_2 + \cdots + b_k\boldsymbol{z}_k$$

と表現できるので、

$$\boldsymbol{v} \;=\; a_1\boldsymbol{x}_1 + a_2\boldsymbol{x}_2 + \cdots + a_l\boldsymbol{x}_l + b_1\boldsymbol{z}_1 + b_2\boldsymbol{z}_2 + \cdots + b_k\boldsymbol{z}_k$$

となる。よって、S が V を生成することが示された。

次に、S が線形独立であることを証明する。

$$a_1\boldsymbol{x}_1 + a_2\boldsymbol{x}_2 + \cdots + a_l\boldsymbol{x}_l + b_1\boldsymbol{z}_1 + b_2\boldsymbol{z}_2 + \cdots + b_k\boldsymbol{z}_k \;=\; \boldsymbol{0}_V$$

であるとする。両辺に$\boldsymbol{f}$を施して整理すると

$$a_1\boldsymbol{y}_1 + a_2\boldsymbol{y}_2 + \cdots + a_l\boldsymbol{y}_l \;=\; \boldsymbol{0}_W$$

と変形できる。$\{\boldsymbol{y}_1, \boldsymbol{y}_2, \ldots, \boldsymbol{y}_l\}$の線形独立性より、$a_1 = a_2 = \cdots = a_l = 0$である。さらにこれより、

$$b_1\boldsymbol{z}_1 + b_2\boldsymbol{z}_2 + \cdots + b_k\boldsymbol{z}_k \;=\; \boldsymbol{0}_V$$

となり、$\{\boldsymbol{z}_1, \boldsymbol{z}_2, \ldots, \boldsymbol{z}_k\}$の線形独立性から$b_1 = b_2 = \cdots = b_k = 0$もいえる。■

無限次元ということについて補足しておきましょう。無限数列

$$x_1,\, x_2, \ldots, x_n, \ldots$$

を$\{x_n\}_{n=1}^{\infty}$で表現します。無限数列に対して、次のように線形構造を定義します。

- （ベクトル和） $\{x_n\}_{n=1}^{\infty} + \{y_n\}_{n=1}^{\infty} \overset{\text{def}}{=} \{x_n + y_n\}_{n=1}^{\infty}$
- （スカラー倍） $a\{x_n\}_{n=1}^{\infty} \overset{\text{def}}{=} \{ax_n\}_{n=1}^{\infty}$
- （零ベクトル） $0, 0, \ldots, 0, \ldots$ という数列
- （逆ベクトル） $-\{x_n\}_{n=1}^{\infty} \overset{\text{def}}{=} \{-x_n\}_{n=1}^{\infty}$

この空間では、

$$\begin{array}{cccccc}
1, & 0, & 0, & \ldots, & 0, & \cdots \\
0, & 1, & 0, & \ldots, & 0, & \cdots \\
0, & 0, & 1, & \ldots, & 0, & \cdots \\
\vdots & \vdots & \vdots & \ddots & \vdots & \\
0, & 0, & 0, & \ldots, & 1, & \cdots \\
\vdots & \vdots & \vdots & \ddots & \vdots &
\end{array}$$

のように2次元に並んでいる無限個の数（無限行列）の1行目を取り出した無限数列を$\boldsymbol{e}_1$、2行目を取り出した無限数列を$\boldsymbol{e}_2$、3行目を取り出した無限数列を$\boldsymbol{e}_3$、... とします。$\boldsymbol{e}_n$は、n番目の項だけが1で他はすべて0である無限数列です。この数列は、$\{\boldsymbol{e}_1, \boldsymbol{e}_2, \ldots, \boldsymbol{e}_{n-1}\}$の線形結合では表現できません。任意の$n \in \mathbb{N}$に対して$\{\boldsymbol{e}_1, \boldsymbol{e}_2, \ldots, \boldsymbol{e}_n\}$は線形独立になります。したがって、無限数列を全部集めた線形空間は、無限次元線形空間となります。任意の無限数列$\{x_n\}_{n=1}^{\infty}$は、

$$x_1\boldsymbol{e}_1 + x_2\boldsymbol{e}_2 + x_3\boldsymbol{e}_3 + \cdots + x_n\boldsymbol{e}_n + \cdots \;=\; \sum_{n=1}^{\infty} x_n\boldsymbol{e}_n$$

と書けるではないかと思われるかもしれません。しかし、ベクトルを無限に足し合わせるということ

はまだ定義されていません。これにはベクトルの極限とは何かを明確にする必要があります[注13]。

多項式全体も無限次元線形空間になります。なぜならば、任意の $n \in \mathbb{N}$ に対して $\{1, x, x^2, x^3, \ldots, x^n\}$ が線形独立だからです。テーラー展開は多項式の無限和ですが、これも無限個をいっぺんに足し合わせるわけではなく、極限として考えなければなりません。

注13　ベクトルの無限列に対する極限の定義は、6.7 節を参照してください。

第4章 行列

この章では、線形写像の行列表現と、それから自然に定義される行列演算について学びます。線形代数学の主要なテーマは、「基底をうまく選ぶことで、与えられた線形写像の行列表現を、なるべく行列計算が簡単になるものにすること」、および、「行列表現から、基底の選び方によらない線形写像の性質を見つけること」であるといえます。

Pythonでは事実上標準の数値計算のライブラリといえるNumPyにおける行列計算について説明します。あわせて、SymPyでの行列の数式処理についても述べます。問題によって、数値計算と数式処理を使い分けることを覚えてください。

4.1 行列の操作

$\mathbb{K}$の要素が並んだ2次元配列である(m,n)型行列

$$\boldsymbol{A} = \begin{bmatrix} a_{11} & a_{12} & \cdots & a_{1n} \\ a_{21} & a_{22} & \cdots & a_{2n} \\ \vdots & \vdots & & \vdots \\ a_{m1} & a_{m2} & \cdots & a_{mn} \end{bmatrix}$$

について考えていきます。この行列の列を順に取り出して $\boldsymbol{a}_1, \boldsymbol{a}_2, \ldots, \boldsymbol{a}_n$ として $\boldsymbol{A} = \begin{bmatrix} \boldsymbol{a}_1 & \boldsymbol{a}_2 & \cdots & \boldsymbol{a}_n \end{bmatrix}$ と表記することがあります。i行目j列目にある数a_{ij}を$\boldsymbol{A}$の$(\boldsymbol{i},\boldsymbol{j})$**成分**といいます。特に、行の数と列の数が等しい(n,n)型行列は$\boldsymbol{n}$**次の正方行列**といい、その(i,i)成分a_{ii} $(i=1,2,\ldots,n)$ を**対角成分**と呼びます。$\begin{bmatrix} 1 & 0 \\ 0 & 2 \end{bmatrix}$のような、対角成分以外の成分がすべて0である正方行列のことを**対角行列**といいます。

同じ(m,n)型行列$\boldsymbol{A}$と$\boldsymbol{B}$に対して、対応する成分どうしが互いに等しいとき、そしてそのときに限り$\boldsymbol{A}=\boldsymbol{B}$であるとします。

Pythonでは、NumPyのアレイを利用することが行列計算の定番です。

```
>>> from numpy import array
>>> A = [[1, 2, 3], [4, 5, 6]]; A
[[1, 2, 3], [4, 5, 6]]
```

```
4   >>> A = array(A); A
5   array([[1, 2, 3],
6          [4, 5, 6]])
7   >>> print(A)
8   [[1 2 3]
9    [4 5 6]]
10  >>> L = A.tolist(); L
11  [[1, 2, 3], [4, 5, 6]]
```

- **2行目** … リストにより行列 $\boldsymbol{A} = \begin{bmatrix} 1 & 2 & 3 \\ 4 & 5 & 6 \end{bmatrix}$ を表現しています。リストは行列の要素の並びを表現するだけであり、この章以降で述べるさまざまな行列の計算に対応させるには、自分でそれを実装する必要があります。

- **4行目** … リストAをアレイにキャスト[注1]して、そのアレイを改めてAとします。

- **7〜9行目** … print関数を使うとこのように表示されます。

- **10, 11行目** … アレイからリストを作るには、アレイのtolistメソッドを使います。

```
12  >>> B = A.copy(); B
13  array([[1, 2, 3],
14         [4, 5, 6]])
15  >>> A == B
16  array([[ True,  True,  True],
17         [ True,  True,  True]])
18  >>> (A == B).all()
19  True
20  >>> B[0, 1] = 1
21  >>> (A == B).all()
22  False
```

- **12行目** … Aをコピーして同じ内容の別のアレイBを作ります。この行をもしB = Aとすると、AとBは同じオブジェクトを指すことになり、Aの要素を変更するとBにも反映され、その逆もいえます[注2]。これは、アレイが変更可能なオブジェクトであることによります。

- **15〜17行目** … A == Bはアレイどうしの比較ですが、要素ごとに比較したブール値のアレイが返ってきます。

注1　キャストについては、1.4節を参照してください。

注2　ノートの同じところに鉛筆で書いてある一つの行列を指すのか、それともその行列を別のところに改めて鉛筆で書き写した行列を指すのかの違いになります。

■ **18～22行目** … 行列として等しいかを判定するには、all メソッドを使います。このメソッドはすべての要素のブール値がTrueのとき、True を返します。allの代わりにanyを使うと、ブール値がTrueである要素が一つでも存在すれば、Trueが返ります。

問4.1　10行目でlist(A)によってアレイAをリストLにキャストした場合、どうなるかを確かめなさい。また、12行目をB = Aとした場合、それ以降の結果がどう変わるかを確かめなさい。

この本では説明の都合上、$\mathbb{K}^n$ のベクトルは、$\vec{x} = (x_1, x_2, \ldots, x_n)$ と書いたり、あるいは $\boldsymbol{x} = \begin{bmatrix} x_1 \\ x_2 \\ \vdots \\ x_n \end{bmatrix}$ と書いたりすると約束しました。$\boldsymbol{x}$ は $(n, 1)$ 型行列で、**列ベクトル**と呼ぶことにします。それに対して $(1, n)$ 型行列 $\begin{bmatrix} x_1 & x_2 & \cdots & x_n \end{bmatrix}$ を**行ベクトル**と呼ぶことにします。NumPy では、これらは次のように扱われます。

```
1  >>> from numpy import array
2  >>> A = array([1, 2, 3]); A
3  array([1, 2, 3])
4  >>> B = A.reshape((1, 3)); B
5  array([[1, 2, 3]])
6  >>> C = B.reshape((3, 1)); C
7  array([[1],
8         [2],
9         [3]])
10 >>> D = C.reshape((3,)); D
11 array([1, 2, 3])
12 >>> A[0] = 0; A
13 array([0, 2, 3])
14 >>> B[0, 0], C[0, 0], D[0]
15 (0, 0, 0)
```

ベクトル $(1, 2, 3)$ は3行目のように表します。それに対して、行ベクトル $\begin{bmatrix} 1 & 2 & 3 \end{bmatrix}$ は5行目のように、および、列ベクトル $\begin{bmatrix} 1 \\ 2 \\ 3 \end{bmatrix}$ は7～9行目（または、array([[1], [2], [3]])）のように表します。

4～11行目のように、これらはアレイのreshapeメソッドによって相互に変換が可能です。しかし、reshapeメソッドで変換されても、それぞれの表現で対応する要素は同じものを指していることに注意が必要です[注3]。例えば12～15行目からわかるように、Aのある要素を変更すると、B、C、Dの対応する要素も影響を受けます。このような影響を避けたい場合は、reshapeされたアレイのコピーとしてB、C、Dなどを作る必要があります。

成分がすべて$\mathbb{K}$の要素である同じ型の行列の全体は、$\mathbb{K}$上の線形空間になります。(m, n)型行列$\boldsymbol{A} = \begin{bmatrix} \boldsymbol{a}_1 & \boldsymbol{a}_2 & \cdots & \boldsymbol{a}_n \end{bmatrix}$、$\boldsymbol{B} = \begin{bmatrix} \boldsymbol{b}_1 & \boldsymbol{b}_2 & \cdots & \boldsymbol{b}_n \end{bmatrix}$、および$c \in \mathbb{K}$に対して

$$\begin{aligned} \boldsymbol{A} + \boldsymbol{B} &\stackrel{\text{def}}{=} \begin{bmatrix} \boldsymbol{a}_1 + \boldsymbol{b}_1 & \boldsymbol{a}_2 + \boldsymbol{b}_2 & \cdots & \boldsymbol{a}_n + \boldsymbol{b}_n \end{bmatrix} \\ c\boldsymbol{A} &\stackrel{\text{def}}{=} \begin{bmatrix} c\boldsymbol{a}_1 & c\boldsymbol{a}_2 & \cdots & c\boldsymbol{a}_n \end{bmatrix} \end{aligned}$$

と定義します。すなわち、ベクトル和は対応する成分どうしの和をとったもの、スカラー倍はすべての成分にスカラーを掛けたものとします。零ベクトルにあたる行列は、すべての成分が0である行列です。この行列を**零行列**と呼びます。逆ベクトルにあたる行列は、すべての成分の符号を反転させたものです[注4]。

NumPyでの行列の和およびスカラー倍は、式の通りに表現できます。

```
 1  >>> from numpy import array
 2  >>> A = array([[1, 2, 3], [4, 5, 6]])
 3  >>> B = array([[1, 3, 5], [2, 4, 6]])
 4  >>> A + B
 5  array([[ 2,  5,  8],
 6         [ 6,  9, 12]])
 7  >>> 2 * A
 8  array([[ 2,  4,  6],
 9         [ 8, 10, 12]])
10  >>> 0 * A
11  array([[0, 0, 0],
12         [0, 0, 0]])
13  >>> -1 * A
14  array([[-1, -2, -3],
15         [-4, -5, -6]])
```

- **2, 3行目** … AおよびBをリストとすると、後続の計算はうまくいきません。
- **4～6行目** … 行列の和を計算できます。

注3　reshapeメソッドは、同じメモリ上のアレイの添字による参照の仕方を変えているだけです。

注4　この行列を逆行列と呼ぶことはありません。逆行列は後に他の意味で使われることになります。これは、数でxの逆数といった場合、$-x$ではなく$1/x$のことを指すのと似ています。

- **7〜9行目** … 行列のスカラー倍を計算できます。`A * 2`や`A / 2`などもできます。この例では`A * B`も計算できますが[注5]、その結果はこれから我々が考えようとする行列の積とは異なるので注意してください。
- **10〜12行目** … Aを0倍すると、零行列になります。
- **13〜15行目** … Aを-1倍すると、逆ベクトルにあたる行列になります。

問4.2　次のプログラムで出力されるLaTeX[注6]の数式モードのコードをタイプセットすると、行列の和の計算問題が得られます。その問題を解きなさい。

▼プログラム：latex1.py

```
from numpy.random import seed, randint, choice
from sympy import Matrix, latex

seed(2024)
m, n = randint(2, 4, 2)
X = [-3, -2, -1, 1, 2, 3, 4, 5]
A = Matrix(choice(X, (m, n)))
B = Matrix(choice(X, (m, n)))
print(f'行列和 ${latex(A)} + {latex(B)}$ を計算しなさい。')
```

4.2　行列と線形写像

線形写像$\boldsymbol{f}: V \to W$を考えたとき、すべての$\boldsymbol{x} \in V$に対して、$\boldsymbol{y} = \boldsymbol{f}(\boldsymbol{x})$の関係にある$\boldsymbol{y} \in W$が何であるかを調べ上げることは不可能です[注7]。$f(x) = ax + b$のように、$\boldsymbol{f}(\boldsymbol{x})$を$\boldsymbol{x}$の式で表現できれば好都合です。そのような方法を考えてみましょう。

VおよびWが有限次元線形空間であるとします。それぞれ基底$\{\boldsymbol{v}_1, \boldsymbol{v}_2, \ldots, \boldsymbol{v}_n\}$、および$\{\boldsymbol{w}_1, \boldsymbol{w}_2, \ldots, \boldsymbol{w}_m\}$を持ちます。$\boldsymbol{f}(\boldsymbol{v}_1)$、$\boldsymbol{f}(\boldsymbol{v}_2)$、…、$\boldsymbol{f}(\boldsymbol{v}_n)$は$W$のベクトルなので、$W$の基底$\{\boldsymbol{w}_1, \boldsymbol{w}_2, \ldots, \boldsymbol{w}_m\}$により

$$
\begin{aligned}
\boldsymbol{f}(\boldsymbol{v}_1) &= a_{11}\boldsymbol{w}_1 + a_{21}\boldsymbol{w}_2 + \cdots + a_{m1}\boldsymbol{w}_m \\
\boldsymbol{f}(\boldsymbol{v}_2) &= a_{12}\boldsymbol{w}_1 + a_{22}\boldsymbol{w}_2 + \cdots + a_{m2}\boldsymbol{w}_m \\
&\vdots \\
\boldsymbol{f}(\boldsymbol{v}_n) &= a_{1n}\boldsymbol{w}_1 + a_{2n}\boldsymbol{w}_2 + \cdots + a_{mn}\boldsymbol{w}_m
\end{aligned}
$$

注5　行列の和と同様、成分ごとの積となります。このような積を行列の**シューア積**または**アダマール積**と呼びます。この他にも、行列どうしの積にはさまざまなものがあります。

注6　0.8節に、プログラムlatex1.pyで出力されたLaTeX形式のコードをタイプセットした例があります。

注7　有限次元であってもVのベクトルは無限にあります。

と表現できます。

$$\boldsymbol{a}_1 \overset{\text{def}}{=} \begin{bmatrix} a_{11} \\ a_{21} \\ \vdots \\ a_{m1} \end{bmatrix}, \quad \boldsymbol{a}_2 \overset{\text{def}}{=} \begin{bmatrix} a_{12} \\ a_{22} \\ \vdots \\ a_{m2} \end{bmatrix}, \quad \ldots, \quad \boldsymbol{a}_n \overset{\text{def}}{=} \begin{bmatrix} a_{1n} \\ a_{2n} \\ \vdots \\ a_{mn} \end{bmatrix}$$

とおくと、各$\boldsymbol{a}_j$は$\boldsymbol{f}(\boldsymbol{v}_j)$の基底$\{\boldsymbol{w}_1, \boldsymbol{w}_2, \ldots, \boldsymbol{w}_m\}$による表現です（$j = 1, 2, \ldots, n$）。$\boldsymbol{x} \in V$を任意とし、$\boldsymbol{y} = \boldsymbol{f}(\boldsymbol{x})$であるとします。このとき、基底$\{\boldsymbol{v}_1, \boldsymbol{v}_2, \ldots, \boldsymbol{v}_n\}$による$\boldsymbol{x}$の表現を$\vec{x} = (x_1, x_2, \ldots, x_n) \in \mathbb{K}^n$とし、基底$\{\boldsymbol{w}_1, \boldsymbol{w}_2, \ldots, \boldsymbol{w}_m\}$による$\boldsymbol{y}$の表現を$\vec{y} = (y_1, y_2, \ldots, y_m) \in \mathbb{K}^m$とします。すなわち、

$$\boldsymbol{x} = x_1\boldsymbol{v}_1 + x_2\boldsymbol{v}_2 + \cdots + x_n\boldsymbol{v}_n, \qquad \boldsymbol{y} = y_1\boldsymbol{w}_1 + y_2\boldsymbol{w}_2 + \cdots + y_m\boldsymbol{w}_m$$

であるので、

$$\begin{aligned} y_1\boldsymbol{w}_1 + y_2\boldsymbol{w}_2 + \cdots + y_m\boldsymbol{w}_m &= \boldsymbol{f}(x_1\boldsymbol{v}_1 + x_2\boldsymbol{v}_2 + \cdots + x_n\boldsymbol{v}_n) \\ &= x_1\boldsymbol{f}(\boldsymbol{v}_1) + x_2\boldsymbol{f}(\boldsymbol{v}_2) + \cdots + x_n\boldsymbol{f}(\boldsymbol{x}_n) \\ &= \quad (a_{11}x_1 + a_{12}x_2 + \cdots + a_{1n}x_n)\boldsymbol{w}_1 \\ &\quad + (a_{21}x_1 + a_{22}x_2 + \cdots + a_{2n}x_n)\boldsymbol{w}_2 \\ &\quad \vdots \\ &\quad + (a_{m1}x_1 + a_{m2}x_2 + \cdots + a_{mn}x_n)\boldsymbol{w}_m \end{aligned}$$

が成立します。$\{\boldsymbol{w}_1, \boldsymbol{w}_2, \ldots, \boldsymbol{w}_m\}$の線形独立性から

$$\begin{bmatrix} y_1 \\ y_2 \\ \vdots \\ y_m \end{bmatrix} = \begin{bmatrix} a_{11}x_1 + a_{12}x_2 + \cdots + a_{1n}x_n \\ a_{21}x_1 + a_{22}x_2 + \cdots + a_{2n}x_n \\ \vdots \\ a_{m1}x_1 + a_{m2}x_2 + \cdots + a_{mn}x_n \end{bmatrix}$$

が得られます。この式は、$\boldsymbol{A} \overset{\text{def}}{=} \begin{bmatrix} \boldsymbol{a}_1 & \boldsymbol{a}_2 & \cdots & \boldsymbol{a}_n \end{bmatrix}$として

$$\boldsymbol{A}\vec{x} \overset{\text{def}}{=} x_1\boldsymbol{a}_1 + x_2\boldsymbol{a}_2 + \cdots + x_n\boldsymbol{a}_n$$

と書き表すことにすると、$\vec{y} = \boldsymbol{A}\vec{x}$と表現できます。これを$\boldsymbol{y} = \boldsymbol{f}(\boldsymbol{x})$の（または、線形写像$\boldsymbol{f}$の）**行列表現**といいます。あるいは、この関係にある行列$\boldsymbol{A}$のことを、線形写像$\boldsymbol{f}$の行列表現（または、**表現行列**）と呼びます。線形写像$\boldsymbol{y} = \boldsymbol{f}(\boldsymbol{x})$の関係にある$\boldsymbol{x} \in V$および$\boldsymbol{y} \in W$を、それぞれ$\vec{x} \in \mathbb{K}^n$および$\vec{y} \in \mathbb{K}^m$としたとき、$\vec{y} = \boldsymbol{A}\vec{x}$の関係にあります。

線形写像の行列表現についてまとめると、次のようになります。$\boldsymbol{x} \in V$が与えられたとき、$\boldsymbol{y} = \boldsymbol{f}(\boldsymbol{x})$を求めたいとします。

1. VおよびWの基底$\{\boldsymbol{v}_1, \boldsymbol{v}_2, \ldots, \boldsymbol{v}_n\}$および$\{\boldsymbol{w}_1, \boldsymbol{w}_2, \ldots, \boldsymbol{w}_m\}$を考える
2. $\boldsymbol{f}(\boldsymbol{v}_j)$の基底$\{\boldsymbol{w}_1, \boldsymbol{w}_2, \ldots, \boldsymbol{w}_m\}$による表現$\boldsymbol{a}_j$を求める（$j = 1, 2, \ldots, n$）
3. $\boldsymbol{x} \in V$の基底$\{\boldsymbol{v}_1, \boldsymbol{v}_2, \ldots, \boldsymbol{v}_n\}$による表現を$\vec{x} \in \mathbb{K}^n$とする
4. $\boldsymbol{A} = \begin{bmatrix} \boldsymbol{a}_1 & \boldsymbol{a}_2 & \cdots & \boldsymbol{a}_n \end{bmatrix}$として、$\vec{y} = \boldsymbol{A}\vec{x}$を計算する
5. $\vec{y} = (y_1, y_2, \ldots, y_m)$として、$\boldsymbol{y} = y_1\boldsymbol{w}_1 + y_2\boldsymbol{w}_2 + \cdots + y_m\boldsymbol{w}_m$である

$V = \mathbb{K}^n$および$W = \mathbb{K}^m$とし、それぞれの基底として標準基底を考えます。線形写像$\boldsymbol{f}: V \to W$の行列表現$\boldsymbol{A}$は、任意の$\boldsymbol{x} \in V$に対して$\boldsymbol{f}(\boldsymbol{x}) = \boldsymbol{A}\boldsymbol{x}$を満たします。逆に、$(m, n)$型行列$\boldsymbol{A}$に対して$\boldsymbol{f}(\boldsymbol{x}) \overset{\text{def}}{=} \boldsymbol{A}\boldsymbol{x}$（$\boldsymbol{x} \in V$）によって線形写像$\boldsymbol{f}: V \to W$が定義され、$\boldsymbol{f}$の行列表現は$\boldsymbol{A}$自身となります。すなわち、$(m, n)$型行列と$\mathbb{K}^n$から$\mathbb{K}^m$への線形写像は、互いに1対1に対応します。したがって、(m, n)型行列$\boldsymbol{A}$と$\boldsymbol{B}$に対して、$\boldsymbol{A} = \boldsymbol{B}$であるための必要十分条件は、任意の$\boldsymbol{x} \in \mathbb{K}^n$に対して$\boldsymbol{A}\boldsymbol{x} = \boldsymbol{B}\boldsymbol{x}$が成立すること、すなわち、線形写像として等しいことといえます。また、

$$
\begin{aligned}
(a\boldsymbol{A} + b\boldsymbol{B})\,\boldsymbol{x} &= \begin{bmatrix} a\boldsymbol{a}_1 + b\boldsymbol{b}_1 & a\boldsymbol{a}_2 + b\boldsymbol{b}_2 & \cdots & a\boldsymbol{a}_n + b\boldsymbol{b}_n \end{bmatrix} \boldsymbol{x} \\
&= x_1(a\boldsymbol{a}_1 + b\boldsymbol{b}_1) + x_2(a\boldsymbol{a}_2 + b\boldsymbol{b}_2) + \cdots + x_n(a\boldsymbol{a}_n + b\boldsymbol{b}_n) \\
&= a(x_1\boldsymbol{a}_1 + x_2\boldsymbol{a}_2 + \cdots + x_n\boldsymbol{a}_n) + b(x_1\boldsymbol{b}_1 + x_2\boldsymbol{b}_2 + \cdots + x_n\boldsymbol{b}_n) \\
&= a\left(\begin{bmatrix} \boldsymbol{a}_1 & \boldsymbol{a}_2 & \cdots & \boldsymbol{a}_n \end{bmatrix} \boldsymbol{x}\right) + b\left(\begin{bmatrix} \boldsymbol{b}_1 & \boldsymbol{b}_2 & \cdots & \boldsymbol{b}_n \end{bmatrix} \boldsymbol{x}\right) \\
&= a(\boldsymbol{A}\boldsymbol{x}) + b(\boldsymbol{B}\boldsymbol{x})
\end{aligned}
$$

より、行列の線形結合は、行列を線形写像と見たときの写像の線形結合であるといえます。

問4.3 2次元標準正規分布により1000個のベクトルを生成し、それらに次の(1)または(2)の行列を掛けた点を表示しなさい。同様に、3次元標準正規分布に対して(3)または(4)で実験を行いなさい。

$$
(1)\ \begin{bmatrix} 1 & 2 \\ 2 & 3 \end{bmatrix} \qquad (2)\ \begin{bmatrix} 1 & 2 \\ 2 & 4 \end{bmatrix} \qquad (3)\ \begin{bmatrix} 1 & 2 & 3 \\ 2 & 3 & 4 \\ 3 & 4 & 5 \end{bmatrix} \qquad (4)\ \begin{bmatrix} 1 & 2 & 3 \\ 2 & 3 & 1 \\ 3 & 1 & 2 \end{bmatrix}
$$

VおよびWをいずれも高々3次の実係数多項式の全体が作る線形空間であるとします。基底として、$\{1, x, x^2, x^3\}$を考えます。多項式$a_3x^3 + a_2x^2 + a_1x + a_0$の表現は、$(a_0, a_1, a_2, a_3) \in \mathbb{R}^4$です。多項式の微分$\dfrac{d}{dx}$は、$V$から$W$への線形写像です。この線形写像は基底を

$$
\begin{aligned}
1 &\mapsto 0 + 0x + 0x^2 + 0x^3 \\
x &\mapsto 1 + 0x + 0x^2 + 0x^3 \\
x^2 &\mapsto 0 + 2x + 0x^2 + 0x^3 \\
x^3 &\mapsto 0 + 0x + 3x^2 + 0x^3
\end{aligned}
$$

に移すので、微分

$$b_3x^3 + b_2x^2 + b_1x + b_0 \;=\; \frac{d}{dx}\left(a_3x^3 + a_2x^2 + a_1x + a_0\right)$$

の行列表現は次のようになります。

$$\begin{bmatrix} b_0 \\ b_1 \\ b_2 \\ b_3 \end{bmatrix} = \begin{bmatrix} 0 & 1 & 0 & 0 \\ 0 & 0 & 2 & 0 \\ 0 & 0 & 0 & 3 \\ 0 & 0 & 0 & 0 \end{bmatrix}\begin{bmatrix} a_0 \\ a_1 \\ a_2 \\ a_3 \end{bmatrix}$$

問4.4　高々５次の x の多項式全体の作る線形空間を V、高々３次の x の多項式全体の作る線形空間を W とします。このとき、V から W への線形写像である２階微分 $\dfrac{d^2}{dx^2}$ の行列表現を求めなさい。

NumPyでは行列とベクトルの積に対応する演算に、**dot関数**またはアレイの**dotメソッド**を使います[注8]。これらの使い方について覚えましょう。

```
1 >>> from numpy import array, dot
2 >>> y = dot([[1, 2], [3, 4]], [5, 6]); y
3 array([17, 39])
4 >>> A = array([[1, 2], [3, 4]])
5 >>> A.dot([5, 6])
6 array([17, 39])
7 >>> A.dot([[5], [6]])
8 array([[17],
9        [39]])
```

- **1行目** … アレイのdotメソッドを使うときは、dot関数をインポートする必要はありません。また、1行目でarrayをインポートせずにdotだけをインポートしても、2行目は実行でき、yをアレイとして定義できます。
- **2, 3行目** … dot関数で行列 $\begin{bmatrix} 1 & 2 \\ 3 & 4 \end{bmatrix}$ とベクトル $(5,6)$ の積を計算します。実引数はアレイでもリストでも構いません。戻り値はアレイで表現されたベクトル $(17,39)$ です。
- **4〜6行目** … Aをアレイとして定義して、dotメソッドを使って2行目と同じ計算を行います。
- **7〜9行目** … dotメソッドで行列と列ベクトルの積を計算します。戻り値はアレイで表現された列ベクトル $\begin{bmatrix} 17 \\ 39 \end{bmatrix}$ となります。dot関数を用いても同様の結果が得られます。

注8　dot関数はdot(A, B)の形で使い、dotメソッドはA.dot(B)のように使います。

$\mathbb{R}^2$ で原点を中心として反時計回りに θ 回転させる写像を $\boldsymbol{f}$ とします。$\boldsymbol{f}$ は線形写像です。この線形写像の行列表現を、先ほど述べた手順で求めてみましょう。$\mathbb{R}^2$ のベクトルは、はじめから列ベクトルで表現しておくことにします。

1. $\mathbb{R}^2$ の基底は標準基底とする[注9]
2. $\boldsymbol{f}\left(\begin{bmatrix} 1 \\ 0 \end{bmatrix}\right) = \begin{bmatrix} \cos\theta \\ \sin\theta \end{bmatrix}$, $\boldsymbol{f}\left(\begin{bmatrix} 0 \\ 1 \end{bmatrix}\right) = \begin{bmatrix} -\sin\theta \\ \cos\theta \end{bmatrix}$ である
3. $\boldsymbol{x} = \begin{bmatrix} x \\ y \end{bmatrix}$ とする
4. $\boldsymbol{A} = \begin{bmatrix} \cos\theta & -\sin\theta \\ \sin\theta & \cos\theta \end{bmatrix}$ として、$\boldsymbol{y} = \boldsymbol{A}\boldsymbol{x}$ を計算する
5. $\boldsymbol{y} = \begin{bmatrix} x\cos\theta - y\sin\theta \\ x\sin\theta + y\cos\theta \end{bmatrix}$ である

したがって、点 (x, y) は回転によって点 $(x\cos\theta - y\sin\theta, x\sin\theta + y\cos\theta)$ に移されることがわかります。ここで得られた行列 $\boldsymbol{A}$ を、$\mathbb{R}^2$ で原点を中心に反時計回りを正の方向とした、角度 θ の**回転行列**といいます。

回転行列を用いて、平面上の画像を回転するプログラムを作ってみましょう。第1章の lena1.py を実行して作成したファイル lena.txt には、2次元ベクトルを表すアレイを要素とするリストが Python コードのスタイルで記述されています。

▼プログラム：lena4.py

```
from numpy import array, pi, sin, cos
import matplotlib.pyplot as plt

t = pi / 4
A = array([[cos(t), -sin(t)],
           [sin(t), cos(t)]])
with open('lena.txt', 'r') as fd:
    P = eval(fd.read())
Q = [A.dot(p) for p in P]
plt.scatter(*zip(*Q), s=1)
plt.axis('equal'), plt.show()
```

注9　$\begin{bmatrix} u \\ v \end{bmatrix} \in \mathbb{R}^2$ に対して $\begin{bmatrix} u \\ v \end{bmatrix} = u\begin{bmatrix} 1 \\ 0 \end{bmatrix} + v\begin{bmatrix} 0 \\ 1 \end{bmatrix}$ なので、標準基底による $\begin{bmatrix} u \\ v \end{bmatrix}$ の表現は $\begin{bmatrix} u \\ v \end{bmatrix}$ 自身であることに注意してください。

- **5,6行目** … アレイAを、角度tの回転行列とします。
- **7,8行目** … `lena.txt`からリストを読み込み、Pとします。
- **9行目** … Pの点を回転させた点のリストをQとします。
- **10行目** … `zip(*Q)`は、Qのx座標だけを取り出したリスト、およびQのy座標だけを取り出したリスト、この二つを要素とするリストを作ります。この二つの要素をそれぞれ、`scatter`メソッドの第1引数および第2引数に渡します。
- **11行目** … 図4.1が得られます。

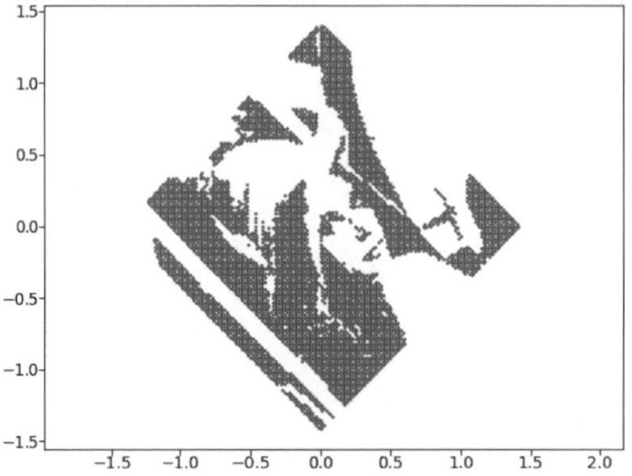

▲**図 4.1**　lena4.pyの実行結果

問4.5　次のそれぞれの線形写像の標準基底に関する行列表現を求めなさい。

1. $\mathbb{K}^2$から$\mathbb{K}^2$への線形写像$(x,y)\mapsto(y,x)$
2. $\mathbb{K}^2$から$\mathbb{K}^3$への線形写像$(x,y)\mapsto(x+y,x,y)$
3. $\mathbb{K}^3$から$\mathbb{K}^2$への線形写像$(x,y,z)\mapsto(x+y,y+z)$

4.3　線形写像の合成と行列の積

(l,m)型行列$\boldsymbol{A}$および(m,n)型行列$\boldsymbol{B}$を

$$\boldsymbol{A} = \begin{bmatrix} \boldsymbol{a}_1 & \boldsymbol{a}_2 & \cdots & \boldsymbol{a}_m \end{bmatrix}, \quad \boldsymbol{B} = \begin{bmatrix} \boldsymbol{b}_1 & \boldsymbol{b}_2 & \cdots & \boldsymbol{b}_n \end{bmatrix}$$

とします。$\boldsymbol{x}\in\mathbb{K}^n$が$\boldsymbol{Bx}=\boldsymbol{y}\in\mathbb{K}^m$に移り、さらに$\boldsymbol{y}$が$\boldsymbol{Ay}=\boldsymbol{z}\in\mathbb{K}^l$に移るとします。線形写像$\boldsymbol{g}:\boldsymbol{x}\mapsto\boldsymbol{y}$と線形写像$\boldsymbol{f}:\boldsymbol{y}\mapsto\boldsymbol{z}$に対して、その合成写像$\boldsymbol{f}\circ\boldsymbol{g}:\boldsymbol{x}\mapsto\boldsymbol{z}$の行列表現は

$$\begin{aligned} \boldsymbol{z} = \boldsymbol{Ay} &= \boldsymbol{A}(\boldsymbol{Bx}) \\ &= \boldsymbol{A}(x_1\boldsymbol{b}_1 + x_2\boldsymbol{b}_2 + \cdots + x_n\boldsymbol{b}_n) \end{aligned}$$

$$= x_1 \boldsymbol{A}\boldsymbol{b}_1 + x_2 \boldsymbol{A}\boldsymbol{b}_2 + \cdots + x_n \boldsymbol{A}\boldsymbol{b}_n$$
$$= \begin{bmatrix} \boldsymbol{A}\boldsymbol{b}_1 & \boldsymbol{A}\boldsymbol{b}_2 & \cdots & \boldsymbol{A}\boldsymbol{b}_n \end{bmatrix} \boldsymbol{x}$$

となります。ここで、

$$\boldsymbol{A}\boldsymbol{B} \stackrel{\mathrm{def}}{=} \begin{bmatrix} \boldsymbol{A}\boldsymbol{b}_1 & \boldsymbol{A}\boldsymbol{b}_2 & \cdots & \boldsymbol{A}\boldsymbol{b}_n \end{bmatrix}$$

と定義して、これを $\boldsymbol{A}$ と $\boldsymbol{B}$ と**行列の積**といいます。すなわち

$$(\boldsymbol{A}\boldsymbol{B})\,\boldsymbol{x} \;=\; \boldsymbol{A}\,(\boldsymbol{B}\boldsymbol{x})$$

が成立します。行列の積は、行列を線形写像と見たときの写像の合成写像であるといえます。

$\boldsymbol{A}\boldsymbol{B}$ の (i,j) 成分は、$\boldsymbol{A}$ の i 行目に並んだ数を取り出した $a_{i1}, a_{i2}, \ldots, a_{im}$ と、$\boldsymbol{B}$ の j 列目に並んだ数を取り出した $b_{1j}, b_{2j}, \ldots, b_{mj}$ から、順番に掛け合わせて総和をとった

$$a_{i1}b_{1j} + a_{i2}b_{2j} + \cdots + a_{im}b_{mj}$$

です[注10]。行列 $\boldsymbol{A}$ の列数と行列 $\boldsymbol{B}$ の行数が等しいときのみ行列の積 $\boldsymbol{A}\boldsymbol{B}$ は定義され、$\boldsymbol{A}\boldsymbol{B}$ の行数は $\boldsymbol{A}$ の行数に等しく、$\boldsymbol{A}\boldsymbol{B}$ の列数は $\boldsymbol{B}$ の列数に等しくなります。

NumPyで行列の積を求める方法としては、dot関数を使う方法、アレイのdotメソッドを使う方法、matrixクラスを使う方法があります。

```
1  >>> import numpy as np
2  >>> A = [[1, 2, 3], [4, 5, 6]]
3  >>> B = [[1, 2], [3, 4], [5, 6]]
4  >>> np.dot(A, B)
5  array([[22, 28],
6         [49, 64]])
7  >>> np.array(A).dot(B)
8  array([[22, 28],
9         [49, 64]])
10 >>> np.matrix(A) * np.matrix(B)
11 matrix([[22, 28],
12         [49, 64]])
```

- **2, 3行目** … $\boldsymbol{A} = \begin{bmatrix} 1 & 2 & 3 \\ 4 & 5 & 6 \end{bmatrix}$、$\boldsymbol{B} = \begin{bmatrix} 1 & 2 \\ 3 & 4 \\ 5 & 6 \end{bmatrix}$ とします。
- **4〜6行目** … dot関数を利用した $\boldsymbol{A}\boldsymbol{B}$ の計算です。

注10 「行・列」、$\boldsymbol{A}$ の行と $\boldsymbol{B}$ の列を掛け合わせると覚えましょう。

- **7〜9行目** … アレイのdotメソッドを使った$\boldsymbol{AB}$の計算です。
- **10〜12行目** … matrixクラスを用いた$\boldsymbol{AB}$の計算です。積の2項演算子が使えます。

問4.6　次から重複も許して二つの行列を選んで、行列の積が定義できるならばそれを計算しなさい。

$$\boldsymbol{A} = \begin{bmatrix} 1 & 2 \\ 3 & 4 \end{bmatrix},\ \boldsymbol{B} = \begin{bmatrix} 1 & 2 & 3 \\ 4 & 5 & 6 \end{bmatrix},\ \boldsymbol{C} = \begin{bmatrix} 1 & 2 \\ 3 & 4 \\ 5 & 6 \end{bmatrix},\ \boldsymbol{D} = \begin{bmatrix} 1 & 2 & 3 \\ 4 & 5 & 6 \\ 7 & 8 & 9 \end{bmatrix}$$

プログラムproblems.pyはこの問題の正解を出力します。

▼プログラム：problems.py

```
1  from numpy import array
2
3  A = array([[1, 2], [3, 4]])
4  B = array([[1, 2, 3], [4, 5, 6]])
5  C = array([[1, 2], [3, 4], [5, 6]])
6  D = array([[1, 2, 3], [4, 5, 6], [7, 8, 9]])
7  for X in (A, B, C, D):
8      for Y in (A, B, C, D):
9          if X.shape[1] == Y.shape[0]:
10             print(f'{X}\n{Y}\n= {X.dot(Y)}\n')
```

- **7〜10行目** … タプル(A, B, C, D)から取り出したXとYに対して、行列の積が定義される場合に限り、その積を計算して見やすいように表示します。

Pythonで線形代数の計算問題を解くとき、NumPyでは分数は小数になりますし、文字式も使えないという不都合があります。このような場合は、SymPyを用います。

```
>>> from sympy import Matrix
>>> from sympy.abc import a, b, c, d
>>> A = Matrix([[1, 2], [3, 4]])
>>> A/2
Matrix([
[1/2, 1],
[3/2, 2]])
>>> B = Matrix([[a, b], [c, d]])
>>> B/2
Matrix([
```

```
11 [a/2, b/2],
12 [c/2, d/2]])
13 >>> A + B
14 Matrix([
15 [a + 1, b + 2],
16 [c + 3, d + 4]])
17 >>> A * B
18 Matrix([
19 [  a + 2*c,   b + 2*d],
20 [3*a + 4*c, 3*b + 4*d]])
```


- **1行目** … SymPyでは、行列はMatrixクラスを用います。
- **2行目** … 文字式に使う変数または定数の名前です。
- **3行目** … 成分がすべて整数である行列を定義しています。この行をもし

```
A = Matrix([[1., 2.], [3., 4.]])
```

と書くと、成分は実数であるとみなされて、以降の結果が変わります。

- **4〜7行目** … 結果が分数になります。
- **8〜20行目** … 文字が使われた計算が行われます。

Matrixの成分に整数を使うと分数計算をしてくれましたが、単に2/3と書くだけでは分数にはしてくれません。次の実行例を参考にしてください。

```
>>> from sympy import Integer, Rational
>>> 2 / 3
0.6666666666666666
>>> Integer(2) / 3
2/3
>>> Rational(2, 3)
2/3
```

$\mathbb{R}^2$上での原点を中心とした角度$\alpha+\beta$の回転は、角度βの回転と角度αの回転の合成なので、

$$\begin{bmatrix} \cos(\alpha+\beta) & -\sin(\alpha+\beta) \\ \sin(\alpha+\beta) & \cos(\alpha+\beta) \end{bmatrix} = \begin{bmatrix} \cos\alpha & -\sin\alpha \\ \sin\alpha & \cos\alpha \end{bmatrix} \begin{bmatrix} \cos\beta & -\sin\beta \\ \sin\beta & \cos\beta \end{bmatrix}$$

$$= \begin{bmatrix} \cos\alpha\cos\beta - \sin\alpha\sin\beta & -\cos\alpha\sin\beta - \sin\alpha\cos\beta \\ \sin\alpha\cos\beta + \cos\alpha\sin\beta & -\sin\alpha\sin\beta + \cos\alpha\cos\beta \end{bmatrix}$$

であり、これより三角関数の加法定理が得られるのがわかると思います。

(m,n)型の零行列は$\boldsymbol{O}_{(m,n)}$と書きますが、紛れがない場合は$\boldsymbol{O}$で表します。零行列は、線形空間Vの任意のベクトルを線形空間Wの零ベクトルに写す写像（零写像）$\boldsymbol{x} \mapsto \boldsymbol{0}$の行列表現であり、基底の取り方にはよりません。

対角成分がすべて1である対角行列を**単位行列**といいます。n次の単位行列は$\boldsymbol{I}_n$と書きますが、まぎらわしくない場合は$\boldsymbol{I}$で表します。単位行列は、線形空間Vの任意のベクトルを自分自身に移す恒等写像$\boldsymbol{x} \mapsto \boldsymbol{x}$の行列表現であり、定義域としての基底と値域としての基底を同じものに取る限り、基底の取り方には依存しません。定義域としての基底と値域としての基底を違うものに取ることについては、次節で述べます。

NumPyとSymPyでの零行列、単位行列の表し方は次の通りです。

```
>>> import numpy as np
>>> import sympy as sp
>>> np.zeros((2,3))
array([[0., 0., 0.],
       [0., 0., 0.]])
>>> sp.zeros(2,3)
Matrix([
[0, 0, 0],
[0, 0, 0]])
>>> np.eye(3)
array([[1., 0., 0.],
       [0., 1., 0.],
       [0., 0., 1.]])
>>> sp.eye(3)
Matrix([
[1, 0, 0],
[0, 1, 0],
[0, 0, 1]])
```

上の例ではNumPyのアレイの要素がすべて実数型になっています。要素が整数型の零行列や単位行列が必要な場合は、名前引数dtypeに型名を指定します。

```
>>> np.eye(3, dtype=int)
array([[1, 0, 0],
       [0, 1, 0],
       [0, 0, 1]])
```


行列どうしの演算において、次の1から6が成立します。ただし、演算ができる場合に限ります。

1. $\boldsymbol{A}+\boldsymbol{B} = \boldsymbol{B}+\boldsymbol{A}$
2. $(\boldsymbol{A}+\boldsymbol{B})+\boldsymbol{C} = \boldsymbol{A}+(\boldsymbol{B}+\boldsymbol{C})$
3. $\boldsymbol{A}+\boldsymbol{O} = \boldsymbol{A}$
4. $\boldsymbol{A}$が(m,n)型のとき、$\boldsymbol{A}\boldsymbol{I}_n = \boldsymbol{A}$かつ$\boldsymbol{I}_m\boldsymbol{A} = \boldsymbol{A}$
5. $(\boldsymbol{A}\boldsymbol{B})\boldsymbol{C} = \boldsymbol{A}(\boldsymbol{B}\boldsymbol{C})$
6. $\boldsymbol{A}(\boldsymbol{B}+\boldsymbol{C}) = \boldsymbol{A}\boldsymbol{B}+\boldsymbol{A}\boldsymbol{C}, \qquad (\boldsymbol{A}+\boldsymbol{B})\boldsymbol{C} = \boldsymbol{A}\boldsymbol{C}+\boldsymbol{B}\boldsymbol{C}$

1〜4の証明は、行列の成分に着目すればスカラーの性質に帰着できます。5と6も行列の成分に着目した計算で証明できますが、難しくはないものの手間がかかります。行列を線形写像とみなした証明のほうがエレガントです。5は、任意のベクトル$\boldsymbol{x}$に対して、行列の積は線形写像の合成であることから

$$((\boldsymbol{A}\boldsymbol{B})\boldsymbol{C})\boldsymbol{x} = (\boldsymbol{A}\boldsymbol{B})(\boldsymbol{C}\boldsymbol{x}) = \boldsymbol{A}(\boldsymbol{B}(\boldsymbol{C}\boldsymbol{x})) = \boldsymbol{A}((\boldsymbol{B}\boldsymbol{C})\boldsymbol{x}) = (\boldsymbol{A}(\boldsymbol{B}\boldsymbol{C}))\boldsymbol{x}$$

が成立することによります。6の前半は、任意のベクトル$\boldsymbol{x}$に対して、行列の積は線形写像の合成であることと行列の和は線形写像の和であることから

$$(\boldsymbol{A}(\boldsymbol{B}+\boldsymbol{C}))\boldsymbol{x} = \boldsymbol{A}((\boldsymbol{B}+\boldsymbol{C})\boldsymbol{x}) = \boldsymbol{A}(\boldsymbol{B}\boldsymbol{x}+\boldsymbol{C}\boldsymbol{x})$$
$$= \boldsymbol{A}(\boldsymbol{B}\boldsymbol{x})+\boldsymbol{A}(\boldsymbol{C}\boldsymbol{x}) = (\boldsymbol{A}\boldsymbol{B})\boldsymbol{x}+(\boldsymbol{A}\boldsymbol{C})\boldsymbol{x} = (\boldsymbol{A}\boldsymbol{B}+\boldsymbol{A}\boldsymbol{C})\boldsymbol{x}$$

が成立することによります。後半も同様です。

xy-座標平面上で、原点を通りx軸とのなす角度がθの直線をlとします。点(x,y)をlに関して対称な点(x',y')に移す線形写像の行列表現を次の方法で求めてみましょう。

1. 直線lをx軸に重ねる回転行列を求める
2. 点をx軸に関して線対称な点に移す線形写像の行列表現を求める
3. x軸を直線lに重ねる回転行列を求める
4. 上で求めた三つの行列の積を計算する

さらに、(x,y)をその点から最短距離にあるl上の点(x'',y'')に移す行列を求めます。ここでは[注11]

注11　(x'',y'')を、(x,y)のl上への**直交射影**（または、**正射影**）といいます。第6章で、直交射影を求める別の方法やその行列表現について学びます。

$$\frac{(x, y) + (x', y')}{2} = (x'', y'')$$

であることを利用しましょう。

▼プログラム：mat_product1.py

```
1  from sympy import Matrix, sin, cos, eye
2  from sympy.abc import theta
3  
4  A = Matrix([[cos(theta), sin(theta)],
5              [-sin(theta), cos(theta)]])
6  B = Matrix([[1,  0],
7              [0, -1]])
8  C = Matrix([[cos(theta), -sin(theta)],
9              [sin(theta), cos(theta)]])
10 D = C * B * A
11 E = (eye(2)+D) / 2
```

- **2行目** … sympy.abcには小文字のギリシア文字も記号として定義されています。回転角θを表す記号をthetaとします。
- **4, 5行目** … lをx軸に重ねる回転の行列を$\boldsymbol{A}$とします。
- **6, 7行目** … x軸での折り返しを表す行列$\boldsymbol{B}$を定義します。
- **8, 9行目** … x軸をlに重ねる回転の行列を$\boldsymbol{C}$を定義します。
- **10行目** … $\boldsymbol{D} = \boldsymbol{C} * \boldsymbol{B} * \boldsymbol{A}$は注12、直線$l$に関する折り返しを表す行列です。
- **11行目** … $\boldsymbol{E} = (\boldsymbol{I} + \boldsymbol{D})/2$とします。$\boldsymbol{I}$は単位行列です。$\boldsymbol{E}$は次を満たします。

$$\boldsymbol{E}\begin{bmatrix} x \\ y \end{bmatrix} = \frac{1}{2}\left(\boldsymbol{I}\begin{bmatrix} x \\ y \end{bmatrix} + \boldsymbol{D}\begin{bmatrix} x \\ y \end{bmatrix}\right) = \frac{1}{2}\left(\begin{bmatrix} x \\ y \end{bmatrix} + \begin{bmatrix} x' \\ y' \end{bmatrix}\right) = \begin{bmatrix} x'' \\ y'' \end{bmatrix}$$

```
>>> D
Matrix([
[-sin(theta)**2 + cos(theta)**2,         2*sin(theta)*cos(theta)],
[        2*sin(theta)*cos(theta), sin(theta)**2 - cos(theta)**2]])
>>> D.simplify()
>>> D
Matrix([
```

注12 行列の積の順番に注意してください。

```
8  [cos(2*theta),  sin(2*theta)],
9  [sin(2*theta), -cos(2*theta)]])
```

- **1〜4行目** … Dは、行列積を計算したままで整理されていません。加法定理で見やすい式になりそうです。
- **5〜9行目** … simplifyは、式を簡略化するメソッドです。このメソッドはDにある式自身を書き換える破壊的メソッドです。


```
10 >>> E.simplify(); E
11 Matrix([
12 [ cos(theta)**2, sin(2*theta)/2],
13 [sin(2*theta)/2,  sin(theta)**2]])
```

同じ計算をNumPyを用いて数値的に計算して、xy-座標平面上にグラフ化します（図 4.2）。行列はmatrixを使って表現しました。文字も書き込んでみましょう。

▼プログラム：mat_product2.py

```
1  from numpy import matrix, sin, cos, tan, pi, eye
2  import matplotlib.pyplot as plt
3
4  t = pi / 6
5  A = matrix([[cos(t), sin(t)], [-sin(t), cos(t)]])
6  B = matrix([[1, 0], [0, -1]])
7  C = matrix([[cos(t), -sin(t)], [sin(t), cos(t)]])
8  D = C * B * A
9  E = (eye(2) + D) / 2
10 x = matrix([[5], [5]])
11 y = D * x
12 z = E * x
13 plt.plot([0, 10], [0, 10 * tan(t)])
14 plt.plot([x[0, 0], y[0, 0]], [x[1, 0], y[1, 0]])
15 plt.plot([x[0, 0], z[0, 0]], [x[1, 0], z[1, 0]])
16 plt.text(x[0, 0], x[1, 0], '$x$', fontsize=20)
17 plt.text(y[0, 0], y[1, 0], '$y=CBAx$', fontsize=20)
18 plt.text(z[0, 0], z[1, 0], r'$z=\dfrac{x+y}{2}$', fontsize=20)
19 plt.axis('scaled'), plt.xlim(0, 10), plt.ylim(0, 6), plt.show()
```

- **10行目** … xは、列ベクトル（$(2,1)$型行列）として定義しています。

- **16〜18行目** … グラフに、文字を書き込みます。ここでは数式を書き込んでみましょう。数式はLaTeXの数式モードで書き、$と$で囲みます。LaTeXのコードで多用されるバックスラッシュ \ は、Pythonの文字列では特別な意味を持つことがあるので、これと衝突しないように18行目で文字列を囲むクォーテーションマークの前にrを付けた**raw文字列**にしています。

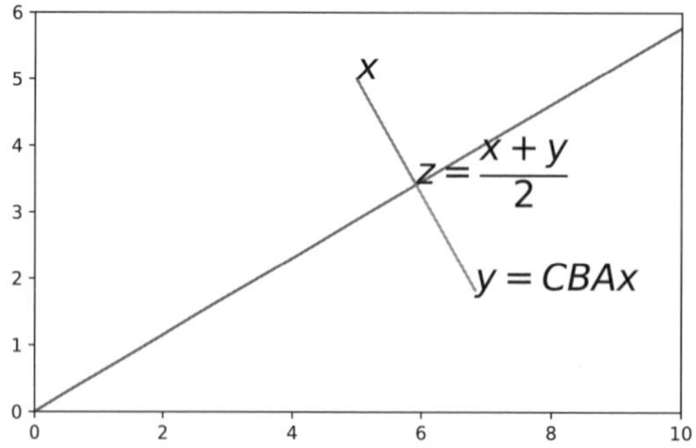

▲**図 4.2** NumPyとMatplotlibを用いた実行結果

次のプログラムは、行列の積の計算問題を作成してLaTeXのalign環境[注13]で出力するプログラムです。あまり複雑にならないよう、また簡単過ぎないように、配慮して問題を作ります。

▼プログラム：latex2.py

```
1  from numpy.random import seed, choice
2  from sympy import Matrix, latex
3
4  seed(2024)
5  template = r'''次の行列積を計算しなさい。
6  \begin{align*}
7  %s%s&=\\
8  %s%s&=\\
9  %s%s&=\\
10 %s%s&=\\
11 %s%s&=
12 \end{align*}
13 '''
14 matrices= []
15 for no in range(5):
16     m, el, n = choice([2, 3], 3)
17     X = [-3, -2, -1, 1, 2, 3, 4, 5]
```

注13　複数の式を複数の行にまたがって出力する環境のことです。

```
18        A = Matrix(choice(X, (m, el)))
19        B = Matrix(choice(X, (el, n)))
20        matrices.extend([latex(A), latex(B)])
21    print(template % tuple(matrices))
```

- **5〜13行目** … **三重引用符**で囲まれた文字列では、改行がそのまま反映されます。さらに、ここではraw文字列にしています。この文字列の`%s`の部分には、21行目のフォーマット演算子`%`により、`for`ループで作成される10個のLaTeXコードを埋め込みます。

- **14行目** … タプル`matrices`には、生成された行列をLaTeXの数式モードでタイプセットした文字列を記憶します。

- **16, 17行目** … (m, l)型行列と(l, n)型行列を作るときに用いるm, l, nを、問題が複雑にならないよう、いずれも2または3のどちらかをランダムに選びます。成分となる数も、0を除く-3以上5以下の整数から選ぶものとします。

- **18, 19行目** … 条件を満たす二つの行列をランダムに生成します。

- **20行目** … `matrices`に、新たに生成された二つの行列のLaTeXコードを付け加えます。リストにリストをつなげるには`append`メソッドではなく、`extend`を用います。

- **21行目** … `matrices`をタプルにキャストして、その10個の要素を順番に`template`の`%`の箇所に埋め込みます。出力されたLaTeXコードをタイプセットした例が0.8節にあります。

問4.7　上で出力された行列積の問題を、最初に手計算で解いて、その後Pythonで計算して答えが正しいことを確認しなさい。さらに、乱数の種を変えて他の問題にも挑戦してください。

4.4　逆行列、基底の変換、行列の相似

正方行列$\boldsymbol{A}$に対して、帰納的に

$$\boldsymbol{A}^0 \overset{\text{def}}{=} \boldsymbol{I}, \qquad \boldsymbol{A}^{p+1} \overset{\text{def}}{=} \boldsymbol{A}\boldsymbol{A}^p \quad (p = 0, 1, 2, \ldots)$$

によって**行列の冪乗**を定義します。対角行列に対しては、行列のp乗は対角成分をp乗したものになります。

$\boldsymbol{A} = [\boldsymbol{a}_1 \ \boldsymbol{a}_2 \ \cdots \ \boldsymbol{a}_n]$を$n$次の正方行列とします。$\boldsymbol{A}$を$\mathbb{K}^n$から$\mathbb{K}^n$への線形写像と見たとき、

$$\begin{aligned}
\boldsymbol{A}\text{が全射である} &\Leftrightarrow \operatorname{range}(\boldsymbol{A}) = \mathbb{K}^n \\
&\Leftrightarrow \{\boldsymbol{a}_1, \boldsymbol{a}_2, \ldots, \boldsymbol{a}_n\}\text{が}\mathbb{K}^n\text{を生成する} \\
&\Leftrightarrow \operatorname{rank}\{\boldsymbol{a}_1, \boldsymbol{a}_2, \ldots, \boldsymbol{a}_n\} = n \\
&\Leftrightarrow \{\boldsymbol{a}_1, \boldsymbol{a}_2, \ldots, \boldsymbol{a}_n\}\text{が線形独立である}
\end{aligned}$$

$$\Leftrightarrow \text{kernel}\,(\boldsymbol{A}) = \{\boldsymbol{0}\}$$

$$\Leftrightarrow \boldsymbol{A}\text{が単射である}$$

が成立します。すなわち、全射あるいは単射の一方の条件だけで全単射が導かれます。$\boldsymbol{A}$が線形写像として全単射であるとき、$\boldsymbol{A}$は**正則行列**であるといいます。$\boldsymbol{A}$が正方行列でなければ、正則行列となることはありえません。

問4.8　次の行列について、列ベクトルが線形独立であるかどうかを調べることによって、正則行列であるかどうかを確かめなさい。

$$(1)\begin{bmatrix} 1 & 2 \\ 2 & 3 \end{bmatrix} \quad (2)\begin{bmatrix} 1 & 2 \\ 2 & 4 \end{bmatrix} \quad (3)\begin{bmatrix} 1 & 2 & 3 \\ 2 & 3 & 4 \\ 3 & 4 & 5 \end{bmatrix} \quad (4)\begin{bmatrix} 1 & 2 & 3 \\ 2 & 3 & 1 \\ 3 & 1 & 2 \end{bmatrix}$$

$\boldsymbol{A}$が正則行列であるとします。$\boldsymbol{x} \mapsto \boldsymbol{A}\boldsymbol{x}$を$\boldsymbol{f}$で表したとき、$\boldsymbol{f} : \mathbb{K}^n \to \mathbb{K}^n$の逆写像$\boldsymbol{f}^{-1} : \mathbb{K}^n \to \mathbb{K}^n$が存在します。$\boldsymbol{f}^{-1} \circ \boldsymbol{f}$および$\boldsymbol{f} \circ \boldsymbol{f}^{-1}$はいずれも$\mathbb{K}^n$上の恒等写像であるので、$\boldsymbol{f}^{-1}$の行列表現を$\boldsymbol{A}^{-1}$とすると

$$\boldsymbol{A}\boldsymbol{A}^{-1} = \boldsymbol{A}^{-1}\boldsymbol{A} = \boldsymbol{I}$$

が成立します。$\boldsymbol{A}^{-1}$を、$\boldsymbol{A}$の**逆行列**と呼びます。特に、対角行列は対角成分がすべて0でないときに正則行列であり、その逆行列は対角成分をすべて逆数にしたものになります。

$\boldsymbol{A}$が正方行列 のとき、$\boldsymbol{B}\boldsymbol{A} = \boldsymbol{I}$あるいは$\boldsymbol{A}\boldsymbol{B} = \boldsymbol{I}$を満たす行列$\boldsymbol{B}$が存在するならば、$\boldsymbol{A}$は正則行列であり$\boldsymbol{B} = \boldsymbol{A}^{-1}$です。この証明は次の通りです。まず、$\boldsymbol{B}\boldsymbol{A} = \boldsymbol{I}$を満たすとしましょう。任意の$\boldsymbol{x} \in \mathbb{K}^n$に対して、$\boldsymbol{y} = \boldsymbol{A}\boldsymbol{x}$とおけば$\boldsymbol{x} = \boldsymbol{B}\boldsymbol{A}\boldsymbol{x} = \boldsymbol{B}\boldsymbol{y}$なので、$\boldsymbol{y} \mapsto \boldsymbol{B}\boldsymbol{y}$は全射です。したがって単射でもあり、$\boldsymbol{B}$は正則行列で$\boldsymbol{B}^{-1}$が存在します。$\boldsymbol{B}\boldsymbol{A} = \boldsymbol{I}$の左から$\boldsymbol{B}^{-1}$を掛けると$\boldsymbol{A} = \boldsymbol{B}^{-1}$なので$\boldsymbol{A}$は正則行列といえます。$\boldsymbol{B}\boldsymbol{A} = \boldsymbol{I}$の右から$\boldsymbol{A}^{-1}$を掛ければ$\boldsymbol{B} = \boldsymbol{A}^{-1}$を得ます。次に、$\boldsymbol{A}\boldsymbol{B} = \boldsymbol{I}$を仮定します。任意の$\boldsymbol{y} \in \mathbb{K}^n$に対して、$\boldsymbol{x} = \boldsymbol{B}\boldsymbol{y}$とおけば$\boldsymbol{y} = \boldsymbol{A}\boldsymbol{B}\boldsymbol{y} = \boldsymbol{A}\boldsymbol{x}$なので、$\boldsymbol{x} \mapsto \boldsymbol{A}\boldsymbol{x}$は全射です。したがって単射でもあり、$\boldsymbol{A}^{-1}$が存在します。$\boldsymbol{A}\boldsymbol{B} = \boldsymbol{I}$の左から$\boldsymbol{A}^{-1}$を掛ければ$\boldsymbol{B} = \boldsymbol{A}^{-1}$を得ます。

この結果から、正則行列に対して逆行列は一意であり、任意の正則行列$\boldsymbol{A}$および$\boldsymbol{B}$に対して

1. $\left(\boldsymbol{A}^{-1}\right)^{-1} = \boldsymbol{A}$
2. $(\boldsymbol{A}\boldsymbol{B})^{-1} = \boldsymbol{B}^{-1}\boldsymbol{A}^{-1}$

であることが容易に導かれます。

$\boldsymbol{A}, \boldsymbol{B}$が正方行列でない場合に$\boldsymbol{A}\boldsymbol{B} = \boldsymbol{I}$となることがあります。例えば、

$$\begin{bmatrix} 1 & 2 & 3 \\ 2 & 3 & 4 \end{bmatrix} \begin{bmatrix} a & b \\ c & d \\ e & f \end{bmatrix} = \begin{bmatrix} 1 & 0 \\ 0 & 1 \end{bmatrix}$$

を満たす a, b, c, d, e, f を求めてみましょう。

▼プログラム：mat_product3.py

```
1 from sympy import Matrix, solve, eye
2 from sympy.abc import a, b, c, d, e, f
3
4 A = Matrix([[1, 2, 3], [2, 3, 4]])
5 B = Matrix([[a, b], [c, d], [e, f]])
6 ans = solve(A*B - eye(2), [a, b, c, d, e, f])
```

- **6行目** … 方程式を解きます。結果は次の通りです。$\boldsymbol{B}$ に代入し、$\boldsymbol{AB}$ を計算してみると単位行列になります。

```
>>> ans
{d: -2*f - 1, c: 2 - 2*e, b: f + 2, a: e - 3}
>>> C = B.subs(ans); C
Matrix([
[  e - 3,    f + 2],
[2 - 2*e, -2*f - 1],
[      e,        f]])
>>> A * C
Matrix([
[1, 0],
[0, 1]])
```

問4.9 上と同じ $\boldsymbol{A}$ と $\boldsymbol{B}$ に対して、$\boldsymbol{BA} = \boldsymbol{I}$ とはならないことを確かめなさい。

NumPy には linalg モジュールに、逆行列を求める関数 inv があります。また、matrix クラスを用いると、-1 乗や 2 乗が数式と似たように使えます。

```
>>> A = [[1, 2], [2, 1]]
>>> from numpy.linalg import inv
>>> inv(A)
array([[-0.33333333,  0.66666667],
       [ 0.66666667, -0.33333333]])
>>> from numpy import matrix
```

```
>>> matrix(A)**(-1)
matrix([[-0.33333333,  0.66666667],
        [ 0.66666667, -0.33333333]])
>>> matrix(A)**2
matrix([[5, 4],
        [4, 5]])
```

SymPyを用いた逆行列および2乗の計算例です。

```
1  >>> from sympy import Matrix, S
2  >>> Matrix([[1, 2], [2, 1]]) ** (-1)
3  Matrix([
4  [-1/3,  2/3],
5  [ 2/3, -1/3]])
6  >>> A = Matrix([[S('a'), S('b')], [S('c'), S('d')]])
7  >>> A**(-1)
8  Matrix([
9  [ d/(a*d - b*c), -b/(a*d - b*c)],
10 [-c/(a*d - b*c),  a/(a*d - b*c)]])
11 >>> A**2
12 Matrix([
13 [a**2 + b*c,  a*b + b*d],
14 [ a*c + c*d, b*c + d**2]])
```

- **1行目** … シンボルを定義するのに、関数Sを使うこともできます。

$\{\boldsymbol{v}_1, \boldsymbol{v}_2, \ldots, \boldsymbol{v}_n\}$ を $\mathbb{K}^n$ の基底としたとき、この基底による $\boldsymbol{x} = (x_1, x_2, \ldots, x_n) \in \mathbb{K}^n$ の表現を求めたいとします。すなわち、

$$\boldsymbol{x} \ = \ x'_1\boldsymbol{v}_1 + x'_2\boldsymbol{v}_2 + \cdots + x'_n\boldsymbol{v}_n$$

である $\boldsymbol{x'} = (x'_1, x'_2, \ldots, x'_n)$ を見つけることです。$\boldsymbol{V} = \begin{bmatrix} \boldsymbol{v}_1 & \boldsymbol{v}_2 & \cdots & \boldsymbol{v}_n \end{bmatrix}$ とすれば、この式の右辺は $\boldsymbol{V}\boldsymbol{x'}$ と表現できます。したがって、

$$\boldsymbol{x'} \ = \ \boldsymbol{V}^{-1}\boldsymbol{x}$$

を計算すればよいことがわかります。

正方行列 $\boldsymbol{A}$ と $\boldsymbol{B}$ が、ある正則行列 $\boldsymbol{V}$ によって

$$\boldsymbol{B} \ = \boldsymbol{V}^{-1}\boldsymbol{A}\boldsymbol{V}$$

の関係にあるとき、行列 $\boldsymbol{A}$ と $\boldsymbol{B}$ は**相似**であるといいます。ここで、$\boldsymbol{x}, \boldsymbol{y} \in \mathbb{K}^n$ に対して

$$\boldsymbol{y} \;=\; \boldsymbol{A}\boldsymbol{x}$$

とします。両辺に左から$\boldsymbol{V}^{-1}$を掛ければ$\boldsymbol{V}^{-1}\boldsymbol{y} \;=\; \boldsymbol{V}^{-1}\boldsymbol{A}\boldsymbol{x}$であり、$\boldsymbol{V}\boldsymbol{V}^{-1} = \boldsymbol{I}$に注意して

$$\boldsymbol{V}^{-1}\boldsymbol{y} \;=\; \boldsymbol{V}^{-1}\boldsymbol{A}\boldsymbol{V}\boldsymbol{V}^{-1}\boldsymbol{x}$$

を得ます。したがって、基底$\{\boldsymbol{v}_1, \boldsymbol{v}_2, \ldots, \boldsymbol{v}_n\}$で表現すると、$\boldsymbol{x}$および$\boldsymbol{y}$の表現はそれぞれ$\boldsymbol{x}'$および$\boldsymbol{y}'$に変わり、$\boldsymbol{y} = \boldsymbol{A}\boldsymbol{x}$の関係が

$$\boldsymbol{y}' \;=\; \boldsymbol{B}\boldsymbol{x}'$$

と表現されることになります。

基底を標準基底から$\{\boldsymbol{v}_1, \boldsymbol{v}_2, \ldots, \boldsymbol{v}_n\}$に変換したことで、ベクトル$\boldsymbol{x}$の表現が$\boldsymbol{V}^{-1}\boldsymbol{x}$に、行列の表現が$\boldsymbol{A}$から$\boldsymbol{V}^{-1}\boldsymbol{A}\boldsymbol{V}$に変わりました。この行列$\boldsymbol{V}$のことを**基底変換行列**と呼びます。

問4.10　$\boldsymbol{A}$および$\boldsymbol{B}$を正則行列とする。次の事実を証明しなさい。

1. 非負の整数pに対して、$(\boldsymbol{A}^p)^{-1} = \left(\boldsymbol{A}^{-1}\right)^p$が成立する
2. 非負の整数pに対して、$\boldsymbol{A}^{-p} \overset{\text{def}}{=} (\boldsymbol{A}^p)^{-1}$と定義するこのとき、任意の整数$p, q$に対して、**指数法則**$\boldsymbol{A}^p\boldsymbol{A}^q = \boldsymbol{A}^{p+q}$が成立する
3. $\boldsymbol{A}$と$\boldsymbol{B}$が相似であるとき、任意の整数pに対して$\boldsymbol{A}^p$と$\boldsymbol{B}^p$も相似である

4.5　随伴行列

(m, n)型行列

$$\boldsymbol{A} \;=\; \begin{bmatrix} a_{11} & a_{12} & \cdots & a_{1n} \\ a_{21} & a_{22} & \cdots & a_{2n} \\ \vdots & \vdots & & \vdots \\ a_{m1} & a_{m2} & \cdots & a_{mn} \end{bmatrix}$$

に対して、(n, m)型行列

$$\boldsymbol{A}^{\mathrm{T}} \;\overset{\text{def}}{=}\; \begin{bmatrix} a_{11} & a_{21} & \cdots & a_{m1} \\ a_{12} & a_{22} & \cdots & a_{m2} \\ \vdots & \vdots & & \vdots \\ a_{1n} & a_{2n} & \cdots & a_{mn} \end{bmatrix}, \qquad \boldsymbol{A}^{*} \;\overset{\text{def}}{=}\; \begin{bmatrix} \overline{a_{11}} & \overline{a_{21}} & \cdots & \overline{a_{m1}} \\ \overline{a_{12}} & \overline{a_{22}} & \cdots & \overline{a_{m2}} \\ \vdots & \vdots & & \vdots \\ \overline{a_{1n}} & \overline{a_{2n}} & \cdots & \overline{a_{mn}} \end{bmatrix}$$

と定義します。それぞれ$\boldsymbol{A}$の**転置行列**および**随伴行列**（または、**共役転置行列**）といいます。簡単な計算から、次が成立します。ただし、左辺の行列演算が定義されるとき、右辺の行列演算も定義できて等しくなるという意味です。

1. $(a\boldsymbol{A} + b\boldsymbol{B})^{\mathrm{T}} \;=\; a\boldsymbol{A}^{\mathrm{T}} + b\boldsymbol{B}^{\mathrm{T}}, \quad (a\boldsymbol{A} + b\boldsymbol{B})^{*} \;=\; \overline{a}\boldsymbol{A}^{*} + \overline{b}\boldsymbol{B}^{*}$

2. $(\boldsymbol{AB})^{\mathrm{T}} = \boldsymbol{B}^{\mathrm{T}}\boldsymbol{A}^{\mathrm{T}}, \quad (\boldsymbol{AB})^{*} = \boldsymbol{B}^{*}\boldsymbol{A}^{*}$

$\boldsymbol{A}$が正則行列のとき、$\boldsymbol{AB} = \boldsymbol{I}$とおいて2を用いることによって、次を得ます。

3. $\left(\boldsymbol{A}^{-1}\right)^{\mathrm{T}} = \left(\boldsymbol{A}^{\mathrm{T}}\right)^{-1}, \quad \left(\boldsymbol{A}^{-1}\right)^{*} = \left(\boldsymbol{A}^{*}\right)^{-1}$

▼Pythonでの転置行列、随伴行列の使用例

```
>>> from numpy import *
>>> A = array([[1 + 2j, 2 + 3j, 3 + 4j],
               [2 + 3j, 3 + 4j, 4 + 5j]])
>>> A.T
array([[1.+2.j, 2.+3.j],
       [2.+3.j, 3.+4.j],
       [3.+4.j, 4.+5.j]])
>>> A.conj()
array([[1.-2.j, 2.-3.j, 3.-4.j],
       [2.-3.j, 3.-4.j, 4.-5.j]])
>>> A = matrix(A); A
matrix([[1.+2.j, 2.+3.j, 3.+4.j],
        [2.+3.j, 3.+4.j, 4.+5.j]])
>>> A.H
matrix([[1.-2.j, 2.-3.j],
        [2.-3.j, 3.-4.j],
        [3.-4.j, 4.-5.j]])
```

転置行列にはA.T以外にA.transpose()も使えます。A.conj()はA.conjugate()とも同じで、複素共役をとります。アレイの場合、随伴行列は転置してから複素共役をとるか、複素共役をとってから転置します。matrixにすれば、随伴行列はA.H（HはHermiteの頭文字）と書けます。

▼SymPyでの転置行列、随伴行列

```
>>> from sympy import Matrix
>>> A = Matrix([[1 + 2j, 2 + 3j, 3 + 4j],
                [2 + 3j, 3 + 4j, 4 + 5j]]); A
Matrix([
[1.0 + 2.0*I, 2.0 + 3.0*I, 3.0 + 4.0*I],
[2.0 + 3.0*I, 3.0 + 4.0*I, 4.0 + 5.0*I]])
>>> A.T
Matrix([
[1.0 + 2.0*I, 2.0 + 3.0*I],
```

```
[2.0 + 3.0*I, 3.0 + 4.0*I],
[3.0 + 4.0*I, 4.0 + 5.0*I]])
>>> A.C
Matrix([
[1.0 - 2.0*I, 2.0 - 3.0*I, 3.0 - 4.0*I],
[2.0 - 3.0*I, 3.0 - 4.0*I, 4.0 - 5.0*I]])
>>> A.H
Matrix([
[1.0 - 2.0*I, 2.0 - 3.0*I],
[2.0 - 3.0*I, 3.0 - 4.0*I],
[3.0 - 4.0*I, 4.0 - 5.0*I]])
```


SymPyのMatrix（Mは大文字）では、転置行列はA.T、随伴行列はA.Hと書けます。なお、SymPyではIが虚数単位を表します[注14]。1jも使えますが、型の種類が異なります。

4.6 行列計算の手間を測る

リストで表現された行列の積を計算する関数を定義して、計算に要する時間を計測してみましょう。

▼プログラム：mat_product4.py

```
def matrix_multiply(A, B):
    m, el, n = len(A), len(A[0]), len(B[0])
    C = [[sum([A[i][k] * B[k][j] for k in range(el)])
          for j in range(n)] for i in range(m)]
    return C

if __name__ == '__main__':
    from numpy.random import normal
    import matplotlib.pyplot as plt
    from time import time

    N = range(10, 210, 10)
    T = []
    for n in N:
        A = normal(0, 1, (n, n)).tolist()
        t0 = time()
        matrix_multiply(A, A)
```

注14　Iを使った式を書くときは、インポートが必要です。

```
18          t1 = time()
19          print(n, end=', ')
20          T.append(t1 - t0)
21      plt.plot(N, T), plt.show()
```

- **1〜5行目** … 行列の積を計算する関数matrix_multiplyを定義します。3、4行目でリスト内包表記を使って、(i,j)成分が$\sum_{k=1}^{l} a_{ik}b_{kj}$である行列を表すリストCを作ります。AおよびBが$n$次の正方行列を表すものとします。するとCの計算では、A[i][k] * B[k][j]の掛け算がn^3回実行されます。この関数の実行にはほぼn^3に比例した時間がかかると見積もることができます[注15]。一方、この関数の計算に必要なメモリはほとんどCが占め、n^2に比例したバイト数となります。n次の正方行列どうしの積の計算において、**時間的計算量**がn^3、**空間的計算量**がn^2であるという言い方をします。

- **7〜21行目** … 次の章で、さまざまな行列計算の方法を学びます。そのとき計算時間の比較実験などのプログラムに、ライブラリとして使えるようにしておきましょう。内部ライブラリtimeから、時計関数timeをインポートして、時間の計測に用います。$n = 10, 20, \ldots, 200$に対し、NumPyを用いて各成分が標準正規分布に従うn次の正方行列Aの2乗を求めるのにかかる時間を計測します。matrix_multiplyを呼び出す直前と直後で測った時刻の差が、計算に要した時間（秒単位）となります。図4.3左のグラフが結果です。nが大きくなるにつれて、より計算時間がかかるようになります。上で述べたように、この曲線は3次関数であるといえます。

NumPyの行列計算では、C言語で書かれ機械語にコンパイルされている関数を呼び出すので、インタプリタであるPythonのコードで書いた行列計算と比較すると、圧倒的な速さで計算できます。ここでは、$n = 100, 200, \ldots, 2000$と変化させて、上と同様にランダムに発生させた$n$次の正方行列Aを作るのに要する時間、Aの2乗を求めるのにかかる時間、およびAの逆行列を求めるのに要する時間[注16]を計測してみましょう。図4.3右のグラフがその結果です。行列Aを乱数で作る時間、Aの2乗を計算する時間、Aの逆行列の計算時間をそれぞれ$f(n)$、$g(n)$、$h(n)$とすると、$f(n)$は2次関数、$g(n)$と$h(n)$は3次関数といえます。

▼プログラム：mat_product5.py

```
from numpy.random import normal
from numpy.linalg import inv
import matplotlib.pyplot as plt
from time import time

```

注15　コンピュータでは、足し算より掛け算に多くの時間がかかるとされます。
注16　確率1で逆行列は存在することがいえます。

```
 6  N = range(100, 2100, 100)
 7  D = {'f':[], 'g':[], 'h':[]}
 8  for n in N:
 9      t0 = time()
10      A = normal(0, 1, (n, n))
11      t1 = time()
12      A.dot(A)
13      t2 = time()
14      inv(A)
15      t3 = time()
16      print(n, end=', ')
17      D['f'].append(t1 - t0)
18      D['g'].append(t2 - t1)
19      D['h'].append(t3 - t2)
20  for key, val in D.items():
21      plt.plot(N, val), plt.text(N[-1], val[-1], key, size=20)
22  plt.show()
```


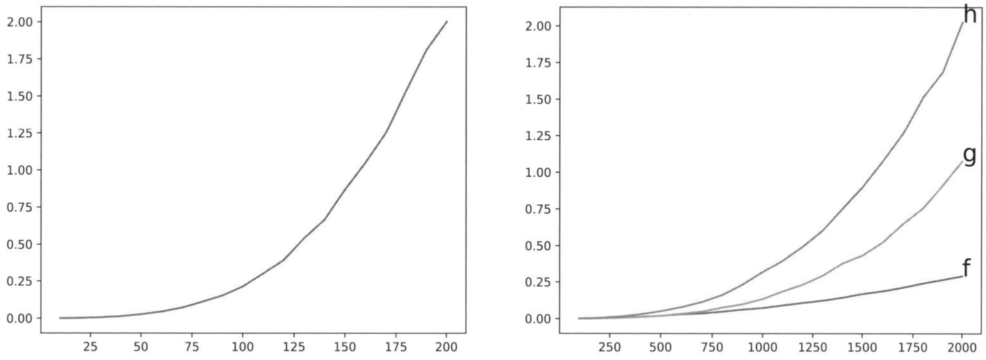

▲ **図 4.3** リストを用いた計算時間（左）とアレイを用いた計算時間（右）。いずれもRaspberry Pi 4による

実験環境によっては、グラフがジグザグになる場合があります。これはOSがバックグラウンドでさまざまな仕事（例えば、記憶装置やネットワークの管理など）を行っていて、それに時間が取られているからです。Webブラウザなど、実験に必要ないアプリが開いている場合は、それらを終了しておきましょう。何度かプログラムを実行し直してみてください。

問 4.11 $\dfrac{g(n)}{f(n)}$ および $\dfrac{h(n)}{g(n)}$ のグラフを描いて観察しなさい。前者は 1 次関数、後者は定数関数になると予想されますが、本当でしょうか。必要なら、$n = 3000$ まで計算してみなさい。

第5章 行列の基本変形と不変量

前章では、線形写像 $\boldsymbol{f} : V \to W$ の行列表現 $\boldsymbol{A}$ を学びました。行列には、そこに成分として並んでいる数だけから計算できる量があります。$\boldsymbol{A}$ の姿は、線形写像 $\boldsymbol{f}$ の行列表現を引き起こした V および W の基底の取り方で変わりますが、基底の取り方を変えて $\boldsymbol{A}$ の姿を変えても、変わることのない量があります。そういった量を不変量といいます。第4章で行列どうしが相似であることを定義しましたが、相似とは同じ線形写像の基底の取り方が違う姿であると言い換えることができます。そして不変量は、相似な行列に共通した量であるといえます。

この章では、行列の不変量である階数と行列式、そしてそれらの値を求めるための方法である基本変形について学びます。基本変形はさらに、連立方程式の解法や逆行列の計算にも役立ちますので、あわせて勉強しましょう。

基本変形を用いた計算は、紙と鉛筆で記録しながらやろうとすると手間がかかり、計算間違いしやすいものです。Pythonの助けを借りて、計算する仕方を覚えましょう。また、練習問題とその解答を生成してくれるプログラムも示すので、それを利用して手計算だけで解いてみることにも挑戦しましょう。

5.1 基本行列と基本変形

単位行列の i 行目（または、j 列目）に、j 行目（または、i 列目）を c 倍（$c \in \mathbb{K}$）したものを加えた行列を

$$\boldsymbol{E}_1^{(i,j,c)} \stackrel{\text{def}}{=} \begin{bmatrix} 1 & \cdots & 0 & \cdots & 0 & \cdots & 0 \\ \vdots & \ddots & \vdots & & \vdots & & \vdots \\ 0 & \cdots & 1 & \cdots & c & \cdots & 0 \\ \vdots & & \vdots & \ddots & \vdots & & \vdots \\ 0 & \cdots & 0 & \cdots & 1 & \cdots & 0 \\ \vdots & & \vdots & & \vdots & \ddots & \vdots \\ 0 & \cdots & 0 & \cdots & 0 & \cdots & 1 \end{bmatrix} \quad \text{あるいは} \quad \begin{bmatrix} 1 & \cdots & 0 & \cdots & 0 & \cdots & 0 \\ \vdots & \ddots & \vdots & & \vdots & & \vdots \\ 0 & \cdots & 1 & \cdots & 0 & \cdots & 0 \\ \vdots & & \vdots & \ddots & \vdots & & \vdots \\ 0 & \cdots & c & \cdots & 1 & \cdots & 0 \\ \vdots & & \vdots & & \vdots & \ddots & \vdots \\ 0 & \cdots & 0 & \cdots & 0 & \cdots & 1 \end{bmatrix}$$

とおきます（左の行列は $i < j$ のとき、右の行列は $i > j$ のとき）。また、単位行列の i 行（列）目と j 行（列）目を入れ替えた行列、ならびに、単位行列の i 行（列）目を c 倍（ただし、$c \neq 0$ とする）した行列を、それぞれ

$$
\boldsymbol{E}_2^{(i,j)} \overset{\text{def}}{=} \begin{bmatrix} 1 & \cdots & 0 & \cdots & 0 & \cdots & 0 \\ \vdots & \ddots & \vdots & & \vdots & & \vdots \\ 0 & \cdots & 0 & \cdots & 1 & \cdots & 0 \\ \vdots & & \vdots & \ddots & \vdots & & \vdots \\ 0 & \cdots & 1 & \cdots & 0 & \cdots & 0 \\ \vdots & & \vdots & & \vdots & \ddots & \vdots \\ 0 & \cdots & 0 & \cdots & 0 & \cdots & 1 \end{bmatrix}, \quad \boldsymbol{E}_3^{(i,c)} \overset{\text{def}}{=} \begin{bmatrix} 1 & \cdots & 0 & \cdots & 0 & \cdots & 0 \\ \vdots & \ddots & \vdots & & \vdots & & \vdots \\ 0 & \cdots & c & \cdots & 0 & \cdots & 0 \\ \vdots & & \vdots & \ddots & \vdots & & \vdots \\ 0 & \cdots & 0 & \cdots & 1 & \cdots & 0 \\ \vdots & & \vdots & & \vdots & \ddots & \vdots \\ 0 & \cdots & 0 & \cdots & 0 & \cdots & 1 \end{bmatrix}
$$

とおきます。これら3種類の行列を**基本行列**と呼びます。$\boldsymbol{E}_1^{(i,j,0)}$、$\boldsymbol{E}_2^{(i,i)}$、$\boldsymbol{E}_3^{(i,1)}$ はいずれも単位行列 $\boldsymbol{I}$ に等しくなります。

問5.1　基本行列はいずれも正則行列で、逆行列も基本行列となることを確かめなさい。

問5.2　$\mathbb{R}^2$ で、ベクトル (x, y) に基本行列を線形写像として適用したらどうなるかを確かめなさい。また、行列 $\begin{bmatrix} a & b \\ c & d \end{bmatrix}$ に、基本行列を左から、あるいは右から掛けたらどう変化するかを確かめなさい。

$\mathbb{R}^3$ で、基本行列の役割を見てみましょう。

$$
\boldsymbol{E}_1^{(1,2,2)} = \begin{bmatrix} 1 & 2 & 0 \\ 0 & 1 & 0 \\ 0 & 0 & 1 \end{bmatrix}, \quad \boldsymbol{E}_2^{(1,2)} = \begin{bmatrix} 0 & 1 & 0 \\ 1 & 0 & 0 \\ 0 & 0 & 1 \end{bmatrix}, \quad \boldsymbol{E}_3^{(1,2)} = \begin{bmatrix} 2 & 0 & 0 \\ 0 & 1 & 0 \\ 0 & 0 & 1 \end{bmatrix}
$$

$(0, 0, 0)$, $(0, 0, 1)$, $(0, 1, 0)$, $(0, 1, 1)$, $(1, 0, 0)$, $(1, 0, 1)$, $(1, 1, 0)$, $(1, 1, 1)$ の8個の頂点を持つ単位立方体が、これらの基本行列でどのように変形されるのかを見てみます。

▼プログラム：elementary_vp.py

```
from vpython import vec, box, curve
import numpy as np

o, x, y, z = vec(0, 0, 0), vec(1, 0, 0), vec(0, 1, 0), vec(0, 0, 1)
X, Y, Z =  [o, y, z, y+z], [o, z, x, z+x], [o, x, y, x+y]
box(pos=(x+y+z)/2)
for axis in [x, y, z]:
    curve(pos=[-axis, 3*axis], color=axis)

def T(A, u):
    return vec(*np.dot(A, (u.x, u.y, u.z)))

```

```
13 E1 = [[1, 2, 0], [0, 1, 0], [0, 0, 1]]
14 E2 = [[0, 1, 0], [1, 0, 0], [0, 0, 1]]
15 E3 = [[2, 0, 0], [0, 1, 0], [0, 0, 1]]
16 A = E1
17 for axis, square in [(x, X), (y, Y), (z, Z)]:
18     for corner in square:
19         curve(pos=[T(A, corner), T(A, axis+corner)], color=axis)
```

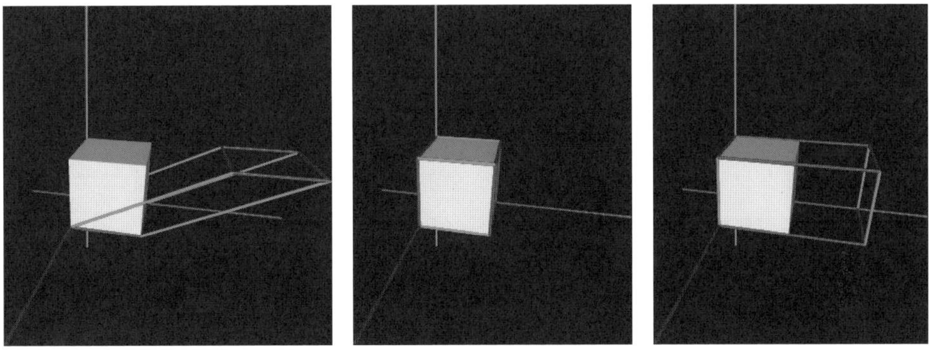

▲**図 5.1** 基本行列による単位立方体の変化

- **4行目** … 零ベクトルをoとして、標準基底に属するベクトルをそれぞれx、y、zで表します。
- **5行目** … 単位立方体の面で原点を含む正方形は三つあります。x, y, z 軸と直交している正方形の頂点のリストをそれぞれX、Y、Zで表します。
- **6行目** … 単位立方体を描画します。
- **7, 8行目** … 座標軸をそれぞれ色を変えて描画します。
- **10, 11行目** … 行列Aをベクトルuに掛ける関数を定義します。
- **13〜15行目** … 基本行列 $\boldsymbol{E}_1^{(1,2,2)}$ をE1、$\boldsymbol{E}_2^{(1,2)}$ をE2、$\boldsymbol{E}_3^{(1,2)}$ をE3で表します。
- **17〜19行目** … 立方体の辺が基本変形で移された先を描画します。各辺には、移される前に平行であった座標軸と同じ色を付けてあります。16行目のE1をE2やE3に変更して実行してみてください。

$\boldsymbol{E}_1^{(i,j,c)}$ では、単位立方体は平行六面体に変形されますが、底面積と高さは変わらないので、体積は変化しません。$\boldsymbol{E}_2^{(i,j)}$ では、単位立方体の辺が入れ替わるだけです。$\boldsymbol{E}_3^{(i,c)}$ では、単位立方体が直方体に変形され、体積が c 倍されます。

$\mathbb{K}^n$ において、標準基底を頂点に含む単位立方体にあたるものを**単位超立方体**と呼びます。$\mathbb{K}^n$ での体積にあたる概念は、単位超立方体の体積を1として測ります。後に述べる行列の不変量の一つである行列式は、行列によって単位超立方体の変形の量を表すものとなります。

別の観点から、基本行列の意味を考えてみます。

▼プログラム：elementary_sp.py

```
1  from sympy.abc import Matrix, var
2
3  var('x y a11 a12 a13 a21 a22 a23 a31 a32 a33')
4  E1 = Matrix([[1, x, 0], [0, 1, 0], [0, 0, 1]])
5  E2 = Matrix([[0, 1, 0], [1, 0, 0], [0, 0, 1]])
6  E3 = Matrix([[1, 0, 0], [0, y, 0], [0, 0, 1]])
7  A = Matrix([[a11, a12, a13], [a21, a22, a23], [a31, a32, a33]])
```

- **3行目** … Symbolクラスのオブジェクトとその名前を一括して作成します。これまで、シンボルはfrom sympy.abc import x, y, zのようにインポートしていましたが、varを用いると、2文字以上からなる独自の名前のシンボルを定義できます。シンボルは同名の変数で引用できます[注1]。
- **4〜7行目** … 上で定義したシンボルを含む行列を定義します。E1、E2、E3、Aはそれぞれ次の行列を表します。

$$\boldsymbol{E}_1 = \begin{bmatrix} 1 & x & 0 \\ 0 & 1 & 0 \\ 0 & 0 & 1 \end{bmatrix}, \boldsymbol{E}_2 = \begin{bmatrix} 0 & 1 & 0 \\ 1 & 0 & 0 \\ 0 & 0 & 1 \end{bmatrix}, \boldsymbol{E}_3 = \begin{bmatrix} 1 & 0 & 0 \\ 0 & y & 0 \\ 0 & 0 & 1 \end{bmatrix}, \boldsymbol{A} = \begin{bmatrix} a_{11} & a_{12} & a_{13} \\ a_{21} & a_{22} & a_{23} \\ a_{31} & a_{32} & a_{33} \end{bmatrix}$$

このプログラムを実行後、対話モードで次の計算をしてみましょう。基本行列を左から掛けてみます。

```
>>> E1 * A
Matrix([
[a11 + a21*x, a12 + a22*x, a13 + a23*x],
[        a21,         a22,         a23],
[        a31,         a32,         a33]])
>>> E2 * A
Matrix([
[a21, a22, a23],
[a11, a12, a13],
[a31, a32, a33]])
>>> E3 * A
```

注1　varを用いると、例えば、変数xを以前に別の意味で定義していても上書きされてしまいます。

```
Matrix([
[  a11,   a12,   a13],
[a21*y, a22*y, a23*y],
[  a31,   a32,   a33]])
```

次に、基本行列を右から掛けてみます。

```
>>> A * E1
Matrix([
[a11, a11*x + a12, a13],
[a21, a21*x + a22, a23],
[a31, a31*x + a32, a33]])
>>> A * E2
Matrix([
[a12, a11, a13],
[a22, a21, a23],
[a32, a31, a33]])
>>> A * E3
Matrix([
[a11, a12*y, a13],
[a21, a22*y, a23],
[a31, a32*y, a33]])
```


一般に、次のことがいえます。

1. 基本行列を左から掛けると、**行の基本変形**と呼ばれる次の操作になる
   - (a)　ある行に他の行のスカラー倍を加える
   - (b)　ある行と他の行を交換する
   - (c)　ある行を0でないスカラー倍する
2. 基本行列を右から掛けると、**列の基本変形**と呼ばれる次の操作になる
   - (a)　ある列に他の列のスカラー倍を加える
   - (b)　ある列と他の列を交換する
   - (c)　ある列を0でないスカラー倍する

両方合わせて、**行列の基本変形**といいます。

Pythonでは、変更可能なオブジェクトであるAの内容を書き換える方法で、基本変形を行うことができます。

```
>>> B = A.copy(); B[1,:] *= x; B
Matrix([
[   a11,    a12,    a13],
[a21*x, a22*x, a23*x],
[   a31,    a32,    a33]])
```

Aを書き換えてしまうと、引き続く基本変形の説明に差し支えるのでコピーを作成して、そのコピーに基本変形を施すことにします。紙面の節約のため、AのコピーのBへの代入、Bの書き換え、Bの表示という三つの命令をセミコロン;で区切って1行に書いています。`B[1, :]`はBの2行目全体を参照します。一般に、リスト、タプル、文字列、アレイなど添字で要素を指定するクラスのオブジェクトに対して、その一部を参照することを**スライス**といいます。スライスにはコロン:を用います。本来添字がくるところに添字の代わりにコロンを置くと、その場所の添字が動く範囲全体を意味します[注2]。`*=`を用いてこの行をx倍しました。一般に、Pythonの代入文`a = a * x`は`a *= x`と書き表すことができ、`*=`を**累算演算子**と呼びます。`+`、`-`、`/`などにも累算演算子があります。

```
>>> B = A.copy(); B[:,2] *= x; B
Matrix([
[a11, a12, a13*x],
[a21, a22, a23*x],
[a31, a32, a33*x]])
```

`B[:,2]`はBの3列目を取り出した列ベクトルです。累算代入演算子`*=`を用いてこの列をx倍しました。

```
>>> B = A.copy(); B[0,:], B[1,:] = B[1,:], B[0,:]; B
Matrix([
[a21, a22, a23],
[a11, a12, a13],
[a31, a32, a33]])
```

Bの1行目と2行目を入れ替えました。

```
>>> B = A.copy(); B[:,1], B[:,2] = B[:,2], B[:,1]; B
Matrix([
[a11, a13, a12],
[a21, a23, a22],
```

注2　スライスは`start:stop:step`と書くと、添字は`start`番目から始まり`step`ずつ増加して`stop`番目の直前までを表します。`start:`は`start`から最後まですべて、`:stop`は最初から`stop`番目の直前まですべて、`:`は最初から最後まですべてを表します。

```
 [a31, a33, a32]])
```

Bの2列目と3列目を入れ替えました。

```
>>> B = A.copy(); B[0,:] += y * B[1,:]; B
Matrix([
[a11 + a21*y, a12 + a22*y, a13 + a23*y],
[        a21,         a22,         a23],
[        a31,         a32,         a33]])
```


Bの2行目をy倍したものを累算代入演算子+=を用いて1行目に加えました。

```
>>> B = A.copy(); B[:,1] += y * B[:,2]; B
Matrix([
[a11, a12 + a13*y, a13],
[a21, a22 + a23*y, a23],
[a31, a32 + a33*y, a33]])
```

Bの3列目をy倍したものを累算代入演算子+=を用いて2列目に加えました。

NumPyでも似たように基本変形ができます。行（または列）の交換は次のように行います。

```
>>> from numpy import array
>>> A = array([[1, 2, 3], [4, 5, 6], [7, 8, 9]])
>>> B = A.copy(); B[[0, 1], :] = B[[1, 0], :]; B
array([[4, 5, 6],
       [1, 2, 3],
       [7, 8, 9]])
```

B[[0, 1], :]は、Bの1行目と2行目を表します。B[[1, 0], :]は、Bの2行目と1行目を表します。したがって、この2行が入れ替わります。

```
>>> B = A.copy(); B[:, [1, 2]] = B[:, [2, 1]]; B
array([[1, 3, 2],
       [4, 6, 5],
       [7, 9, 8]])
```

B[:, [1, 2]]は、Bの2列目と3列目を表します。B[:, [2, 1]]は、Bの3列目と2列目を表します。したがって、この2列が入れ替わります。

5.2 行列の階数

(m,n) 型行列 $\boldsymbol{A} = \begin{bmatrix} \boldsymbol{a}_1 & \boldsymbol{a}_2 & \cdots & \boldsymbol{a}_n \end{bmatrix}$ の列ベクトルを取り出したベクトルの集合 $\{\boldsymbol{a}_1, \boldsymbol{a}_2, \ldots, \boldsymbol{a}_n\}$ の階数を、**行列 $\boldsymbol{A}$ の階数**といい、$\operatorname{rank} \boldsymbol{A}$ で表します。これは、$\operatorname{range}(\boldsymbol{A})$ の次元になります[注3]。

行列の階数を計算するのに、基本変形を使うことができます。基本行列は正則行列（線形写像として全単射）だったので、行列 $\boldsymbol{A}$ に左（または右）から基本行列を掛けた行列の階数は、$\boldsymbol{A}$ の階数と変わりません。ということは、$\boldsymbol{A}$ に基本変形を施しても階数は変わりません。

次のような形の行列の階数は k であることが容易にわかります（$*$ の部分の数は何でも構いません）。

$$\begin{bmatrix} a_{11} & * & * & * & \cdots & * \\ 0 & \ddots & \ddots & \vdots & \cdots & * \\ 0 & \ddots & a_{kk} & * & \cdots & * \\ 0 & \cdots & 0 & 0 & \cdots & 0 \\ \vdots & \cdots & \vdots & \vdots & \cdots & \vdots \\ 0 & \cdots & 0 & 0 & \cdots & 0 \end{bmatrix} \qquad (a_{11}a_{22}\cdots a_{kk} \neq 0)$$

行列 $\boldsymbol{A}$ を基本変形でこの形に変形することを考えます。具体例を見てみましょう。

$$\begin{bmatrix} 1 & 2 & 3 \\ 2 & 3 & 4 \\ 3 & 4 & 5 \end{bmatrix} \xrightarrow{2\text{行目}-1\text{行目}\times 2} \begin{bmatrix} 1 & 2 & 3 \\ 0 & -1 & -2 \\ 3 & 4 & 5 \end{bmatrix} \xrightarrow{3\text{行目}-1\text{行目}\times 3} \begin{bmatrix} 1 & 2 & 3 \\ 0 & -1 & -2 \\ 0 & -2 & -4 \end{bmatrix}$$

このように、まず1列目の対角線より下の数を0にします。

$$\begin{bmatrix} 1 & 2 & 3 \\ 0 & -1 & -2 \\ 0 & -2 & -4 \end{bmatrix} \xrightarrow{3\text{行目}-2\text{行目}\times 2} \begin{bmatrix} 1 & 2 & 3 \\ 0 & -1 & -2 \\ 0 & 0 & 0 \end{bmatrix}$$

次に、2列目の対角線より下の数を0にします。望みの形になったので、この行列の階数は2であるとわかります。基本変形では行列の i 列目の (i,i) 成分より下の数を0にするという操作を $i=1,2,\ldots$ と続けます。この (i,i) 成分のことを**ピボット**と呼びます。ピボットが0になってしまうことがあります。その場合は、ピボットのある行とそれより下の行、または、ピボットのある列とそれより右の列を交換します。

$$\begin{bmatrix} 1 & 2 & 3 \\ 0 & 0 & 4 \\ 0 & 0 & 5 \end{bmatrix} \xrightarrow{2\text{列目と}3\text{列目を交換}} \begin{bmatrix} 1 & 3 & 2 \\ 0 & 4 & 0 \\ 0 & 5 & 0 \end{bmatrix} \xrightarrow{3\text{行目}-2\text{行目}\times\frac{5}{4}} \begin{bmatrix} 1 & 3 & 2 \\ 0 & 4 & 0 \\ 0 & 0 & 0 \end{bmatrix}$$

注3　$\langle \boldsymbol{a}_1, \boldsymbol{a}_2, \ldots, \boldsymbol{a}_n \rangle = \operatorname{range}(\boldsymbol{A})$ であったことを思い出してください。

NumPyで階数を計算するには、第3章ですでに述べたように`linalg`モジュールで定義された`matrix_rank`関数を使います。

```
>>> from numpy import *
>>> A = array([[1, 2, 3], [2, 3, 4], [3, 4, 5]])
>>> linalg.matrix_rank(A)
2
```

SymPyでは、`Matrix`クラスの`rank`メソッドを使います。


```
>>> from sympy import *
>>> A = Matrix([[1, 2, 3], [2, 3, 4], [3, 4, 5]])
>>> A.rank()
2
```

問5.3 階数に関する次の事実を証明しなさい。

1. (m,n)型行列$\boldsymbol{A}$に対して、$\mathrm{rank}\,(\boldsymbol{A}) \leqq \min\{m,n\}$である
2. 行列の積$\boldsymbol{AB}$の階数に対して、$\mathrm{rank}\,(\boldsymbol{AB}) \leqq \min\{\mathrm{rank}\,(\boldsymbol{A}), \mathrm{rank}\,(\boldsymbol{B})\}$である

問5.4 次のプログラムは、行列の階数を計算する問題を生成します。これで生成される行列について、階数を求めなさい。

▼プログラム：prob_rank.py

```
from numpy.random import seed, choice, permutation
from sympy import Matrix

def f(P, m1, m2, n):
    if n > min(m1, m2):
        return Matrix(choice(P, (m1, m2)))
    else:
        while True:
            X, Y = choice(P, (m1, n)), choice(P, (n, m2))
            A = Matrix(X.dot(Y))
            if A.rank() == n:
                return A


m1, m2 = 3, 4
seed(2024)
for i in permutation(max(m1, m2)):
    print(f([-3, -2, -1, 1, 2, 3], m1, m2, i + 1))
```

- **5〜12行目** … 階数がnであるm1行m2列の行列をランダムに生成しようとする関数です。nの値が、m1とm2の最小値より大きければ、階数は決してnにはなりません。その場合は、Pの要素を成分とするm1行m2 列の行列をランダムに生成して返します。この行列の階数は、m1とm2の最小値以下になります。そうでない場合、m1行m2列の行列で、階数がnであるものが作れます。Pの要素である数字をランダムに取り出して、m1行n列の行列Xとn行m2 列の行列Yを作り、それらを掛け合わせてAとします。すると、Aの階数はn以下となります。ちょうどnとなるまで作り直し、得られたAを返します。
- **14行目** … 生成する行列の型を与えます。
- **15行目** … 乱数の種を変更すると別の問題になります。
- **16, 17行目** … 階数を変えた問題をいくつか生成します。fの1番目の引数には、手計算がしやすいように比較的絶対値の小さな数を与えています。0を除いているのは、ある行または列の要素がすべて0であるような問題が生成される可能性を低くするためです。

▼実行結果

```
Matrix([[0, 5, 1, 8], [-4, -6, 2, -4], [4, 6, -2, 4]])
Matrix([[1, 2, 1, -1], [-2, -1, 2, -1], [-2, 1, 3, 3]])
Matrix([[6, -10, -10, 4], [-1, -3, -3, 5], [-8, 8, 8, -2]])
Matrix([[9, 9, -6, -9], [-9, -9, 6, 9], [-9, -9, 6, 9]])
```

5.3　行列式

$\{1, 2, \ldots, n\}$からn個の数を重複なく取り出して並べた順列をn次の**置換**といいます。n次の置換の全体をP_nで表し、P_nの要素は$(p_1, p_2, \ldots, p_n)$のように表します。$(1, 2, \ldots, n)$を**恒等置換**と呼ぶことにします。$i \neq j$として、置換のi番目の数とj番目の数を入れ替える操作

$$(p_1, \ldots, p_i \ldots, p_j \ldots, p_n) \mapsto (p_1, \ldots, p_j \ldots, p_i \ldots, p_n)$$

を**互換**といいます。例えば5次の置換$(5, 1, 2, 3, 4)$は

$$(1, 2, 3, 4, 5) \mapsto (5, 2, 3, 4, 1) \mapsto (5, 1, 3, 4, 2) \mapsto (5, 1, 2, 4, 3) \mapsto (5, 1, 2, 3, 4)$$

のように恒等置換から互換を4回繰り返すことにより得られます。どんな置換も、恒等置換から互換を繰り返せば得られることは容易にわかります。偶数回の互換の繰り返しで得られる置換を**偶置換**、奇数回の互換の繰り返しで得られる置換を**奇置換**といいます。すべての置換は、偶置換であるか奇置換であるかのいずれか一方であることを証明しましょう。n個の変数$x_1, x_2, \ldots, x_n$に対して関数

$$f(x_1, x_2, \ldots, x_n) \overset{\text{def}}{=} \prod_{i<j} (x_i - x_j)$$

を考えます。

$$f(\ldots, x_i, \ldots, x_j, \ldots) = -f(\ldots, x_j, \ldots, x_i, \ldots) \quad (x_i \text{と} x_j \text{の交換})$$

であることに注意すると、置換$(p_1, p_2, \ldots, p_n)$が、恒等置換から互換をs回繰り返すことにより得られるならば、

$$f(x_{p_1}, x_{p_2}, \ldots, x_{p_n}) = (-1)^s f(x_1, x_2, \ldots, x_n)$$

が成り立ちます。$(p_1, p_2, \ldots, p_n)$が、恒等置換から別のt回の互換の繰り返しでも得られるならば、$(-1)^s = (-1)^t$となるので、sとtの偶奇は一致します。

$$\sigma(p_1, p_2, \ldots, p_n) \stackrel{\text{def}}{=} \begin{cases} 1 & (p_1, p_2, \ldots, p_n)\text{が偶置換のとき} \\ -1 & (p_1, p_2, \ldots, p_n)\text{が奇置換のとき} \end{cases}$$

と定義して、これを**置換の符号**と呼びます。

正方行列 $\boldsymbol{A} = \begin{bmatrix} a_{11} & a_{12} & \cdots & a_{1n} \\ a_{21} & a_{22} & \cdots & a_{2n} \\ \vdots & \vdots & \ddots & \vdots \\ a_{n1} & a_{n2} & \cdots & a_{nn} \end{bmatrix}$ に対して、

$$\begin{vmatrix} a_{11} & a_{12} & \cdots & a_{1n} \\ a_{21} & a_{22} & \cdots & a_{2n} \\ \vdots & \vdots & \ddots & \vdots \\ a_{n1} & a_{n2} & \cdots & a_{nn} \end{vmatrix} \stackrel{\text{def}}{=} \sum_{(p_1, p_2, \ldots, p_n) \in P_n} \sigma(p_1, p_2, \ldots, p_n)\, a_{1p_1} a_{2p_2} \cdots a_{np_n}$$

として、これを$\boldsymbol{A}$の**行列式**といいます。ここで、$\displaystyle\sum_{(p_1, p_2, \ldots, p_n) \in P_n}$は$n$次の置換すべてについての総和です。行列式は$|\boldsymbol{A}|$または$\det(\boldsymbol{A})$で表すこともあります[注4]。

置換とその符号を生成する関数と、定義に従って行列式を計算するプログラムは次のようになります。

▼プログラム：determinant.py

```
from functools import reduce

def P(n):
    if n == 1:
        return [([0], 1)]
    else:
        Q = []
        for p, s in P(n - 1):
            Q.append((p + [n - 1], s))
```

注4　det は determinant の略です。似たような用語に discriminant があり、これは２次方程式の判別式 D を意味します。

```
10              for i in range(n - 1):
11                  q = p + [n - 1]
12                  q[i], q[-1] = q[-1], q[i]
13                  Q.append((q, -1 * s))
14          return Q
15
16  def prod(L):
17      return reduce(lambda x, y: x * y, L)
18
19  def det(A):
20      n = len(A)
21      a = sum([s * prod([A[i][p[i]] for i in range(n)])
22              for p, s in P(n)])
23      return a
24
25  if __name__ == '__main__':
26      A = [[1, 2], [2, 3]]
27      B = [[1, 2], [2, 4]]
28      C = [[1, 2, 3], [2, 3, 4], [3, 4, 5]]
29      D = [[1, 2, 3], [2, 3, 1], [3, 1, 2]]
30      print(det(A), det(B), det(C), det(D))
```

- **3〜14行目** … n次の置換のリストを再帰的に生成します。$n-1$次の置換の一つ$(p_1, p_2, \ldots, p_{n-1})$に対して、$(p_1, p_2, \ldots, p_{n-1}, n)$ は符号が同じ n 次の置換の一つです。この置換から、n を$p_1, p_2, \ldots, p_{n-1}$と互換することにより

$$(n, p_2, \ldots, p_{n-1}, p_1),\ (p_1, n, \ldots, p_{n-1}, p_2),\ \ldots,\ (p_1, p_2, \ldots, n, p_{n-1})$$

の相異なる$n-1$個の符号が逆転したn次の置換が得られます。$(p_1, p_2, \ldots, p_{n-1})$が$n-1$次のすべての置換を動けば、$n$次のすべての置換が作られます。

- **16, 17行目** … 与えられたリストのすべての要素を掛け合わせたものを返す関数です。標準ライブラリ`functools`で定義された関数`reduce`を用いています。この関数は`reduce(f, L)`のように二つの引数を持ちます。最初の引数は$f(x, y)$という2変数関数、2番目の引数は$[a_1, a_2, \ldots, a_n]$というリストであり、

$$f\left(\cdots f\left(f\left(a_1, a_2\right), a_3\right) \cdots, a_n\right)$$

を返します。$f(x, y) = x \times y$であるならば、$a_1 \times a_2 \times \cdots \times a_n$を返します。

- **19〜23行目** … 行列式の定義に基づいて、行列式の値を計算します。

行列式は次の性質を持ちます。

(1) 転置行列の行列式の値は、元の行列の行列式と値が変わりません。

$$\begin{vmatrix} a_{11} & \cdots & a_{1n} \\ \vdots & \ddots & \vdots \\ a_{n1} & \cdots & a_{nn} \end{vmatrix} = \begin{vmatrix} a_{11} & \cdots & a_{n1} \\ \vdots & \ddots & \vdots \\ a_{1n} & \cdots & a_{nn} \end{vmatrix}$$

$\because$ 行列式を定義した式で、行の添字と列の添字を入れ替えると

$$\begin{vmatrix} a_{11} & a_{21} & \cdots & a_{n1} \\ a_{12} & a_{22} & \cdots & a_{n2} \\ \vdots & \vdots & \ddots & \vdots \\ a_{1n} & a_{2n} & \cdots & a_{nn} \end{vmatrix} = \sum_{(p_1,p_2,\ldots,p_n)\in P_n} \sigma\left(p_1,p_2,\ldots,p_n\right) a_{p_1 1} a_{p_2 2} \cdots a_{p_n n}$$

となります。置換 $(p_1, p_2, \ldots, p_n)$ に対して、次の左の表の上下のペアを保ったまま右の表のように列を並べ替えます。

1	2	$\cdots$	n
p_1	p_2	$\cdots$	p_n

$\longrightarrow$

q_1	q_2	$\cdots$	q_n
1	2	$\cdots$	n

このとき、$a_{p_1 1} a_{p_2 2} \cdots a_{p_n n} = a_{1q_1} a_{2q_2} \cdots a_{nq_n}$ がいえて、$(q_1, q_2, \ldots, q_n) \in P_n$ です。また、左の表から右の表へ互換を繰り返して並べ替えたと考えると、右の表から左の表へ互換を逆に繰り返して戻ることができるので、$\sigma(q_1, q_2, \ldots, q_n) = \sigma(p_1, p_2, \ldots, p_n)$ がいえます。したがって、$\det\left(\boldsymbol{A}^{\mathrm{T}}\right) = \det(\boldsymbol{A})$ が成立します。

(2) 行列の二つの行を入れ替えると行列式の符号が変わります。

$$\begin{matrix} \\ i\text{行目} \\ \\ j\text{行目} \\ \\ \end{matrix} \begin{vmatrix} \vdots & & \vdots \\ a_{i1} & \cdots & a_{in} \\ \vdots & & \vdots \\ a_{j1} & \cdots & a_{jn} \\ \vdots & & \vdots \end{vmatrix} = - \begin{vmatrix} \vdots & & \vdots \\ a_{j1} & \cdots & a_{jn} \\ \vdots & & \vdots \\ a_{i1} & \cdots & a_{in} \\ \vdots & & \vdots \end{vmatrix}$$

$\because$ $i < j$ として $\boldsymbol{A}$ の i 行目と j 行目を入れ替えた行列を $\boldsymbol{A}'$ とします。このとき、

$$\sum_{(p_1,\ldots,p_i,\ldots,p_j,\ldots,p_n)\in P_n} \sigma\left(p_1,\ldots,p_i,\ldots,p_j,\ldots,p_n\right) a_{1p_1} \cdots a_{np_n}$$
$$= - \sum_{(p_1,\ldots,p_j,\ldots,p_i,\ldots,p_n)\in P_n} \sigma\left(p_1,\ldots,p_j,\ldots,p_i,\ldots,p_n\right) a_{1p_1} \cdots a_{np_n}$$

より[注5]、$\det(\boldsymbol{A}) = -\det(\boldsymbol{A}')$ がいえます。

(3) 行列のある行だけをスカラー倍した行列の行列式は、元の行列の行列式のスカラー倍です。

注5　足し算や掛け算の順番は変えても値は変わりません。

$$i\text{行目}\begin{vmatrix} a_{11} & \cdots & a_{1n} \\ \vdots & & \vdots \\ ca_{i1} & \cdots & ca_{in} \\ \vdots & & \vdots \\ a_{n1} & \cdots & a_{nn} \end{vmatrix} = c\begin{vmatrix} a_{11} & \cdots & a_{1n} \\ \vdots & & \vdots \\ a_{i1} & \cdots & a_{in} \\ \vdots & & \vdots \\ a_{n1} & \cdots & a_{nn} \end{vmatrix}$$

$\because$ $\boldsymbol{A}$のi行目だけをc倍した行列を$\boldsymbol{A}'$とします。

$$\begin{aligned} &\sum_{(p_1,\ldots,p_i,\ldots,p_n)\in P_n} \sigma\left(p_1,\ldots,p_i,\ldots,p_n\right) a_{1p_1}\cdots\left(ca_{ip_i}\right)\cdots a_{np_n} \\ &= c\sum_{(p_1,\ldots,p_i,\ldots,p_n)\in P_n} \sigma\left(p_1,\ldots,p_i,\ldots,p_n\right) a_{1p_1}\cdots a_{ip_i}\cdots a_{np_n} \end{aligned}$$

であることから、$\det\left(\boldsymbol{A}'\right) = c\det\left(\boldsymbol{A}\right)$がいえます。

(4) ある行だけ和の形になっている行列の行列式は、その行を分けた二つの行列の行列式の和になります。

$$i\text{行目}\begin{vmatrix} a_{11} & \cdots & a_{1n} \\ \vdots & & \vdots \\ b_1+c_1 & \cdots & b_n+c_n \\ \vdots & & \vdots \\ a_{n1} & \cdots & a_{nn} \end{vmatrix} = \begin{vmatrix} a_{11} & \cdots & a_{1n} \\ \vdots & & \vdots \\ b_1 & \cdots & b_n \\ \vdots & & \vdots \\ a_{n1} & \cdots & a_{1n} \end{vmatrix} + \begin{vmatrix} a_{11} & \cdots & a_{1n} \\ \vdots & & \vdots \\ c_1 & \cdots & c_n \\ \vdots & & \vdots \\ a_{n1} & \cdots & a_{nn} \end{vmatrix}$$

$\because$ $\boldsymbol{A}$のi行目だけ$a_{ij} = b_j + c_j$（$j = 1, 2, \ldots, n$）のとき、$\boldsymbol{A}$のi行目をb_1, b_2, $\cdots$, b_nで置き換えた行列とc_1, c_2, $\cdots$, c_nで置き換えた行列をそれぞれ$\boldsymbol{A}'$および$\boldsymbol{A}''$とします。

$$\begin{aligned} &\sum_{(p_1,\ldots,p_i,\ldots,p_n)\in P_n} \sigma\left(p_1,\ldots,p_i,\ldots,p_n\right) a_{1p_1}\cdots\left(b_{p_i}+c_{p_i}\right)\cdots a_{np_i} \\ &= \sum_{(p_1,\ldots,p_i,\ldots,p_n)\in P_n} \sigma\left(p_1,\ldots,p_i,\ldots,p_n\right) a_{1p_1}\cdots b_{p_i}\cdots a_{np_n} \\ &\quad + \sum_{(p_1,\ldots,p_i,\ldots,p_n)\in P_n} \sigma\left(p_1,\ldots,p_i,\ldots,p_n\right) a_{1p_1}\cdots c_{p_i}\cdots a_{np_n} \end{aligned}$$

であることから、$\det\left(\boldsymbol{A}\right) = \det\left(\boldsymbol{A}'\right) + \det\left(\boldsymbol{A}''\right)$がいえます。

(5) 行列のある行に他の行のスカラー倍を足した行列の行列式は、元の行列の行列式と値が変わりません。

$$
\begin{array}{r} \\ i\text{行目} \\ \\ j\text{行目} \\ \\ \end{array}
\begin{vmatrix} \vdots & & \vdots \\ a_{i1} & \cdots & a_{in} \\ \vdots & & \vdots \\ a_{j1} & \cdots & a_{jn} \\ \vdots & & \vdots \end{vmatrix}
=
\begin{vmatrix} \vdots & & \vdots \\ a_{i1}+ca_{j1} & \cdots & a_{in}+ca_{jn} \\ \vdots & & \vdots \\ a_{j1} & \cdots & a_{jn} \\ \vdots & & \vdots \end{vmatrix}
$$

∵ (2) から二つの行が等しい行列の行列式の値は0となります。このことと、(3) および (4) から (5) が導かれます。

(1) より、(2) から (5) の事実は行を列に変えても成立します。特に行列の基本変形に関する部分だけをまとめておくと、次のようになります。

- **行の基本変形**
  - (a) $\boldsymbol{A}$ のある行と他の行を交換した行列の行列式の値は、$-\det(\boldsymbol{A})$
  - (b) $\boldsymbol{A}$ のある行を c 倍した行列の行列式の値は、$c\det(\boldsymbol{A})$
  - (c) $\boldsymbol{A}$ のある行に他の行のスカラー倍を加えた行列の行列式の値は、$\det(\boldsymbol{A})$
- **列の基本変形**
  - (a) $\boldsymbol{A}$ のある列と他の列を交換した行列の行列式の値は、$-\det(\boldsymbol{A})$
  - (b) $\boldsymbol{A}$ のある列を c 倍した行列の行列式の値は、$c\det(\boldsymbol{A})$
  - (c) $\boldsymbol{A}$ のある列に他の列のスカラー倍を加えた行列の行列式の値は、$\det(\boldsymbol{A})$

これらの性質を利用して、行列式の計算ができます。行列式の値を変えずに、基本変形によって行列式の計算がやさしい次の形の行列にします。

$$
\begin{vmatrix} a_{11} & * & \cdots & * \\ 0 & a_{22} & \ddots & \vdots \\ \vdots & \ddots & \ddots & * \\ 0 & \cdots & 0 & a_{nn} \end{vmatrix} = a_{11}a_{22}\cdots a_{nn}
$$

やり方は基本変形で階数を計算したときと同じですが、等式変形になります。行や列を交換したとき、または行や列を c 倍したときは、行列式の値が変わらないように、-1 または $1/c$ を掛けて補正します。

$$
\begin{vmatrix} 1 & 2 & 3 \\ 2 & 3 & 1 \\ 3 & 1 & 2 \end{vmatrix}
\overset{2\text{行目}-1\text{行目}\times 2}{=}
\begin{vmatrix} 1 & 2 & 3 \\ 0 & -1 & -5 \\ 3 & 1 & 2 \end{vmatrix}
\overset{3\text{行目}-1\text{行目}\times 3}{=}
\begin{vmatrix} 1 & 2 & 3 \\ 0 & -1 & -5 \\ 0 & -5 & -7 \end{vmatrix}
$$

$$
\overset{3\text{行目}-2\text{行目}\times 5}{=}
\begin{vmatrix} 1 & 2 & 3 \\ 0 & -1 & -5 \\ 0 & 0 & 18 \end{vmatrix}
= 1\times(-1)\times 18 = -18
$$

階数の計算の場合と同様に、途中でピボットが0になったら行または列を交換します。

$$\begin{vmatrix} 0 & 2 & 2 \\ 2 & 1 & 2 \\ 3 & 2 & 3 \end{vmatrix} \overset{1\text{行目と}2\text{行目を交換}}{=} -\begin{vmatrix} 2 & 1 & 2 \\ 0 & 2 & 2 \\ 3 & 2 & 3 \end{vmatrix} \overset{1\text{行目}\div 2}{=} -2\begin{vmatrix} 1 & 1/2 & 1 \\ 0 & 2 & 2 \\ 3 & 2 & 3 \end{vmatrix}$$

任意の正方行列$\boldsymbol{A}$は、行および列の基本変形で

$$\boldsymbol{J}_1\boldsymbol{A}\boldsymbol{J}_2 = \begin{bmatrix} 1 & 0 & \cdots & \cdots & \cdots & 0 \\ 0 & \ddots & \ddots & & & \vdots \\ \vdots & \ddots & 1 & \ddots & & \vdots \\ \vdots & & \ddots & 0 & \ddots & \vdots \\ \vdots & & & \ddots & \ddots & 0 \\ 0 & \cdots & \cdots & \cdots & 0 & 0 \end{bmatrix}$$

まで変形できます。この行列を$\boldsymbol{J}_0$とします。対角線に並んでいる1の個数が、$\boldsymbol{A}$の階数です。$\boldsymbol{J}_0$の行列式の値は0または1（対角線がすべて1のとき）です。ここで、$\boldsymbol{J}_1$および$\boldsymbol{J}_2$はどちらも基本行列の積です。したがって、

$$\boldsymbol{A} = \boldsymbol{J}_1{}^{-1}\boldsymbol{J}_0\boldsymbol{J}_2{}^{-1}$$

と書けます。基本行列の逆行列も基本行列になりますから、$\boldsymbol{A}$は基本行列および$\boldsymbol{J}_0$の積で表現できることになります。

行列式に関して、次の性質は重要です。

$$\det(\boldsymbol{AB}) = \det(\boldsymbol{A})\det(\boldsymbol{B})$$

$\boldsymbol{A}$は基本行列および$\boldsymbol{J}_0$の積で表現できるので、これは$\boldsymbol{A}$が基本行列または$\boldsymbol{J}_0$として等式が成立することをいえば十分です。

$$\begin{aligned} \det\left(\boldsymbol{E}_1^{(i,j,c)}\boldsymbol{B}\right) &= \det(\boldsymbol{B}) = \det\left(\boldsymbol{E}_1^{(i,j,c)}\right)\det(\boldsymbol{B}) \\ \det\left(\boldsymbol{E}_2^{(i,j)}\boldsymbol{B}\right) &= -\det(\boldsymbol{B}) = \det\left(\boldsymbol{E}_2^{(i,j)}\right)\det(\boldsymbol{B}) \\ \det\left(\boldsymbol{E}_3^{(i,c)}\boldsymbol{B}\right) &= c\det(\boldsymbol{B}) = \det\left(\boldsymbol{E}_3^{(i,c)}\right)\det(\boldsymbol{B}) \end{aligned}$$

が成立します。$\det(\boldsymbol{J}_0)$は0または1であり、1のときは$\boldsymbol{J}_0$は単位行列なので

$$\det(\boldsymbol{J}_0\boldsymbol{B}) = \det(\boldsymbol{B}) = \det(\boldsymbol{J}_0)\det(\boldsymbol{B})$$

がいえます。0のときは$\boldsymbol{J}_0\boldsymbol{B}$に0のみの行ができるので、

$$\det(\boldsymbol{J}_0\boldsymbol{B}) = 0 = \det(\boldsymbol{J}_0)\det(\boldsymbol{B})$$

がいえます。

この結果、$\boldsymbol{A}$が正則行列であるための必要十分条件は、その行列式が0でないことといえます。なぜならば、$\boldsymbol{A}$が正則行列であるための必要十分条件は$\boldsymbol{J}_0 = \boldsymbol{I}$であり、これは$\det(\boldsymbol{A}) \neq 0$と同値であるからです。この事実は、後に固有値を求めるための固有方程式をたてるときに使われます。

NumPyには行列式の計算がすでに実装されています。

```
>>> from numpy.linalg import det
>>> A = [[1, 2], [2, 3]]
>>> B = [[1, 2], [2, 4]]
>>> C = [[1, 2, 3], [2, 3, 4], [3, 4, 5]]
>>> D = [[1, 2, 3], [2, 3, 1], [3, 1, 2]]
>>> det(A), det(B), det(C), det(D)
(-1.0, 0.0, -7.401486830834414e-17, -18.000000000000004)
```

行列式の定義に従って計算すれば成分がすべて整数の行列式は整数のはずですが、結果は実数となり、しかも誤差がわずかに生じています。これは、基本変形でピボットを1にするときに割り算の誤差が入るためです。

SymPyでは、誤差が生じません。また、文字変数の入った行列式も計算してくれます。

```
>>> from sympy import *
>>> A = Matrix([[1, 2], [2, 3]])
>>> B = Matrix([[1, 2], [2, 4]])
>>> C = Matrix([[1, 2, 3], [2, 3, 4], [3, 4, 5]])
>>> D = Matrix([[1, 2, 3], [2, 3, 1], [3, 1, 2]])
>>> A.det(), B.det(), C.det(), D.det()
(-1, 0, 0, -18)
>>> a11, a12, a13 = symbols('a11, a12, a13')
>>> a21, a22, a23 = symbols('a21, a22, a23')
>>> a31, a32, a33 = symbols('a31, a32, a33')
>>> E = Matrix([[a11,a12], [a21,a22]])
>>> F = Matrix([[a11,a12,a13], [a21,a22,a23], [a31,a32,a33]])
>>> E.det()
a11*a22 - a12*a21
>>> F.det()
a11*a22*a33 - a11*a23*a32 - a12*a21*a33
+ a12*a23*a31 + a13*a21*a32 - a13*a22*a31
```

問5.5 0以上10未満の整数を成分とするn次の正方行列をランダムに10000個作るプログラムを作成し、その中に正則行列が何個あるかをnを変えて調べなさい。

問5.6 次のプログラムは、行列式を計算する問題を生成します。これで生成される行列について、行列式の値を基本変形で計算しなさい。

▼プログラム：prob_det.py

```
1  from numpy.random import seed, choice, permutation
2  from sympy import Matrix
3  
4  def f(P, m, p):
5      while True:
6          A = Matrix(choice(P, (m, m)))
7          if p == 0:
8              if A.det() == 0:
9                  return A
10         elif A.det() != 0:
11             return A
12 
13 m = 3
14 seed(2024)
15 for p in permutation(2):
16     print(f([-3, -2, -1, 1, 2, 3], m, p))
```

■ **15, 16行目** … 行列式の値が0である行列と0でない行列の二つを、順序をランダムに生成します。

▼実行結果

```
Matrix([[-1, -3, -3], [1, 2, -2], [-2, 2, 1]])
Matrix([[2, 1, -2], [-3, -2, -2], [3, 2, 2]])
```

5.4 トレース

n次の正方行列$\boldsymbol{A}$に対して、$\boldsymbol{A}$の対角成分の総和を$\mathrm{Tr}\,(\boldsymbol{A})$で表現して、これを$\boldsymbol{A}$の**トレース**といいます。$n$次の正方行列$\boldsymbol{A}$、$\boldsymbol{B}$および$c \in \mathbb{K}$に対して、次の1から4が成立します。

1. $\mathrm{Tr}\,(\boldsymbol{A}+\boldsymbol{B}) = \mathrm{Tr}\,(\boldsymbol{A}) + \mathrm{Tr}\,(\boldsymbol{B})$
2. $\mathrm{Tr}\,(c\boldsymbol{A}) = c\,\mathrm{Tr}\,(\boldsymbol{A})$
3. $\mathrm{Tr}\,(\boldsymbol{A}^*) = \overline{\mathrm{Tr}\,(\boldsymbol{A})}$
4. $\mathrm{Tr}\,(\boldsymbol{AB}) = \mathrm{Tr}\,(\boldsymbol{BA})$

1〜3は定義から直ちに導かれます。4を示しましょう。$\boldsymbol{E}$をn次の正方行列である基本行列または対角行列とすると、簡単な計算から$\mathrm{Tr}\,(\boldsymbol{AE}) = \mathrm{Tr}\,(\boldsymbol{EA})$であることがいえます。前節で述べたように任意の$n$次の正方行列$\boldsymbol{B}$は基本行列と対角行列の積で表現できるので、この事実を繰り返し用いれば$\mathrm{Tr}\,(\boldsymbol{AB}) = \mathrm{Tr}\,(\boldsymbol{BA})$であることがいえます。

n次の正方行列の全体を$M_n\,(\mathbb{K})$で表すことにします。$\varphi : M_n\,(\mathbb{K}) \to \mathbb{K}$が、次の1から4を満た

すとします。

1. $\varphi(\boldsymbol{A}+\boldsymbol{B})=\varphi(\boldsymbol{A})+\varphi(\boldsymbol{B})$,
2. $\varphi(c\boldsymbol{A})=c\varphi(\boldsymbol{A})$,
3. $\varphi(\boldsymbol{A}^*)=\overline{\varphi(\boldsymbol{A})}$,
4. $\varphi(\boldsymbol{AB})=\varphi(\boldsymbol{BA})$.

このとき、$\alpha\in\mathbb{K}$が存在し、n次の正方行列$\boldsymbol{A}$に対して、$\varphi(\boldsymbol{A})=\alpha\,\mathrm{Tr}(\boldsymbol{A})$が成立することを証明しましょう。$\boldsymbol{U}_{ij}\in M_n(\mathbb{K})$を、$(i,j)$成分のみ1で他の成分はすべて0の行列とします。このような行列のことを**マトリックス・ユニット**と呼びます。マトリックス・ユニットの全体は、線形空間$M_n(\mathbb{K})$の基底になっています。$i\neq j$であるとき、

$$\varphi(\boldsymbol{U}_{ij})=0,\qquad \varphi(\boldsymbol{U}_{ii})=\varphi(\boldsymbol{U}_{jj})\ (=\alpha\text{とする})$$

がいえれば十分です。

前者は、$\boldsymbol{U}_{ij}=\boldsymbol{U}_{ij}\boldsymbol{U}_{jj}$および$\boldsymbol{U}_{jj}\boldsymbol{U}_{ij}=\boldsymbol{O}$であることから

$$\varphi(\boldsymbol{U}_{ij})=\varphi(\boldsymbol{U}_{ij}\boldsymbol{U}_{jj})=\varphi(\boldsymbol{U}_{jj}\boldsymbol{U}_{ij})=\varphi(\boldsymbol{O})=0$$

よりいえます。後者は$\boldsymbol{U}_{ii}=\boldsymbol{E}_2^{(i,j)}\boldsymbol{U}_{jj}\boldsymbol{E}_2^{(i,j)}$および$\boldsymbol{E}_2^{(i,j)}\boldsymbol{E}_2^{(i,j)}=\boldsymbol{I}$であることから

$$\varphi(\boldsymbol{U}_{ii})=\varphi\left(\boldsymbol{E}_2^{(i,j)}\boldsymbol{U}_{jj}\boldsymbol{E}_2^{(i,j)}\right)=\varphi\left(\boldsymbol{U}_{jj}\boldsymbol{E}_2^{(i,j)}\boldsymbol{E}_2^{(i,j)}\right)=\varphi(\boldsymbol{U}_{jj})$$

によっていえます。

$\varphi: M_n(\mathbb{K})\to\mathbb{K}$が上の1と2の条件を満たすとします。このとき、$\boldsymbol{X}\in M_n(\mathbb{K})$が存在して、

$$\varphi(\boldsymbol{A})=\mathrm{Tr}(\boldsymbol{AX})\qquad (\boldsymbol{A}\in M_n(\mathbb{K}))$$

が成立します。この$\boldsymbol{X}$は

$$\boldsymbol{X}=\begin{bmatrix}\varphi(\boldsymbol{U}_{11}) & \varphi(\boldsymbol{U}_{21}) & \cdots & \varphi(\boldsymbol{U}_{n1})\\ \varphi(\boldsymbol{U}_{12}) & \varphi(\boldsymbol{U}_{22}) & \cdots & \varphi(\boldsymbol{U}_{n2})\\ \vdots & \vdots & \ddots & \vdots\\ \varphi(\boldsymbol{U}_{1n}) & \varphi(\boldsymbol{U}_{2n}) & \cdots & \varphi(\boldsymbol{U}_{nn})\end{bmatrix}$$

で与えられます。

問5.7 この節で述べたいくつかの式変形には飛躍や省略が何箇所かあります。例えば前半で、「定義から直ちに導かれます」、「簡単な計算から」、「この事実を繰り返し用いれば」、「がいえれば十分です」といっていますが、本当にそうでしょうか。後半にも同様の箇所や、証明なしに使った等式、説明なしに行った式変形などがあります。それらを洗い出して、一つひとつ、間を埋めなさい[注6]。

注6　数学ではどんな場合でも、書いてあることを鵜呑みにしてはいけません。書いてあることに飛躍（ときには間違ったことが書いてある可能性もないとはいえません）を見つけて自分で埋められるようになれば、本当に理解したことになります。

5.5　連立方程式

この節では連立方程式

$$\begin{cases} a_{11}x_1 + a_{12}x_2 + \cdots + a_{1n}x_n & = & b_1 \\ a_{21}x_1 + a_{22}x_2 + \cdots + a_{2n}x_n & = & b_2 \\ & \vdots & \\ a_{m1}x_1 + a_{m2}x_2 + \cdots + a_{mn}x_n & = & b_m \end{cases}$$

を解くことを考えます。そのために、次のような表を作ります。

x_1	x_2	$\cdots$	x_n	
a_{11}	a_{12}	$\cdots$	a_{1n}	b_1
a_{21}	a_{22}	$\cdots$	a_{2n}	b_2
$\vdots$	$\vdots$		$\vdots$	
a_{m1}	a_{m2}	$\cdots$	a_{mn}	b_m

ここで、行については $x_1, x_2, \ldots, x_n$ の行から数えて、0行目、1行目、...、m 行目とします。列については $b_1, b_2, \ldots, b_m$ の列まで数えて、1列目、2列目、...、$n+1$ 列目とします。この表に対して次の基本変形を許します。

1. b_i も含めて、1行目から m 行目までの行に対しては3種の行の基本変形を行ってよい
2. x_j も含めて、1列目から n 列目までは列の交換は行ってよい

これらの基本変形は、元の連立方程式に対する次の同値変形です。

1. (a) ある式の両辺に、他の式の両辺を c 倍したものを加える
   (b) ある式と他の式を入れ替える
   (c) ある式の両辺に $c \neq 0$ を掛ける
2. すべての式で、x_i の項と x_j の項を係数も含めて交換する

これらの操作で、表を次のように変形します。

$$
\begin{array}{cccccc|c}
x'_1 & x'_2 & \cdots & x'_k & \cdots & x'_n & \\
\hline
a'_{11} & a'_{12} & \cdots & a'_{1k} & \cdots & a'_{1n} & b'_1 \\
0 & a'_{22} & \cdots & a'_{2k} & \cdots & a'_{2n} & b'_2 \\
\vdots & \vdots & \ddots & \vdots & & \vdots & \vdots \\
0 & 0 & \cdots & a'_{kk} & \cdots & a'_{kn} & b'_k \\
0 & 0 & \cdots & 0 & \cdots & 0 & b'_{k+1} \\
\vdots & \vdots & & \vdots & & \vdots & \vdots \\
0 & 0 & \cdots & 0 & \cdots & 0 & b'_m \\
\hline
\end{array}
$$

$$a'_{11}a'_{22}\cdots a'_{kk} \neq 0$$

これは、連立方程式が次のように同値変形されたことを意味しています。

$$
\left\{
\begin{array}{ccccccccccc}
a'_{11}x'_1 & + & a'_{12}x'_2 & + & \cdots & + & a'_{1k}x'_k & + & \cdots & + & a'_{1n}x'_n & = & b'_1 \\
 & & a'_{22}x'_2 & + & \cdots & + & a'_{2k}x'_k & + & \cdots & + & a'_{2n}x'_n & = & b'_2 \\
 & & & & \ddots & & & & & & & \vdots & \vdots \\
 & & & & & & a'_{kk}x'_k & + & \cdots & + & a'_{kn}x'_n & = & b'_k \\
 & & & & & & 0x'_k & + & \cdots & + & 0x'_n & = & b'_{k+1} \\
 & & & & & & \vdots & & & & \vdots & \vdots & \vdots \\
 & & & & & & 0x'_k & + & \cdots & + & 0x'_n & = & b'_m
\end{array}
\right.
$$

もし、$b'_{k+1},\ldots,b'_m$ の中に0でないものがあれば、この方程式に解はありません。$b'_{k+1},\ldots,b'_m$ がすべて0のときは、$x'_{k+1},\ldots,x'_n$ は任意定数となります。$k=n=m$ のときは、唯一の解を持ちます。

具体例で確かめてみましょう。

$$
\left\{
\begin{array}{ccccccc}
x & + & 2y & + & 3z & = & 6 \\
2x & + & 3y & + & 4z & = & 9 \\
3x & + & 4y & + & 5z & = & 10
\end{array}
\right.
$$

を解いてみます。表は

$$
\begin{array}{ccc|c}
x & y & z & \\
\hline
1 & 2 & 3 & 6 \\
2 & 3 & 4 & 9 \\
3 & 4 & 5 & 10
\end{array}
\xrightarrow{\text{2行目}-\text{1行目}\times 2}
\begin{array}{ccc|c}
x & y & z & \\
\hline
1 & 2 & 3 & 6 \\
0 & -1 & -2 & -3 \\
3 & 4 & 5 & 10
\end{array}
$$

$$
\xrightarrow{\text{3行目}-\text{1行目}\times 3}
\begin{array}{ccc|c}
x & y & z & \\
\hline
1 & 2 & 3 & 6 \\
0 & -1 & -2 & -3 \\
0 & -2 & -4 & -8
\end{array}
\xrightarrow{\text{3行目}-\text{2行目}\times 2}
\begin{array}{ccc|c}
x & y & z & \\
\hline
1 & 2 & 3 & 6 \\
0 & -1 & -2 & -3 \\
0 & 0 & 0 & -2
\end{array}
$$

となり、これは与えられた方程式が

$$\begin{cases} x + 2y + 3z = 6 \\ \quad - y - 2z = -3 \\ \qquad 0z = -2 \end{cases}$$

と同値変形されたことになり、この連立方程式に解は存在しません。

与えられた連立方程式が

$$\begin{cases} x + 2y + 3z = 6 \\ 2x + 3y + 4z = 9 \\ 3x + 4y + 5z = 12 \end{cases}$$

とすると、表は最終的に

x	y	z	
1	2	3	6
0	−1	−2	−3
0	0	0	0

となるので、これは

$$\begin{cases} x + 2y + 3z = 6 \\ \quad - y - 2z = -3 \\ \qquad 0z = 0 \end{cases}$$

を意味します。下から順に見ると、まず$0z = 0$なので、zは任意定数でよいことになります。すぐ上の式から$y = 3 - 2z$が得られ、これを一番上の式に代入してxについて解くと$x = z$を得ます。よって解は

$$\begin{cases} x = z \\ y = 3 - 2z \\ z : \text{任意定数} \end{cases}$$

となります。

与えられた連立方程式が

$$\begin{cases} x + 2y + 3z = 6 \\ 2x + 3y + z = 9 \\ 3x + y + 2z = 12 \end{cases}$$

とすると、表は

x	y	z	
1	2	3	6
2	3	1	9
3	1	2	12

$\xrightarrow{2\text{行目}-1\text{行目}\times 2}$

x	y	z	
1	2	3	6
0	−1	−5	−3
3	1	2	12

$$\xrightarrow{3\text{行目}-1\text{行目}\times 3} \begin{array}{ccc|c} x & y & z & \\ \hline 1 & 2 & 3 & 6 \\ 0 & -1 & -5 & -3 \\ 0 & -5 & -7 & -6 \end{array} \xrightarrow{3\text{行目}-2\text{行目}\times 5} \begin{array}{ccc|c} x & y & z & \\ \hline 1 & 2 & 3 & 6 \\ 0 & -1 & -5 & -3 \\ 0 & 0 & 18 & 9 \end{array}$$

となるので、これは

$$\begin{cases} x + 2y + 3z = 6 \\ \quad - y - 5z = -3 \\ \qquad 18z = 9 \end{cases}$$

を意味します。これを下から上に向かって解くと $x = 7/2,\ y = 1/2,\ z = 1/2$ となります。

この解き方のことを**ガウスの消去法**といい、表の変形が終わるまでの操作を**前進消去**、後半の連立方程式を解く過程を**後退代入**といいます。前半は消去法で変形し、後半は代入法で解いています。

SymPy で連立方程式を解くことは第 3 章で説明しました。NumPy で連立方程式を解くには、`linalg` モジュールの `solve` 関数を使います。$\boldsymbol{Ax} = \boldsymbol{b}$ という連立方程式を解く場合、$\boldsymbol{A}$ にあたる行列と、$\boldsymbol{b}$ にあたるベクトルを引数に与えます。ただし、連立方程式の場合は解が一意に存在するものに限られます。

```
>>> from numpy.linalg import solve
>>> solve([[1,2,3],[2,3,1],[3,1,2]],[6,9,12])
array([3.5, 0.5, 0.5])
```

連立方程式は行列を用いて

$$\begin{bmatrix} a_{11} & a_{12} & \cdots & a_{1n} \\ a_{21} & a_{22} & \cdots & a_{2n} \\ \vdots & \vdots & & \vdots \\ a_{m1} & a_{m2} & \cdots & a_{mn} \end{bmatrix} \begin{bmatrix} x_1 \\ x_2 \\ \vdots \\ x_n \end{bmatrix} = \begin{bmatrix} b_1 \\ b_2 \\ \vdots \\ b_m \end{bmatrix}$$

と表現できます。これを $\boldsymbol{Ax} = \boldsymbol{b}$ と書き表しましょう。$\boldsymbol{A} = \begin{bmatrix} \boldsymbol{a}_1 & \boldsymbol{a}_2 & \cdots & \boldsymbol{a}_n \end{bmatrix}$ とすると、この連立方程式は

$$x_1\boldsymbol{a}_1 + x_2\boldsymbol{a}_2 + \cdots + x_n\boldsymbol{a}_n = \boldsymbol{b}$$

と表現することもできます。したがって、連立方程式に解が存在するための必要十分条件は、$\boldsymbol{b} \in \langle \boldsymbol{a}_1, \boldsymbol{a}_2, \cdots, \boldsymbol{a}_n \rangle$ であることが容易にわかります。また、$\boldsymbol{A}$ を**係数行列**、$(m, n+1)$ 型行列 $\begin{bmatrix} \boldsymbol{a}_1 & \boldsymbol{a}_2 & \cdots & \boldsymbol{a}_n & \boldsymbol{b} \end{bmatrix}$ を**拡大係数行列**と呼ぶことにすると、連立方程式に解が存在するための必要十分条件は、係数行列と拡大係数行列の階数が等しいことです。

問5.8　次のプログラムは、未知数が x, y, z の連立方程式の問題をランダムに生成します。パラメタを変えることで、連立方程式の解が存在したり存在しなかったり、一意に存在したり無限に存在したりとすることができます。問題は LaTeX の数式モードのコードで出力されます。解も同時に出力されます。パラメタを変えて、出力された問題を手計算で解いてみなさい。

▼プログラム：prob_eqn.py

```
1  from numpy.random import seed, choice, shuffle
2  from sympy import Matrix, latex, solve, zeros
3  from sympy.abc import x, y, z
4
5  def f(P, m, n):
6      while True:
7          A = Matrix(choice(P, (3, 4)))
8          if A[:, :3].rank() == m and A.rank() == n:
9              break
10     A, b = A[:, :3], A[:, 3]
11     u = Matrix([[x], [y], [z]])
12     print(f'{latex(A)}{latex(u)}={latex(b)}')
13     print(solve(A * u - b, [x, y, z]))
14
15 seed(2024)
16 m, n = 2, 2
17 f(range(2, 10), m, n)
```

- **5〜13行目** … mは係数行列の階数、nは拡大係数行列の階数です。また、Pは拡大係数行列の成分となる数のリストです。これらを与えて、ランダムに連立方程式を作る関数を定義しています。連立方程式は行列の形で、LaTeX 形式で出力します。解も同時に出力します。
- **16行目** … m, n = 3, 3とすると解が一意に存在する連立方程式、m, n = 2, 2とすると解が存在するが一意ではない連立方程式、m, n = 2, 3とすると解が存在しない連立方程式が得られます。

上のプログラムを実行すると、次の連立方程式が得られます。

$$\begin{bmatrix} 7 & 8 & 9 \\ 7 & 8 & 8 \\ 7 & 8 & 8 \end{bmatrix} \begin{bmatrix} x \\ y \\ z \end{bmatrix} = \begin{bmatrix} 9 \\ 7 \\ 7 \end{bmatrix}$$

この連立方程式の解は {x: -8*y/7 - 9/7, z: 2} と出力されます。これは次のような解を意味します。

$$y:\text{任意定数},\qquad x=-\frac{8y}{7}-\frac{9}{7},\qquad z=2$$

5.6 逆行列

基本変形は逆行列の計算にも使えます。正方行列 $\boldsymbol{A}$ が行の基本変形で単位行列 $\boldsymbol{I}$ になったとします。これは、基本行列 $\boldsymbol{J}_1, \boldsymbol{J}_2, \ldots, \boldsymbol{J}_n$ が存在して

$$\boldsymbol{J}_n \cdots \boldsymbol{J}_2 \boldsymbol{J}_1 \boldsymbol{A} \;=\; \boldsymbol{I}$$

となるということです。このとき、

$$\boldsymbol{A}^{-1} \;=\; \boldsymbol{J}_n \cdots \boldsymbol{J}_2 \boldsymbol{J}_1$$

ということになります。これを利用して逆行列を求めるには、$\boldsymbol{J}_1$、$\boldsymbol{J}_2\boldsymbol{J}_1$、...、$\boldsymbol{J}_n \cdots \boldsymbol{J}_2\boldsymbol{J}_1$ と変化していく過程を記録していく必要があります。それには、$\boldsymbol{A}$ と $\boldsymbol{I}$ を横に並べておいて、同じ基本変形を加えていくようにします。例えば

$$\left[\begin{array}{ccc|ccc} 1 & 2 & 3 & 1 & 0 & 0 \\ 2 & 3 & 1 & 0 & 1 & 0 \\ 3 & 1 & 2 & 0 & 0 & 1 \end{array}\right]$$

のような行列を作ります。線の左側にある行列が、逆行列を求めたい行列です。線の右側は単位行列です。これをSymPyで表現します。

```
>>> from sympy import Matrix
>>> A = Matrix([[1, 2, 3, 1, 0, 0],
                [2, 3, 1, 0, 1, 0],
                [3, 1, 2, 0, 0, 1]])
```

2行目 − 1行目 × 2および3行目 − 1行目 × 3によって、

```
>>> A[1, :] -= A[0, :] * 2; A[2, :] -= A[0, :] * 3; A
Matrix([
[1,  2,  3,  1, 0, 0],
[0, -1, -5, -2, 1, 0],
[0, -5, -7, -3, 0, 1]])
```

$(2,1)$ 成分と $(3,1)$ 成分を0とします。

2行目 ÷ (-1) によって、

```
>>> A[1, :] /= -1; A
Matrix([
[1,  2,  3,  1,  0, 0],
[0,  1,  5,  2, -1, 0],
[0, -5, -7, -3,  0, 1]])
```

$(2,2)$成分を1とします。

1行目 $-$ 2行目 $\times 2$および3行目 $+$ 2行目 $\times 5$によって、

```
>>> A[0, :] -= A[1, :] * 2; A[2, :] += A[1, :] * 5; A
Matrix([
[1, 0, -7, -3,  2, 0],
[0, 1,  5,  2, -1, 0],
[0, 0, 18,  7, -5, 1]])
```

$(1,2)$成分と$(3,2)$成分を0とします。

3行目 $\div 18$によって、

```
>>> A[2, :] /= 18; A
Matrix([
[1, 0, -7,    -3,     2,    0],
[0, 1,  5,     2,    -1,    0],
[0, 0,  1, 7/18, -5/18, 1/18]])
```

$(3,3)$成分を1とします。

1行目 $+$ 3行目 $\times 7$および2行目 $-$ 3行目 $\times 5$によって、

```
>>> A[0, :] += A[2, :] * 7; A[1, :] -= A[2, :] * 5; A
Matrix([
[1, 0, 0, -5/18,  1/18,  7/18],
[0, 1, 0,  1/18,  7/18, -5/18],
[0, 0, 1,  7/18, -5/18,  1/18]])
```

$(1,3)$成分と$(2,3)$成分を0とします。

行列は次のように変形されました。

$$\left[\begin{array}{ccc|ccc} 1 & 0 & 0 & -\frac{5}{18} & \frac{1}{18} & \frac{7}{18} \\ 0 & 1 & 0 & \frac{1}{18} & \frac{7}{18} & -\frac{5}{18} \\ 0 & 0 & 1 & \frac{7}{18} & -\frac{5}{18} & \frac{1}{18} \end{array}\right]$$

線の左側が単位行列になったとき、線の右側の行列は元の行列の逆行列となります。今までの基本変形と異なるところは、ピボットをすべて1にすること、対角線より上も0にすること、行の3種類の基本変形のみを利用して列の基本変形は使わないことなどです。この操作で逆行列を求める方法を、**掃き出し法**と呼びます。途中で操作が行き詰まったら、逆行列は存在しません。

NumPyで数値的に、SymPyで数式的に逆行列を計算する方法は第4章で説明しました。実用的には、それらを活用しましょう。

5

問5.9 問5.6で用いた行列式の問題を作るプログラムprob_det.pyで生成された行列に対し、逆行列を求めるための掃き出し法を用いて逆行列を求め、基本変形で行列式を計算する過程と比較しなさい。

問5.10 NumPyで掃き出し法により逆行列を求めるプログラムを作成し、ランダムに生成した次数の大きな行列に対して、NumPyに備わっている逆行列を求める関数と計算時間を比較しなさい。

n次の正方行列$\boldsymbol{A}$から、i行目およびj列目にある$2n-1$個の成分をすべて取り除いてできる$n-1$次の正方行列の行列式の値に$(-1)^{i+j}$を乗じたものを$\boldsymbol{A}$の(i,j)**余因子**といい、Δ_{ij}で表します。そして

$$\boldsymbol{A}' \stackrel{\text{def}}{=} \begin{bmatrix} \Delta_{11} & \Delta_{21} & \cdots & \Delta_{n1} \\ \Delta_{12} & \Delta_{22} & \cdots & \Delta_{n2} \\ \vdots & \vdots & \ddots & \vdots \\ \Delta_{1n} & \Delta_{2n} & \cdots & \Delta_{nn} \end{bmatrix}$$

を、$\boldsymbol{A}$の**余因子行列**といいます。このとき、

$$\boldsymbol{A}\boldsymbol{A}' = \boldsymbol{A}'\boldsymbol{A} = \det(\boldsymbol{A})\,\boldsymbol{I}$$

が成立します。これは$\boldsymbol{A}$が正則行列のときは、余因子行列から逆行列が計算できることを述べています。これを数値的に実験で確かめるプログラムを次に示します。

▼プログラム：inv.py

```
from numpy import array, linalg, random

n = 5
A = random.randint(0, 10, (n, n))
```

```
K = [[j for j in range(n) if j != i] for i in range(n)]
B = array([[(-1) ** (i+j) * linalg.det(A[K[i], :][:, K[j]])
            for i in range(n)] for j in range(n)])

print(A.dot(B/linalg.det(A)))
```

この方法による逆行列の計算は、行列のサイズが大きくなるにつれて計算の手間がかかるため現実的ではありません。しかし、逆行列を求める公式があるということは、数学的には極めて重要な性質になります。逆行列の公式があるということは、連立方程式の解が一意に存在する場合に、解を表現する公式があることにもなります。その公式は**クラーメルの公式**として知られています[注7]。

問5.11　余因子行列に関する公式を証明しなさい。また、3次の正則行列を係数行列とする連立方程式 $\boldsymbol{A}\boldsymbol{x} = \boldsymbol{b}$ の解の公式を求めなさい（未知数 x, y, z に対する解をそれぞれ $\boldsymbol{A}$ の成分 a_{ij} と $\boldsymbol{b}$ の成分 b_i の式で表しなさい）。

注7　この公式について興味がある人は、「あとがきに代えて」に挙げる線形代数の教科書などで調べてみてください。

第6章 内積とフーリエ展開

この章では、ベクトルとベクトルの積がスカラーとなる、内積と呼ばれる2項演算を考えます。内積によって、線形空間にベクトルの大きさと直交という概念が導入され、ピタゴラスの定理などの幾何学の定理が成立する空間となります。また、関数空間で関数と関数が直交するという考え方を学びます。第2章で、ドレミの音階からその和音を作る実験をPythonで行いました。直交性を利用して内積の計算を行うと、この逆のこと、すなわち、ある音からその音を構成している純音（関数と見たとき正弦関数となるもの）およびその割合（音のスペクトルという）を導き出すことも容易になります。これらは、フーリエ解析と呼ばれる手法の一部です。

フーリエ解析は、信号処理や確率・統計において面白い話題の宝庫であり、Pythonにはそのための数値計算や数式計算のツールが多く用意されています。

6

6.1 ノルムと内積

V を $\mathbb{K}$ 上の線形空間とします。$\boldsymbol{x} \in V$ に対して $\|\boldsymbol{x}\| \in \mathbb{R}$ が定められていて、**ノルムの公理**と呼ばれる次の条件を満たすとき、関数 $\boldsymbol{x} \mapsto \|\boldsymbol{x}\|$ を V 上の**ノルム**といいます。

1. （正値性） $\|\boldsymbol{x}\| \geqq 0$ であり、等号成立条件は $\boldsymbol{x} = \boldsymbol{0}$ である
2. （絶対斉次性） $\|a\boldsymbol{x}\| = |a|\,\|\boldsymbol{x}\|$
3. （劣加法性、三角不等式） $\|\boldsymbol{x}+\boldsymbol{y}\| \leqq \|\boldsymbol{x}\| + \|\boldsymbol{y}\|$

このとき、$(V, \|\cdot\|)$ を**ノルム空間**と呼びます。$\boldsymbol{x} \in V$ に対して、$\|\boldsymbol{x}\|$ はベクトルの大きさを測る尺度であると考えます。また、$\boldsymbol{x}, \boldsymbol{y} \in V$ に対して、$\|\boldsymbol{x} - \boldsymbol{y}\|$ は $\boldsymbol{x}$ と $\boldsymbol{y}$ の距離であると考えることができます。三角不等式は、「三角形の2辺の長さの和は他の1辺の長さより大きい」という事実に由来しています。

問6.1 $\boldsymbol{x} = (x_1, x_2, \ldots, x_n) \in \mathbb{K}^n$ に対して、

$$\|\boldsymbol{x}\|_1 \overset{\text{def}}{=} |x_1| + |x_2| + \cdots + |x_n|, \qquad \|\boldsymbol{x}\|_\infty \overset{\text{def}}{=} \max\{|x_1|, |x_2|, \ldots, |x_n|\}$$

と定義すると、$\|\cdot\|_1$ および $\|\cdot\|_\infty$ はいずれも $\mathbb{K}^n$ 上のノルムとなることを示しなさい。

$\boldsymbol{x}, \boldsymbol{y} \in V$ に対して $\langle \boldsymbol{x} \mid \boldsymbol{y} \rangle \in \mathbb{K}$ が定められていて、**内積の公理**と呼ばれる次の条件を満たすとき、

2項演算 $(\boldsymbol{x},\boldsymbol{y})\mapsto\langle\boldsymbol{x}\mid\boldsymbol{y}\rangle$ を V 上の**内積**といいます。

1. （正値性）$\langle\boldsymbol{x}\mid\boldsymbol{x}\rangle\geqq 0$ であり、等号成立条件は $\boldsymbol{x}=\boldsymbol{0}$ である
2. （エルミート性）$\langle\boldsymbol{y}\mid\boldsymbol{x}\rangle=\overline{\langle\boldsymbol{x}\mid\boldsymbol{y}\rangle}$
3. （斉次性）$\langle\boldsymbol{x}\mid a\boldsymbol{y}\rangle=a\langle\boldsymbol{x}\mid\boldsymbol{y}\rangle$
4. （加法性、分配法則）$\langle\boldsymbol{x}\mid\boldsymbol{y}+\boldsymbol{z}\rangle=\langle\boldsymbol{x}\mid\boldsymbol{y}\rangle+\langle\boldsymbol{x}\mid\boldsymbol{z}\rangle$

内積を持つ線形空間を**内積空間**と呼びます。

$\mathbb{K}^n$ では、$\boldsymbol{x},\boldsymbol{y}\in\mathbb{K}^n$ を列ベクトル（$(n,1)$ 型行列）とみなして

$$\langle\boldsymbol{x}\mid\boldsymbol{y}\rangle\overset{\text{def}}{=}\boldsymbol{x}^*\boldsymbol{y}=\begin{bmatrix}\overline{x_1}&\overline{x_2}&\cdots&\overline{x_n}\end{bmatrix}\begin{bmatrix}y_1\\y_2\\\vdots\\y_n\end{bmatrix}=\sum_{i=1}^{n}\overline{x_i}y_i$$

と定義すると[注1]、内積の公理を満たします。このように定義される内積を、$\mathbb{K}^n$ 上の**標準内積**と呼びます。$\mathbb{K}=\mathbb{R}$ のときは、$\langle\boldsymbol{x}\mid\boldsymbol{y}\rangle=\boldsymbol{x}^{\mathrm{T}}\boldsymbol{y}$ です。

問6.2　$\mathbb{K}^n$ 上の標準内積が、内積の公理を満たすことを示しなさい。

次の性質は、内積の公理から導かれます。

5. （線形性）$\langle\boldsymbol{x}\mid a\boldsymbol{y}+b\boldsymbol{z}\rangle=a\langle\boldsymbol{x}\mid\boldsymbol{y}\rangle+b\langle\boldsymbol{x}\mid\boldsymbol{y}\rangle$

∵　左辺 $=\langle\boldsymbol{x}\mid a\boldsymbol{y}\rangle+\langle\boldsymbol{x}\mid b\boldsymbol{y}\rangle=$ 右辺

6. （共役斉次性）$\langle a\boldsymbol{x}\mid\boldsymbol{y}\rangle=\overline{a}\langle\boldsymbol{x}\mid\boldsymbol{y}\rangle$

∵　左辺 $=\overline{\langle\boldsymbol{y}\mid a\boldsymbol{x}\rangle}=\overline{a\langle\boldsymbol{y}\mid\boldsymbol{x}\rangle}=\overline{a}\cdot\overline{\langle\boldsymbol{y}\mid\boldsymbol{x}\rangle}=$ 右辺

7. （加法性、分配法則）$\langle\boldsymbol{x}+\boldsymbol{y}\mid\boldsymbol{z}\rangle=\langle\boldsymbol{x}\mid\boldsymbol{z}\rangle+\langle\boldsymbol{y}\mid\boldsymbol{z}\rangle$

∵　左辺 $=\overline{\langle\boldsymbol{z}\mid\boldsymbol{x}+\boldsymbol{y}\rangle}=\overline{\langle\boldsymbol{z}\mid\boldsymbol{x}\rangle+\langle\boldsymbol{z}\mid\boldsymbol{y}\rangle}=\overline{\langle\boldsymbol{z}\mid\boldsymbol{x}\rangle}+\overline{\langle\boldsymbol{z}\mid\boldsymbol{y}\rangle}=$ 右辺

8. （共役線形性）$\langle a\boldsymbol{x}+b\boldsymbol{y}\mid\boldsymbol{z}\rangle=\overline{a}\langle\boldsymbol{x}\mid\boldsymbol{z}\rangle+\overline{b}\langle\boldsymbol{y}\mid\boldsymbol{z}\rangle$

∵　左辺 $=\langle a\boldsymbol{x}\mid\boldsymbol{z}\rangle+\langle b\boldsymbol{y}\mid\boldsymbol{z}\rangle=$ 右辺

V が実線形空間のときは、2、6、8の条件はそれぞれ次のようになります。

- $2'$.　（対称性）$\langle\boldsymbol{y}\mid\boldsymbol{x}\rangle=\langle\boldsymbol{x}\mid\boldsymbol{y}\rangle$
- $6'$.　（斉次性）$\langle a\boldsymbol{x}\mid\boldsymbol{y}\rangle=a\langle\boldsymbol{x}\mid\boldsymbol{y}\rangle$
- $8'$.　（線形性）$\langle a\boldsymbol{x}+b\boldsymbol{y}\mid\boldsymbol{z}\rangle=a\langle\boldsymbol{x}\mid\boldsymbol{z}\rangle+b\langle\boldsymbol{y}\mid\boldsymbol{z}\rangle$

注1　$(1,1)$ 型行列はスカラーと同一視します。

定理6.1（シュワルツの不等式） V を内積空間とする。$\|\boldsymbol{x}\| \overset{\text{def}}{=} \sqrt{\langle \boldsymbol{x} \mid \boldsymbol{x} \rangle}$ とおくと、次の不等式が成立する。

$$\left|\langle \boldsymbol{x} \mid \boldsymbol{y} \rangle\right| \leqq \|\boldsymbol{x}\| \, \|\boldsymbol{y}\|$$

ここで、等号成立条件は $\boldsymbol{x}$ と $\boldsymbol{y}$ の一方が他方のスカラー倍となることである。

証明 $\boldsymbol{x} = \boldsymbol{0}$ のときは左辺＝右辺で、しかも $\boldsymbol{x} = 0\boldsymbol{y}$ なので、定理の主張は正しい。$\boldsymbol{x} \neq \boldsymbol{0}$ とする。$\boldsymbol{e} \overset{\text{def}}{=} \boldsymbol{x}/\|\boldsymbol{x}\|$ として、$t \overset{\text{def}}{=} \langle \boldsymbol{e} \mid \boldsymbol{y} \rangle$ とおく。このとき、

$$0 \leqq \left\langle \boldsymbol{y} - t\boldsymbol{e} \,\middle|\, \boldsymbol{y} - t\boldsymbol{e} \right\rangle = \langle \boldsymbol{y} \mid \boldsymbol{y} \rangle - t \langle \boldsymbol{y} \mid \boldsymbol{e} \rangle - \bar{t} \langle \boldsymbol{e} \mid \boldsymbol{y} \rangle + \bar{t}t \langle \boldsymbol{e} \mid \boldsymbol{e} \rangle$$

であり、$t = \langle \boldsymbol{e} \mid \boldsymbol{y} \rangle = \overline{\langle \boldsymbol{y} \mid \boldsymbol{e} \rangle}$ と $\langle \boldsymbol{e} \mid \boldsymbol{e} \rangle = 1$ であることを用いて上の式を変形すると

$$0 \leqq \langle \boldsymbol{y} \mid \boldsymbol{y} \rangle - \langle \boldsymbol{e} \mid \boldsymbol{y} \rangle \langle \boldsymbol{y} \mid \boldsymbol{e} \rangle = \langle \boldsymbol{y} \mid \boldsymbol{y} \rangle - \left\langle \frac{\boldsymbol{x}}{\|\boldsymbol{x}\|} \,\middle|\, \boldsymbol{y} \right\rangle \left\langle \boldsymbol{y} \,\middle|\, \frac{\boldsymbol{x}}{\|\boldsymbol{x}\|} \right\rangle = \|\boldsymbol{y}\|^2 - \frac{\left|\langle \boldsymbol{x} \mid \boldsymbol{y} \rangle\right|^2}{\|\boldsymbol{x}\|^2}$$

となる。分母を払って整理すれば、望みの不等式を得る。等号成立条件は、$\boldsymbol{y} - t\boldsymbol{e} = \boldsymbol{0}$ より、$\boldsymbol{y}$ が $\boldsymbol{x}$ のスカラー倍となることである。■

この結果から、内積空間はノルム空間になることがいえます。ノルムの公理1と2はすぐにいえます。3は

$$\begin{aligned}
\|\boldsymbol{x} + \boldsymbol{y}\|^2 &= \|\boldsymbol{x}\|^2 + 2\mathrm{Re}\left(\langle \boldsymbol{x} \mid \boldsymbol{y} \rangle\right) + \|\boldsymbol{y}\|^2 && (\langle \boldsymbol{x} + \boldsymbol{y} \mid \boldsymbol{x} + \boldsymbol{y} \rangle \text{を展開}) \\
&\leqq \|\boldsymbol{x}\|^2 + 2\left|\langle \boldsymbol{x} \mid \boldsymbol{y} \rangle\right| + \|\boldsymbol{y}\|^2 && (\text{複素数} z \text{に対して、} |\mathrm{Re}\, z| \leqq |z|) \\
&\leqq \|\boldsymbol{x}\|^2 + 2\|\boldsymbol{x}\| \, \|\boldsymbol{y}\| + \|\boldsymbol{y}\|^2 && (\text{シュワルツの不等式}) \\
&\leqq (\|\boldsymbol{x}\| + \|\boldsymbol{y}\|)^2
\end{aligned}$$

が成立するので、両辺の平方根をとれば得られます。

$\boldsymbol{x}, \boldsymbol{y} \in V$ に対して、$\langle \boldsymbol{x} \mid \boldsymbol{y} \rangle = 0$ のとき、$\boldsymbol{x}$ と $\boldsymbol{y}$ は**直交**するといい、$\boldsymbol{x} \perp \boldsymbol{y}$ で表します。また、$\boldsymbol{x} \in V$ と $S \subseteq V$ に対して、$\boldsymbol{x}$ が S の任意のベクトルと直交するとき、$\boldsymbol{x}$ は S と直交するといい、$\boldsymbol{x} \perp S$ で表します。$\boldsymbol{x} \in V$ が $\boldsymbol{x} \perp V$ であるとき、$\boldsymbol{x} = \boldsymbol{0}$ でなければなりません。なぜならば、$\boldsymbol{x}$ は自分自身とも直交していることになるので、$\langle \boldsymbol{x} \mid \boldsymbol{x} \rangle = 0$ だからです。

問6.3 $\boldsymbol{x}, \boldsymbol{y} \in V$ に対して、$\boldsymbol{x} = \boldsymbol{y}$ であるための必要十分条件は任意の $\boldsymbol{z} \in V$ に対して $\langle \boldsymbol{z} \mid \boldsymbol{x} \rangle = \langle \boldsymbol{z} \mid \boldsymbol{y} \rangle$ であることを示しなさい。

問6.4 ノルムの三角不等式を証明したときのように、ノルムの２乗を内積に書き換えて展開し、両辺を比べることによって、次の１から３を証明しなさい。

1. **（ピタゴラスの定理）**

$$\boldsymbol{x} \perp \boldsymbol{y} \ \Rightarrow\ \|\boldsymbol{x}+\boldsymbol{y}\|^2 \ = \ \|\boldsymbol{x}\|^2 + \|\boldsymbol{y}\|^2$$

2. **（中線定理**、または、**平行四辺形の法則）**

$$\|\boldsymbol{x}+\boldsymbol{y}\|^2 + \|\boldsymbol{x}-\boldsymbol{y}\|^2 \ = \ 2\|\boldsymbol{x}\|^2 + 2\|\boldsymbol{y}\|^2$$

3. **（極化等式）** $\mathbb{K}=\mathbb{R}$ の場合：

$$\langle \boldsymbol{x} \mid \boldsymbol{y} \rangle \ = \ \frac{1}{4}\left(\|\boldsymbol{x}+\boldsymbol{y}\|^2 - \|\boldsymbol{x}-\boldsymbol{y}\|^2\right)$$

$\mathbb{K}=\mathbb{C}$ の場合：

$$\langle \boldsymbol{x} \mid \boldsymbol{y} \rangle \ = \ \frac{1}{4}\left(\|\boldsymbol{x}+\boldsymbol{y}\|^2 - \|\boldsymbol{x}-\boldsymbol{y}\|^2 - i\|\boldsymbol{x}+i\boldsymbol{y}\|^2 + i\|\boldsymbol{x}-i\boldsymbol{y}\|^2\right)$$

$\mathbb{K}^n$ 上の標準内積から定義されるノルム

$$\|\boldsymbol{x}\|_2 \ \stackrel{\text{def}}{=} \ \sqrt{\boldsymbol{x}^*\boldsymbol{x}} \ = \ \left(\sum_{i=1}^{n} |x_i|^2\right)^{1/2} \qquad (\boldsymbol{x} \in \mathbb{K}^n)$$

を**ユークリッド・ノルム**といいます。$\|\cdot\|_1$, $\|\cdot\|_2$, $\|\cdot\|_\infty$ はそれぞれ、l^1 ノルム、l^2 ノルム、l^∞ ノルムと呼ぶこともあります。$\mathbb{R}^2$ でこれらの三つのノルムに対して、ノルムが1以下のベクトルの全体（単位円）を図示したものが図6.1です。

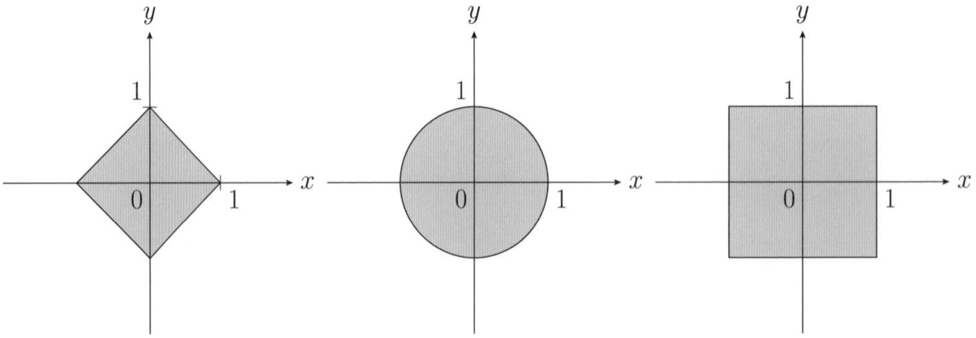

▲**図6.1**　l^1 ノルム（左）、l^2 ノルム（中）、l^∞ ノルム（右）の単位円

NumPyでは、$\mathbb{R}^n$ の標準内積 $\boldsymbol{x}^{\mathrm{T}}\boldsymbol{y}$ の計算には inner 関数、dot 関数、dot メソッドなどが使えますが、$\mathbb{C}^n$ の標準内積 $\boldsymbol{x}^*\boldsymbol{y}$ を求めるには複素共役をとる操作と組み合わせて使う必要があります。しかし、vdot 関数を使うと、複素共役をとる必要はありません[注2]。

```
>>> from numpy import array, dot, inner, conj, vdot
>>> x, y = array([1+2j, 3+4j]), array([4+3j, 2+1j]); x, y
(array([1.+2.j, 3.+4.j]), array([4.+3.j, 2.+1.j]))
```

注2　vdotはアレイのメソッドとしては定義されていません。

```
>>> conj(x).dot(y), dot(x.conj(), y), inner(conj(x), y)
((20-10j), (20-10j), (20-10j))
>>> vdot(x, y), vdot(1j*x, y), vdot(x, 1j*y)
((20-10j), (-10-20j), (10+20j))
>>> from numpy.linalg import norm
>>> norm(x), norm(y)
(5.477225575051661, 5.477225575051661)
```

ノルムは`linalg`モジュールの関数`norm`を使って求めます。名前（キーワード）引数`ord`に、実引数として1、2（デフォルト、省略可）および`inf`を与えると、それぞれl^1ノルム、l^2ノルムおよびl^∞ノルムが計算できます。


```
>>> from numpy.linalg import norm
>>> norm([1, 2, 3], ord=1)
6.0
>>> norm([1, 2, 3], ord=2)
3.7416573867739413
>>> from numpy import inf
>>> norm([1, 2, 3], ord=inf)
3.0
```

`inf`は、NumPyで∞の役割を果たす定数です。

問6.5 $\boldsymbol{x}, \boldsymbol{y} \in \mathbb{R}^2$とします。標準内積とユークリッド・ノルムに関して、次を証明しなさい。

1. $\boldsymbol{U}$を任意の角度の回転行列とする。このとき、$\langle \boldsymbol{Ux} \mid \boldsymbol{Uy} \rangle = \langle \boldsymbol{x} \mid \boldsymbol{y} \rangle$である
2. $\langle \boldsymbol{x} \mid \boldsymbol{y} \rangle = \|\boldsymbol{x}\|_2 \|\boldsymbol{y}\|_2 \cos\omega$である。ここで、$\omega$は$\boldsymbol{x}$と$\boldsymbol{y}$のなす角度とする

6.2 正規直交系とフーリエ展開

$\{\boldsymbol{a}_1, \boldsymbol{a}_2, \ldots, \boldsymbol{a}_n\} \subseteq V$とします。$i \neq j$のとき$\boldsymbol{a}_i$と$\boldsymbol{a}_j$が直交しているならば、$\{\boldsymbol{a}_1, \boldsymbol{a}_2, \ldots, \boldsymbol{a}_n\}$は**直交系**であるといいます。直交系$\{\boldsymbol{a}_1, \boldsymbol{a}_2, \ldots, \boldsymbol{a}_n\}$のベクトルのノルムがすべて1であるとき、$\{\boldsymbol{a}_1, \boldsymbol{a}_2, \ldots, \boldsymbol{a}_n\}$は**正規直交系**であるといいます。$\{\boldsymbol{a}_1, \boldsymbol{a}_2, \ldots, \boldsymbol{a}_n\}$が正規直交系であるとき、

$$x_1\boldsymbol{a}_1 + x_2\boldsymbol{a}_2 + \cdots + x_n\boldsymbol{a}_n = \boldsymbol{0}$$

とします。各$i = 1, 2, \ldots, n$に対して両辺を$\boldsymbol{a}_i$と内積をとると

$$x_1 \langle \boldsymbol{a}_i \mid \boldsymbol{a}_1 \rangle + x_2 \langle \boldsymbol{a}_i \mid \boldsymbol{a}_2 \rangle + \cdots + x_n \langle \boldsymbol{a}_i \mid \boldsymbol{a}_n \rangle = 0$$

ですが、$\langle \boldsymbol{a}_i \mid \boldsymbol{a}_j \rangle$は、$i = j$のとき1、そうでなければ0なので、$x_i = 0$がいえます。したがって、

正規直交系は線形独立です。

$\{\boldsymbol{e}_1, \boldsymbol{e}_2, \ldots, \boldsymbol{e}_n\} \subseteq V$ が正規直交系であるとき、$W \overset{\text{def}}{=} \langle \boldsymbol{e}_1, \boldsymbol{e}_2, \ldots, \boldsymbol{e}_n \rangle$ とします。$\boldsymbol{x} \in V$ を任意として、

$$\boldsymbol{y} \overset{\text{def}}{=} \sum_{i=1}^{n} \langle \boldsymbol{e}_i \mid \boldsymbol{x} \rangle \boldsymbol{e}_i$$

とおくと、各 $j = 1, 2, \ldots, n$ に対して

$$\langle \boldsymbol{e}_j \mid \boldsymbol{x} - \boldsymbol{y} \rangle = \langle \boldsymbol{e}_j \mid \boldsymbol{x} \rangle - \sum_{i=1}^{n} \langle \boldsymbol{e}_i \mid \boldsymbol{x} \rangle \langle \boldsymbol{e}_j \mid \boldsymbol{e}_i \rangle = \langle \boldsymbol{e}_j \mid \boldsymbol{x} \rangle - \langle \boldsymbol{e}_j \mid \boldsymbol{x} \rangle = 0$$

なので、$\boldsymbol{x} - \boldsymbol{y}$ は W と直交します。したがって、任意の $\boldsymbol{y}' \in W$ に対して $\boldsymbol{y} - \boldsymbol{y}' \in W$ であることから、ピタゴラスの定理によって

$$\|\boldsymbol{x} - \boldsymbol{y}'\|^2 = \|\boldsymbol{x} - \boldsymbol{y} + \boldsymbol{y} - \boldsymbol{y}'\|^2 = \|\boldsymbol{x} - \boldsymbol{y}\|^2 + \|\boldsymbol{y} - \boldsymbol{y}'\|^2 \geqq \|\boldsymbol{x} - \boldsymbol{y}\|^2$$

がいえます。すなわち、$\boldsymbol{y}$ は W のベクトルの中で $\boldsymbol{x}$ との距離が最短になるものです。W のベクトルの中で $\boldsymbol{x}$ との距離が最短になるベクトルは $\boldsymbol{y}$ 以外にはありません。$\|\boldsymbol{x} - \boldsymbol{y}\| = \|\boldsymbol{x} - \boldsymbol{y}'\|$ である $\boldsymbol{y}' \in W$ が存在したとすると、

$$\|\boldsymbol{x} - \boldsymbol{y}'\|^2 = \|\boldsymbol{x} - \boldsymbol{y} + \boldsymbol{y} - \boldsymbol{y}'\|^2 = \|\boldsymbol{x} - \boldsymbol{y}\|^2 + \|\boldsymbol{y} - \boldsymbol{y}'\|^2$$

なので $\|\boldsymbol{y} - \boldsymbol{y}'\| = 0$、すなわち、$\boldsymbol{y}' = \boldsymbol{y}$ がいえます。$\boldsymbol{y}$ を $\mathbf{proj}_W(\boldsymbol{x})$ で表すことにし、これを $\boldsymbol{x}$ の W への**直交射影**と呼びます。

$\{\mathbf{0}\} \neq W \subseteq V$ である部分空間を考えると、$\boldsymbol{x} \neq \mathbf{0}$ である $\boldsymbol{x} \in W$ が存在します。このとき、$\boldsymbol{e}_1 \overset{\text{def}}{=} \dfrac{\boldsymbol{x}}{\|\boldsymbol{x}\|}$ とおくと、$\boldsymbol{e}_1$ は $\boldsymbol{x}$ と方向が同じでノルムが1のベクトルとなります。この操作を、$\boldsymbol{x}$ の**正規化**といいます。$\{\boldsymbol{e}_1\}$ は W に含まれる正規直交系です。正規直交系 $\{\boldsymbol{e}_1, \boldsymbol{e}_2, \ldots, \boldsymbol{e}_k\} \subseteq W$ が W を生成しなければ、$W' \overset{\text{def}}{=} \langle \boldsymbol{e}_1, \boldsymbol{e}_2, \ldots, \boldsymbol{e}_k \rangle$ とすると、$\boldsymbol{x} \notin W'$ である $\boldsymbol{x} \in W$ が存在します。このとき、

$$\boldsymbol{y} \ = \ \boldsymbol{x} - \mathbf{proj}_{W'}(\boldsymbol{x})$$

は零ベクトルではなく、W' と直交するので、$\boldsymbol{y}$ を正規化したものを $\boldsymbol{e}_{k+1}$ とすれば $\{\boldsymbol{e}_1, \boldsymbol{e}_2, \ldots, \boldsymbol{e}_k, \boldsymbol{e}_{k+1}\} \subseteq W$ は正規直交系となります。W が有限次元であるならば、この操作は有限回で終了し、最終的に得られる正規直交系は W の基底となります。このとき、この基底のことを W の**正規直交基底**であるといいます。以上のことから、有限次元である部分空間は必ず正規直交基底を持つことがいえました。ここで述べた事実とその証明方法は、次の二つの重要な事柄を導きます。

1. 有限次元部分空間には直交射影が存在する[注3]
2. 与えられた有限個のベクトルの集合から、その集合が生成する有限次元部分空間の正規直交基底を作るためのアルゴリズム[注4]が存在する。このアルゴリズムを**グラム・シュミットの直交化法**と呼ぶ

V の部分空間 W、W の正規直交基底 $\{\boldsymbol{e}_1, \boldsymbol{e}_2, \ldots, \boldsymbol{e}_n\}$、および W 上への直交射影 $\mathbf{proj}_W$ に対して、次がいえます。

1. $\mathbf{proj}_W(\boldsymbol{x}) = \sum_{i=1}^{n} \langle \boldsymbol{e}_i \mid \boldsymbol{x} \rangle \boldsymbol{e}_i$ は、W の正規直交基底の取り方によらない
2. $\boldsymbol{x} - \mathbf{proj}_W(\boldsymbol{x}) \perp W$
3. $\|\boldsymbol{x} - \mathbf{proj}_W(\boldsymbol{x})\| = \min_{\boldsymbol{y} \in W} \|\boldsymbol{x} - \boldsymbol{y}\|$

問6.6　$\mathbf{proj}_W : V \to W$ が線形写像であることを示しなさい。

問6.7　$\mathbb{R}^2$ で方程式 $ax + by = 0$ $(a^2 + b^2 \neq 0)$ により表される直線上の点の全体を W とします。図 6.2 は、$\mathbb{R}^2$ 上でランダムに発生させた点 $\boldsymbol{x}$ を $\mathbf{proj}_W(\boldsymbol{x})$ に移したものです。$\mathbf{proj}_W$ の行列表現を求めなさい。

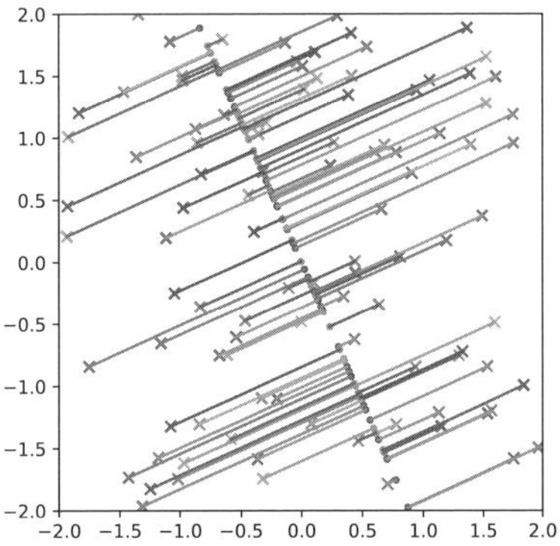

▲**図 6.2**　原点を通る直線上への直交射影

▼プログラム：proj.py

```
from numpy import random, array, inner, sqrt
import matplotlib.pyplot as plt

```

注3　証明では W が有限次元であることが本質的でした。V は無限次元でも構いません。無限次元線形空間の無限次元部分空間には、直交射影が存在しないことがあります。

注4　ある目的を達成する手続きが有限回の操作で終了するとき、その手続きをアルゴリズムといいます。

```
random.seed(2024)
a, b = random.normal(0, 1, 2)
e = array([b, -a]) / sqrt(a**2 + b**2)
for n in range(100):
    v = random.uniform(-2, 2, 2)
    w = inner(e, v) * e
    plt.plot([v[0], w[0]], [v[1], w[1]])
    plt.scatter(v[0], v[1], marker='x')
    plt.scatter(w[0], w[1], marker='.')
plt.axis('scaled'), plt.xlim(-2, 2), plt.ylim(-2, 2), plt.show()
```

$\{\boldsymbol{e}_1, \boldsymbol{e}_2, \ldots, \boldsymbol{e}_n\}$が正規直交系でありかつ$V$を生成するならば、$\{\boldsymbol{e}_1, \boldsymbol{e}_2, \ldots, \boldsymbol{e}_n\}$は$V$の正規直交基底となります。このとき、$W = \langle \boldsymbol{e}_1, \boldsymbol{e}_2, \ldots, \boldsymbol{e}_n \rangle$とすると$V$は$W$と一致するので、$W$のベクトルの中で$\boldsymbol{x} \in V$との距離が最短になるベクトルは$\boldsymbol{x}$自身です。したがって、$\boldsymbol{x}$の正規直交基底による展開

$$\boldsymbol{x} = \sum_{i=1}^{n} x_i \boldsymbol{e}_i$$

において、$x_i = \langle \boldsymbol{e}_i \mid \boldsymbol{x} \rangle$ $(i = 1, 2, \ldots, n)$ であることがいえます。これを、$\boldsymbol{x}$の**フーリエ展開**といい、$x_1, x_2, \ldots, x_n$を**フーリエ係数**といいます。$y_1, y_2, \ldots, y_n$を$\boldsymbol{y} \in V$のフーリエ係数とするとき、

$$\langle \boldsymbol{x} \mid \boldsymbol{y} \rangle = \left\langle \sum_{i=1}^{n} x_i \boldsymbol{e}_i \,\middle|\, \sum_{j=1}^{n} y_j \boldsymbol{e}_j \right\rangle = \sum_{i=1}^{n} \sum_{j=1}^{n} \overline{x_i} y_j \langle \boldsymbol{e}_i \mid \boldsymbol{e}_j \rangle = \sum_{i=1}^{n} \overline{x_i} y_i$$

が成立します。この等式を**パーセバルの等式**といいます。特に、パーセバルの等式で$\boldsymbol{x} = \boldsymbol{y}$のときは

$$\|\boldsymbol{x}\|^2 = \sum_{i=1}^{n} |x_i|^2$$

が成立します。この等式を**リース・フィッシャーの等式**といいます。これらの事実は、「**有限次元の内積空間は、標準内積およびユークリッド・ノルムを考えた$\mathbb{K}^n$と、線形空間としても内積空間としてもノルム空間としても同型である**」ことを述べています。

問6.8　任意の$\boldsymbol{x} \in V$と部分空間$W \subseteq V$に対して、$\|\mathbf{proj}_W(\boldsymbol{x})\| \leqq \|\boldsymbol{x}\|$を示しなさい。

グラム・シュミットの直交化法は、NumPyを使った次のプログラムで説明しましょう。

▼プログラム：gram_schmidt.py

```
from numpy import array, vdot, sqrt

def proj(x, E, inner=vdot):
    return sum([inner(e, x) * e for e in E])
```

```
5
6  def gram_schmidt(A, inner=vdot):
7      E = []
8      while A != []:
9          a = array(A.pop(0))
10         b = a - proj(a, E, inner)
11         normb = sqrt(inner(b, b))
12         if normb >= 1.0e-15:
13             E.append(b / normb)
14     return E
15
16 if __name__ == '__main__':
17     A = [[1, 2, 3], [2, 3, 4], [3, 4, 5]]
18     E = gram_schmidt(A)
19     for n, e in enumerate(E):
20         print(f'e{n+1} = {e}')
21     print(array([[vdot(e1, e2) for e2 in E] for e1 in E]))
```


- **3, 4行目** … 正規直交基底が生成する部分空間への直交射影を求める関数です。内積はデフォルトでは標準内積としておきます。後の章で、標準内積ではない内積を考えることがあります。

- **6〜14行目** … グラム・シュミットの直交化法の関数を定義します。Aは直交化したいベクトルのリスト[注5]です。Eを空リストにしておきます。Aが空リストでない限り、9〜13行目を繰り返します。A.pop(0)は、Aの先頭の要素を取り除き、取り除いた要素（ベクトル）を返します。それをaとして直交化し、Eの末尾に付け加えます。aを直交化したベクトルbが零ベクトルであるかどうかの判定は、bのノルムが0であるかどうかで評価します。コンピュータ内部の計算誤差で正確には0にならないことがあるので、このプログラムでは10^{-15}以上の数を正の数であるとみなしています。bが零ベクトルでないと判定されればbを正規化してEの末尾にappend(b / normb)で付け加えます。そうでなければ（零ベクトルであれば）何もせず、繰り返しの先頭に戻ります。Aが空リストになったら終了で、その時点のEを返します。

- **16〜21行目** … このプログラムはライブラリとして後で使います。正しく動くかテストするために$\{(1,2,3),(2,3,4),(3,4,5)\}$を直交化します。

```
e1 = [0.26726124 0.53452248 0.80178373]
e2 = [ 0.87287156  0.21821789 -0.43643578]
[[1.00000000e+00 1.11022302e-16]
 [1.11022302e-16 1.00000000e+00]]
```

注5　グラム・シュミットの直交化法では、ベクトルの並べ方によって得られる正規直交系が変わってきます。

与えられたベクトルの集合は線形独立ではありません。階数が2です。したがって、得られた正規直交系のベクトルも3次元ベクトルが二つです。直交するはずのベクトルどうしの内積も正確には0にならず、10^{-16}程度の誤差が生じています。

VPythonとMatplotlibを用いて、3次元図形の2次元平面への直交射影の実験を行いましょう(図6.3)。

▼プログラム：proj2d.py

```
1  from vpython import proj, curve, vec, hat, label, vertex, quad, arrow
2
3  def proj2d(x, e):
4      return x - proj(x, e)
5
6  def draw_fig(c):
7      curve(pos=c), curve(pos=[c[1], c[6]])
8      curve(pos=[c[2], c[7]]), curve(pos=[c[3], c[8]])
9
10 o, e, u = vec(0, 0, 0), hat(vec(1, 2, 3)), vec(5, 5, 5)
11 x, y, z = vec(1, 0, 0), vec(0, 1, 0), vec(0, 0, 1)
12 V = [vertex(pos=proj2d(v*10, e), color=(v+vec(1,1,1))/2, normal=e)
13       for v in [vec(1,-1,0), vec(1,1,0), vec(-1,1,0), vec(-1,-1,0)]]
14 quad(v0=V[0], v1=V[1], v2=V[2], v3=V[3])
15 arrow(axis=3*e)
16 for ax, lbl in [(x, 'x'), (y, 'y'), (z, 'z')]:
17     curve(pos=[-5*ax, 10*ax], color=vec(1, 1, 1) - ax)
18     label(pos=10*ax, text=lbl)
19     curve(pos=[proj2d(-5*ax, e), proj2d(10*ax, e)], color=ax)
20     label(pos=proj2d(10*ax, e), text=f"{lbl}'")
21 c0 = [o, x, x + y, y, o, z, x + z, x + y + z, y + z, z]
22 c1 = [u + 2 * v for v in c0]
23 c2 = [proj2d(v, e) for v in c1]
24 draw_fig(c1), draw_fig(c2)
```

- **1行目** … VPythonには、ベクトルを正規化する関数hatおよび1次元射影projが定義されています。
- **3, 4行目** … proj2d(x,e)は2次元平面へのxの直交射影です。eは2次元平面の向きを表すノルム1のベクトルです。
- **6〜8行目** … 引数cで与えられた図形を描きます。

- **10行目** … 原点o、2次元平面の向きを表すノルム1のベクトルe（VPythonのhat関数でベクトルを正規化しておきます）、および平面に投影する図形の位置を表すベクトルuを定義します。
- **11行目** … 三つの座標軸方向のノルム1のベクトルを定義します。
- **12〜15行目** … 平面を四角形、直交するベクトルを矢印で表現します。quadは四角の面を描く関数であり、引数は四つの頂点です。vertexは頂点を作る関数であり、頂点の位置pos、頂点の周辺の色color、および頂点における面の向きを表すベクトルnormalを与えます。
- **16〜20行目** … 座標軸と、それを平面に投影した直線を描き、それぞれにラベルを付けます。
- **21行目** … 単位立方体を表すパラメタです。
- **22行目** … 単位立方体をuだけ平行移動した図形を表すパラメタです。
- **23行目** … それを平面に投影した図形を表すパラメタです。
- **24行目** … パラメタで与えられた図形をdraw_fig関数で描画します（図6.3左）。

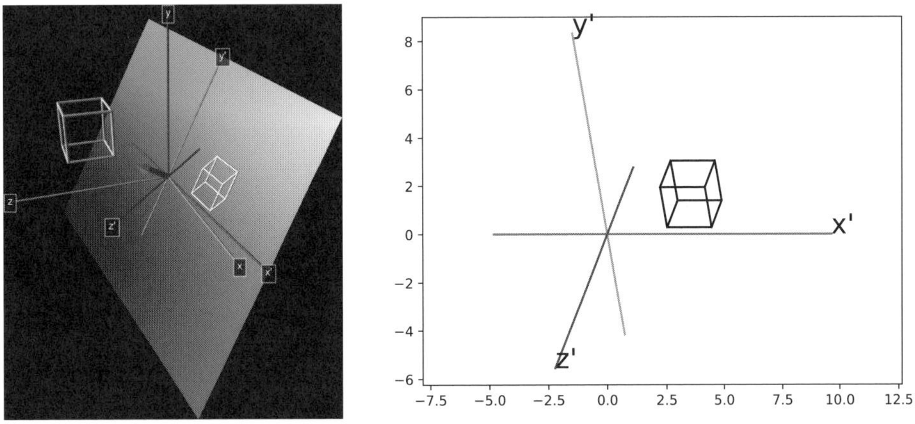

▲図 6.3　3次元図形の平面への直交射影

VPythonで描画された3次元空間内の2次元平面上の図形を、$\mathbb{R}^2$に描画してみます（図6.3右）。そのためには、3次元空間内の2次元平面上に直交座標系を設定する必要があります。

▼プログラム：screen.py

```
from numpy import array
import matplotlib.pyplot as plt
from gram_schmidt import gram_schmidt

def curve(pos, color=(0, 0, 0)):
```

```
6       A = array(pos)
7       plt.plot(A[:, 0], A[:, 1], color=color)
8
9   def draw_fig(c):
10      curve(pos=c), curve(pos=[c[1], c[6]])
11      curve(pos=[c[2], c[7]]), curve(pos=[c[3], c[8]])
12
13  o, a, u = array([0, 0, 0]), array([1, 2, 3]), array([5, 5, 5])
14  x, y, z = array([1, 0, 0]), array([0, 1, 0]), array([0, 0, 1])
15  E = array(gram_schmidt([a, x, y, z])[1:])
16  for v, t in [(x, "x'"), (y, "y'"), (z, "z'")]:
17      curve(pos=[E.dot(-5*v), E.dot(10*v)], color=v)
18      plt.text(*E.dot(10*v), t, fontsize=20)
19  c0 = [o, x, x + y, y, o, z, x + z, x + y + z, y + z, z]
20  c1 = [u + 2*v for v in c0]
21  c2 = [E.dot(v) for v in c1]
22  draw_fig(c2), plt.axis('equal'), plt.show()
```

- **5〜11行目** … proj2d.pyにおけるdraw_figと同じ仕様の関数を定義します。
- **13, 14行目** … proj2d.pyで定義したものと同じベクトルを定義します。ただし、VPythonのhat関数のような便利な関数はないので、eの代わりに正規化する前のベクトルをaとし、正規化は後段のグラム・シュミットの直交化法に任せます。
- **15行目** … a、x、y、zの順に並んだベクトルに、グラム・シュミットの直交化法を適用します。得られる最初のベクトルはaを正規化したeで、残りの二つが平面上に乗っている正規直交系をなします。この二つを並べてアレイとしたものをEとします。Eは$(2,3)$型行列で、行ベクトルを取り出したものが投影面上の正規直交系となっているので、3次元ベクトルvに対してE.dot(v)で得られる2次元ベクトルは、vを投影面に射影したベクトルの$\mathbb{R}^2$での表現になります。
- **16〜22行目** … ほぼ proj2d.py の 16 行目以降に対応しています（図6.3 右）。描画にはMatplotlibを用います。

問6.9　VPythonを用いて、第1章で作った画像データを3次元空間内で原点を通る平面に歪めずに貼り付けなさい（図6.4）。

V, Wをいずれも$\mathbb{K}$上の内積空間とし、線形写像$\boldsymbol{f} : V \to W$を考えます。$\{\boldsymbol{v}_1, \boldsymbol{v}_2, \ldots, \boldsymbol{v}_n\}$を$V$の正規直交基底とします。このとき、

$$\boldsymbol{f}^*(\boldsymbol{y}) \stackrel{\text{def}}{=} \sum_{i=1}^{n} \langle \boldsymbol{f}(\boldsymbol{v}_i) \mid \boldsymbol{y} \rangle \boldsymbol{v}_i \qquad (\boldsymbol{y} \in W)$$

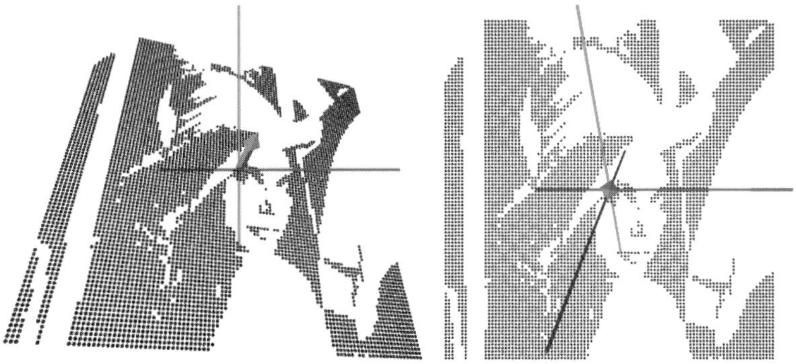

▲図 6.4 平面に画像を貼り付ける（左は z 軸上、右は平面と垂直な原点を通る直線上から眺めたもの）

と定義すると、任意の $\boldsymbol{x} \in V$ および $\boldsymbol{y} \in W$ に対して

$$\langle \boldsymbol{f}^*(\boldsymbol{y}) \mid \boldsymbol{x} \rangle = \left\langle \sum_{i=1}^{n} \langle \boldsymbol{f}(\boldsymbol{v}_i) \mid \boldsymbol{y} \rangle \boldsymbol{v}_i \,\middle|\, \boldsymbol{x} \right\rangle = \sum_{i=1}^{n} \langle \boldsymbol{y} \mid \boldsymbol{f}(\boldsymbol{v}_i) \rangle \langle \boldsymbol{v}_i \mid \boldsymbol{x} \rangle$$
$$= \left\langle \boldsymbol{y} \,\middle|\, \boldsymbol{f}\left(\sum_{i=1}^{n} \langle \boldsymbol{v}_i \mid \boldsymbol{x} \rangle \boldsymbol{v}_i \right) \right\rangle = \langle \boldsymbol{y} \mid \boldsymbol{f}(\boldsymbol{x}) \rangle$$

が成立します。$\boldsymbol{f}^*$ を線形写像 $\boldsymbol{f}$ の**共役線形写像**といいます。

問6.10 次を証明しなさい。

1. $\boldsymbol{f}^*$ は、V の正規直交基底 $\{\boldsymbol{v}_1, \boldsymbol{v}_2, \ldots, \boldsymbol{v}_n\}$ の取り方によらない
2. 行列 $\boldsymbol{A}$ を線形写像と見たとき、$\boldsymbol{A}$ の共役線形写像の行列表現は随伴行列 $\boldsymbol{A}^*$ である

$S \subseteq V$ に対して、

$$S^{\perp} \stackrel{\text{def}}{=} \{\boldsymbol{v} \in V \mid 任意の\, \boldsymbol{x} \in S\, に対して、\langle \boldsymbol{x} \mid \boldsymbol{v} \rangle = 0\}$$

と定義して、これを S の**直交補空間**といいます。いつでも $\boldsymbol{0} \in S^{\perp} \subseteq V$ です注6。また、$a, b \in \mathbb{K}$、$\boldsymbol{u}, \boldsymbol{v} \in S^{\perp}$ としたとき、任意の $\boldsymbol{x} \in S$ に対して

$$\langle \boldsymbol{x} \mid a\boldsymbol{u} + b\boldsymbol{v} \rangle = a \langle \boldsymbol{x} \mid \boldsymbol{u} \rangle + b \langle \boldsymbol{x} \mid \boldsymbol{v} \rangle = 0$$

なので、$a\boldsymbol{u} + b\boldsymbol{v} \in S^{\perp}$ であることがいえます。したがって、V の任意の部分集合の直交補空間は部分空間になります。有限次元部分空間の直交補空間に対しては、もっと強いことがいえます。$W \subseteq V$ が部分空間であるとすると、

1. $W \cap W^{\perp} = \{\boldsymbol{0}\}$

注6 全体集合に対して補集合を考えることができたのと同様に、直交補空間を考えるときにも全体集合を決めておかなければなりません。ここでは V を全体集合としています。V がある線形空間の部分空間であるとき、直交補空間は V だけで考えているのか、V を含む空間で考えているのかで、直交補空間は変わってきます。そのような場合は、全体集合（全体空間といってもよい）を明らかにしておく必要があります。

2. 任意の$\boldsymbol{v} \in V$は、$\boldsymbol{v} = \boldsymbol{w} + \boldsymbol{u}$（$\boldsymbol{w} \in W,\ \boldsymbol{u} \in W^{\perp}$）と一意に分解（**直交分解**と呼ぶ）できる
3. $W^{\perp\perp} = W$

$\boldsymbol{v} \in W \cap W^{\perp}$とすると、$\boldsymbol{v}$は自分自身と直交するので$\langle \boldsymbol{v} \mid \boldsymbol{v} \rangle = 0$となり、1がいえます。

2は、$\boldsymbol{w} = \mathbf{proj}_W(\boldsymbol{v})$、$\boldsymbol{u} = \boldsymbol{v} - \mathbf{proj}_W(\boldsymbol{v})$とおけば分解を得ます。一意性は、他に$\boldsymbol{v} = \boldsymbol{w}' + \boldsymbol{u}'$と分解できたとすると、$\boldsymbol{w} + \boldsymbol{u} = \boldsymbol{w}' + \boldsymbol{u}'$より$\boldsymbol{w} - \boldsymbol{w}' = \boldsymbol{u}' - \boldsymbol{u}$であり、左辺は$W$のベクトル、右辺は$W^{\perp}$のベクトルなので、1よりどちらも$\mathbf{0}$でなければなりません。

3を示します。$\boldsymbol{w} \in W$とすると、任意の$\boldsymbol{v} \in W^{\perp}$に対して$\boldsymbol{v}$は$\boldsymbol{w}$と直交するので、$W \subseteq W^{\perp\perp}$がいえます。一方、$\boldsymbol{v} \in W^{\perp\perp}$とすると、2より$\boldsymbol{v} = \boldsymbol{w} + \boldsymbol{u}$（$\boldsymbol{w} \in W,\ \boldsymbol{u} \in W^{\perp}$）と分解できます。このとき$\boldsymbol{u} = \boldsymbol{v} - \boldsymbol{w} \in W^{\perp\perp}$なので、1より$\boldsymbol{u} = \mathbf{0}$でなければならず、$\boldsymbol{v} \in W$がいえます。したがって、$W^{\perp\perp} \subseteq W$もいえます。

6.3 クロス積

$\mathbb{R}^3$のベクトル$\boldsymbol{a} = (a_1, a_2, a_3)$および$\boldsymbol{b} = (b_1, b_2, b_3)$に対して、

$$\boldsymbol{a} \times \boldsymbol{b} \overset{\text{def}}{=} (a_2 b_3 - a_3 b_2,\ a_3 b_1 - a_1 b_3,\ a_1 b_2 - a_2 b_1)$$

と定義して、これを$\boldsymbol{a}$と$\boldsymbol{b}$の**クロス積**[注7]と呼びます。これは、変数x、yおよびzに関する1次式

$$\begin{vmatrix} x & y & z \\ a_1 & a_2 & a_3 \\ b_1 & b_2 & b_3 \end{vmatrix} = (a_2 b_3 - a_3 b_2)\,x + (a_3 b_1 - a_1 b_3)\,y + (a_1 b_2 - a_2 b_1)\,z$$

の係数を順に並べたベクトルです。$\mathbb{R}^2$のベクトル$\boldsymbol{a} = (a_1, a_2)$および$\boldsymbol{b} = (b_1, b_2)$に対しては、$\boldsymbol{a} \times \boldsymbol{b} \overset{\text{def}}{=} a_1 b_2 - a_2 b_1 = \begin{vmatrix} a_1 & a_2 \\ b_1 & b_2 \end{vmatrix}$で定義します。これは、$\boldsymbol{a}$および$\boldsymbol{b}$をそれぞれ$\boldsymbol{a}' = (a_1, a_2, 0)$および$\boldsymbol{b}' = (b_1, b_2, 0)$により$\mathbb{R}^3$に埋め込んだときの$\boldsymbol{a}' \times \boldsymbol{b}'$の第3成分に他なりません。3次元ベクトルのクロス積は3次元ベクトルでしたが、2次元のベクトルのクロス積はスカラーになります。4次元以上のベクトルに対しては、クロス積は定義されません。クロス積に対して、以下が成立します。

1. $(x\boldsymbol{a}) \times \boldsymbol{b} = \boldsymbol{a} \times (x\boldsymbol{b}) = x\,(\boldsymbol{a} \times \boldsymbol{b})$　　（xは実数）
2. $(\boldsymbol{a} + \boldsymbol{b}) \times \boldsymbol{c} = \boldsymbol{a} \times \boldsymbol{c} + \boldsymbol{b} \times \boldsymbol{c}$
3. $\boldsymbol{a} \times (\boldsymbol{b} + \boldsymbol{c}) = \boldsymbol{a} \times \boldsymbol{b} + \boldsymbol{a} \times \boldsymbol{c}$
4. $\boldsymbol{a} \times \boldsymbol{b} = -(\boldsymbol{b} \times \boldsymbol{a})$
5. $\boldsymbol{a} \times \boldsymbol{a} = \mathbf{0}$

$\mathbb{R}^3$上で、標準内積とユークリッド・ノルムを考えます。$\boldsymbol{a}, \boldsymbol{b} \in \mathbb{R}^3$に対して

注7　外積と呼ばれることもありますが、第10章で導入するテンソル積のことを外積という場合もあります。

$$\langle \boldsymbol{a} \mid \boldsymbol{a} \times \boldsymbol{b} \rangle = a_1 (a_2 b_3 - a_3 b_2) + a_2 (a_3 b_1 - a_1 b_3) + a_3 (a_1 b_2 - a_2 b_1) \ = \ 0$$

$$\langle \boldsymbol{b} \mid \boldsymbol{a} \times \boldsymbol{b} \rangle = b_1 (a_2 b_3 - a_3 b_2) + b_2 (a_3 b_1 - a_1 b_3) + b_3 (a_1 b_2 - a_2 b_1) \ = \ 0$$

が成立するので、$\boldsymbol{a} \times \boldsymbol{b}$は$\boldsymbol{a}$および$\boldsymbol{b}$と直交します。簡単な計算から

$$\|\boldsymbol{a} \times \boldsymbol{b}\|^2 + \langle \boldsymbol{a} \mid \boldsymbol{b} \rangle^2 \ = \ \|\boldsymbol{a}\|^2 \|\boldsymbol{b}\|^2$$

が成立することがいえます。$\boldsymbol{a}$と$\boldsymbol{b}$のなす角度をθとしたとき、$\langle \boldsymbol{a} \mid \boldsymbol{b} \rangle = \|\boldsymbol{a}\| \|\boldsymbol{b}\| \cos\theta$だったので、

$$\|\boldsymbol{a} \times \boldsymbol{b}\|^2 \ = \ \|\boldsymbol{a}\|^2 \|\boldsymbol{b}\|^2 \sin^2\theta$$

を得ます。すなわち、$\boldsymbol{a} \times \boldsymbol{b}$のノルム$\|\boldsymbol{a} \times \boldsymbol{b}\|$は$\|\boldsymbol{a}\| \|\boldsymbol{b}\| |\sin\theta|$です。この値は、$\boldsymbol{0}$、$\boldsymbol{a}$、$\boldsymbol{a}+\boldsymbol{b}$および$\boldsymbol{b}$の4点を頂点とする平行四辺形の面積となります。このようなベクトルは互いに逆ベクトルの関係にある二つを取ることができますが、そのどちらであるかを見てみましょう。$\boldsymbol{a}$と$\boldsymbol{b}$が線形独立であれば、$\{\boldsymbol{a}, \boldsymbol{b}, \boldsymbol{a} \times \boldsymbol{b}\}$は$\mathbb{R}^3$の基底となります。この基底による基底変換行列

$$V \ = \ \begin{bmatrix} \boldsymbol{a} & \boldsymbol{b} & \boldsymbol{a} \times \boldsymbol{b} \end{bmatrix} \ = \ \begin{bmatrix} a_1 & b_1 & a_2 b_3 - a_3 b_2 \\ a_2 & b_2 & a_3 b_1 - a_1 b_3 \\ a_3 & b_3 & a_1 b_2 - a_2 b_1 \end{bmatrix}$$

に対して、$\det(V) = \|\boldsymbol{a} \times \boldsymbol{b}\|^2 > 0$がいえます。通常、$\mathbb{R}^3$の直交座標系は、$x$軸、$y$軸および$z$軸が**右手系**となるように定めます（図6.5）。この場合、線形独立である$\boldsymbol{a}$と$\boldsymbol{b}$に対して、$\boldsymbol{a}$を親指方向、$\boldsymbol{b}$を人差し指方向にとったとき、クロス積$\boldsymbol{a} \times \boldsymbol{b}$は親指と人差し指に直交するように向けた中指方向に向いていることになります。

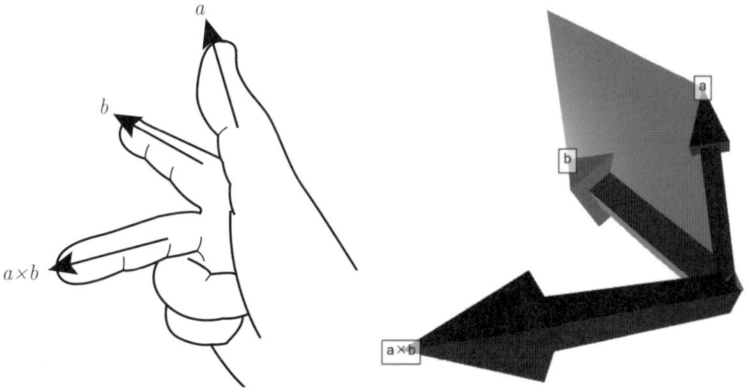

▲**図 6.5**　右手系とクロス積

クロス積は、平面ベクトルの場合に$\boldsymbol{a}$と$\boldsymbol{b}$が与えられたとき、ベクトル$\boldsymbol{a}$の向いている方向の左右どちら側にベクトル$\boldsymbol{b}$が向いているかを判定するのに使えます。空間ベクトルの場合には$\boldsymbol{a}$、$\boldsymbol{b}$および$\boldsymbol{c}$が与えられたとき、$\boldsymbol{a}$と$\boldsymbol{b}$が張る平面を境界にして空間を分けたとき、$\boldsymbol{c}$がそのどちら側に向いているかを判定できます。あるいは、$\boldsymbol{a}$と$\boldsymbol{b}$が張る平面に垂直なベクトル（**法線ベクトル**）を求めるときに使います。

NumPyでは、クロス積はcross関数として定義されています。

```
>>> from numpy import *
>>> a = array([1, 2, 3])
>>> b = array([4, 5, 6])
>>> cross(a, b)
array([-3,  6, -3])
```

VPythonでは、cross関数とvectorクラスのcrossメソッドの両方を使うことができます。

```
>>> from vpython import *
>>> a = vector(1, 2, 3)
>>> b = vector(4, 5, 6)
>>> cross(a, b)
vector(-3, 6, -3)
>>> a.cross(b)
vector(-3, 6, -3)
```

SymPyでは、Matrixクラスのcrossメソッドとして定義されています。

▼プログラム：cross.py

```
from sympy import *
a1, a2, a3, b1, b2, b3 = var('a1 a2 a3 b1 b2 b3', real=True)
a = Matrix([a1, a2, a3])
b = Matrix([b1, b2, b3])
print(a.cross(b))
```

▼実行結果

```
Matrix([[a2*b3 - a3*b2], [-a1*b3 + a3*b1], [a1*b2 - a2*b1]])
```

問6.11　プログラムcross.pyに続けて、クロス積の公式を検証しなさい。

6.4　関数空間

$a<b$である$a, b \in \mathbb{R}$に対して、$f:[a,b] \to \mathbb{R}$が連続関数であるとき、定積分$\displaystyle\int_a^b f(x)\,dx$の値が有限に決まることが知られています。定積分はさらに、正値性と呼ばれる

$$f \geqq 0 \;\Rightarrow\; \int_a^b f(x)\,dx \geqq 0 \quad (\text{等号成立条件は} f=0)$$

という性質[注8]、および線形性、すなわち

$$\int_a^b (\alpha f(x) + \beta g(x))\,dx = \alpha \int_a^b f(x)\,dx + \beta \int_a^b g(x)\,dx$$

という性質を持つことが知られています[注9]。

連続関数 $f : [a,b] \to \mathbb{K}$ の全体を $C([a,b],\mathbb{K})$ で表すことにします。$C([a,b],\mathbb{K})$ は、$\mathbb{K}$ 上の線形空間である $\mathbb{K}^{[a,b]}$ の部分空間です。$f \in C([a,b],\mathbb{C})$ に対する定積分は、複素数を実部と虚部に分けて $f(x) = \mathrm{Re}(f(x)) + i\mathrm{Im}(f(x))$ として、

$$\int_a^b f(x)\,dx \overset{\text{def}}{=} \int_a^b \mathrm{Re}(f(x))\,dx + i \int_a^b \mathrm{Im}(f(x))\,dx$$

で定義することにします（i は虚数単位）。

$f, g \in C([a,b],\mathbb{K})$ に対して、

$$\langle f \mid g \rangle \overset{\text{def}}{=} \int_a^b \overline{f(x)} g(x)\,dx$$

と定義すると、$(f,g) \mapsto \langle f \mid g \rangle$ は $C([a,b],\mathbb{K})$ の内積となります。

問6.12　上の事実を証明しなさい。また、次のそれぞれにより $C([a,b],\mathbb{K})$ のノルムが定義されることを証明しなさい。

$$\|f\|_1 \overset{\text{def}}{=} \int_a^b |f(x)|\,dx$$

$$\|f\|_2 \overset{\text{def}}{=} \left(\int_a^b |f(x)|^2\,dx \right)^{1/2}$$

$$\|f\|_\infty \overset{\text{def}}{=} \max_{a \leqq x \leqq b} |f(x)|$$

$\|\cdot\|_1$、$\|\cdot\|_2$、$\|\cdot\|_\infty$ をそれぞれ、L^1 ノルム、L^2 ノルム、L^∞ ノルムといいます。

問6.13

(1) $f_0(x) \overset{\text{def}}{=} 1$、$f_1(x) \overset{\text{def}}{=} x$、$f_2(x) \overset{\text{def}}{=} x^2$ で定義される単項式 $f_0, f_1, f_2 \in C([0,1],\mathbb{R})$ に対して、内積 $\langle f_m \mid f_n \rangle$（$m,n = 0,1,2$）、および、ノルム $\|f_n\|_1$、$\|f_n\|_2$、$\|f_n\|_\infty$（$n = 0,1,2$）を計算しなさい。

(2) $e_n(x) \overset{\text{def}}{=} e^{inx}$ で定義される指数関数 $e_n \in C([0,2\pi],\mathbb{C})$（$n = 0, \pm 1, \pm 2, \ldots$、$i$ は虚数単位）に対して、内積 $\langle e_m \mid e_n \rangle$（$m,n = -2,-1,0,1,2$）を計算しなさい。

(3) (1)および(2)の計算結果を、次のプログラムを用いた計算結果と比べてみなさい。

注8　$f \geqq 0$ と $f = 0$ はそれぞれ、関数全体の値が0以上であること、0に等しいことを表します。

注9　微積分の教科書を参照してください。より精緻な理論で関数空間を解析するには、微積分の教科書にある定積分の積分法であるリーマン積分ではなく、より汎用的な積分法であるルベーグ積分という考え方が必要になってきます。

▼プログラム：integral.py

```
1  from numpy import array, sqrt
2
3  def integral(f, D):
4      N = len(D) - 1
5      w = (D[-1] - D[0]) / N
6      x = array([(D[n] + D[n + 1]) / 2 for n in range(N)])
7      return sum(f(x)) * w
8
9  def inner(f, g, D):
10     return integral(lambda x: f(x).conj() * g(x), D)
11
12 norm = {'L1': lambda f, D: integral(lambda x: abs(f(x)), D),
13         'L2': lambda f, D: sqrt(inner(f, f, D)),
14         'Loo': lambda f, D: max(abs(f(D)))}
15 if __name__ == '__main__':
16     from numpy import linspace, pi, sin, cos
17     D = linspace(0, pi, 1001)
18     print(f'<sin|cos> = {inner(sin, cos, D)}')
19     print(f'||f_1||_2 = {norm["L2"](lambda x: x, D)}')
```

- **3〜7行目** … integral(f, D)は、定積分 $\int_a^b f(x)\,dx$ を表します。関数オブジェクトfと、積分区間 $[a,b]$ を N 等分した分点（両端を含む）のアレイ D を渡します。数値積分には、**中点公式**注10を用いることにします。これは、各微小区間の中点における f の値と区間の幅を掛け合わせた長方形の面積の総和で近似する手法です。
- **9, 10行目** … 関数integralを用いて、内積を定義します。
- **12〜14行目** … L^1 ノルム、L^2 ノルム、L^∞ ノルムの定義式を辞書にします。
- **15〜19行目** … $C([0,\pi],\mathbb{R})$ で、三角関数 $\sin x$ と $\cos x$ の内積、単項式 x の L^2 ノルムを計算します。

▼実行結果

```
<sin|cos> = -3.6738427362813575e-18
||f_1||_2 = 3.214875266047432
```

注10　他の数値積分の公式としては、**台形公式**や**シンプソンの公式**などが知られています。

問6.14　次の式を確かめなさい。

$$\langle \sin \mid \cos \rangle = \int_0^{\pi} \sin(x)\cos(x)\,dx = 0, \quad \|f_1\|_2 = \sqrt{\int_0^{\pi} x^2 dx} = \sqrt{\frac{\pi^3}{3}}$$

なお、この定積分はSymPyで次のようにして解けます。

```
>>> from sympy import integrate, pi, sin, cos, sqrt
>>> from sympy.abc import x
>>> integrate('sin(x) * cos(x)', [x, 0, pi])
0
>>> sqrt(integrate('x**2', [x, 0, pi]))
sqrt(3)*pi**(3/2)/3
```

被積分関数は文字列で与えることに注意してください。

6.5　最小2乗法、三角級数、フーリエ級数

$\boldsymbol{x} = (x_1, x_2, \ldots, x_n) \in \mathbb{R}^n$ に対して

$$\boldsymbol{x}^p \stackrel{\text{def}}{=} ({x_1}^p, {x_2}^p, \ldots, {x_n}^p) \quad (p = 0, 1, 2, \ldots, k)$$

と定義します。$\boldsymbol{y} = (y_1, y_2, \ldots, y_n)$ に対して、$a_0, a_1, \ldots, a_k \in \mathbb{R}$ を動かして

$$\left\| a_0 \boldsymbol{x}^0 + a_1 \boldsymbol{x}^1 + \cdots + a_k \boldsymbol{x}^k - \boldsymbol{y} \right\|_2 \to \text{最小}$$

という問題は、多項式による**最小２乗法**と呼ばれます。$W \stackrel{\text{def}}{=} \langle \boldsymbol{x}^0, \boldsymbol{x}^1, \ldots, \boldsymbol{x}^k \rangle$ とおくと、$\boldsymbol{y}_0 = \mathbf{proj}_W(\boldsymbol{y})$ を求めることに他ならないので、グラム・シュミットの直交化法が利用できます。

▼プログラム：lstsqr_gs.py

```
from numpy import linspace, vdot, sort
from numpy.random import seed, uniform, normal
from gram_schmidt import gram_schmidt, proj
import matplotlib.pyplot as plt

n = 20
seed(2024)
x = sort(uniform(-1, 1, n))
z = 4 * x**3 - 3 * x
sigma = 0.2
y = z + normal(0, sigma, n)
E = gram_schmidt([x**0, x**1, x**2, x**3])
```

```
13 y0 = proj(y, E)
14 plt.figure(figsize=(15,5))
15 plt.errorbar(x, z, yerr=sigma, fmt='ro')
16 plt.plot(x, y0, color='g'), plt.plot(x, y, color='b'), plt.show()
```

- **8行目** … -1 と 1 の間の一様乱数を整列して $\boldsymbol{x} = (x_1, x_2, \ldots, x_n)$ を作ります。
- **9〜11行目** … $\boldsymbol{z} = 4\boldsymbol{x}^3 - 3\boldsymbol{x}$ とし、これに平均が 0 で標準偏差が sigma の正規分布に従う独立な確率変数を誤差として加えたものを $\boldsymbol{y}$ とします。図 6.6 でエラーバーが付いた丸印で表しているのは $\boldsymbol{z}$ のグラフであり、エラーバーは標準偏差を表しています。$\boldsymbol{y}$ は実際に $\boldsymbol{z}$ に誤差を加えたもので、グラフはジグザグした折れ線になっています。
- **12, 13行目** … $\boldsymbol{y}$ を 3 次関数で最小 2 乗近似した曲線が $\boldsymbol{y}_0$ です。このような曲線のことを**回帰曲線**（直線ならば、**回帰直線**）といいます。グラフでは、3 次関数の上に乗っていた $\boldsymbol{z}$ に近くなっていることが見て取れます。

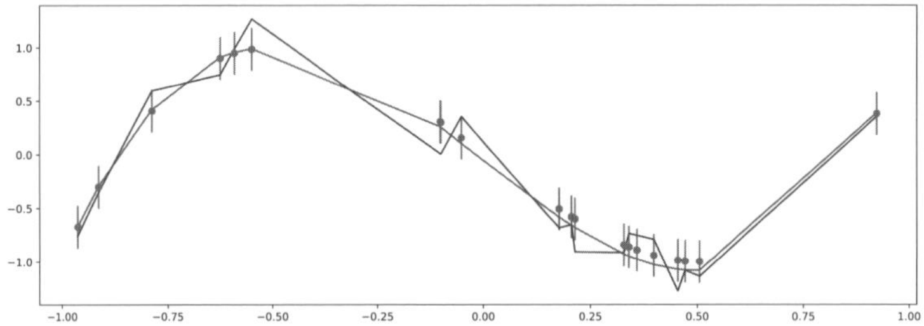

▲**図 6.6**　最小 2 乗近似（赤：真値とエラーバー、青：観測値、緑：推定値）

$C([0,1],\mathbb{R})$ に対して、6.4 節で導入した内積を考えます。

$$e_k(t) \overset{\text{def}}{=} \begin{cases} \sqrt{2}\sin(2\pi kt) & (k < 0\text{のとき}) \\ 1 & (k = 0\text{のとき}) \\ \sqrt{2}\cos(2\pi kt) & (k > 0\text{のとき}) \end{cases} \qquad k = 0, \pm 1, \pm 2, \ldots$$

とおくと、$E \overset{\text{def}}{=} \{\ldots, e_{-1}, e_0, e_1, \ldots\}$ は正規直交系となります。k の絶対値（**周波数**）が大きいほど振動数が多くなります。すなわち、周波数が高くなり波長が短くなります（図 6.7）。任意の $f \in C([0,1],\mathbb{R})$ に対して

$$f_K \overset{\text{def}}{=} \sum_{k=-K}^{K} \langle e_k \mid f \rangle e_k$$

とおくと（この和を**三角級数**と呼びます）、$\lim_{K\to\infty} \|f - f_K\|_2 = 0$ であることが知られています。$f \mapsto f_K$ を**ローパスフィルタ**（低域通過濾波器）といいます。これは $C([0,1],\mathbb{R})$ から直交系

$E_K \stackrel{\text{def}}{=} \{e_{-K}, \ldots, e_0, \ldots, e_K\}$が生成する部分空間への直交射影です。$f_K$は$f$の周波数の高い成分を取り除いたものと考えることができます。Kは**カットオフ周波数**といいます。

問6.15 Eが$C([0,1], \mathbb{R})$の正規直交系であることを確かめなさい。

この問題をコンピュータで扱う場合は、関数fの定義域$[0,1]$をn等分した点を$0 = t_0 < t_1 < \cdots < t_{n-1} < 1$として、$n$次元ベクトル$\boldsymbol{f} = (f(t_0), f(t_1), \ldots, f(t_{n-1}))$を関数$f$の代わりに考えます。これを**サンプリング**（**標本化**）といいます。無限次元線形空間$C([0,1], \mathbb{R})$を、n次元部分空間$\mathbb{K}^n$に射影しているともいえます。内積は、n次元ベクトルどうしの標準内積に$\Delta t = 1/n$を乗じたものとします。

▼プログラム：trigonometric.py

```
1  from numpy import inner, pi, sin, cos, sqrt, ones
2  from gram_schmidt import proj
3  
4  def e(k, t):
5      if k < 0:
6          return sin(2 * k * pi * t) * sqrt(2)
7      elif k == 0:
8          return ones(len(t))
9      elif k > 0:
10         return cos(2 * k * pi * t) * sqrt(2)
11 
12 def lowpass(K, t, f):
13     n = len(t)
14     E_K = [e(k, t) for k in range(-K, K + 1)]
15     return proj(f, E_K, inner=lambda x, y: inner(x, y) / n)
16 
17 if __name__ == '__main__':
18     from numpy import arange
19     import matplotlib.pyplot as plt
20     t = arange(0, 1, 1 / 1000)
21     fig, ax = plt.subplots(1, 2, figsize=(15, 5))
22     for k in range(-3, 0):
23         ax[0].plot(t, e(k, t))
24     for k in range(4):
25         ax[1].plot(t, e(k, t))
26     plt.show()
```

■ **4〜10行目** … tで与えられるサンプリング点$t_0, t_1, \ldots, t_{n-1}$で、$e_k$をサンプリングしたベクトルを返します。

- **12〜15行目** … 通過帯域 K とサンプリング点を与えて、f に対する f_K を返します。K をサンプリング点の数と等しくすると、$f_K = f$ になります。
- **17〜26行目** … このプログラムがメインプログラムとして実行されたとき、図6.7を描きます。複数のグラフを同時に描くやり方は、第2章の図2.4で説明しました。そこでは`subplot`メソッドを使い、描くグラフを切り替えました。ここでは、`subplots`メソッド（複数形の名前であることに注意）を用いてみます。これにより、1行2列に並んだ小さなグラフを添字で指定できるようになります。

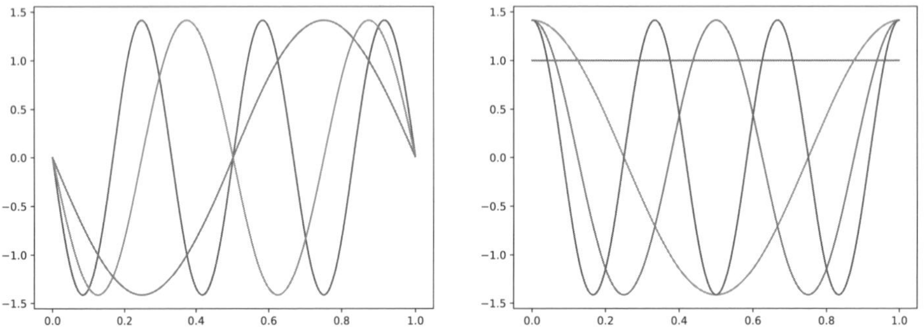

▲**図 6.7**　正弦関数（左：e_{-1}, e_{-2}, e_{-3}）と余弦関数（右：$1, e_1, e_2, e_3$）

▼プログラム：brown.py

```
from numpy import arange, cumsum, sqrt
from numpy.random import seed, normal
from trigonometric import lowpass
#from fourier import lowpass
import matplotlib.pyplot as plt

seed(2024)
n = 1000
dt = 1 / n
t = arange(0, 1, dt)
f = cumsum(normal(0, sqrt(dt), n))
fig, ax = plt.subplots(3, 3, figsize=(16, 8))
for k, K in enumerate([0, 1, 2, 4, 8, 16, 32, 64, 128]):
    i, j = divmod(k, 3)
    f_K = lowpass(K, t, f)
    ax[i, j].plot(t, f), ax[i, j].plot(t, f_K)
```

```
17          ax[i, j].text(0.4, 0.6, f'K = {K}', fontsize = 20)
18          ax[i, j].set_xlim(0, 1)
19  plt.show()
```

- **3行目** … 先ほど作成したプログラム `trigonometric.py` をライブラリとして、`lowpass` をインポートします。
- **7〜11行目** … 高い周波数成分を含む連続関数の例として、**1次元ブラウン運動**の**見本関数**と呼ばれる関数を、平均が `0` で標準偏差が `sqrt(dt)` である正規分布に従う独立な `n` 個の乱数の**累積和**（cumsum）により作成します。
- **12〜19行目** … $K = 0, 1, 2, 4, 8, 16, 32, 64, 128$ に対する f_K のグラフを f のグラフに重ねて描きます。

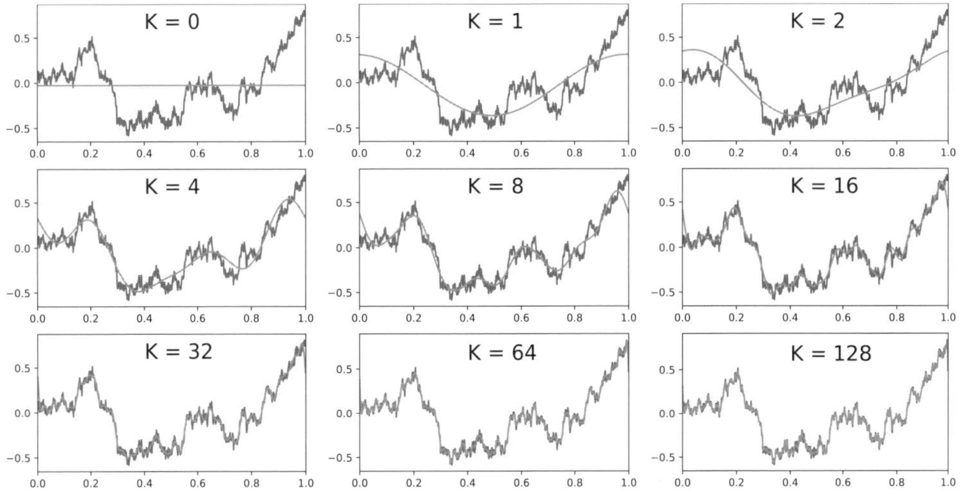

▲**図 6.8** ローパスフィルタ

複素線形空間 $C([0,1], \mathbb{C})$ では、

$$E \stackrel{\mathrm{def}}{=} \left\{ e_k \;\middle|\; e_k(t) \stackrel{\mathrm{def}}{=} \exp(2\pi i k t),\ k = \ldots, -2, -1, 0, 1, 2, \ldots \right\}$$

は、正規直交系となります。任意の $f \in C([0,1], \mathbb{C})$ に対するフーリエ係数は

$$\langle e_k \mid f \rangle = \int_0^1 e^{-2\pi i k t} f(t)\, dt \qquad (k = \ldots, -2, -1, 0, 1, 2, \ldots)$$

であり、

$$f_K(t) \stackrel{\mathrm{def}}{=} \sum_{k=-K}^{K} \langle e_k \mid f \rangle e_k(t)$$

とおくと（この和を**フーリエ級数**と呼びます）、$\|f - f_K\|_2 \to 0$（$K \to \infty$）であることが知られています。

問6.16　E が $C([0,1], \mathbb{C})$ の正規直交系であることを確かめなさい。

この問題をコンピュータで扱う場合は、三角級数の場合と同様に、サンプリングして有限次元空間のベクトルに置き換えます。n を自然数として、$\Delta t = 1/n$ とします。

$$\boldsymbol{e}_k = (e_k(t_0), e_k(t_1), \ldots, e_k(t_{n-1}))$$

とすると、ローパスフィルタのプログラムは次のようになります。

▼プログラム：fourier.py

```
1  from numpy import arange, exp, pi, vdot
2  from gram_schmidt import proj
3  
4  def e(k, t):
5      return exp(2j * pi * k * t)
6  
7  def lowpass(K, t, z):
8      dt = 1 / len(t)
9      E_K = [e(k, t) for k in range(-K, K + 1)]
10     return proj(z, E_K, inner=lambda x, y: vdot(x, y) * dt)
11 
12 if __name__ == '__main__':
13     import matplotlib.pyplot as plt
14 
15     fig = plt.figure(figsize=(20, 8))
16     K = [0, 10, 50, 100, 400, 599, 899, 949, 989, 999]
17     for n, k in enumerate(K):
18         t = arange(0, 1, 1 / 1000)
19         x = [z.real for z in e(k, t)]
20         y = [z.imag for z in e(k, t)]
21         ax = fig.add_subplot(2, 5, n+1, projection="3d")
22         ax.scatter(t, x, y, s=0.1, color='red')
23         ax.plot(t, x, y, linewidth=0.1, color='blue')
24         ax.text(0.5, 0, 0, f'k={k}', fontsize=15)
25         ax.set_xlim(0, 1), ax.set_ylim(-1, 1), ax.set_zlim(-1, 1)
26     plt.show()
```

■ **12～26行目** …k を与えたときの複素数値関数 e_k を3次元グラフで描画します。$k = 0, 1, 2, 100, 300, 500, 700, 900, 998, 999$ とした場合のグラフが図6.9です。これらの図は $0 \leqq t < 1$ の範囲で

0.001 刻みで複素数 $\exp(2\pi ikt)$ を赤い点でプロットし、それらの点を青い線で結んだ折れ線グラフです。$t \mapsto \exp(2\pi it)$ は周期が 1 の関数なので、$\exp(2\pi it) = \exp(2\pi i\,(t-1))$ です。したがって、$\boldsymbol{e}_{1000-k} = \boldsymbol{e}_{-k}$ がいえます。

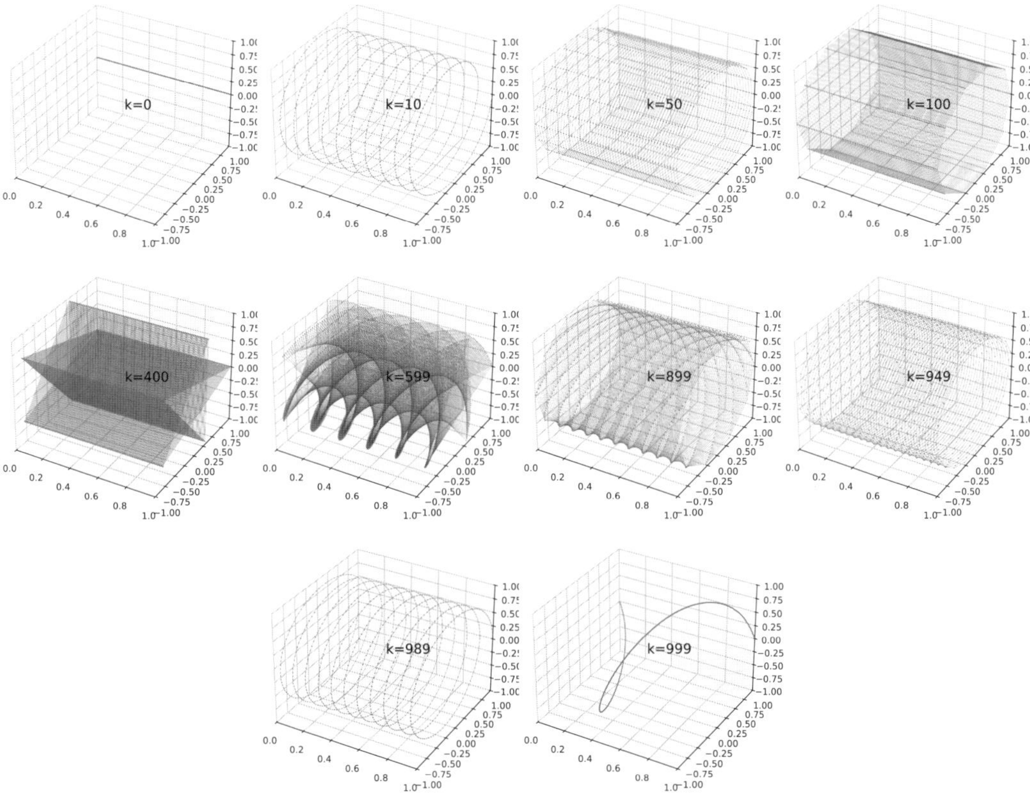

▲図 6.9　フーリエ級数

問6.17　プログラム brown.py においてプログラム fourier.py をライブラリとして用い、ここで定義されている関数 lowpass をインポートするように、3 行目をコメントアウトし、4 行目のコメントを外して実行しなさい。16 行目で f_K のグラフを表示しようとして警告が出ますが、これは f_K が複素数であるためです。16 行目の f_K を f_K.real にすると、警告は出なくなります。このとき、同時に f_K.imag も表示しなさい。

6.6 直交関数系

$\emptyset \neq X \subseteq \mathbb{R}$をある区間とし、$w : X \to [0, \infty)$は$X$上でほとんど至るところで[注11]で正の値をとるものとします。このとき、$f, g \in \mathbb{C}^X$に対して、

$$\langle f \mid g \rangle \stackrel{\text{def}}{=} \int_X \overline{f(x)} g(x) w(x) \, dx$$

の右辺の定積分が有限の値として存在する場合に、その値を左辺で表すことにします。この定積分がどういう場合に存在するかは本書の程度を越えているので、ここでは深く議論しません[注12]。以下、$f(x)$および$g(x)$がxの多項式であるとします。ただし、積分区間が開区間や無限区間の場合は広義積分が必要となります。

X上で定義された多項式の全体が作る$\mathbb{K}$上の線形空間をVとすると、Vには先ほど定義した積分によって内積が導入されます。このとき、

$$f_n(x) \stackrel{\text{def}}{=} x^n \qquad (n = 0, 1, 2, \dots)$$

である$\{f_0, f_1, f_2, \dots\} \subseteq V$にグラム・シュミットの直交化法を適用して得られる直交系を**直交多項式**と呼びます。直交多項式はXとw（**重み関数**）の組合せで異なったものとなります。

	(1)	(2)	(3)	(4)	(5)
$x \in X$	$-1 \leqq x \leqq 1$	$-1 < x < 1$	$-1 \leqq x \leqq 1$	$0 \leqq x < \infty$	$-\infty < x < \infty$
$w(x)$	1	$1/\sqrt{1-x^2}$	$\sqrt{1-x^2}$	e^{-x}	e^{-x^2}

(1) **ルジャンドル多項式**、(2) **第1種チェビシェフ多項式**、(3) **第2種チェビシェフ多項式**、(4) **ラゲール多項式**、(5) **エルミート多項式**と呼ばれます。

すでに作成した、グラム・シュミットの直交化法を行うライブラリgram_schmidtを利用してみましょう。このライブラリは、関数をサンプリングしてベクトルとして取り扱うので、積分区間が有限のルジャンドル多項式、第1種および第2種チェビシェフ多項式を作ってみます。

▼プログラム：poly_np1.py

```
from numpy import array, linspace, sqrt, ones, pi
import matplotlib.pyplot as plt
from gram_schmidt import gram_schmidt

m = 10000
D = linspace(-1, 1, m + 1)
x = array([(D[n] + D[n+1])/2 for n in range(m)])
inner = {
    'Legendre': lambda f, g: f.dot(g) * 2/m,
```

注11　有限個の点で0であっても構いません。
注12　積分の定義にも関わる問題です。

```
10         'Chebyshev1': lambda f, g: f.dot(g/sqrt(1 - x**2)) * 2/m,
11         'Chebyshev2': lambda f, g: f.dot(g*sqrt(1 - x**2)) * 2/m,
12     }
13     A = [x**n for n in range(6)]
14     E = gram_schmidt(A, inner=inner['Legendre'])
15     for e in E:
16         plt.plot(x, e)
17     plt.show()
```

- **5～7行目** … -1と1の間を10000等分して、各小区間の中点でサンプリングすることにします。これは、数値積分に中点公式を使う意味と、第1種チェビシェフ多項式の積分区間の両端で被積分関数の0除算を防ぐ意味があります。
- **8～12行目** … ルジャンドル多項式、第1種チェビシェフ多項式、第2種チェビシェフ多項式について、それぞれの重み関数による内積の式を表すラムダ式を項目とする辞書を作成します。
- **13行目** … サンプリングしてベクトル化した単項式のリストです。5次の直交多項式まで求めることにします。
- **14行目** … グラム・シュミットの直交化法を適用します。名前引数の値を変えることによって、所望の直交多項式を得ます。この例では、ルジャンドル多項式を求めています。
- **15～17行目** … 得られた直交多項式のグラフを描きます（図6.10左）。

NumPyのpolynomialモジュールには、直交多項式が定義されています[注13]。それを用いて、直交多項式のグラフを描いてみましょう。

▼プログラム：poly_np2.py

```
from numpy import linspace, exp, sqrt
from numpy.polynomial.legendre import Legendre
from numpy.polynomial.chebyshev import Chebyshev
from numpy.polynomial.laguerre import Laguerre
from numpy.polynomial.hermite import Hermite
import matplotlib.pyplot as plt

x1 = linspace(-1, 1, 1001)
x2 = x1[1:-1]
x3 = linspace(0, 10, 1001)
x4 = linspace(-3, 3, 1001)
```

注13　直交多項式はSciPyにも定義されています。

```
12 f, x, w = Legendre, x1, 1
13 # f, x, w = Chebyshev, x2, 1
14 # f, x, w = Chebyshev, x2, 1/sqrt(1 - x2**2)
15 # f, x, w = Laguerre, x3, 1
16 # f, x, w = Laguerre, x3, exp(-x3)
17 # f, x, w = Hermite, x4, 1
18 #f, x, w = Hermite, x4, exp(-x4**2)
19 for n in range(6):
20     e = f.basis(n)(x)
21     plt.plot(x, e * w)
22 plt.show()
```

- **2〜5行目** … polynomialモジュールには、それぞれの直交多項式が単に定義されているばかりではなく、それを数値計算に応用するいくつかのツールも収められています。ここでは、グラフを描くために必要となるものをインポートします。
- **8行目** … ルジャンドル多項式の積分区間をx1とします。
- **9行目** … 第1種チェビシェフ多項式の積分区間をx2とします。x1の両端を取り除いたものです。
- **10行目** … ラゲール多項式の積分区間は0から∞までですが、$x = 10$までとしておきます。このとき重みの値はe^{-10}です。
- **11行目** … エルミート多項式の積分区間は$-\infty$から∞までですが、$x = -3$から$x = 3$までとしておきます。このとき重みの値はe^{-9}です。
- **12〜18行目** … どれか1行のコメントアウトを外して有効にして使います。多項式のグラフと、多項式に重み関数を掛けた関数を選べます。特に、ラゲール多項式とエルミート多項式は、重み関数を掛けたグラフのほうが特徴がよく掴めると思います。
- **19〜22行目** … 関数のグラフを描画します（図6.10右）。ここでは、ルジャンドル多項式を描いています。グラム・シュミットの直交化法で作ったルジャンドル多項式のグラフと違います。こちらは、関数のノルムを正規化（ノルム1に）するのではなく、$x = 1$における値が1になるように揃えています。一般には、この形の多項式がルジャンドル多項式と呼ばれます。

問6.18　他の多項式のグラフも比べてみなさい。

グラム・シュミットの直交化法による直交多項式の計算は、数値計算ではなく数式計算により厳密解を得ることができます。手計算で行うのは大変なので、SymPyの助けを借りましょう。

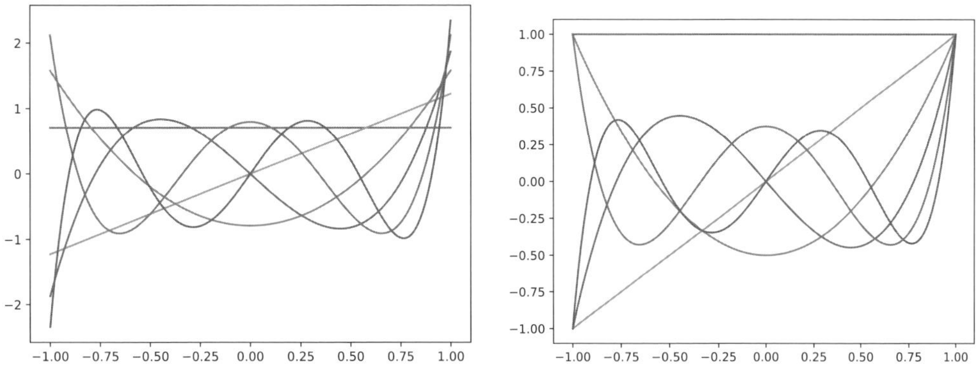

▲**図 6.10**　ルジャンドル多項式のグラフ（左：$\|e_n\| = 1$、右：$e_n(1) = 1$）

▼プログラム：poly_sp1.py

```
from sympy import integrate, sqrt, exp, oo
from sympy.abc import x

D = {'Ledendre': ((x, -1, 1), 1),
     'Chebyshev1': ((x, -1, 1), 1 / sqrt(1 - x**2)),
     'Chebyshev2': ((x, -1, 1), sqrt(1 - x**2)),
     'Laguerre': ((x, 0, oo), exp(-x)),
     'Hermite': ((x, -oo, oo), exp(-x**2))}
dom, weight = D['Ledendre']

def inner(expr1, expr2):
    return integrate(f'({expr1}) * ({expr2}) * ({weight})', dom)

def gram_schmidt(A):
    E = []
    while A != []:
        a = A.pop(0)
        b = a - sum([inner(e, a) * e for e in E])
        normb = sqrt(inner(b, b))
        if normb != 0:
            E.append(b / normb)
    return E

E = gram_schmidt([1, x, x**2, x**3])
for n, e in enumerate(E):
    print(f'e{n}(x) = {e}')
```

- **1行目** … SymPyではooは∞を表す記号です。
- **2行目** … 積分変数としてシンボルxを用います。
- **4〜8行目** … 積分区間と重み関数を辞書にしています。
- **9行目** … 辞書から積分区間と重み関数を定義します。ここでは、ルジャンドル多項式を扱います。
- **11, 12行目** … 引数expr1とexpr2はxの多項式で、数式処理による定積分でこれら二つの内積を計算します。積分区間が無限区間でも、積分区間の両端で被積分関数が発散するものでも、正しく広義積分で定積分を数式処理してくれます。integrate関数には被積分関数を文字列にして渡さなければならないので、フォーマット文字列を使って、引数で与えられた多項式や重み関数を文字列に埋め込んでいます。字面通りに埋め込まれるので、演算順序を間違えないように、埋め込む数式を(と)で囲む必要があります。
- **14〜22行目** … グラム・シュミットの直交化を行う関数です。
- **24〜26行目** … 3次までのルジャンドルの多項式を求めます。

▼実行結果

```
e0(x) = sqrt(2)/2
e1(x) = sqrt(6)*x/2
e2(x) = 3*sqrt(10)*(x**2 - 1/3)/4
e3(x) = 5*sqrt(14)*(x**3 - 3*x/5)/4
```

SymPyにも直交多項式は組み込まれています。次のプログラムも実行して比べるとわかるように、NumPyでの実験と同様の違いが生じます。

▼プログラム：poly_sp2.py

```
from sympy.polys.orthopolys import (
    legendre_poly,
    chebyshevt_poly,
    chebyshevu_poly,
    laguerre_poly,
    hermite_poly,
)
from sympy.abc import x

e = legendre_poly
for n in range(4):
    print(f'e{n}(x) = {e(n, x)}')
```

▼実行結果

```
e0(x) = 1
e1(x) = x
e2(x) = 3*x**2/2 - 1/2
e3(x) = 5*x**3/2 - 3*x/2
```

問6.19　他の多項式についても比べてみなさい。また、NumPyの結果とSymPyの結果がほぼ一致していることを確かめなさい[注14]。

6.7　ベクトル列の収束

$\boldsymbol{x}_m = \left(x_1^{(m)}, x_2^{(m)}, \ldots, x_n^{(m)}\right) \in \mathbb{K}^n$（$m = 1, 2, 3, \ldots$）とします。無限列

$$\boldsymbol{x}_1,\ \boldsymbol{x}_2,\ \ldots,\ \boldsymbol{x}_m,\ \ldots$$

を**ベクトル列**といい、$\{\boldsymbol{x}_m\}_{m=1}^{\infty}$ で表します。$\boldsymbol{x} \in \mathbb{K}^n$ に対して次の1から4は互いに同値であり、いずれかの（したがってすべての）条件が成立するとき、$\{\boldsymbol{x}_m\}_{m=1}^{\infty}$ は $\boldsymbol{x}$ に**収束**する、または、$\boldsymbol{x}$ は $\{\boldsymbol{x}_m\}_{m=1}^{\infty}$ の**極限**であるといい、$\lim_{m\to\infty} \boldsymbol{x}_m = \boldsymbol{x}$ と表します。

1. $\lim_{m\to\infty} \|\boldsymbol{x} - \boldsymbol{x}_m\|_1 = 0$
2. $\lim_{m\to\infty} \|\boldsymbol{x} - \boldsymbol{x}_m\|_2 = 0$
3. $\lim_{m\to\infty} \|\boldsymbol{x} - \boldsymbol{x}_m\|_\infty = 0$
4. すべての $i = 1, 2, \ldots, n$ に対して、$\lim_{m\to\infty} \left|x_i - x_i^{(m)}\right| = 0$

これは次のように示すことができます。まず、$\boldsymbol{x} = (x_1, x_2, \ldots, x_n) \in \mathbb{K}^n$ に対して

$$\left(\max_{1 \leqq i \leqq n} |x_i|\right)^2 = \max_{1 \leqq i \leqq n} |x_i|^2 \leqq \sum_{i=1}^{n} |x_i|^2 \leqq \left(\sum_{i=1}^{n} |x_i|\right)^2 \leqq \left(n \max_{1 \leqq i \leqq n} |x_i|\right)^2$$

であることから、

$$\|\boldsymbol{x}\|_\infty \leqq \|\boldsymbol{x}\|_2 \leqq \|\boldsymbol{x}\|_1 \leqq n\,\|\boldsymbol{x}\|_\infty$$

が成立することに注意します。1から2は、

$$0 \leqq \lim_{m\to\infty} \|\boldsymbol{x} - \boldsymbol{x}_m\|_2 \leqq \lim_{m\to\infty} \|\boldsymbol{x} - \boldsymbol{x}_m\|_1 = 0$$

により示せます。同様にして、2から3、3から1が、最初に述べたノルムの大小関係を用いて導くことができます。すなわち、1、2、3は互いに同値です。1から4は、各 $i = 1, 2, \ldots, n$ に対して

注14　NumPyの結果は数値解なので、誤差を含んでいる可能性があります。

$$0 \leqq \lim_{m\to\infty} \left| x_i - x_i^{(m)} \right| \leqq \lim_{m\to\infty} \|\boldsymbol{x} - \boldsymbol{x}_m\|_1 = 0$$

であること、4から1は

$$\lim_{m\to\infty} \|\boldsymbol{x} - \boldsymbol{x}_m\|_1 = \lim_{m\to\infty} \sum_{i=1}^{n} \left| x_i - x_i^{(m)} \right| = \sum_{i=1}^{n} \lim_{m\to\infty} \left| x_i - x_i^{(m)} \right| = 0$$

であることにより導けます。

次のプログラムは、ベクトル列の収束の例と、そのときの三つのノルムの変化の様子を表すグラフ（図6.11）を描画します。

▼プログラム：limit.py

```
from numpy import array, sin, cos, pi, inf
from numpy.linalg import norm
import matplotlib.pyplot as plt


def A(t):
    return array([[cos(t), -sin(t)], [sin(t), cos(t)]])


xinf = array([1, 0])
N = range(1, 100)
Xn = [A(pi / 2 / n).dot(xinf) for n in N]
fig = plt.figure(figsize=(10, 5))
plt.subplot(121)
for n, xn in enumerate(Xn):
    plt.plot(xn[0], xn[1], marker='.', c='r')
    if n < 5:
        plt.text(xn[0], xn[1], f'$x_{n+1}$', c='g', size=20)
plt.plot(xinf[0], xinf[1], marker='+', c='b')
plt.text(xinf[0], xinf[1], r'$x_\infty$', c='b', size=20)
L1 = [norm(xinf - xn, ord=1) for xn in Xn]
L2 = [norm(xinf - xn) for xn in Xn]
Loo = [norm(xinf - xn, ord=inf) for xn in Xn]
plt.subplot(122)
plt.plot(N, L1, c='r'), plt.text(3, L1[0], '$L^1$', c='r', size=20)
plt.plot(N, L2, c='g'), plt.text(3, L2[0], '$L^2$', c='g', size=20)
plt.plot(N, Loo, c='b'), plt.text(3, Loo[0], r'$L^\infty$', c='b', size=20)
plt.xlim(0, 30), plt.show()
```

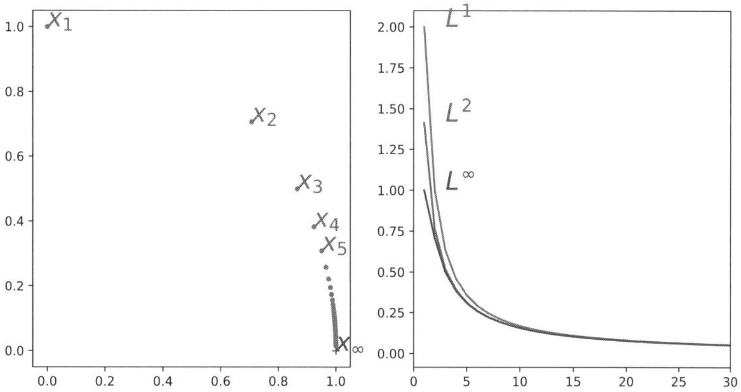

▲**図 6.11**　ベクトル列の収束

$\displaystyle\lim_{m\to\infty} \boldsymbol{x}_m = \boldsymbol{x}$ ならば次のことがいえます。

1. 任意の $\boldsymbol{y} \in \mathbb{K}^n$ に対して、$\displaystyle\lim_{m\to\infty} \langle \boldsymbol{x}_m \mid \boldsymbol{y} \rangle = \langle \boldsymbol{x} \mid \boldsymbol{y} \rangle$ である
   これは、シュワルツの不等式を用いて
   $$0 \leqq \left|\langle \boldsymbol{x} \mid \boldsymbol{y} \rangle - \langle \boldsymbol{x}_m \mid \boldsymbol{y} \rangle\right| = \left|\langle \boldsymbol{x} - \boldsymbol{x}_m \mid \boldsymbol{y} \rangle\right| \leqq \|\boldsymbol{x} - \boldsymbol{x}_m\| \, \|\boldsymbol{y}\|$$
   が成立することによる。
2. 任意の行列 $\boldsymbol{A}$ に対して、$\displaystyle\lim_{m\to\infty} \boldsymbol{A}\boldsymbol{x}_m = \boldsymbol{A}\boldsymbol{x}$ である（ただし、積が定義できるときに限る）
   これは、ベクトル $\boldsymbol{A}\boldsymbol{x}_m$ の各成分が対応する $\boldsymbol{A}\boldsymbol{x}$ の成分に収束することによる。

6.8　フーリエ解析

数学では、ある空間を、それと同型な別の空間に表現したり部分空間に射影したりして、その表現または射影した空間を調べるということをよく行います。$\mathbb{K}$ 上の n 次元線形空間 V に対してある基底を考え、その基底によって V を同型な $\mathbb{K}^n$ に表現して調べることは、まさにその一例です。このとき、なるべく考えようとしている問題に都合がよい基底を取らなければいけません。**フーリエ解析**とは、広い意味では内積空間でのフーリエ展開に類する考え方であり、線形空間に表現したり射影したりして解析する手法のことをいいます。この章で取り上げた最小2乗近似や直交関数系に関する話題、あるいはそれらの応用や発展させた考え方（第10章で取り上げます）は、広い意味でのフーリエ解析の範疇に入ります。一方、フーリエ解析は狭い意味ではフーリエ級数[注15] $\displaystyle\sum_{k\in\mathbb{Z}} x_k e^{2\pi i k t}$ や**フーリエ積分** $\displaystyle\int_{-\infty}^{\infty} e^{-2\pi i \omega t} x(t)\, dt$（ここで、$-\infty < \omega < \infty$ とする）に関する基礎理論とその応用を指し

注15　6.5節では有限和でしたが、その極限を無限和と考えます。

ます[注16]。与えられた関数$x(t)$をフーリエ級数で表現することを**フーリエ級数展開**といいます。これは無限次元空間の内積空間でのフーリエ展開の特別な場合です。また、関数$x(t)$をフーリエ積分によってωの関数にすることを**フーリエ変換**と呼びます。

コンピュータでフーリエ級数を計算するときは、6.5節で行ったように無限級数は有限級数にして、関数は定義域を有限個に分割して有限次元のベクトルに置き換えました。$f \in C([0,1],\mathbb{C})$および$k \in \mathbb{Z}$に対して、十分大きな自然数$n$により

$$\int_0^1 e^{-2\pi ikt} f(t)\,dt = \sum_{l=0}^{n-1} e^{-2\pi ikt_l} f(t_l)\,\Delta t$$

で積分を計算しました。ここで、$\Delta t = 1/n$として$t_l = l\Delta t$（$l = 0,1,\ldots,n-1$）としています。$k \in \mathbb{Z}$に対する

$$e_k(t) \overset{\text{def}}{=} e^{2\pi ikt} \qquad (0 \leqq t < 1)$$

は、$\mathbb{C}^n$のベクトル

$$\boldsymbol{e}_k = \frac{1}{\sqrt{n}}\left(e^{2\pi ikt_0},\ e^{2\pi ikt_1},\ \ldots,\ e^{2\pi ikt_{n-1}}\right)$$

に置き換えると、標準内積で

$$\langle \boldsymbol{e}_k \mid \boldsymbol{e}_l \rangle = \frac{1}{n}\sum_{j=0}^{n-1} e^{2\pi i(l-k)t_j} \qquad (k,l = 0,1,\ldots,n-1)$$

で、この右辺は$k = l$のとき1、そうでない場合は各項は複素平面上の0を中心とする円周上にある正n角形の頂点となるので総和は0です。したがって、$\{\boldsymbol{e}_0, \boldsymbol{e}_1, \ldots, \boldsymbol{e}_{n-1}\}$は$\mathbb{C}^n$の正規直交基底になります。正規直交基底$\{\boldsymbol{e}_0, \boldsymbol{e}_1, \ldots, \boldsymbol{e}_{n-1}\}$による$\boldsymbol{x} \in \mathbb{C}^n$の表現は

$$\widehat{\boldsymbol{x}} \overset{\text{def}}{=} \Big(\langle \boldsymbol{e}_0 \mid \boldsymbol{x} \rangle,\ \langle \boldsymbol{e}_1 \mid \boldsymbol{x} \rangle,\ \ldots,\ \langle \boldsymbol{e}_{n-1} \mid \boldsymbol{x} \rangle\Big)$$

です。これを$\boldsymbol{x}$の**離散フーリエ変換**[注17]と呼びます。このとき、フーリエ係数の絶対値の2乗、すなわち

$$\left|\langle \boldsymbol{e}_0 \mid \boldsymbol{x} \rangle\right|^2,\ \left|\langle \boldsymbol{e}_1 \mid \boldsymbol{x} \rangle\right|^2,\ \ldots,\ \left|\langle \boldsymbol{e}_{n-1} \mid \boldsymbol{x} \rangle\right|^2$$

を$\boldsymbol{x}$の**パワースペクトル**といいます。リース・フィッシャーの等式より、パワースペクトルの総和は$\|\boldsymbol{x}\|_2{}^2$に等しくなります。

$\boldsymbol{y} = (y_0, y_1, \ldots, y_{n-1}) \in \mathbb{C}^n$に対して

$$\widetilde{\boldsymbol{y}} \overset{\text{def}}{=} y_0\boldsymbol{e}_0 + y_1\boldsymbol{e}_1 + \cdots + y_{n-1}\boldsymbol{e}_{n-1}$$

注16　基礎理論は主に数学者の仕事です。そこでは収束性や積分の存在の問題が詳細に議論されます。応用は工学者の仕事であり、電気工学や音響における雑音を除去するフィルタの設計などは代表的な応用例です。物理学者は数学者と工学者のちょうど中間に位置するといえるでしょう。物理学からのアイデアが、数学の理論にも工学的な応用にも寄与することが多くあります。フーリエ解析はその典型例といえます。

注17　フーリエ変換も有限離散化して、tやωが有限個の点を動くようにすると、同様の計算に帰着されます。

とおいて、$\widetilde{\boldsymbol{y}}$ を $\boldsymbol{y}$ の**離散逆フーリエ変換**と呼びます。$\boldsymbol{x} = \widetilde{\widehat{\boldsymbol{x}}}$ は、$\boldsymbol{x}$ のフーリエ展開に他なりません。$\boldsymbol{x} \mapsto \widehat{\boldsymbol{x}}$ は $\mathbb{C}^n$ と自分自身の間の同型写像であり、$\boldsymbol{y} \mapsto \widetilde{\boldsymbol{y}}$ はその逆写像になっています。パーセバルの等式とリース・フィッシャーの等式から、この同型写像は内積とノルムを保存します。

問6.20 離散フーリエ変換の行列表現、すなわち、標準基底から $\{\boldsymbol{e}_0, \boldsymbol{e}_1, \ldots, \boldsymbol{e}_{n-1}\}$ への基底変換行列を求めなさい。

6.4 節で見たように $\{\boldsymbol{e}_0, \boldsymbol{e}_1, \ldots, \boldsymbol{e}_{n-1}\}$ をグラフで表すと図 6.9 のようになります。$\boldsymbol{e}_{-1} = \boldsymbol{e}_{n-1}, \boldsymbol{e}_{-2} = \boldsymbol{e}_{n-2}, \ldots$ という関係にあり、$\boldsymbol{e}_0, \boldsymbol{e}_1, \ldots, \boldsymbol{e}_{n-1}$ の並びの真ん中に近いほど周波数（グラフの回転数）が多くなります。周波数の高い成分を取り除いたローパスフィルタ

$$\boldsymbol{x} \mapsto \sum_{k=-K}^{K} \langle \boldsymbol{e}_k \mid \boldsymbol{x} \rangle \boldsymbol{e}_k$$

は周波数の高いベクトルを取り除いた $\{\boldsymbol{e}_{-K}, \ldots, \boldsymbol{e}_0, \ldots, \boldsymbol{e}_K\}$ の生成する部分空間への直交射影です。実際の音声データを用いて実験してみましょう。

音声データは、例えばサンプリングレート 22050 とすると 1 秒間の長さの音でも 22050 次元にもなります。これほど高次元のベクトルのローパスフィルタは、この章で作成した `fourier.py` をライブラリとして用いると計算にかなりの時間がかかってしまいます。高速にフーリエ係数を求めるアルゴリズムに、**高速フーリエ変換**注18という方法があるので、それを利用しましょう。NumPy の `fft` モジュールには、高速フーリエ変換のアルゴリズムによる関数 `fft` と `ifft` が定義されています。`fft` はフーリエ係数を求める関数（高速フーリエ変換）で、`ifft` はフーリエ係数からベクトルに戻す関数（高速逆フーリエ変換）です。

WAV 形式の音声データファイルを読み込んで、それをデータとして保持するばかりでなく、そのデータに対するパワースペクトルおよびローパスフィルタを求めるメソッドを持つクラス `Sound` を定義しましょう。まず、仕様注19について説明します。`example.wav` というモノラルの WAV ファイルがあったとします。`S = Sound('example')` とすることで、変数 `S` には音声データが読み込まれます。音声に付随する各種データは次のオブジェクト変数注20で参照できます。

オブジェクト変数	説明
`S.len`	音声データのサンプリング点の個数（整数）
`S.tmax`	音声データの時間（実数、単位は秒）
`S.time`	サンプリング点のアレイ（0 以上 `S.tmax` 未満の等差数列）
`S.data`	音声データ（-1 以上 1 未満の実数）のアレイ
`S.fft`	フーリエ係数のアレイ

注18 プログラムのアルゴリズムを工夫して計算を速くしたものであり、数学的には離散フーリエ変換と同じです。離散フーリエ変換は、n 次元ベクトルに基底変換行列を掛けて得られるので、基底変換行列の成分の個数 n^2 に比例した時間がかかりますが、高速フーリエ変換は $n \log n$ に比例した時間になることが知られています。基底変換行列の成分に同じ数が何度も登場することを利用した手法です。

注19 仕様とは、備わっていて欲しい機能とその機能の使い方です。仕様に合うようにプログラムを作ることを、実装といいます。

注20 オブジェクト固有の変数です。`S.` のようにオブジェクトの名前を接頭語にして参照します。

さらに、次のメソッド[注21]が定義されています。

メソッド	説明
S.power_spectrum(rng)	rngが、Noneであれば全帯域の、タプル(r_1, r_2)であればその区間の周波数帯域のパワースペクトルを、Matplotlibでグラフに表示するためのデータとして返します。
S.lowpass(K)	Kをカットオフ周波数とするローパスフィルタを通した音声データを返します。同時にその音声データを、オリジナルのファイル名にカットオフ周波数を付加したファイル名で、WAVファイルとして保存します。

Soundクラスを使用した例として、二つのプログラムを示します。これらのプログラムを実際に実行するためには、後述の実装例のようなSoundクラスが必要になります。

▼プログラム：power_spectrum.py

```
1  from numpy import sqrt
2  import matplotlib.pyplot as plt
3  from sound import Sound
4
5  sound1, sound2 = Sound('CEG'), Sound('mono')
6  fig, ax = plt.subplots(1, 2, figsize=(15, 5))
7  X, Y = sound1.power_spectrum((-1000, 1000))
8  ax[0].plot(X, sqrt(Y))
9  X, Y = sound2.power_spectrum()
10 ax[1].plot(X, sqrt(Y))
11 plt.show()
```

■ **5行目** … CEG.wavは、第2章の実験で作成した和音です（図6.12横のQRコードからダウンロードできます）。mono.wavは録音されたモノラルの音で、人間の音声です（図6.12横のQRコードからダウンロードできます）。拡張子を除いたファイル名を引数にして、Soundクラスのオブジェクトを比較のため二つ作り、sound1とsound2という名前で参照します。

■ **7, 8行目** … sound1のパワースペクトルを、グラフを見やすくするために横軸は周波数1000以下の範囲に制限して、縦軸は平方根をとりスケールを圧縮して描画します。C（ド）とE（ミ）とG（ソ）の音の周波数にピークが出ています。

■ **9, 10行目** … sound2のパワースペクトルを、横軸は全周波数帯域、縦軸は平方根をとり圧縮して描画します（図6.12右）。中心付近と両端でパワースペクトルが0に近くなっていて、一定の周波数帯域にパワースペクトルが集まっています。

注21　オブジェクトのクラスで定義された関数です。S.のようにオブジェクトの名前を接頭語にして呼び出します。

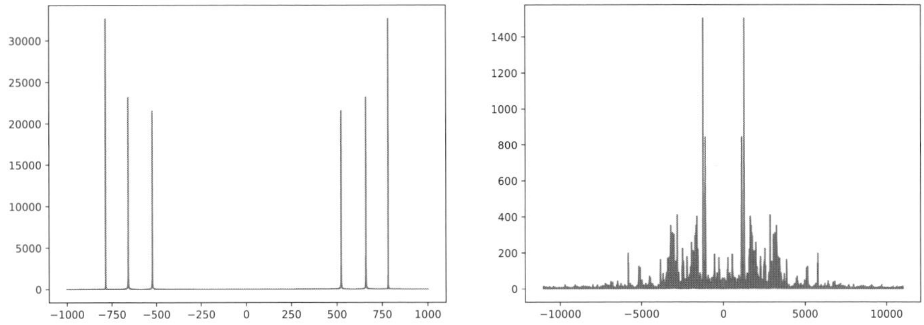

▲図 6.12　パワースペクトル

問6.21　ドミソの音を同じ比率で加え合わせたのにピークの高さが違うのは、周波数が整数値ではないためです。spectrum.py の 7 行目で、表示域をドミソのそれぞれの音の周波数の近く（正側、負側どちらでも構いません）に拡大して表示し、観察しなさい。

問6.22　パワースペクトルが 0 を中心に左右対象に現れる理由を考えなさい。
ヒント：実ベクトル $\boldsymbol{x} \in \mathbb{R}^n$ に対する離散フーリエ変換 $\widehat{\boldsymbol{x}} \in \mathbb{C}^n$ についていえることです。

▼プログラム：lowpass.py

```
1  import matplotlib.pyplot as plt
2  from sound import Sound
3
4  sound = Sound('mono')
5  X, Y = sound.time, sound.data
6  Z = sound.lowpass(3000)
7  fig, ax = plt.subplots(1, 2, figsize=(15, 5))
8  ax[0].plot(X, Y, lw=0.1, c='b'), ax[0].plot(X, Z, lw=0.1, c='r')
9  ax[1].plot(X, Y, c='b'), ax[1].plot(X, Z, c='r'), ax[1].set_xlim(2.0, 2.01)
10 plt.show()
```

■ **6行目** … カットオフ周波数を 3000 にしてローパスフィルタの音のデータを作ります。mono3000.wav に実際の音が保存されます（図 6.13 横の QR コードからオリジナル音源とともにダウンロードできます）。

■ **8行目** … オリジナルの音と、ローパスフィルタを通した音の波形を重ねて表示します（図 6.13左）。

■ **9行目** … その一部を拡大して表示します（図 6.13 右）。ローパスフィルタを通した音の波形は、高い周波数成分を含む鋭いピークが削られて、比較的なめらかな曲線になっています。

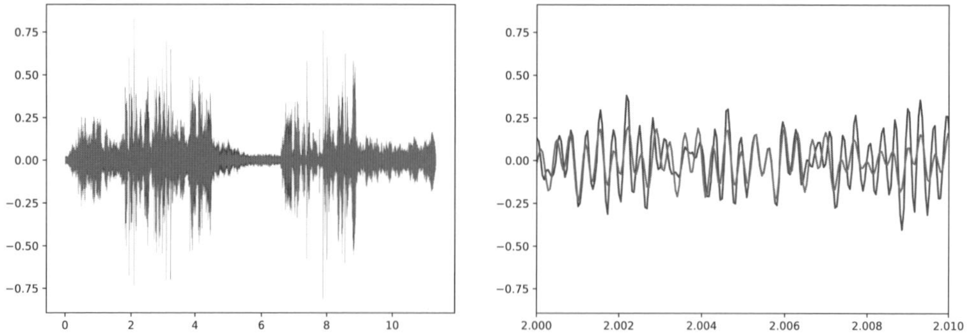

▲図 6.13　音声のローパスフィルタ

問6.23　mono3000.wav の音を聴いて、オリジナルの音 mono.wav と比較しなさい。また、mono3000.wav の音のパワースペクトルを表示しなさい。さらに、カットオフ周波数を変えて実験し、どうなるか確かめなさい。

次のプログラムは、Soundクラスの実装例です。

▼プログラム：sound.py

```
from numpy import arange, fft
import scipy.io.wavfile as wav

class Sound:
    def __init__(self, wavfile):
        self.file = wavfile
        self.rate, Data = wav.read(f'{wavfile}.wav')
        dt = 1 / self.rate
        self.len = len(Data)
        self.tmax = self.len / self.rate
        self.time = arange(0, self.tmax, dt)
        self.data = Data.astype('float') / 32768
        self.fft = fft.fft(self.data)

    def power_spectrum(self, rng=None):
        spectrum = abs(self.fft)**2
        if rng is None:
            r1, r2 = -self.len / 2, self.len / 2
        else:
            r1, r2 = rng[0] * self.tmax, rng[1] * self.tmax
        R = arange(int(r1), int(r2))
```

```
22          return R / self.tmax, spectrum[R]
23
24      def lowpass(self, K):
25          k = int(K * self.tmax)
26          U = self.fft.copy()
27          U[range(k + 1, self.len - k)] = 0
28          V = fft.ifft(U).real
29          Data = (V * 32768).astype('int16')
30          wav.write(f'{self.file}{K}.wav', self.rate, Data)
31          return V
```


- **4〜31行目** … Soundクラスの定義です。

- **5〜13行目** … **クラス初期化メソッド**[注22]と呼ばれるメソッドで、オブジェクトが生成されるときに実行されます。ここで、オブジェクト変数が定義されます。オブジェクトを生成した後にオブジェクト変数やメソッドを利用する際に用いられる接頭語にあたるオブジェクトの名前は決まっていないので、selfという仮の名前を用います。ここでは、高速フーリエ変換まで行います。

- **15〜22行目** … power_spectrumメソッドを定義します。クラスのメソッドは一般の関数と同じですが、第1引数でそのクラスのオブジェクトを受け取ります。これは慣習によりselfという名前を利用します。実際にオブジェクトに対してpower_spectrumを呼び出すときには、そのオブジェクト名を接頭語にし、引数としては指定しません。クラスの定義内でも、異なるメソッド間でオブジェクト変数や他のメソッドを参照するときは、接頭語self.を付けなければなりません。接頭語self.の付いた名前は、クラス定義の全域での名前となります。接頭語が付かない名前は、メソッド内の局所的な名前です。

- **24〜31行目** … lowpassメソッドを定義します。26行目でコピーを作っているのは、元の高速フーリエ変換のデータをローパスフィルタで壊さないためです。Uというアレイには要素が$u_0, u_1, \ldots, u_{n-1}$と並んでいるとします。これを27行目で$k+1 \leqq i < n-k$の$i$に対して$u_i = 0$とし、

$$u_0,\ u_1,\ \ldots,\ u_k,\ 0,\ 0,\ \ldots,\ 0,\ u_{n-k},\ \ldots,\ u_{n-1}$$

という並びのアレイに変えます。そして28行目でこれを離散逆フーリエ変換します。虚部が0である複素数を要素とするアレイになりますが、複素数型のままなので実部を取り出します。これがローパスフィルタを通したデータとなります。

注22 一般のオブジェクト指向プログラミングでは、**コンストラクタ**と呼ばれるものです。また、クラスから生成されるオブジェクトは**インスタンス**とも呼ばれます。

問6.24　28行目の離散逆フーリエ変換した結果が、虚部が0である複素数を要素とするアレイとなっていることを、`fft.ifft(U).imag`のグラフを表示することにより確かめなさい。また、実ベクトル$\boldsymbol{x} \in \mathbb{R}^n$を離散フーリエ変換した$\widehat{\boldsymbol{x}} \in \mathbb{C}^n$の成分の一部を0としたものを$\boldsymbol{y}$としたとき、$\widetilde{\boldsymbol{y}} \in \mathbb{R}^n$となることを示しなさい。

第7章 固有値と対角化

この章では、線形代数学において連立方程式と並ぶもう一つの大きなテーマである行列の固有値問題を取り上げます。ここでは「代数学の基本定理」と呼ばれる定理が関わってきます。代数学の基本定理は、n 次方程式の解の存在を述べた定理です。この定理の証明には解析学の高度な考え方が必要になりますが、決して手の届かないものでもないので、証明を理解することに挑戦してください。

固有値問題は、応用の面からも極めて重要です。具体的な応用については、後続の章を通して見ていくことになるでしょう。この章では、固有値が比較的容易に求められる $n=2$ または 3 の場合について、Pythonを活用しながら固有ベクトルを求めるまでの計算過程を説明していきます。さらに、行列の対角化、行列の関数などの概念と計算方法を説明します。最後に、行列ノルムとそれに関連する概念を導入しますが、ここでも一部、解析学の高度な考え方に触れることになります。

7.1 行列の種類

対角成分が $\lambda_1, \lambda_2, \ldots, \lambda_n$ である対角行列を、次のように表現することにします。

$$\mathbf{diag}(\lambda_1, \lambda_2, \ldots, \lambda_n) \stackrel{\text{def}}{=} \begin{bmatrix} \lambda_1 & 0 & \cdots & 0 \\ 0 & \lambda_2 & \cdots & 0 \\ \vdots & \vdots & \ddots & \vdots \\ 0 & 0 & \cdots & \lambda_n \end{bmatrix}$$

NumPyおよびSymPyでの対角行列の表し方を示します。

```
>>> import numpy as np
>>> import sympy as sp
>>> np.diag([1, 2, 3])
array([[1, 0, 0],
       [0, 2, 0],
       [0, 0, 3]])
>>> sp.diag(1, 2, 3)
Matrix([
[1, 0, 0],
[0, 2, 0],
```

```
11  [0, 0, 3]])
```

$\boldsymbol{A}$を正方行列とし、その随伴行列$\boldsymbol{A}^*$を考えます。$\boldsymbol{A}^* = \boldsymbol{A}$を満たすとき、$\boldsymbol{A}$を**エルミート行列**といいます。$\boldsymbol{A}^*\boldsymbol{A} = \boldsymbol{A}\boldsymbol{A}^* = \boldsymbol{I}$、すなわち$\boldsymbol{A}^* = \boldsymbol{A}^{-1}$であるとき、$\boldsymbol{A}$を**ユニタリ行列**といいます。$\boldsymbol{A}^{\mathrm{T}} = \boldsymbol{A}$を満たすとき、$\boldsymbol{A}$を**対称行列**といいます。成分がすべて実数である行列を**実行列**といいます。実行列ではエルミート行列と対称行列は同じ意味です。実行列の場合は通常、ユニタリ行列を**直交行列**と呼び、ユニタリ行列$\boldsymbol{A}$の逆行列は$\boldsymbol{A}^{\mathrm{T}}$となります。

任意の$\boldsymbol{x}, \boldsymbol{y} \in \mathbb{K}^n$に対して$\langle \boldsymbol{A}\boldsymbol{y} \mid \boldsymbol{x} \rangle = \langle \boldsymbol{y} \mid \boldsymbol{A}\boldsymbol{x} \rangle$が成立することは、$n$次の正方形行列$\boldsymbol{A}$がエルミート行列であるための必要条件です。なぜならば、$\boldsymbol{A}$がエルミート行列であるとすると、標準内積の定義、随伴行列と行列積の関係、行列積に関する結合法則、および$\boldsymbol{A}^* = \boldsymbol{A}$などを用いて

$$\langle \boldsymbol{A}\boldsymbol{y} \mid \boldsymbol{x} \rangle = (\boldsymbol{A}\boldsymbol{y})^* \boldsymbol{x} = (\boldsymbol{y}^* \boldsymbol{A}^*) \boldsymbol{x} = \boldsymbol{y}^* (\boldsymbol{A}^* \boldsymbol{x}) = \boldsymbol{y}^* (\boldsymbol{A}\boldsymbol{x}) = \langle \boldsymbol{y} \mid \boldsymbol{A}\boldsymbol{x} \rangle$$

となるからです。一方、これは十分条件でもあります。任意の$\boldsymbol{x}, \boldsymbol{y} \in \mathbb{K}^n$に対して$\langle \boldsymbol{A}\boldsymbol{y} \mid \boldsymbol{x} \rangle = \langle \boldsymbol{y} \mid \boldsymbol{A}\boldsymbol{x} \rangle$とすると、随伴行列の性質から、$\langle \boldsymbol{y} \mid \boldsymbol{A}^*\boldsymbol{x} - \boldsymbol{A}\boldsymbol{x} \rangle = 0$がいえます。$\boldsymbol{y} \in \mathbb{K}^n$は任意なので、$\boldsymbol{y} = \boldsymbol{A}^*\boldsymbol{x} - \boldsymbol{A}\boldsymbol{x}$とおけば、内積の性質より$\boldsymbol{A}^*\boldsymbol{x} - \boldsymbol{A}\boldsymbol{x} = \boldsymbol{0}$が導かれ、$\boldsymbol{A}^*\boldsymbol{x} = \boldsymbol{A}\boldsymbol{x}$がいえ、$\boldsymbol{x} \in \mathbb{K}^n$が任意であることから$\boldsymbol{A}^* = \boldsymbol{A}$がいえます。

$\boldsymbol{A}$がユニタリ行列であるということは、$\boldsymbol{A}^*\boldsymbol{A} = \boldsymbol{A}\boldsymbol{A}^* = \boldsymbol{I}$ということです。$\boldsymbol{A} = \begin{bmatrix} \boldsymbol{a}_1 & \boldsymbol{a}_2 & \cdots & \boldsymbol{a}_n \end{bmatrix}$がユニタリ行列であるとすると、$\{\boldsymbol{a}_1, \boldsymbol{a}_2, \ldots, \boldsymbol{a}_n\}$は$\mathbb{K}^n$の正規直交基底となります。$\boldsymbol{A}$がユニタリ行列のとき、任意の$\boldsymbol{x}, \boldsymbol{y} \in \mathbb{K}^n$に対して$\langle \boldsymbol{A}\boldsymbol{y} \mid \boldsymbol{A}\boldsymbol{x} \rangle = \langle \boldsymbol{y} \mid \boldsymbol{x} \rangle$であり、また、$\|\boldsymbol{A}\boldsymbol{x}\| = \|\boldsymbol{x}\|$です。すなわち、ユニタリ行列は、内積やノルム、および直交関係を変えません。$\mathbb{R}^2$における回転行列はユニタリ行列（直交行列）の例です。

n次の正方行列$\boldsymbol{A}$が、任意の$\boldsymbol{v} \in \mathbb{K}^n$に対して$\langle \boldsymbol{v} \mid \boldsymbol{A}\boldsymbol{v} \rangle \geqq 0$を満たすとき、$\boldsymbol{A}$は**半正定値行列**（または**非負定値行列**）であるといい、特に$\boldsymbol{v} \neq \boldsymbol{0}$ならば$\langle \boldsymbol{v} \mid \boldsymbol{A}\boldsymbol{v} \rangle > 0$であるとき、$\boldsymbol{A}$は**正定値行列**であるといいます。

問7.1　(1)　$\boldsymbol{A} = \mathbf{diag}\,(\lambda_1, \lambda_2, \ldots, \lambda_n)$を考えます。次の1から4を確かめなさい。

1. $\boldsymbol{A}$がエルミート行列 $\Leftrightarrow$ $\lambda_1, \ldots, \lambda_n \in \mathbb{R}$
2. $\boldsymbol{A}$がユニタリ行列 $\Leftrightarrow$ $|\lambda_1| = \cdots = |\lambda_n| = 1$
3. $\boldsymbol{A}$が正定値行列 $\Leftrightarrow$ $\lambda_1, \ldots, \lambda_n > 0$
4. $\boldsymbol{A}$が半正定値行列 $\Leftrightarrow$ $\lambda_1, \ldots, \lambda_n \geqq 0$

(2)　$\boldsymbol{U}$をユニタリ行列とします。このとき、(1)の1から4の行列$\boldsymbol{A}$に対して$\boldsymbol{B} = \boldsymbol{U}^*\boldsymbol{A}\boldsymbol{U}$を考えると、$\boldsymbol{B}$は$\boldsymbol{A}$と同じ種類の行列となることを示しなさい。

$\mathbb{K} = \mathbb{C}$とします。このときは、半正定値行列であることからエルミート行列であることを導けます。$\boldsymbol{A}$を半正定値行列とし、$\boldsymbol{x}, \boldsymbol{y} \in \mathbb{C}^n$を任意とします。すると簡単な計算から

$$\langle \boldsymbol{x} + \boldsymbol{y} \mid \boldsymbol{A}(\boldsymbol{x} + \boldsymbol{y}) \rangle - \langle \boldsymbol{x} - \boldsymbol{y} \mid \boldsymbol{A}(\boldsymbol{x} - \boldsymbol{y}) \rangle = 2 \langle \boldsymbol{x} \mid \boldsymbol{A}\boldsymbol{y} \rangle + 2 \langle \boldsymbol{y} \mid \boldsymbol{A}\boldsymbol{x} \rangle$$

がいえます。この式の左辺は実数です。右辺に共役複素数をとる操作を施すと

$$2\overline{\langle \boldsymbol{x} \mid \boldsymbol{A}\boldsymbol{y}\rangle} + 2\overline{\langle \boldsymbol{y} \mid \boldsymbol{A}\boldsymbol{x}\rangle} = 2\langle \boldsymbol{A}\boldsymbol{y} \mid \boldsymbol{x}\rangle + 2\langle \boldsymbol{A}\boldsymbol{x} \mid \boldsymbol{y}\rangle = 2\langle \boldsymbol{y} \mid \boldsymbol{A}^*\boldsymbol{x}\rangle + 2\langle \boldsymbol{x} \mid \boldsymbol{A}^*\boldsymbol{y}\rangle$$

と変形できます。これは直前の式の右辺に等しいので、引き算して2で割ると

$$\langle \boldsymbol{x} \mid (\boldsymbol{A} - \boldsymbol{A}^*)\boldsymbol{y}\rangle + \langle \boldsymbol{y} \mid (\boldsymbol{A} - \boldsymbol{A}^*)\boldsymbol{x}\rangle = 0$$

が成立します。$\boldsymbol{y} \in \mathbb{C}^n$ は任意だったので、$\boldsymbol{y}$ を $i\boldsymbol{y}$ に置き換えた式から

$$i\langle \boldsymbol{x} \mid (\boldsymbol{A} - \boldsymbol{A}^*)\boldsymbol{y}\rangle - i\langle \boldsymbol{y} \mid (\boldsymbol{A} - \boldsymbol{A}^*)\boldsymbol{x}\rangle = 0$$

がいえます。これに i を掛けて直前の式から引くと

$$2\langle \boldsymbol{x} \mid (\boldsymbol{A} - \boldsymbol{A}^*)\boldsymbol{y}\rangle = 0$$

を得ます。$\boldsymbol{x}, \boldsymbol{y} \in \mathbb{C}^n$ は任意だったので、$\boldsymbol{A} = \boldsymbol{A}^*$ が示されました。

半正定値行列や正定値行列の意味は、$\mathbb{K}$ が $\mathbb{R}$ であるか $\mathbb{C}$ であるかによって異なってくることに注意してください。$\mathbb{K} = \mathbb{R}$ のときは、$\begin{bmatrix} 1 & -1 \\ 1 & 1 \end{bmatrix}$ は

$$\left\langle \begin{bmatrix} x \\ y \end{bmatrix} \middle| \begin{bmatrix} 1 & -1 \\ 1 & 1 \end{bmatrix} \begin{bmatrix} x \\ y \end{bmatrix} \right\rangle = \left\langle \begin{bmatrix} x \\ y \end{bmatrix} \middle| \begin{bmatrix} x - y \\ x + y \end{bmatrix} \right\rangle = x^2 + y^2$$

なので、正定値行列となります。一方、$\mathbb{K} = \mathbb{C}$ のときは

$$\left\langle \begin{bmatrix} 1 \\ i \end{bmatrix} \middle| \begin{bmatrix} 1 & -1 \\ 1 & 1 \end{bmatrix} \begin{bmatrix} 1 \\ i \end{bmatrix} \right\rangle = \left\langle \begin{bmatrix} 1 \\ i \end{bmatrix} \middle| \begin{bmatrix} 1 - i \\ 1 + i \end{bmatrix} \right\rangle = (1-i) - i(1+i) = 2 - 2i$$

なので、正定値行列ではありません[注1]。

$\boldsymbol{A}$ が半正定値行列（$\mathbb{K} = \mathbb{R}$ の場合は、半正定値対称行列）とします。このとき、$(\boldsymbol{x}, \boldsymbol{y}) \mapsto \langle \boldsymbol{x} \mid \boldsymbol{A}\boldsymbol{y}\rangle$ は、内積の正値性における等号成立条件を除く性質をすべて満たすので、シュワルツの不等式の証明と同様にして

$$|\langle \boldsymbol{x} \mid \boldsymbol{A}\boldsymbol{y}\rangle|^2 \leqq \langle \boldsymbol{x} \mid \boldsymbol{A}\boldsymbol{x}\rangle \langle \boldsymbol{y} \mid \boldsymbol{A}\boldsymbol{y}\rangle$$

が成立します。任意の $\boldsymbol{x} \in \mathbb{K}^n$ に対して $\langle \boldsymbol{x} \mid \boldsymbol{A}\boldsymbol{x}\rangle = 0$ を満たすならば $\boldsymbol{A}$ は半正定値行列ですが、上の不等式から、$\boldsymbol{A} = \boldsymbol{O}$ 以外にこのような行列は存在しません。$\mathbb{K} = \mathbb{R}$ のときは、対称性の条件を外すことはできません。例えば $\boldsymbol{A} = \begin{bmatrix} 0 & -1 \\ 1 & 0 \end{bmatrix} \neq \boldsymbol{O}$ は、任意の $\boldsymbol{x} \in \mathbb{R}^2$ に対して $\langle \boldsymbol{x} \mid \boldsymbol{A}\boldsymbol{x}\rangle = 0$ である半正定値行列です。

部分空間 $W \subseteq \mathbb{K}^n$ への直交射影 $\mathbf{proj}_W$ の行列表現を $\boldsymbol{P}$ とします。$\{\boldsymbol{a}_1, \boldsymbol{a}_2, \ldots, \boldsymbol{a}_k\}$ を W の正規直交基底として、これを含むように $\mathbb{K}^n$ の正規直交基底 $\{\boldsymbol{a}_1, \boldsymbol{a}_2, \ldots, \boldsymbol{a}_n\}$ を取ります。$\boldsymbol{x}, \boldsymbol{y} \in \mathbb{K}^n$ を

注1 $\mathbb{C}^2$ の内積では、共役複素数をとることを忘れないでください。

任意とします。

$$\boldsymbol{P}\boldsymbol{a}_i = \mathbf{proj}_W(\boldsymbol{a}_i) = \begin{cases} \boldsymbol{a}_i & i = 1, 2, \ldots, k\text{のとき} \\ \boldsymbol{0} & i = k+1, \ldots, n\text{のとき} \end{cases}$$

であること、および $\boldsymbol{y}$ のフーリエ展開 $\boldsymbol{y} = \sum_{i=1}^{n} \langle \boldsymbol{a}_i \mid \boldsymbol{y} \rangle \boldsymbol{a}_i$ より、$\boldsymbol{P}\boldsymbol{y} = \sum_{i=1}^{k} \langle \boldsymbol{a}_i \mid \boldsymbol{y} \rangle \boldsymbol{a}_i$ です。したがって、

$$\langle \boldsymbol{x} \mid \boldsymbol{P}\boldsymbol{y} \rangle = \left\langle \sum_{j=1}^{n} \langle \boldsymbol{a}_j \mid \boldsymbol{x} \rangle \boldsymbol{a}_j \,\middle|\, \sum_{i=1}^{k} \langle \boldsymbol{a}_i \mid \boldsymbol{y} \rangle \boldsymbol{a}_i \right\rangle = \sum_{i=1}^{k} \langle \boldsymbol{x} \mid \boldsymbol{a}_i \rangle \langle \boldsymbol{a}_i \mid \boldsymbol{y} \rangle$$

であり、$\langle \boldsymbol{P}\boldsymbol{x} \mid \boldsymbol{y} \rangle$ および $\langle \boldsymbol{P}\boldsymbol{x} \mid \boldsymbol{P}\boldsymbol{y} \rangle$ も同じ右辺の式に変形されます。この結果から、$\boldsymbol{P} = \boldsymbol{P}^* = \boldsymbol{P}^2$ であることがいえます。したがって、直交射影 $\boldsymbol{P}$ はエルミート行列であり、上の式で $\boldsymbol{x} = \boldsymbol{y}$ とすれば半正定値行列であることもいえます。$\boldsymbol{P} = \boldsymbol{P}^* = \boldsymbol{P}^2$ であることは、$\boldsymbol{P}$ が直交射影である特徴付けにもなっています。$W = \mathrm{range}(\boldsymbol{P})$ とします。任意の $\boldsymbol{x}, \boldsymbol{y} \in \mathbb{K}^n$ に対して

$$\begin{aligned}
\langle \boldsymbol{P}\boldsymbol{x} - \mathbf{proj}_W(\boldsymbol{x}) \mid \boldsymbol{y} \rangle &= \langle \boldsymbol{P}\boldsymbol{x} \mid \boldsymbol{y} \rangle - \langle \mathbf{proj}_W(\boldsymbol{x}) \mid \boldsymbol{y} \rangle \\
&= \langle \boldsymbol{P}\boldsymbol{x} \mid \boldsymbol{y} \rangle - \langle \boldsymbol{P}\,\mathbf{proj}_W(\boldsymbol{x}) \mid \boldsymbol{y} \rangle \qquad (\boldsymbol{P}^2 = \boldsymbol{P}\text{より}) \\
&= \langle \boldsymbol{x} \mid \boldsymbol{P}\boldsymbol{y} \rangle - \langle \mathbf{proj}_W(\boldsymbol{x}) \mid \boldsymbol{P}\boldsymbol{y} \rangle \qquad (\boldsymbol{P}^* = \boldsymbol{P}\text{より}) \\
&= \langle \boldsymbol{x} - \mathbf{proj}_W(\boldsymbol{x}) \mid \boldsymbol{P}\boldsymbol{y} \rangle \\
&= 0 \qquad (\boldsymbol{P}\boldsymbol{y} \in W\text{、および直交射影}\mathbf{proj}_W\text{の性質より})
\end{aligned}$$

が成立するので、$\mathbf{proj}_W(\boldsymbol{x}) = \boldsymbol{P}\boldsymbol{x}$ がいえます。以上のことから、$\boldsymbol{P} = \boldsymbol{P}^* = \boldsymbol{P}^2$ を満たす行列 $\boldsymbol{P}$ のことも**直交射影**と呼ぶことにします。

問7.2　直交射影 $\boldsymbol{P}$ を考えます。$\boldsymbol{x} \neq \boldsymbol{0}$ であるとき、$\boldsymbol{P}\boldsymbol{x} = a\boldsymbol{x}$ を満たすスカラー a は0または1に限られることを示しなさい。
ヒント：$\boldsymbol{x}$ のフーリエ展開を考えます。

7.2　固有値

正方行列 $\boldsymbol{A}$ に対して、$\boldsymbol{A}\boldsymbol{x} = \lambda\boldsymbol{x}$ を満たす $\lambda \in \mathbb{K}$ および $\boldsymbol{x} \neq \boldsymbol{0}$ が存在するとき、λ を $\boldsymbol{A}$ の**固有値**、$\boldsymbol{x}$ をその固有値に対応する**固有ベクトル**といいます。固有値を考えることができる行列は正方行列に限られます。$\boldsymbol{A}\boldsymbol{0} = \lambda\boldsymbol{0}$ はいつでも成立するので、$\boldsymbol{x} \neq \boldsymbol{0}$ ということが重要です。固有値のほうは0であっても構いません。例えば、$\begin{bmatrix} 1 & 0 \\ 0 & 0 \end{bmatrix}$ は1と0の二つの固有値を持ち、$(1, 0)$ と $(0, 1)$ がそれぞれ対応する固有ベクトルとなります。$\boldsymbol{A}\boldsymbol{x} = \lambda\boldsymbol{x}$ のとき $\boldsymbol{A}a\boldsymbol{x} = \lambda a\boldsymbol{x}$ なので、固有ベクトルには零でないスカラー倍の任意性があります。

$\boldsymbol{A}\boldsymbol{x} = \lambda\boldsymbol{x}$ は、$\boldsymbol{A}\boldsymbol{x} - \lambda\boldsymbol{x} = \boldsymbol{0}$ と変形でき、さらに $(\boldsymbol{A} - \lambda\boldsymbol{I})\,\boldsymbol{x} = \boldsymbol{0}$ と表現できます。

$$\boldsymbol{A} = \begin{bmatrix} a_{11} & a_{12} & \cdots & a_{1n} \\ a_{21} & a_{22} & \cdots & a_{2n} \\ \vdots & \vdots & \ddots & \vdots \\ a_{n1} & a_{n2} & \cdots & a_{nn} \end{bmatrix}, \quad \boldsymbol{x} = \begin{bmatrix} x_1 \\ x_2 \\ \vdots \\ x_n \end{bmatrix}$$

とすると

$$\begin{bmatrix} a_{11}-\lambda & a_{12} & \cdots & a_{1n} \\ a_{21} & a_{22}-\lambda & \cdots & a_{2n} \\ \vdots & \vdots & \ddots & \vdots \\ a_{n1} & a_{n2} & \cdots & a_{nn}-\lambda \end{bmatrix} \begin{bmatrix} x_1 \\ x_2 \\ \vdots \\ x_n \end{bmatrix} = \begin{bmatrix} 0 \\ 0 \\ \vdots \\ 0 \end{bmatrix}$$

となります。λ が $\boldsymbol{A}$ の固有値であるとは、この連立方程式に零ベクトルではない解が存在することです。そしてそれは、$\boldsymbol{A}-\lambda\boldsymbol{I}$ が正則行列ではないことであり、$\det(\boldsymbol{A}-\lambda\boldsymbol{I})=0$ と同値になります。したがって、λ が

$$\begin{vmatrix} a_{11}-\lambda & a_{12} & \cdots & a_{1n} \\ a_{21} & a_{22}-\lambda & \cdots & a_{2n} \\ \vdots & \vdots & \ddots & \vdots \\ a_{n1} & a_{n2} & \cdots & a_{nn}-\lambda \end{vmatrix} = 0$$

を満たすことが、λ が $\boldsymbol{A}$ の固有値であることの必要十分条件となります。この式は λ に関する n 次方程式になり、$\boldsymbol{A}$ の**固有方程式**または**特性方程式**と呼ばれます。

7

定理 7.1（代数学の基本定理） 複素数を係数とする λ に関する n 次方程式

$$c_n\lambda^n + c_{n-1}\lambda^{n-1} + \cdots + c_1\lambda + c_0 = 0$$

は（$c_n \neq 0$）、ちょうど n 個の解 $\alpha_1, \alpha_2, \ldots, \alpha_n \in \mathbb{C}$（重解も含む）を持ち、

$$c_n(\lambda-\alpha_1)(\lambda-\alpha_2)\cdots(\lambda-\alpha_n) = 0$$

と因数分解できる。

証明 $f(x) \overset{\text{def}}{=} c_n x^n + c_{n-1}x^{n-1} + \cdots + c_1 x + c_0$（$c_n \neq 0$）として、$f(x)=0$ に解があることを示す。$|f(x)| \geqq 0$ なので、$|f(x)|$ は $x=z$ で最小値 α をとる[注2]。$\alpha > 0$ として矛盾を導く[注3]。

$$\begin{aligned} f(x+z) &= c_n(x+z)^n + \cdots + c_1(x+z) + c_0 \\ &= (x\text{の1次以上の多項式}) + f(z) \end{aligned}$$

注2　最小値の存在は、議論の必要があります。「$\mathbb{C}$ の有界閉部分集合上で実数値連続関数は最小値を持つ」という事実に帰着して証明します。

注3　もし複素関数論を知っているならば、$f(x)^{-1}$ は複素平面全域で定義された有界な正則関数となるので、定数関数となり、ここで証明は終わります。

であることから、適当な絶対値が1の複素数σに対して$g(x) \overset{\text{def}}{=} \dfrac{\sigma f(x+z)}{\alpha}$とおくことにより

$$g(x) = c'_n x^n + \cdots + c'_1 x + 1$$

と表現でき、$|g(x)|$は$x = 0$で最小値1をとる。ここで、$c'_{n-1} = \cdots = c'_1 = 0$であるならば、$c'_n x^n + 1 = 0$は解を持つので矛盾である。よって、$c'_{n-1}, \ldots, c'_1$に0でないものがある。0でないもののうち添字の一番小さなものをc'_mとして、$\beta = (-c'_m)^{1/m}$とする。$h(x) \overset{\text{def}}{=} g\left(\dfrac{x}{\beta}\right)$とおくと、

$$h(x) = c''_n x^n + \cdots + c''_{m+1} x^{m+1} - x^m + 1$$

と表現でき、$|h(x)|$は$x = 0$で最小値1をとる。$x \in \mathbb{R}$に対して

$$|h(x)|^2 = \overline{h(x)} h(x) = x^{m+1} H(x) - 2x^m + 1$$

と表現できる。ここで、$H(x) \in \mathbb{R}$であり、しかもxの多項式である。$x \to 0$のとき$xH(x) \to 0$なので、$x > 0$を十分0に近づければ、$xH(x) < 2$とできる。このとき、

$$|h(x)|^2 = x^m (xH(x) - 2) + 1 < 1$$

となってしまい、これは$|h(x)|$の最小値が1であることに矛盾する。■

この定理は解の存在を保証しているだけで、解を求める方法については何もいっていません。別の大定理として、5次方程式には（したがって5次以上の方程式にも）解の公式[注4]がないということが知られています[注5]。公式がないとは、2次方程式の解の公式のようにどの方程式に対しても通用する決められた手順で足したり掛けたり平方根をとったりすることを有限回繰り返すだけで解を求めることはできない、ということを述べています。一方、連立1次方程式には掃き出し法という決められた手順で有限回の足し算・掛け算で解が求まりました。公式としては、第5章の最後で触れたクラーメルの公式というものがあります。

固有値を求めるには固有方程式を解けばよかったので、代数学の基本定理が固有値の存在を保証してくれます。固有値がわかれば、それに対応する固有ベクトルは連立方程式を解くことで求められます。実行列であっても複素数の固有値を持つこともあるので、特に断りがなければ、固有値の問題は複素線形空間で考えます。なお、固有値に対応する固有ベクトルにはスカラー倍の任意性があるので無限個あることになりますが、「固有値に対応する固有ベクトルの個数」と表現した場合は、線形独立なものの個数を指すことにします。

問7.3　行列$\boldsymbol{A}$が正則行列であるための必要十分条件は、$\boldsymbol{A}$の固有値に0がないことです。これを証明しなさい。

注4　2次方程式の解の公式は我々もよく知っています。3次と4次の方程式にも解の公式として知られたものがありますが、あまり使われることはありません。

注5　正確に言うと、四則演算や開冪（冪乗の逆演算）などの演算を有限回組み合わせた式では書けない、という意味です。この証明には、代数学の基本定理の証明よりずっと難しい議論が必要になります。

2次の正方行列 $\boldsymbol{A}$ の固有値と固有ベクトルを実際に求めてみましょう。階数が0の行列は零行列だけで、この行列の固有値は0であり、零でないすべてのベクトルは固有値0に対する固有ベクトルになりますから、線形独立なものは二つ取れます。階数が1の行列の場合、$\mathrm{kernel}\,(\boldsymbol{A})$ の零ではないベクトルは、固有値0に対する固有ベクトルです。一方、$\mathrm{range}\,(\boldsymbol{A})$ のベクトルで $\mathrm{kernel}\,(\boldsymbol{A})$ の要素でないものは、0以外の固有値に対する固有ベクトルになります。特に、1次元部分空間への直交射影は0と1の二つの固有値を持ち、それぞれに対応する固有ベクトルは直交しています。階数が2の行列を考えます。まず、固有値が一つだけの場合です。この場合は固有方程式が $(\lambda - a)^2 = 0$ の形になるので、$a, b \neq 0$ として

$$(1)\ \begin{bmatrix} a & 0 \\ 0 & a \end{bmatrix} \qquad (2)\ \begin{bmatrix} a & b \\ 0 & a \end{bmatrix} \text{ または } \begin{bmatrix} a & 0 \\ b & a \end{bmatrix}$$

というパターンが考えられます。いずれも、a は固有値です。(1) は零でないすべてのベクトルが固有ベクトルになるので、線形独立なものは二つ取れます。(2) は、

$$\begin{cases} ax + by &= ax \\ 0x + ay &= ay \end{cases} \text{ または } \begin{cases} ax + 0y &= ax \\ bx + ay &= ay \end{cases}$$

より、左の行列は $(1, 0)$ が、右の行列は $(0, 1)$ がそれぞれスカラー倍を除く唯一の固有ベクトルとなります。0でない異なる二つの固有値がある場合、それぞれの固有ベクトルは線形独立で階数は2でなければなりません。$\boldsymbol{A}$ が実行列であるとすると、実固有値が二つある場合と、互いに共役な複素数が二つある場合に分けられます。次のプログラムは、このような行列の問題をランダムに作成します。

▼プログラム：prob1.py

```
 1  from sympy import Matrix
 2  from numpy.random import seed, choice
 3
 4  seed(2024)
 5  N=[-3, -2, -1, 1, 2, 3]
 6
 7  def f(real=True):
 8      while True:
 9          A = Matrix(choice(N, (2, 2)))
10          eigenvals = A.eigenvals()
11          if len(eigenvals) == 2 and 0 not in eigenvals:
12              if all([x.is_real for x in eigenvals]) == real:
13                  print(eigenvals)
14                  return A
```

■ **5行目** … N は、生成する行列の要素に使われる数字を与えます。簡単な問題にならないように0は除き、複雑な計算になり過ぎないように絶対値の小さな整数にしています。

- **7〜14行目** … 引数は True または False のいずれかとして、それぞれ固有値が二つの異なる実数となる問題、複素数になる問題を生成します。条件に合う行列が得られるまで、以下を繰り返します。9行目で、N の数字を成分とする2次の正方行列 A をランダムに作成します。10行目で、A の固有値を求めるためのメソッドを用います。固有値をキーとして、その固有値の重複度[注6]を値とする辞書が返されます。11行目で固有値が二つあることと0が固有値でないことを、12行目で f の引数によって指定された種類の固有値（実数・複素数）になっていることを確かめ、これらの条件に合えば固有値の辞書を表示して、そのときの行列を返します。

▼実行結果

```
f(True)
{-3 - sqrt(3): 1, -3 + sqrt(3): 1}
Matrix([
[-3, -1],
[-3, -3]])
f(False)
{-1/2 - sqrt(7)*I/2: 1, -1/2 + sqrt(7)*I/2: 1}
Matrix([
[ 1,  2],
[-2, -2]])
```

問7.4　上のプログラムで生成された問題の固有値と固有ベクトルを、コンピュータの助けを借りずに求めなさい。また、同じ問題をコンピュータの助けを借りて解きなさい。

3次の正方行列では少し計算が込み入ってくるので、コンピュータの助けを借りながら段階を追って計算していきましょう。$\boldsymbol{A} = \begin{bmatrix} 3 & -4 & 2 \\ 2 & -3 & 2 \\ 3 & -6 & 4 \end{bmatrix}$ とします。

```
1 >>> from sympy import *
2 >>> A = Matrix([[3, -4, 2], [2, -3, 2], [3, -6, 4]])
3 >>> f = det(A - var('lmd') * eye(3)); f
4 -lmd**3 + 4*lmd**2 - 5*lmd + 2
5 >>> factor(f)
6 -(lmd - 2)*(lmd - 1)**2
```

var は文の中でも使うことができます。eye(3) は単位行列 $\boldsymbol{I}_3$ を表します。f は、$\det(\boldsymbol{A} - \lambda \boldsymbol{I})$ を表しています。5行目は factor 関数による f の因数分解です。これで固有方程式を因数分解できた

注6　この節で後で説明します。

ので、$\lambda = 1, 2$が固有値とわかります。

次に、それぞれの固有値λに対する固有ベクトルを求めます。つまり、連立方程式$(\boldsymbol{A} - \lambda \boldsymbol{I})\,\boldsymbol{v} = \boldsymbol{0}$の零ベクトルでない解を求めます。$\boldsymbol{v} = (x, y, z)$ として、$\boldsymbol{w} : \lambda \mapsto (\boldsymbol{A} - \lambda \boldsymbol{I})\,\boldsymbol{v}$とします。SymPyでシンボルを変数とするラムダ式を作る関数Lambdaを使ってみましょう。

```
>>> v = Matrix([var('x'), var('y'), var('z')]); v
Matrix([
[x],
[y],
[z]])
>>> w = Lambda(lmd, (A - lmd * eye(3)) * v); w
Lambda(lmd, Matrix([
[ x*(3 - lmd) - 4*y + 2*z],
[2*x + y*(-lmd - 3) + 2*z],
[ 3*x - 6*y + z*(4 - lmd)]]))
```


$\boldsymbol{w}\,(1) = \boldsymbol{0}$、すなわち$(\boldsymbol{A} - 1 \cdot \boldsymbol{I})\,\boldsymbol{v} = \boldsymbol{0}$を$x, y, z$について解き、得られた解を$\boldsymbol{v}$に代入します。

```
>>> ans = solve(w(1)); ans
{x: 2*y - z}
>>> v.subs(ans)
Matrix([
[2*y - z],
[      y],
[      z]])
```

平面$x = 2y - z$上の零でないベクトルが、固有値1に対する固有ベクトルです。ここから線形独立に、例えば$z = 0, y = 1$として$(2, 1, 0)$と、$z = 1, y = 0$として$(-1, 0, 1)$ の二つのベクトルを取ることができます。固有値$\lambda = 2$に対しては、

```
>>> ans = solve(w(2)); ans
{y: 2*z/3, x: 2*z/3}
>>> v.subs(ans)
Matrix([
[2*z/3],
[2*z/3],
[    z]])
```

から、例えば$z = 3$として$(2, 2, 3)$が得られます。

SymPyには固有値を直接求めるメソッドがあります。

```
>>> A.eigenvals()
{2: 1, 1: 2}
```

解は辞書形式で、キーが解、その値は重解の重複度です。

SymPyには、固有値と固有ベクトルを同時に求めるメソッドもあります。

```
>>> A.eigenvects()
[(1, 2, [Matrix([
[2],
[1],
[0]]), Matrix([
[-1],
[ 0],
[ 1]])]), (2, 1, [Matrix([
[2/3],
[2/3],
[  1]])])]
```

答えとして

$$\Big(1,\ 2,\ \big[(2,1,0),\ (-1,0,1)\big]\Big) \quad \text{と} \quad (2,\ 1,\ (2/3,2/3,1))$$

の二つのタプルを要素とするリストが返ってきました。各タプルの要素は順に、固有値、重複度、固有ベクトル（列ベクトル）のリストを意味しています。

重複度とは、固有方程式の重解の重なっている個数のことです。固有値が異なると対応する固有ベクトルは線形独立になります。同じ固有値に対して線形独立な固有ベクトルが複数個存在する場合、それらが生成する部分空間のベクトルで零ベクトルでないものはすべて固有ベクトルとなります。この部分空間を固有値λの**固有空間**といいます。固有空間の次元は必ずしも重複度に一致するとは限りません。詳しいことは次の章のジョルダン標準形のところで論じます。

NumPyでは、固有値と固有ベクトルの計算は、`linalg`モジュールの関数`eig`を用いて次のように行います（一部、出力を整形しています）。

```
>>> from numpy.linalg import eig, norm
>>> A = [[3, -2, 2], [2, -1, 4], [2, -2, 1]]
>>> lmd, vec = eig(A)
>>> lmd
array([1.+0.j, 1.+2.j, 1.-2.j])
```

```
6  >>> vec[:, 0]
7  array([ 7.07106781e-01+0.j,  7.07106781e-01+0.j,
8         -3.65101269e-16+0.j])
9  >>> vec[:, 1]
10 array([-0.47434165-0.15811388j, -0.79056942+0.j,
11        -0.15811388-0.31622777j])
12 >>> vec[:, 2]
13 array([-0.47434165+0.15811388j, -0.79056942-0.j,
14        -0.15811388+0.31622777j])
15 >>> [norm(vec, axis=0)]
16 array([1., 1., 1.])
```

15, 16 行目で、三つの固有ベクトル（vecの列ベクトル）のノルムがそれぞれ 1 である（正規化されている）ことを確かめています。

次のプログラムは、重複度がある固有値を持つ行列に対して、SymPyとNumPyの両方を用いて固有値問題を解いた結果を比較します。

▼プログラム：eig2.py

```
1  import sympy as sp
2  import numpy as np
3  
4  A = [[1, 1], [0, 1]]
5  a = sp.Matrix(A).eigenvects()
6  b = np.linalg.eig(A)
7  print(f'''SymPy
8  eigen value: {a[0][0]}
9  multiplicity: {a[0][1]}
10 eigen vector:
11 {a[0][2][0]}
12 
13 NumPy
14 eigen values: {b[0][0]}, {b[1][1]}
15 eigen vectors:
16 {b[1][:, 0]}
17 {b[1][:, 1]}''')
```

■ **4行目** … $\boldsymbol{A} = \begin{bmatrix} 1 & 1 \\ 0 & 1 \end{bmatrix}$ の固有値、固有ベクトルを調べます。

- **5行目** … SymPyの`Matrix`クラスのメソッド`eigenvects`の結果を`a`とします。
- **6行目** … NumPyの`linalg`モジュールの関数`eig`の結果を`b`とします。
- **7〜17行目** … 一つの`print`関数を呼び出しています。複数行にまたがる文字列には**三連引用符**`'''`または`"""`を用いると、改行がそのまま反映されます。その文字列をフォーマット文字列として、`a`と`b`の結果を整形したものを出力します。

▼実行結果

```
SymPy
eigen value: 1
multiplicity: 2
eigen vector:
Matrix([[1], [0]])

NumPy
eigen values: 1.0, 1.0
eigen vectors:
[1. 0.]
[-1.00000000e+00  2.22044605e-16]
```

行列 $\boldsymbol{A}$ は固有値が1だけで重複度は2、対応する固有ベクトルはスカラー倍を除くと $(1,0)$ の1個しかありません。SymPyではそのように結果が返ってきます。一方NumPyでは、固有値が1および1と同じものが2個、前者の固有値1に対応する固有ベクトルは $(1,0)$、後者の固有値1に対応する固有ベクトルは $(-1,0)$（微小な誤差を含む）と、スカラー倍の関係にある二つのベクトルが求まります。

問7.5　次に示すのは、固有方程式が因数分解できて整数の固有値を持つ3次の正方行列をランダムに生成するプログラムとその実行例です。このプログラムで生成される行列の固有値と固有ベクトルを、コンピュータの助けを借りずに計算しなさい。

▼プログラム：prob2.py

```
from sympy import Matrix, Symbol, factor_list, factor
from numpy.random import choice, seed

seed(2024)
D = [-5, -4, -3, -2, -1, 1, 2, 3, 4, 5]

def f():
    while True:
```

```
 9          A = Matrix(choice(D, (3, 3)))
10          cp = A.charpoly(Symbol('x')).as_expr()
11          F = factor_list(cp)
12          if len(F[1]) == 3:
13              break
14      print(f'A = {A}')
15      print(f'det(A - x*I) = {factor(cp)}')
16      return A
```

- **4行目** … seedの引数の数字を変えると、生成される問題が変わります。
- **5行目** … 生成する行列の要素をここから選びます。
- **10行目** … charpolyは固有方程式（特性方程式）を求めるメソッドです。方程式に使われるシンボルを引数とします。.as_expr()は方程式を見やすくします。
- **11行目** … factor_listの戻り値は順序対で、一方の要素F[0]は定数因数（0次式）です。もう一方の要素F[1]はリストで、その要素は1次以上の異なる既約な（それ以上分解できない）因数とその次数のペアです。
- **12, 13行目** … 生成した行列は3次の正方行列なので、固有方程式は3次方程式です。したがって、異なる既約な因数の個数であるlen(F[1])が3のとき、固有方程式は異なる三つの整数解を持ちます。
- **14〜16行目** … 生成した行列A、および、その固有方程式を因数分解したものを表示し、関数の戻り値をAとします。

▼実行例

```
>>> f()
A = Matrix([[-1, 3, -4], [1, 1, -1], [-2, 2, 3]])
det(A - x*I) = (x - 4)*(x - 2)*(x + 3)
```

7.3 対角化

$\boldsymbol{A}$の相異なる固有値$\lambda_1, \lambda_2, \ldots, \lambda_k$について、対応する固有ベクトルをそれぞれ$\boldsymbol{v}_1, \boldsymbol{v}_2, \ldots, \boldsymbol{v}_k$とします。これらのベクトルたちが線形独立であるという主張を数学的帰納法で証明します。$k = 1$のときは、零ベクトルでない1個のベクトルからなる集合は線形独立であることから主張は正しいといえます。$\{\boldsymbol{v}_1, \boldsymbol{v}_2, \ldots, \boldsymbol{v}_k\}$が線形独立で、$\lambda_1, \lambda_2, \ldots, \lambda_k$のどれとも異なる$\boldsymbol{A}$の固有値$\lambda_{k+1}$があり、それに対応する固有ベクトルを$\boldsymbol{v}_{k+1}$としたとき、このベクトルが

$$\boldsymbol{v}_{k+1} = a_1\boldsymbol{v}_1 + \cdots + a_k\boldsymbol{v}_k \qquad \cdots (*)$$

と表現できたと仮定します。両辺に $\boldsymbol{A}$ を施すと

$$\lambda_{k+1}\boldsymbol{v}_{k+1} = a_1\lambda_1\boldsymbol{v}_1 + \cdots + a_k\lambda_k\boldsymbol{v}_k$$

であり、$(*)$ を代入して整理すると

$$a_1(\lambda_{k+1}-\lambda_1)\boldsymbol{v}_1 + \cdots + a_k(\lambda_{k+1}-\lambda_k)\boldsymbol{v}_k = \boldsymbol{0}$$

を得ます。$\{\boldsymbol{v}_1,\ldots,\boldsymbol{v}_k\}$ は線形独立なので係数はすべて0ですが、λ_{k+1} は $\lambda_1,\lambda_2,\ldots,\lambda_k$ のどれとも異なるという前提から、$a_1 = \cdots = a_k = 0$ でなければならないことがいえます。すると $(*)$ から、$\boldsymbol{v}_{k+1} = \boldsymbol{0}$ となり矛盾します。よって、$\boldsymbol{v}_{k+1}$ は $\boldsymbol{v}_1,\boldsymbol{v}_2,\ldots,\boldsymbol{v}_k$ の線形結合では書けないので、$\{\boldsymbol{v}_1,\boldsymbol{v}_2,\ldots,\boldsymbol{v}_k,\boldsymbol{v}_{k+1}\}$ は線形独立です。以上により、$k+1$ のときも主張は正しいことが示されました。

正方行列 $\boldsymbol{A}$ に対して、ある正則行列 $\boldsymbol{V}$ が存在して $\boldsymbol{V}^{-1}\boldsymbol{A}\boldsymbol{V}$ が対角行列となるとき、$\boldsymbol{A}$ は**対角化可能**であるといいます。$\boldsymbol{A}$ が対角化可能であるための必要十分条件は、$\boldsymbol{A}$ の固有ベクトルからなる基底が取れることです。

(必要性) ある正則行列 $\boldsymbol{V}$ が存在して $\boldsymbol{V}^{-1}\boldsymbol{A}\boldsymbol{V} = \mathbf{diag}(\lambda_1,\lambda_2,\ldots,\lambda_n)$ であるとします。このとき、標準基底 $\{\boldsymbol{e}_1,\boldsymbol{e}_2,\ldots,\boldsymbol{e}_n\}$ に対して $\boldsymbol{V}^{-1}\boldsymbol{A}\boldsymbol{V}\boldsymbol{e}_i = \lambda_i\boldsymbol{e}_i$ （$i = 1,2,\ldots,n$）がいえます。両辺に $\boldsymbol{V}$ を施すと $\boldsymbol{A}\boldsymbol{V}\boldsymbol{e}_i = \lambda_i\boldsymbol{V}\boldsymbol{e}_i$ であり、$\{\boldsymbol{V}\boldsymbol{e}_1,\boldsymbol{V}\boldsymbol{e}_2,\ldots,\boldsymbol{V}\boldsymbol{e}_n\}$ は $\boldsymbol{A}$ の固有ベクトルからなる基底となることがわかります。

(十分性) $\boldsymbol{A}$ の固有ベクトルからなる基底 $\{\boldsymbol{v}_1,\boldsymbol{v}_2,\ldots,\boldsymbol{v}_n\}$ に対して、これらを列ベクトルとして並べて作った行列を $\boldsymbol{V}$ とすると、

$$\begin{aligned}\boldsymbol{V} &= \begin{bmatrix} \boldsymbol{v}_1 & \boldsymbol{v}_2 & \cdots & \boldsymbol{v}_n \end{bmatrix}\\ \boldsymbol{A}\boldsymbol{V} &= \begin{bmatrix} \lambda_1\boldsymbol{v}_1 & \lambda_2\boldsymbol{v}_2 & \cdots & \lambda_n\boldsymbol{v}_n \end{bmatrix}\\ \boldsymbol{V}^{-1}\boldsymbol{A}\boldsymbol{V} &= \begin{bmatrix} \lambda_1\boldsymbol{e}_1 & \lambda_2\boldsymbol{e}_2 & \cdots & \lambda_n\boldsymbol{e}_n \end{bmatrix}\end{aligned}$$

なので、$\boldsymbol{A}$ は正則行列 $\boldsymbol{V}$ によって対角化されます。ここで、$\boldsymbol{V}$ は基底変換行列です。$\boldsymbol{A}$ を対角化したとき、対角線には固有値が並び、重複度があれば重複度の数だけ同じ固有値が並びます。$\boldsymbol{A}$ の固有方程式は $\mathbf{diag}(\lambda_1,\lambda_2,\ldots,\lambda_n)$ の固有方程式と一致するので、固有値の重複度と固有空間の次元は等しいことがわかります。n 次の正方行列 $\boldsymbol{A}$ が n 個の相異なる固有値を持てば、各固有値に対応する固有ベクトルを集めたものは線形独立だったので基底になります。したがって、$\boldsymbol{A}$ は対角化可能であることになります。

問7.5で用いたプログラムを実行すると、3個の異なる固有値を持つ行列ができるので、それを利用して対角化の方法を説明します。`prob2.py` を実行します。

```
>>> A = f()
A = Matrix([[-1, 3, -4], [1, 1, -1], [-2, 2, 3]])
det(A - x*I) = (x - 4)*(x - 2)*(x + 3)
```

この行列を対角化します。固有ベクトルを求めて、これらを列ベクトルとする行列Vを作ります。

```
>>> X = A.eigenvects()
>>> u, v, w = [e for x in X for e in x[2]]
>>> V = u.row_join(v).row_join(w); V
Matrix([
[13/5, 1, -5/4],
[-2/5, 1, -3/4],
[   1, 0,    1]])
```

AはVによって対角化できます。

```
>>> V**(-1) * A * V
Matrix([
[-3, 0, 0],
[ 0, 2, 0],
[ 0, 0, 4]])
```


ここで、対角線に並んでいる数が固有値です。固有ベクトルの並べ方を変えれば、対角線の並びも変わります。

問7.6 別の行列を生成して、同じ操作で対角化を行いなさい。

問7.7 行列$\boldsymbol{A}$が対角化可能で、$\boldsymbol{V}^{-1}\boldsymbol{A}\boldsymbol{V} = \mathbf{diag}\,(\lambda_1, \lambda_2, \ldots, \lambda_n)$であるとします。このとき、次の1から4を示しなさい。

1. $\mathrm{rank}\,(\boldsymbol{A})$は$\lambda_1, \lambda_2, \ldots, \lambda_n$のうち0でないものの個数に等しい
2. $\det\,(\boldsymbol{A})$は$\lambda_1, \lambda_2, \ldots, \lambda_n$のすべての積に等しい
3. $\mathrm{Tr}\,(\boldsymbol{A})$は$\lambda_1, \lambda_2, \ldots, \lambda_n$のすべての和に等しい
4. $\boldsymbol{A}$が正則行列ならば、$\boldsymbol{A}^{-1} = \boldsymbol{V}\mathbf{diag}\left(\lambda_1^{-1}, \lambda_2^{-1}, \ldots, \lambda_n^{-1}\right)\boldsymbol{V}^{-1}$である

行列$\boldsymbol{A}$が$\boldsymbol{A}^*\boldsymbol{A} = \boldsymbol{A}\boldsymbol{A}^*$を満たすとき、$\boldsymbol{A}$は**正規行列**であるといいます。エルミート行列とユニタリ行列は正規行列の例です。

$\boldsymbol{A}$が実行列であれば、正規行列であるための条件は$\boldsymbol{A}^{\mathrm{T}}\boldsymbol{A} = \boldsymbol{A}\boldsymbol{A}^{\mathrm{T}}$であり、対称行列と直交行列は正規行列になります。2次の実正方行列の場合、正規行列となるものは他にあるでしょうか。$\boldsymbol{A} = \begin{bmatrix} a & b \\ c & d \end{bmatrix}$とおいて、$a, b, c, d$に関する方程式$\boldsymbol{A}^{\mathrm{T}}\boldsymbol{A} = \boldsymbol{A}\boldsymbol{A}^{\mathrm{T}}$を解いてみましょう。

```
>>> from sympy import *
>>> from sympy.abc import a, b, c, d
>>> A = Matrix([[a, b], [c, d]])
>>> solve(A.T * A - A * A.T)
[{b: c}, {b: -c, a: d}, {b: 0, c: 0}]
```

三つの場合があるといっています。一つ目は、$b=c$の場合です。これは$\boldsymbol{A}$が対称行列ということです。二つ目の、$b=-c$で$a=d$の場合は、$\boldsymbol{A}$の列ベクトル（行ベクトル）が直交系になってます[注7]。最後は、$b=c=0$で、これは対角行列ということです。

問7.8　上の結果を、SymPyを使わずに確かめなさい。

正規行列$\boldsymbol{A}$に対して、以下のことがいえます。λが$\boldsymbol{A}$の固有値でそれに対応する固有ベクトルが$\boldsymbol{v}$であるとします。$\boldsymbol{Av}-\lambda\boldsymbol{v}=\boldsymbol{0}$なので、

$$
\begin{aligned}
0=\|\boldsymbol{Av}-\lambda\boldsymbol{v}\|^2 &= \langle \boldsymbol{Av}-\lambda\boldsymbol{v} \mid \boldsymbol{Av}-\lambda\boldsymbol{v}\rangle \\
&= \langle \boldsymbol{Av} \mid \boldsymbol{Av}\rangle - \langle \boldsymbol{Av} \mid \lambda\boldsymbol{v}\rangle - \langle \lambda\boldsymbol{v} \mid \boldsymbol{Av}\rangle + \langle \lambda\boldsymbol{v} \mid \lambda\boldsymbol{v}\rangle \\
&= \langle \boldsymbol{A}^*\boldsymbol{Av} \mid \boldsymbol{v}\rangle - \langle \overline{\lambda}\boldsymbol{v} \mid \boldsymbol{A}^*\boldsymbol{v}\rangle - \langle \boldsymbol{A}^*\boldsymbol{v} \mid \overline{\lambda}\boldsymbol{v}\rangle + \langle \overline{\lambda}\boldsymbol{v} \mid \overline{\lambda}\boldsymbol{v}\rangle \\
&= \langle \boldsymbol{AA}^*\boldsymbol{v} \mid \boldsymbol{v}\rangle - \langle \overline{\lambda}\boldsymbol{v} \mid \boldsymbol{A}^*\boldsymbol{v}\rangle - \langle \boldsymbol{A}^*\boldsymbol{v} \mid \overline{\lambda}\boldsymbol{v}\rangle + \langle \overline{\lambda}\boldsymbol{v} \mid \overline{\lambda}\boldsymbol{v}\rangle \\
&= \langle \boldsymbol{A}^*\boldsymbol{v} \mid \boldsymbol{A}^*\boldsymbol{v}\rangle - \langle \overline{\lambda}\boldsymbol{v} \mid \boldsymbol{A}^*\boldsymbol{v}\rangle - \langle \boldsymbol{A}^*\boldsymbol{v} \mid \overline{\lambda}\boldsymbol{v}\rangle + \langle \overline{\lambda}\boldsymbol{v} \mid \overline{\lambda}\boldsymbol{v}\rangle \\
&= \langle \boldsymbol{A}^*\boldsymbol{v}-\overline{\lambda}\boldsymbol{v} \mid \boldsymbol{A}^*\boldsymbol{v}-\overline{\lambda}\boldsymbol{v}\rangle = \|\boldsymbol{A}^*\boldsymbol{v}-\overline{\lambda}\boldsymbol{v}\|^2
\end{aligned}
$$

から、$\boldsymbol{A}^*\boldsymbol{v}-\overline{\lambda}\boldsymbol{v}=\boldsymbol{0}$がいえます。すなわち、次がいえます。

　　λが$\boldsymbol{A}$の固有値で、対応する固有ベクトルは$\boldsymbol{v}$である
$\Rightarrow\overline{\lambda}$が$\boldsymbol{A}^*$の固有値で、対応する固有ベクトルは$\boldsymbol{v}$である

また、λ,μを$\boldsymbol{A}$の異なる固有値とし、対応する固有ベクトルをそれぞれ$\boldsymbol{v},\boldsymbol{w}$とします。このとき、

$$
\lambda\langle \boldsymbol{v} \mid \boldsymbol{w}\rangle = \langle \overline{\lambda}\boldsymbol{v} \mid \boldsymbol{w}\rangle = \langle \boldsymbol{A}^*\boldsymbol{v} \mid \boldsymbol{w}\rangle = \langle \boldsymbol{v} \mid \boldsymbol{Aw}\rangle = \langle \boldsymbol{v} \mid \mu\boldsymbol{w}\rangle = \mu\langle \boldsymbol{v} \mid \boldsymbol{w}\rangle
$$

であり、$\lambda\neq\mu$なので$\langle \boldsymbol{v} \mid \boldsymbol{w}\rangle=0$でなければなりません。すなわち、次がいえます。

　　$\boldsymbol{A}$の相異なる固有値に対する固有ベクトルは、互いに直交する

$\boldsymbol{A}$の相異なるすべての固有値を$\lambda_1,\ldots,\lambda_k$として、対応する固有空間をそれぞれ$W_1,\ldots,W_k$とします。$i\neq j$のとき$W_i$と$W_j$は直交します。各$W_i$の正規直交基底を作り、それらをすべて集めたものは$\boldsymbol{A}$の固有ベクトルからなる$\mathbb{C}^n$の正規直交系となります。これが生成する部分空間を$W$とし、$W=\mathbb{C}^n$であることを背理法で示します。$W=\mathbb{C}^n$でないと仮定すると、$W^\perp\neq\{\boldsymbol{0}\}$です。任意の

注7　正規直交系ならば、$\boldsymbol{A}$は直交行列です。

$\boldsymbol{v} \in W^\perp$ は、任意の $\boldsymbol{w} \in W_i$ に対して

$$\langle \boldsymbol{w} \mid \boldsymbol{A}\boldsymbol{v} \rangle = \langle \boldsymbol{A}^*\boldsymbol{w} \mid \boldsymbol{v} \rangle = \langle \overline{\lambda}_i \boldsymbol{w} \mid \boldsymbol{v} \rangle = \lambda_i \langle \boldsymbol{w} \mid \boldsymbol{v} \rangle = 0$$

なので、$\boldsymbol{A}\boldsymbol{v} \in W^\perp$ です。すなわち、$\boldsymbol{v} \mapsto \boldsymbol{A}\boldsymbol{v}$ は $W^\perp$ から自分自身への線形写像となります。$W^\perp$ の基底 $\{\boldsymbol{v}_1, \ldots, \boldsymbol{v}_l\}$ によるこの線形写像の行列表現を $\boldsymbol{B}$ とします。代数学の基本定理から、行列 $\boldsymbol{B}$ は固有値 μ と固有ベクトル $\boldsymbol{x} = (x_1, \ldots, x_l)$ を持ちます。$\boldsymbol{B}$ は $\boldsymbol{x} = (x_1, \ldots, x_l)$ を $\mu\boldsymbol{x} = (\mu x_1, \ldots, \mu x_l)$ に移すので、$\boldsymbol{A}$ は $x_1\boldsymbol{v}_1 + \cdots + x_l\boldsymbol{v}_l$ を $\mu x_1\boldsymbol{v}_1 + \cdots + \mu x_l\boldsymbol{v}_l$ に移します。したがって、$x_1\boldsymbol{v}_1 + \cdots + x_l\boldsymbol{v}_l$ は $\boldsymbol{A}$ の固有値 μ に対する固有ベクトルになりますが、μ は $\lambda_1, \ldots, \lambda_k$ のどれかであるはずなのに、$x_1\boldsymbol{v}_1 + \cdots + x_l\boldsymbol{v}_l$ はどの W_i にも属さないので矛盾を生じます。したがって、次のことがいえます。

$\boldsymbol{A}$ の固有ベクトルからなる $\mathbb{C}^n$ の正規直交基底を取れる

$\{\boldsymbol{u}_1, \boldsymbol{u}_2, \ldots, \boldsymbol{u}_n\}$ を $\boldsymbol{A}$ の固有ベクトルからなる $\mathbb{C}^n$ の正規直交基底とします。このとき、これらの列ベクトルを並べてできる

$$\boldsymbol{U} \stackrel{\text{def}}{=} \begin{bmatrix} \boldsymbol{u}_1 & \boldsymbol{u}_2, & \cdots & \boldsymbol{u}_n \end{bmatrix}$$

はユニタリ行列です。したがって、次がいえます。

$\boldsymbol{A}$ はユニタリ行列により対角化可能である

$\boldsymbol{U}$ は正規直交基底による基底変換[注8]行列です。

正規行列 $\boldsymbol{A} = \begin{bmatrix} i & i \\ -i & i \end{bmatrix}$ を対角化してみます。念のため、正規行列であることを確かめましょう。

```
>>> from sympy import *
>>> A = Matrix([[I, I], [-I, I]])
>>> A * A.H - A.H * A
Matrix([
[0, 0],
[0, 0]])
```

固有値および固有ベクトルを求めます。

```
>>> X = A.eigenvects(); X
[(-1 + I, 1, [Matrix([
[-I],
[ 1]])]), (1 + I, 1, [Matrix([
```

注8　**ユニタリ変換**といいます。ユニタリ変換は内積とノルムを保存します。

```
[I],
[1]])])]
```

固有ベクトルをそれぞれ正規化して行列 $\boldsymbol{U}$ を作ります。$\boldsymbol{U}^* \boldsymbol{A}\boldsymbol{U}$ が対角化の結果で、対角線に固有値が並びます。

```
>>> B = [v / v.norm() for x in X for v in x[2]]
>>> U = B[0].row_join(B[1]); U
Matrix([
[-sqrt(2)*I/2, sqrt(2)*I/2],
[   sqrt(2)/2,   sqrt(2)/2]])
>>> simplify(U.H * A * U)
Matrix([
[-1 + I,      0],
[     0, 1 + I]])
```

問7.9 $\boldsymbol{A}$ を正規行列とします。$\lambda_1, \lambda_2, \ldots, \lambda_n$ を、重複度を許した（重複度のある固有値は重複度の数だけ同じものを並べた）$\boldsymbol{A}$ の固有値とするとき、次の1から5を確かめなさい。

1. $\boldsymbol{A}$ がエルミート行列 $\Leftrightarrow$ $\lambda_1, \ldots, \lambda_n \in \mathbb{R}$
2. $\boldsymbol{A}$ がユニタリ行列 $\Leftrightarrow$ $|\lambda_1| = \cdots = |\lambda_n| = 1$
3. $\boldsymbol{A}$ が正定値行列 $\Leftrightarrow$ $\lambda_1, \ldots, \lambda_n > 0$
4. $\boldsymbol{A}$ が半正定値行列 $\Leftrightarrow$ $\lambda_1, \ldots, \lambda_n \geqq 0$
5. $\boldsymbol{A}$ が直交射影 $\Leftrightarrow$ $\lambda_1, \ldots, \lambda_n = 0, 1$

$\mathbb{K} = \mathbb{R}$ のとき、対称行列 $\boldsymbol{A}$ は直交行列で対角化可能です。なぜならば、$\boldsymbol{A}$ はエルミート行列なので固有値 λ は実数であり、固有ベクトルも $\mathbb{R}^n$ から見つけることができます。するとエルミート行列 $\boldsymbol{A}$ を対角化するユニタリ行列 $\boldsymbol{U}$ の作り方から、$\boldsymbol{U}$ は実行列になります。したがって、$\boldsymbol{U}$ は直交行列です。対称な正定値（半正定値）行列の固有値がすべて正（非負）であることを見るのも難しくありません。これは対称性がないと成立しません。直交行列の固有値は一般には実数になりません。例えば回転行列 $\begin{bmatrix} \cos\theta & -\sin\theta \\ \sin\theta & \cos\theta \end{bmatrix}$ は直交行列ですが、$\theta = n\pi$（n は整数）でない限り、$\mathbb{R}^2$ の中に固有ベクトルを持ちません。したがって、一般に直交行列を対角化するには、ユニタリ行列が必要になります。

対称行列 $\boldsymbol{A} = \begin{bmatrix} 0 & 1 & 2 \\ 1 & 2 & 0 \\ 2 & 0 & 1 \end{bmatrix}$ を対角化してみます。

```
>>> from sympy import *
>>> A = Matrix([[0, 1, 2], [1, 2, 0], [2, 0, 1]])
>>> X = A.eigenvects()
>>> [x[0] for x in X]
[3, -sqrt(3), sqrt(3)]
```

固有値は3と$\pm\sqrt{3}$です。固有ベクトルを正規化し、直交行列$\boldsymbol{U}$を作ります。

```
>>> B = [simplify(v) for x in X for v in x[2]]
>>> C = [simplify(b / b.norm()) for b in B]
>>> U = C[0].row_join(C[1]).row_join(C[2]); U
Matrix([
[sqrt(3)/3, -1/2 - sqrt(3)/6,  1/2 - sqrt(3)/6],
[sqrt(3)/3,  1/2 - sqrt(3)/6, -1/2 - sqrt(3)/6],
[sqrt(3)/3,        sqrt(3)/3,        sqrt(3)/3]])
```


$\boldsymbol{A}$は$\boldsymbol{U}$で対角化できます。

```
>>> simplify(U.T * A * U)
Matrix([
[3,        0,       0],
[0, -sqrt(3),       0],
[0,        0, sqrt(3)]])
```

次は、実行列でもエルミート行列でもない正規行列を対角化してみましょう。

```
>>> A = Matrix([[I, I], [-I, I]])
>>> X = A.eigenvects()
>>> [x[0] for x in X]
[-1 + I, 1 + I]
>>> B = [simplify(v) for x in X for v in x[2]]
>>> C = [simplify(b / b.norm()) for b in B]
>>> U = C[0].row_join(C[1]); U
Matrix([
[-sqrt(2)*I/2, sqrt(2)*I/2],
[   sqrt(2)/2,   sqrt(2)/2]])
>>> simplify(U.H * A * U)
Matrix([
[-1 + I,     0],
```

```
[      0, 1 + I]])
```

SymPyのMatrixクラスには、正規行列に対する正則行列を用いて対角化するメソッドが定義されています。

```
>>> A.diagonalize()
(Matrix([
[-I, I],
[ 1, 1]]), Matrix([
[1 - I,     0],
[    0, 1 + I]]))
```

NumPyのlinalgモジュールには、固有値と固有ベクトルを求める関数eigがあり、そのまま正則行列を用いた対角化に利用できます。また、エルミート行列に対しては、固有値と固有ベクトルを正規直交基底として求める関数eighがあり、ユニタリ行列を用いた対角化に利用できます。

```
>>> from numpy import *
>>> A = array([[1, 2, 3], [2, 3, 4], [3, 4, 5]])
>>> Lmd, V = linalg.eig(A); Lmd
array([ 9.62347538e+00, -6.23475383e-01,  5.02863969e-16])
>>> linalg.inv(V).dot(A.dot(V))
array([[ 9.62347538e+00, -3.55271368e-15,  2.09591804e-15],
       [ 4.44089210e-16, -6.23475383e-01, -4.38613236e-16],
       [ 1.33226763e-15,  1.66533454e-16,  3.94430453e-31]])
>>> B = array([[1j, 1j], [-1j, 1j]])
>>> Lmd, V = linalg.eigh(B); Lmd
array([-1.,  1.])
>>> V.T.conj().dot(B.dot(V))
array([[-1.+1.j,  0.+0.j],
       [ 0.+0.j,  1.+1.j]])
```

問7.10 次のプログラムは2次の実正規行列をランダムに生成するプログラムです。このプログラムで生成された行列を、ユニタリ行列で対角化しなさい。

▼プログラム：prob3.py

```
from sympy import *
from numpy.random import choice

N = [-3, -2, -1, 1, 2, 3]
```

```

def g(symmetric=True):
    if symmetric:
        a, b, d = choice(N, 3)
        return Matrix([[a, b], [b, d]])
    else:
        a, b = choice(N, 2)
        return Matrix([[a, b], [-b, a]])
```

gの引数がTrueならば対称行列（デフォルトはTrue）、Falseならば非対称行列を生成します。

```
>>> g()
Matrix([
[-1, 3],
[ 3, 2]])
>>> g(False)
Matrix([
[-1,  2],
[-2, -1]])
```

次のような形をした行列Δのことを、**上三角行列**とよびます。

$$\boldsymbol{\Delta} = \begin{bmatrix} a_1 & * & * & \cdots & * \\ 0 & a_2 & * & \cdots & * \\ \vdots & \ddots & \ddots & \ddots & \vdots \\ \vdots & & \ddots & \ddots & * \\ 0 & 0 & \cdots & 0 & a_n \end{bmatrix}$$

行列$\boldsymbol{\Delta}$の固有方程式は

$$(\lambda - a_1)(\lambda - a_2)\cdots(\lambda - a_n) = 0$$

なので、対角線に並んでいるのはこの行列の固有値ということになります。任意の複素正方行列$\boldsymbol{A}$に対して、上三角行列$\boldsymbol{\Delta}$とユニタリ行列$\boldsymbol{U}$が存在して、

$$\boldsymbol{\Delta} = \boldsymbol{U}^* \boldsymbol{A} \boldsymbol{U}$$

と表現できます。このとき、$\boldsymbol{A} = \boldsymbol{U}\boldsymbol{\Delta}\boldsymbol{U}^*$であり、これを$\boldsymbol{A}$の**シューア分解**といいます。

問7.11　シューア分解を用いて、正規行列がユニタリ行列によって対角化可能であることの別証明を与えなさい。

問7.12　次はシューア分解を行うプログラムです。このプログラムを参考にして、シューア分解を数学的に証明しなさい。

▼プログラム：schur.py

```
from numpy import matrix, linalg, random, hstack, zeros
from gram_schmidt2 import gram_schmidt

def shur(A):
    m, n = A.shape
    if m == 1:
        return matrix([[1]], dtype=complex)
    else:
        eigen_values, eigen_vectors = linalg.eig(A)
        P = matrix(random.uniform(-1, 1, (m, n - 1)), dtype=complex)
        P = hstack((eigen_vectors[:,0], P))
        Q = gram_schmidt(P)
        B = Q.H * A * Q
        print(B[0, 0], eigen_values[0])
        U = zeros((m, n), dtype=complex)
        U[0, 0], U[1:, 1:] = 1, shur(B[1:, 1:])
        return Q * U

if __name__ == '__main__':
    from complex_matrix_utils import print_array

    random.seed(2024)
    A = matrix(random.randint(-9, 10, (4, 4, 2)).dot([1, 1j]))
    print_array(A)
    Q = shur(A)
    print_array(Q.H * A * Q)
```

▼実行結果

```
[       -1-9j        -9-5j          -8j        -6+j ]
[       -7-9j        -4+8j          6+j        5+6j ]
[        2-2j            9         -3+j       -8-4j ]
[        -5-j         9-8j         1-2j         7-j ]
```

```
[ -15.23+1.94j   -5.00-4.13j    4.85-1.20j   -2.21-9.19j ]
[            0  -4.83-12.15j   -1.38+3.58j    3.16-1.01j ]
[            0             0    6.22+6.71j  -5.61+11.26j ]
[            0             0             0   12.84+2.50j ]
```

このプログラムでは、再帰法を用いています。数学の証明を考える場合は、数学的帰納法によるのがよいでしょう。13行目でBを定義した直後ではB[0, 0]とeigen_values[0]の値が理論上等しくなることに着目します。実際、14行目のコメントアウトを外して実行してみましょう。ここではPythonのプログラムと数学の証明との対比がつきやすいように、行列はNumPyのmatrixを用いて表現しています。固有値を用いるため、行列の成分はcomplex型にしておきます。シューア分解はグラム・シュミットの直交化法が重要な役割を果たします。そのために、第6章で作ったグラム・シュミットの直交化のライブラリgram_schmidt.pyをmatrixを用いて使いやすく改変したgram_schmidt2.pyを使っています。また、結果の複素行列を見やすく表示するためにcomplex_matrix_utils.pyを用いています。

▼プログラム：gram_schmidt2.py

```
 1  from numpy import *
 2
 3  inner = lambda A, B: trace(A.H * B)
 4  norm = lambda A: sqrt(inner(A, A))
 5  proj = lambda x, E: (E * E.H) * x
 6  isZeroVector = lambda A: isclose(inner(A, A), 0)
 7
 8  def gram_schmidt(A):
 9      m, n = A.shape
10      if isZeroVector(A):
11          return matrix(ones((m, 0), dtype=A.dtype))
12      else:
13          E = gram_schmidt(A[:, :-1])
14          a = A[:, -1]
15          b = a - proj(a, E)
16          if not isZeroVector(b):
17              E = append(E, b / norm(b), axis=1)
18          return E
```

- **3行目** … 列ベクトルAとBの内積を計算します。このようにトレース（NumPyのtrace関数）を用いて定義すると、AとBが同じ(m, n)-型の行列に対しても内積が定義できます。
- **5行目** … 列ベクトルが正規直交系をなす行列に対して、それらの列ベクトルを正規直交基底とする部分空間への直交射影を計算する関数です。

- **6行目** … iscloseはNumPyで定義されている関数で、float型の数どうしが与えられた誤差の範囲内で等しいかどうかを判定します。ここではベクトルが零ベクトルかどうかを判定する関数isZeroVectorを定義しています。

- **8～18行目** … 再帰を用いてグラム・シュミットの直交化を計算します。

▼プログラム：complex_matrix_utils.py

```
1  from numpy import *
2
3  @vectorize
4  def num2str(a, width=6, precision=2):
5      f = lambda x: round(x) if isclose(x - round(x), 0) else x
6      if isclose(a, 0):
7          figure = '0'
8      else:
9          x = f(a.real)
10         if type(x) is int:
11             real_part = '' if x==0 else f'{x}'
12         else:
13             real_part = f'{x:{width}.{precision}f}'
14         y = f(a.imag)
15         if type(y) is int:
16             D = {-1:'-j', 0:'', 1:'j'}
17             imaginal_part = D[y] if y in D else f'{y}j'
18         else:
19             imaginal_part = f'{y:{width}.{precision}f}j'
20         op = '' if x==0 or y<=0 else '+'
21         figure = real_part + op + imaginal_part
22     return figure.replace(' ', '')
23
24 def print_array(A, width=6, precision=2):
25     S = num2str(A, width, precision)
26     m, n = S.shape
27     for i in range(m):
28         print(f'[', end='')
29         for j in range(n):
30             s = S[i, j].rjust(width*2 + 1)
31             print(s, end=' ')
32         print(']')
```

```
33      print()
```

- **3行目** … `@vectorize`を**デコレータ**といいます。このデコレータは、次の行以下で定義される関数`num2str`の第1引数に対してアレイのブロードキャストを可能にします。
- **4〜22行目** … 複素数を見やすく整形した文字列を返します。
- **24〜33行目** … 複素行列を見やすく表示する関数です。25行目でブロードキャストを用いています。

7.4　行列ノルムと行列の関数

これ以降、特に断りがない限り、$\mathbb{K}^n$ のベクトルのノルムは l^2 ノルム（ユークリッド・ノルム）$\|\cdot\|_2$ を考えることにして、$\|\cdot\|$ で表すことにします。

$\boldsymbol{A}$ を n 次の正方行列とします。ベクトル $\boldsymbol{x} \in \mathbb{K}^n$ を $\|\boldsymbol{x}\| = 1$ の範囲[注9]で動かしたときの $\|\boldsymbol{Ax}\|$ の上限[注10]を $\|\boldsymbol{A}\|$ で表し、これを**行列ノルム**と呼びます。任意の $\boldsymbol{x} \in \mathbb{K}^n$ に対して、

$$\|\boldsymbol{Ax}\| \leqq \|\boldsymbol{A}\|\,\|\boldsymbol{x}\|$$

が成立します。まず、$\boldsymbol{x} = \boldsymbol{0}$ のときは等式になり、不等式も成立します。$\boldsymbol{x} \neq \boldsymbol{0}$ のときは、$\left\|\dfrac{\boldsymbol{x}}{\|\boldsymbol{x}\|}\right\| = 1$ なので、$\|\boldsymbol{A}\|$ の定義から $\left\|\boldsymbol{A}\dfrac{\boldsymbol{x}}{\|\boldsymbol{x}\|}\right\| \leqq \|\boldsymbol{A}\|$ で、両辺に $\|\boldsymbol{x}\|$ を掛けることによって望みの不等式を得ます。

$\boldsymbol{A}$ を実正方行列とします。このとき、$\mathbb{R}^n$ 上で考えるか $\mathbb{C}^n$ 上で考えるかで、行列ノルムの定義における $\boldsymbol{x}$ を動かす範囲（$\|\boldsymbol{x}\| = 1$）が異なります。$\boldsymbol{z} \in \mathbb{C}^n$ は $\boldsymbol{x}, \boldsymbol{y} \in \mathbb{R}^n$ によって $\boldsymbol{z} = \boldsymbol{x} + i\boldsymbol{y}$ のように実数部と純虚数部に分解でき、$\|\boldsymbol{z}\|^2 = \|\boldsymbol{x}\|^2 + \|\boldsymbol{y}\|^2$ であることに注意してください。$\boldsymbol{Az} = \boldsymbol{Ax} + i\boldsymbol{Ay}$ は実数部と純虚数部の分解になっています。行列 $\boldsymbol{A}$ について、$\mathbb{R}^n$ 上で考えた行列ノルムを $\|\boldsymbol{A}\|_{\mathbb{R}}$、$\mathbb{C}^n$ 上で考えた行列ノルムを $\|\boldsymbol{A}\|_{\mathbb{C}}$ で表すことにしましょう。$\|\boldsymbol{A}\|_{\mathbb{R}} \leqq \|\boldsymbol{A}\|_{\mathbb{C}}$ は明らかです。逆は、次から得られます。

$$\begin{aligned}\|\boldsymbol{A}\|_{\mathbb{C}}^2 = \max_{\|\boldsymbol{z}\|^2=1} \|\boldsymbol{Az}\|^2 &= \max_{\|\boldsymbol{x}\|^2+\|\boldsymbol{y}\|^2=1} \left(\|\boldsymbol{Ax}\|^2 + \|\boldsymbol{Ay}\|^2\right) \\ &\leqq \max_{\|\boldsymbol{x}\|^2+\|\boldsymbol{y}\|^2=1} \left(\|\boldsymbol{A}\|_{\mathbb{R}}^2\,\|\boldsymbol{x}\|^2 + \|\boldsymbol{A}\|_{\mathbb{R}}^2\,\|\boldsymbol{y}\|^2\right) = \|\boldsymbol{A}\|_{\mathbb{R}}^2\end{aligned}$$

したがって、$\mathbb{R}^n$ 上で考えた行列ノルムと $\mathbb{C}^n$ 上で考えた行列ノルムは一致します。

2次元座標平面上で $\boldsymbol{x} \in \mathbb{R}^2$ が $\|\boldsymbol{x}\| = 1$ の範囲を動くとき、$\boldsymbol{x}$ は原点を中心とする単位円を動きま

注9　$\|x\| \leqq 1$ の範囲、すなわち、単位球を動かしても上限は変わりません。

注10　上限を達成する $\boldsymbol{x}$ が存在することがいえるので、最大値になります。数値的に解こうとすれば、2次式による制約条件（$\|\boldsymbol{x}\|^2 = 1$）がついた2次式 $\|\boldsymbol{Ax}\|^2$ の最大値問題となります。存在だけをエレガントにいうならば、「有限次元ノルム空間の単位球はコンパクトである」ことと、「コンパクト集合上の実数値連続関数は最大値を持つ」という事実を使います。

す。このとき、2次の実正方行列 $\boldsymbol{A}$ によって $\boldsymbol{Ax}$ がどのような点に移されるかを、いくつかの具体的な行列 $\boldsymbol{A}$ について図示してみましょう。単位円周上のいくつかの点とそれが移される先の点を線分で結び、実固有値を持つときは正規化した固有ベクトルに対応する固有値を掛けたベクトルを矢印で表示することにします。

▼プログラム：unitcircle.py

```
 1 from numpy import array, arange, pi, sin, cos, isreal
 2 from numpy.linalg import eig, norm
 3 import matplotlib.pyplot as plt
 4 
 5 def arrow(p, v, c=(0, 0, 0), w=0.02):
 6     plt.quiver(p[0], p[1], v[0], v[1], units='xy', scale=1,
 7                color=c, width=w)
 8 
 9 n = 0
10 A = [array([[1, -2], [2, 2]]),
11      array([[3, 1], [1, 3]]),
12      array([[2, 1], [0, 2]]),
13      array([[2, 1], [0, 3]])]
14 T = arange(0, 2 * pi, pi / 500)
15 U = array([(cos(t), sin(t)) for t in T])
16 plt.plot(U[:, 0], U[:, 1])
17 V = array([A[n].dot(u) for u in U])
18 plt.plot(V[:, 0], V[:, 1])
19 for u, v in zip(U[::20], V[::20]):
20     arrow(u, v - u)
21 o = array([0, 0])
22 Lmd, Vec = eig(A[n])
23 if isreal(Lmd[0]):
24     arrow(o, Lmd[0] * Vec[:, 0], c=(1, 0, 0), w=0.1)
25 if isreal(Lmd[1]):
26     arrow(o, Lmd[1] * Vec[:, 1], c=(0, 1, 0), w=0.1)
27 plt.axis('scaled'), plt.xlim(-4, 4), plt.ylim(-4, 4), plt.show()
```

- **9〜13行目** … nは0、1、2、3のいずれかとして、A[n]はそれぞれ次の行列を表します。

$$\boldsymbol{A}_0 = \begin{bmatrix} 1 & -2 \\ 2 & 2 \end{bmatrix},\ \boldsymbol{A}_1 = \begin{bmatrix} 3 & 1 \\ 1 & 3 \end{bmatrix},\ \boldsymbol{A}_2 = \begin{bmatrix} 2 & 1 \\ 0 & 2 \end{bmatrix},\ \boldsymbol{A}_3 = \begin{bmatrix} 2 & 1 \\ 0 & 3 \end{bmatrix}$$

- **14〜16行目** … 単位円周上の1000個の点を要素とするアレイをUとして、それらの点をプロットします。

- **17, 18 行目** … Uの点が $\boldsymbol{A}_n$ によって移された点をVとして、それらの点をプロットします。
- **19, 20 行目** … Uの点とVの点の対応関係を矢印で表します。すべての点の対応関係を表すと見づらいので、20個おきに表示します。
- **23〜26 行目** … 実固有値を持つ場合、対応する正規化された固有ベクトルを固有値倍したものを矢印で表示します。

$n = 0, 1, 2, 3$ に対する $\boldsymbol{A}_n$ で描かれたのが図7.1です。$\boldsymbol{A}_0$ は、単位円周上のベクトル $\boldsymbol{x}$ と $\boldsymbol{A}_0\boldsymbol{x}$ が実数倍の関係になることはなく、実固有値を持ちません（複素固有値は持ちます）。$\boldsymbol{A}_1$ はエルミート行列で、二つの実固有値と対応する実固有ベクトルを持ちます。これらの固有ベクトルは直交しています。$\boldsymbol{A}_2$ は固有方程式が重解を持つので、固有値は一つしかありません。固有空間は1次元です。$\boldsymbol{A}_3$ は二つの実固有値を持ちますが、正規行列ではないので、対応する固有ベクトルが直交していません。いずれの行列でも、楕円の一番長い半径の大きさが行列ノルムとなります。

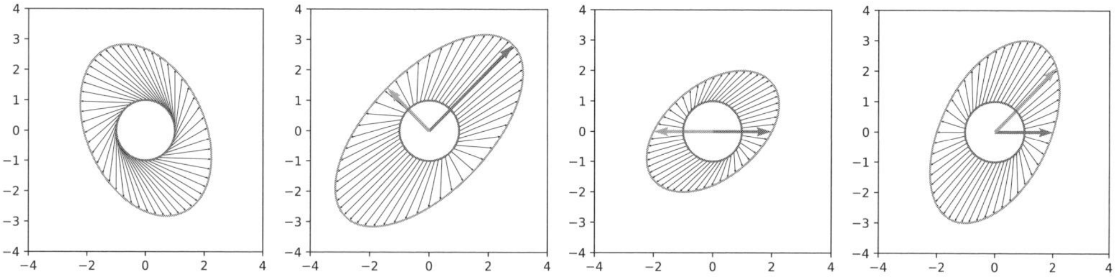

▲図 7.1　行列による単位円の移動先（矢印は固有ベクトル）

行列ノルムに関して、次の1から6が成立します。

1. $\|\boldsymbol{A}\| \geqq 0$、等号成立条件は $\boldsymbol{A} = \boldsymbol{O}$
2. $\|c\boldsymbol{A}\| = |c|\,\|\boldsymbol{A}\|$
3. $\|\boldsymbol{A}+\boldsymbol{B}\| \leqq \|\boldsymbol{A}\| + \|\boldsymbol{B}\|$
4. $\|\boldsymbol{A}\boldsymbol{B}\| \leqq \|\boldsymbol{A}\|\,\|\boldsymbol{B}\|$
5. $\|\boldsymbol{A}^*\| = \|\boldsymbol{A}\|$
6. $\|\boldsymbol{A}^*\boldsymbol{A}\| = \|\boldsymbol{A}\|^2$

1〜4は練習問題として、5を示しましょう。$\boldsymbol{x} \in \mathbb{K}^n$ に対して

$$\begin{aligned}\|\boldsymbol{A}\boldsymbol{x}\|^2 = \langle \boldsymbol{A}\boldsymbol{x} \mid \boldsymbol{A}\boldsymbol{x} \rangle &= \langle \boldsymbol{A}^*\boldsymbol{A}\boldsymbol{x} \mid \boldsymbol{x} \rangle \leqq \|\boldsymbol{A}^*\boldsymbol{A}\boldsymbol{x}\|\,\|\boldsymbol{x}\| \\ &\leqq \|\boldsymbol{A}^*\boldsymbol{A}\|\,\|\boldsymbol{x}\|\,\|\boldsymbol{x}\| \leqq \|\boldsymbol{A}^*\|\,\|\boldsymbol{A}\|\,\|\boldsymbol{x}\|^2\end{aligned}$$

であることから、$\boldsymbol{x}$ をノルムが1の範囲で動かして $\|\boldsymbol{A}\|^2 \leqq \|\boldsymbol{A}^*\|\,\|\boldsymbol{A}\|$ がいえます。したがって、$\|\boldsymbol{A}\| \leqq \|\boldsymbol{A}^*\|$ です。$\boldsymbol{A}$ の代わりに $\boldsymbol{A}^*$ を考えれば $\boldsymbol{A}^{**} = \boldsymbol{A}$ より、$\|\boldsymbol{A}^*\| \leqq \|\boldsymbol{A}\|$ もいえます。よっ

て、5が示されました。6は次から得られます。

$$\|\boldsymbol{A}\|^2 = \left(\max_{\|\boldsymbol{x}\|=1} \|\boldsymbol{Ax}\|\right)^2 = \max_{\|\boldsymbol{x}\|=1} \|\boldsymbol{Ax}\|^2 = \max_{\|\boldsymbol{x}\|=1} \langle \boldsymbol{Ax} \mid \boldsymbol{Ax} \rangle$$
$$= \max_{\|\boldsymbol{x}\|=1} \langle \boldsymbol{A}^*\boldsymbol{Ax} \mid \boldsymbol{x} \rangle \leqq \max_{\|\boldsymbol{x}\|=1} \|\boldsymbol{A}^*\boldsymbol{Ax}\| \|\boldsymbol{x}\| \leqq \|\boldsymbol{A}^*\boldsymbol{A}\|$$

$\boldsymbol{A}$の固有値λに対する正規化された固有ベクトル$\boldsymbol{x}$を考えると、$|\lambda|^2 = \|\boldsymbol{Ax}\|^2 \leqq \|\boldsymbol{A}\|^2$なので、$\boldsymbol{A}$の固有値の絶対値の最大値を$\rho(\boldsymbol{A})$で表すと、$\rho(\boldsymbol{A}) \leqq \|\boldsymbol{A}\|$が成立します。$\rho(\boldsymbol{A})$を、$\boldsymbol{A}$の**スペクトル半径**といいます。

$\boldsymbol{A}$が正規行列であるときは、$\|\boldsymbol{A}\| = \rho(\boldsymbol{A})$がいえます。正規行列であることから、$\boldsymbol{A}$の固有ベクトルからなる$\mathbb{C}^n$の正規直交基底$\{\boldsymbol{x}_1, \boldsymbol{x}_2, \ldots, \boldsymbol{x}_n\}$が取れます。$\boldsymbol{x}_i$が固有値$\lambda_i$に対する固有ベクトルであるとします$(i = 1, 2, \ldots, n)$。ノルム1のベクトル$\boldsymbol{x}$のフーリエ展開$\boldsymbol{x} = a_1\boldsymbol{x}_1 + a_2\boldsymbol{x}_2 + \cdots + a_n\boldsymbol{x}_n$を考えると

$$|a_1|^2 + |a_2|^2 + \cdots + |a_n|^2 = 1$$

であり、$\boldsymbol{A}$の重複度も込めたn個の固有値$\lambda_1, \lambda_2, \ldots, \lambda_n$に対して

$$|a_1|^2 |\lambda_1|^2 + |a_2|^2 |\lambda_2|^2 + \cdots + |a_n|^2 |\lambda_n|^2 = \|\boldsymbol{Ax}\|^2 \leqq \|\boldsymbol{A}\|^2$$

なので、絶対値が最も大きい固有値をλ_iとすると、左辺の最大値は$|\lambda_i|^2$となります。したがって、$\|\boldsymbol{A}\| = \rho(\boldsymbol{A})$であることがいえました。

$\boldsymbol{A}$がエルミート行列であるならば、$\|\boldsymbol{A}\|$または$-\|\boldsymbol{A}\|$は固有値であり、対応する正規化された固有ベクトルに対して$\|\boldsymbol{A}\| = \|\boldsymbol{Ax}\|$であることがいえます。

n次の正方行列$\boldsymbol{A}$に対して

$$N(\boldsymbol{A}) \stackrel{\text{def}}{=} \max_{\|\boldsymbol{x}\|=1} |\langle \boldsymbol{x} \mid \boldsymbol{Ax} \rangle|$$

と定義して、これを$\boldsymbol{A}$の**数域半径**といいます。任意の$\boldsymbol{x} \in \mathbb{C}^n$に対して、

$$|\langle \boldsymbol{x} \mid \boldsymbol{Ax} \rangle| \leqq \|\boldsymbol{x}\| \|\boldsymbol{Ax}\| \leqq \|\boldsymbol{A}\| \|\boldsymbol{x}\|^2$$

なので、$N(\boldsymbol{A}) \leqq \|\boldsymbol{A}\|$です。特に、$\boldsymbol{A}$がエルミート行列であるならば、$\boldsymbol{A}$の絶対値が最大の固有値$\lambda$とその正規化された固有ベクトル$\boldsymbol{x}$を考えれば、

$$N(\boldsymbol{A}) \geqq |\langle \boldsymbol{x} \mid \boldsymbol{Ax} \rangle| = |\langle \boldsymbol{x} \mid \lambda\boldsymbol{x} \rangle| = |\lambda \langle \boldsymbol{x} \mid \boldsymbol{x} \rangle| = |\lambda| \langle \boldsymbol{x} \mid \boldsymbol{x} \rangle = \|\boldsymbol{A}\| \|\boldsymbol{x}\|^2 = \|\boldsymbol{A}\|$$

なので、$N(\boldsymbol{A}) = \|\boldsymbol{A}\|$であることがいえます。$\|\boldsymbol{x}\| = \|\boldsymbol{y}\| = 1$は任意だったので、$\langle \boldsymbol{x} \mid \boldsymbol{Ay} \rangle = |\langle \boldsymbol{x} \mid \boldsymbol{Ay} \rangle| e^{i\theta}$とすれば、$|\langle \boldsymbol{x} \mid \boldsymbol{Ay} \rangle| = \langle e^{i\theta}\boldsymbol{x} \mid \boldsymbol{Ay} \rangle \leqq N(\boldsymbol{A})$を得ます。

次のプログラムは、行列ノルム、スペクトル半径、数域半径を比較するものです。

▼プログラム：matrixnorm.py

```
1  from numpy import array, arange, pi, sin, cos
2  from numpy.linalg import eig, norm
3
4  M = [array([[1, 2], [2, 1]]),
5       array([[1, 2], [-2, 1]]),
6       array([[1, 2], [3, 4]])]
7  T = arange(0, 2 * pi, pi / 500)
8  U = array([(cos(t), sin(t)) for t in T])
9  for A in M:
10     r1 = max([abs((A.dot(u)).dot(u)) for u in U])
11     r2 = max([abs(e) for e in eig(A)[0]])
12     r3 = max([norm(A.dot(u)) for u in U])
13     print(f'{A}: num={r1:.2f}, spec={r2:.2f}, norm={r3:.2f}')
```


- **4〜6行目** … エルミート行列、正規行列であるがエルミート行列でないもの、正規行列でない行列の例のリストです。
- **9〜13行目** … それぞれの行列について、数域半径、スペクトル半径、行列ノルムを求めて、小数点以下2桁までを表示します。

▼実行結果

```
[[1 2]
 [2 1]]: num=3.00, spec=3.00, norm=3.00
[[ 1  2]
 [-2  1]]: num=1.00, spec=2.24, norm=2.24
[[1 2]
 [3 4]]: num=5.42, spec=5.37, norm=5.46
```

エルミート行列は三つの値が一致します。エルミート行列ではない正規行列は、スペクトル半径と行列ノルムが一致します。正規行列ではない行列は、三つとも異なる値になりました。

行列ノルムと行列の成分について、次の関係がいえます。

$$\frac{1}{n^2}\sum_{i=1}^{n}\sum_{j=1}^{n}|a_{ij}| \leqq \|\boldsymbol{A}\| \leqq \sum_{i=1}^{n}\sum_{j=1}^{n}|a_{ij}|$$

最初の不等式は、$\mathbb{K}^n$ の標準基底 $\{\boldsymbol{e}_1, \boldsymbol{e}_2, \ldots, \boldsymbol{e}_n\}$ に対して

$$|a_{ij}| \;=\; \left|\langle \boldsymbol{A}\boldsymbol{e}_i \mid \boldsymbol{e}_j \rangle\right| \;\leqq\; \|\boldsymbol{A}\| \qquad (i, j = 1, 2, \ldots, n)$$

であることから導かれます。2番目の不等式は、$\|\boldsymbol{x}\| = 1$ のとき

$$\|\boldsymbol{Ax}\|^2 = \sum_{i=1}^{n}\left|\sum_{j=1}^{n} a_{ij}x_j\right|^2 \leqq \left(\sum_{i=1}^{n}\left|\sum_{j=1}^{n} a_{ij}x_j\right|\right)^2$$
$$\leqq \left(\sum_{i=1}^{n}\sum_{j=1}^{n} |a_{ij}|\,|x_j|\right)^2 \leqq \left(\sum_{i=1}^{m}\sum_{j=1}^{n} |a_{ij}|\right)^2$$

なので、左辺の$\boldsymbol{x}$について上限をとることによって得られます。

n次の正方行列の無限列$\{\boldsymbol{A}_k\}_{k=1}^{\infty}$が、ある$\boldsymbol{A}_\infty$に対して

$$\lim_{k\to\infty} \|\boldsymbol{A}_\infty - \boldsymbol{A}_k\| = 0$$

であるとき、$\{\boldsymbol{A}_k\}_{k=1}^{\infty}$は$\boldsymbol{A}_\infty$に**収束**するといいます。また、$\boldsymbol{A}_\infty$は行列の無限列$\{\boldsymbol{A}_k\}_{k=1}^{\infty}$の**極限**であるといい、$\boldsymbol{A}_\infty = \lim_{k\to\infty} \boldsymbol{A}_k$と表します。この収束がいえるための必要十分条件は、$\{\boldsymbol{A}_k\}_{k=1}^{\infty}$および$\boldsymbol{A}_\infty$の$(i,j)$成分に着目した数列$\left\{a_{ij}^{(k)}\right\}_{k=1}^{\infty}$および$a_{ij}^{(\infty)}$に対して

$$\lim_{k\to\infty} \left|a_{ij}^{(\infty)} - a_{ij}^{(k)}\right| = 0 \qquad (i,j = 1,2,\ldots,n)$$

であること、すなわち、数列$\left\{a_{ij}^{(k)}\right\}_{k=1}^{\infty}$が$a_{ij}^{(\infty)}$に収束することです。これは、直前で示した不等式によっていえます。

$\{\boldsymbol{A}_k\}_{k=1}^{\infty}$が$\lim_{k,k'\to\infty} \|\boldsymbol{A}_{k'} - \boldsymbol{A}_k\| = 0$を満たすとき、$\{\boldsymbol{A}_k\}_{k=1}^{\infty}$は**コーシー列**であるといいます。極限の場合と同様に、コーシー列であることは、各$i,j = 1,2,\ldots,n$に対して数列$\left\{a_{ij}^{(k)}\right\}_{k=1}^{\infty}$がコーシー列、すなわち、$\lim_{k,k'\to\infty} \left|a_{ij}^{(k')} - a_{ij}^{(k)}\right| = 0$であることと同値です。このとき、$\mathbb{K}$の完備性[注11]から、各$i,j = 1,2,\ldots,n$に対して$a_{ij}^{(\infty)}$が存在し、$\lim_{k\to\infty} \left|a_{ij}^{(\infty)} - a_{ij}^{(k)}\right| = 0$であることがいえます。第$(i,j)$成分が$a_{ij}^{(\infty)}$である行列を$\boldsymbol{A}_\infty$とすれば、$\lim_{k\to\infty} \|\boldsymbol{A}_\infty - \boldsymbol{A}_k\| = 0$が導かれます。この性質を、$n$次の正方行列の全体が作る空間は**完備**であるといいます。

多項式$p(x) = c_k x^k + c_{k-1}x^{k-1} + \cdots + c_1 x + c_0$および正方行列$\boldsymbol{A}$に対して、**行列の多項式**を

$$p(\boldsymbol{A}) \overset{\text{def}}{=} c_k\boldsymbol{A}^k + c_{k-1}\boldsymbol{A}^{k-1} + \cdots + c_1\boldsymbol{A} + c_0\boldsymbol{I}$$

で定義します。対角行列$\boldsymbol{\Lambda} = \mathbf{diag}(\lambda_1, \lambda_2, \ldots, \lambda_n)$の多項式は、

$$p(\boldsymbol{\Lambda}) = \mathbf{diag}\Big(p(\lambda_1),\ p(\lambda_2),\ \ldots,\ p(\lambda_n)\Big)$$

となります。さらに$\boldsymbol{A}$が、$\boldsymbol{\Lambda} = \boldsymbol{V}^{-1}\boldsymbol{AV}$と対角化できたとすると、

$$p(\boldsymbol{A}) = \boldsymbol{V}p(\boldsymbol{\Lambda})\boldsymbol{V}^{-1}$$

注11　任意のコーシー列が収束するという性質を持つことを完備であるといいます。

が成立します。

$\{\boldsymbol{A}_k\}$ が $\displaystyle\sum_{k=1}^{\infty}\|\boldsymbol{A}_k\| < \infty$ であるとします。このとき、$K < K'$ ならば

$$\left\|\sum_{k=1}^{K'}\boldsymbol{A}_k - \sum_{k=1}^{K}\boldsymbol{A}_k\right\| = \left\|\sum_{k=K+1}^{K'}\boldsymbol{A}_k\right\| \leqq \sum_{k=K+1}^{K'}\|\boldsymbol{A}_k\| \to 0 \quad (K, K' \to \infty)$$

であるので、有限部分和 $\left\{\displaystyle\sum_{k=1}^{K}\boldsymbol{A}_k\right\}$ はコーシー列になり極限を持ちます。この極限を $\displaystyle\sum_{k=1}^{\infty}\boldsymbol{A}_k$ で表します。

例えば、$\|\boldsymbol{A}^n\| \leqq \|\boldsymbol{A}\|^n$ がいえるので、$K < K'$ のとき

$$\sum_{n=0}^{K}\left\|\frac{\boldsymbol{A}^n}{n!}\right\| \leqq \sum_{n=0}^{K'}\frac{\|\boldsymbol{A}\|^n}{n!}$$

で、右辺を $K' \to \infty$ として、次いで左辺を $K \to \infty$ とすれば

$$\sum_{n=0}^{\infty}\left\|\frac{\boldsymbol{A}^n}{n!}\right\| \leqq \sum_{n=0}^{\infty}\frac{\|\boldsymbol{A}\|^n}{n!} = e^{\|\boldsymbol{A}\|} < \infty$$

が得られます。したがって、$\displaystyle\sum_{n=0}^{\infty}\frac{\boldsymbol{A}^n}{n!}$ が存在します。この行列を $e^{\boldsymbol{A}}$ または $\exp(\boldsymbol{A})$ で表し、**行列の指数関数**といいます。

正方行列 $\boldsymbol{A}$ と $\boldsymbol{B}$ が $\boldsymbol{AB} = \boldsymbol{BA}$ を満たせば、$e^{\boldsymbol{A}+\boldsymbol{B}} = e^{\boldsymbol{A}}e^{\boldsymbol{B}}$ が成立することを示します。$e^{\boldsymbol{A}}$、$e^{\boldsymbol{B}}$、および $e^{\boldsymbol{A}+\boldsymbol{B}}$ を定義する無限級数の有限部分和をそれぞれ、$\boldsymbol{A}_N$、$\boldsymbol{B}_N$、および $\boldsymbol{C}_N$ で表すことにします。$\left\|e^{\boldsymbol{A}+\boldsymbol{B}} - e^{\boldsymbol{A}}e^{\boldsymbol{B}}\right\| = 0$ を示します。

$$\begin{aligned}\left\|e^{\boldsymbol{A}}e^{\boldsymbol{B}} - e^{\boldsymbol{A}+\boldsymbol{B}}\right\| &= \left\|e^{\boldsymbol{A}}e^{\boldsymbol{B}} - \boldsymbol{A}_N\boldsymbol{B}_N + \boldsymbol{A}_N\boldsymbol{B}_N - \boldsymbol{C}_N + \boldsymbol{C}_N - e^{\boldsymbol{A}+\boldsymbol{B}}\right\| \\ &\leqq \left\|e^{\boldsymbol{A}}e^{\boldsymbol{B}} - \boldsymbol{A}_N\boldsymbol{B}_N\right\| + \left\|\boldsymbol{A}_N\boldsymbol{B}_N - \boldsymbol{C}_N\right\| + \left\|\boldsymbol{C}_N - e^{\boldsymbol{A}+\boldsymbol{B}}\right\|\end{aligned}$$

$N \to \infty$ のとき、右辺の第3項は0となります。また、第1項も

$$\begin{aligned}\left\|e^{\boldsymbol{A}}e^{\boldsymbol{B}} - \boldsymbol{A}_N\boldsymbol{B}_N\right\| &= \left\|e^{\boldsymbol{A}}e^{\boldsymbol{B}} - e^{\boldsymbol{A}}\boldsymbol{B}_N + e^{\boldsymbol{A}}\boldsymbol{B}_N - \boldsymbol{A}_N\boldsymbol{B}_N\right\| \\ &\leqq \left\|e^{\boldsymbol{A}}e^{\boldsymbol{B}} - e^{\boldsymbol{A}}\boldsymbol{B}_N\right\| + \left\|e^{\boldsymbol{A}}\boldsymbol{B}_N - \boldsymbol{A}_N\boldsymbol{B}_N\right\| \\ &= \left\|e^{\boldsymbol{A}}\left(e^{\boldsymbol{B}} - \boldsymbol{B}_N\right)\right\| + \left\|\left(e^{\boldsymbol{A}} - \boldsymbol{A}_N\right)\boldsymbol{B}_N\right\| \\ &\leqq \left\|e^{\boldsymbol{A}}\right\|\left\|e^{\boldsymbol{B}} - \boldsymbol{B}_N\right\| + \left\|e^{\boldsymbol{A}} - \boldsymbol{A}_N\right\|\left\|\boldsymbol{B}_N\right\|\end{aligned}$$

より、$N \to \infty$ のとき0となります。第2項が $N \to \infty$ のとき0となることは、$\boldsymbol{AB} = \boldsymbol{BA}$ であることから、

$$\left\|\sum_{m=0}^{N}\frac{\boldsymbol{A}^m}{m!}\cdot\sum_{n=0}^{N}\frac{\boldsymbol{B}^n}{n!} - \sum_{l=0}^{N}\frac{(\boldsymbol{A}+\boldsymbol{B})^l}{l!}\right\| \leqq \sum_{m+n>N}\left\|\frac{\boldsymbol{A}^m\boldsymbol{B}^n}{m!n!}\right\|$$

$$\leqq \sum_{m+n>N} \frac{\|\boldsymbol{A}\|^m \|\boldsymbol{B}\|^n}{m!n!} = \sum_{m=0}^{N} \frac{\|\boldsymbol{A}\|^m}{m!} \cdot \sum_{n=0}^{N} \frac{\|\boldsymbol{B}\|^n}{n!} - \sum_{l=0}^{N} \frac{(\|\boldsymbol{A}\| + \|\boldsymbol{B}\|)^l}{l!}$$

が成立し、$e^{\|\boldsymbol{A}\|}e^{\|\boldsymbol{B}\|} = e^{\|\boldsymbol{A}\|+\|\boldsymbol{B}\|}$ であることより導かれます。

$\boldsymbol{A}$ が $\boldsymbol{V}^{-1}\boldsymbol{A}\boldsymbol{V} = \mathbf{diag}\,(\lambda_1, \lambda_2, \ldots, \lambda_n)$ と対角化できるならば、次が成立します。

$$e^{\boldsymbol{A}} = \exp\,(\boldsymbol{A}) = \boldsymbol{V}\mathbf{diag}\left(e^{\lambda_1}, e^{\lambda_2}, \ldots, e^{\lambda_n}\right)\boldsymbol{V}^{-1}$$

NumPyを用いてエルミート行列 $\boldsymbol{A}$ に対して $e^{\boldsymbol{A}}$ を、冪級数および対角化の2通りの方法で計算して比較してみましょう。

▼プログラム：exp_np.py

```
1  from numpy import matrix, e, exp, diag
2  from numpy.linalg import eigh
3
4  A = matrix([[1, 2], [2, 1]])
5  m, B = 1, 0
6  for n in range(10):
7      B += A**n / m
8      m *= n + 1
9  print(f'B = {repr(B)}')
10 a = eigh(A)
11 S, V = diag(e**a[0]), a[1]
12 print(f'V*S*V.H = {repr(V*S*V.H)}')
13 print(f'exp(A) = {repr(exp(A))}')
```

- **4行目** … 行列演算を表現しやすいように、アレイではなくmatrixクラスにしています。
- **5〜9行目** … 冪級数による計算です。無限和を有限和で打ち切っています。nの上限を変えると、**打ち切り誤差**が変わります。
- **10〜12行目** … エルミート行列の対角化による計算です。
- **13行目** … NumPyが行列の指数関数をサポートしているかを調べてみます。

▼実行結果

```
B = matrix([[10.21563602,  9.84775683],
        [ 9.84775683, 10.21563602]])
V*S*V.H = matrix([[10.22670818,  9.85882874],
        [ 9.85882874, 10.22670818]])
exp(A) = matrix([[2.71828183, 7.3890561 ],
        [7.3890561 , 2.71828183]])
```

$n=9$が上限のとき、0.01程度の打ち切り誤差が出ています。exp(A)は、行列の指数関数ではなく、成分ごとの指数関数になります。なお、e**Aはエラーになります。

問7.13 $\boldsymbol{A}=\begin{bmatrix}1&2\\2&1\end{bmatrix}$とします。対角化により、$\boldsymbol{A}^n\ (n=1,2,\ldots)$の一般項、および、$\exp(\boldsymbol{A})$を計算しなさい。

SymPyによる計算結果を次に示します。

```
>>> from sympy import Matrix, exp, var
>>> var('n')
n
>>> A = Matrix([[1, 2], [2, 1]])
>>> A**n
Matrix([
[ (-1)**n/2 + 3**n/2, -(-1)**n/2 + 3**n/2],
[-(-1)**n/2 + 3**n/2,  (-1)**n/2 + 3**n/2]])
>>> exp(A)
Matrix([
[ exp(-1)/2 + exp(3)/2, -exp(-1)/2 + exp(3)/2],
[-exp(-1)/2 + exp(3)/2,  exp(-1)/2 + exp(3)/2]])
```


問7.14 $\boldsymbol{A}$がn次の正方行列で$1>\|\boldsymbol{A}\|$のとき、$\boldsymbol{I}-\boldsymbol{A}$は正則行列で、

$$(\boldsymbol{I}-\boldsymbol{A})^{-1}=\sum_{n=0}^{\infty}\boldsymbol{A}^n$$

であることを示しなさい。

ヒント：$(\boldsymbol{I}-\boldsymbol{A})\sum_{n=0}^{\infty}\boldsymbol{A}^n=\boldsymbol{I}$を示します。左辺は形式的には$\sum_{n=0}^{\infty}\boldsymbol{A}^n-\sum_{n=1}^{\infty}\boldsymbol{A}^n$と変形されますが、これは自明なことではありません。次の式を評価する必要があります（または、無限和に関する分配法則をあらかじめ証明しておきます）。

$$0\leqq\left\|(\boldsymbol{I}-\boldsymbol{A})\sum_{n=1}^{\infty}\boldsymbol{A}^n-\boldsymbol{I}\right\|\leqq\|\boldsymbol{I}-\boldsymbol{A}\|\left\|\sum_{n=0}^{\infty}\boldsymbol{A}^n-\sum_{n=0}^{k}\boldsymbol{A}^n\right\|+\|\boldsymbol{A}\|^{k+1}$$

$\boldsymbol{A}$がエルミート行列であり、ユニタリ行列$\boldsymbol{U}$による対角化で$\boldsymbol{U}^*\boldsymbol{A}\boldsymbol{U}=\mathbf{diag}(\lambda_1,\ldots,\lambda_n)$と表現できるとします。すなわち、$\boldsymbol{A}=\boldsymbol{U}\mathbf{diag}(\lambda_1,\ldots,\lambda_n)\boldsymbol{U}^*$が成立するとします。このとき、$\boldsymbol{A}$の固有値の集合（スペクトル）上で定義された実数値関数fに対して

$$f(\boldsymbol{A})\stackrel{\mathrm{def}}{=}\boldsymbol{U}\mathbf{diag}\big(f(\lambda_1),\ldots,f(\lambda_n)\big)\boldsymbol{U}^*$$

と定義します。例えば、$\boldsymbol{A}$が非負定値行列とすると、$f : x \mapsto \sqrt{x}$に対する$f(\boldsymbol{A})$を$\sqrt{\boldsymbol{A}}$または$\boldsymbol{A}^{1/2}$と表現します。$\boldsymbol{A}$が正定値行列とすると、同様にして$\log \boldsymbol{A}$が定義できます。エルミート行列$\boldsymbol{A}$に対する$\exp(\boldsymbol{A})$は、先に無限級数で定義した$\exp(\boldsymbol{A})$と等しくなります。

第8章 ジョルダン標準形とスペクトル

行列が対角化可能であるための必要十分条件は、固有ベクトルの集合で基底を作れることでした。この章の前半では、対角化可能ではない行列を含む任意の行列についてこの事実を一般化した、ジョルダン標準形とジョルダン分解について学びます。紙と鉛筆だけで計算するにはかなり厄介な大きさの行列を例に、Pythonを電卓代わりに利用しながら計算の意味を説明していきます。また、比較的容易に計算できる練習問題を生成するプログラムを作ります。

この章の後半では、行列の固有値全体の複素平面での形状（スペクトル）を観察します。最終目標は、成分がすべて正である行列のスペクトルに関してよく知られた事実である、ペロン・フロベニウスの定理を証明することにあります。この定理の証明は、本書で扱う定理の中でも際立って難しいものであり、行列に関する解析学的な性質を利用する必要があります。ペロン・フロベニウスの定理の結果にはさまざまな応用があります。次の章でも、その一例を挙げます。

8.1 直和分解

V を $\mathbb{K}$ 上の線形空間とします。$\{\mathbf{0}\} \neq X_1, X_2, \ldots, X_k \subseteq V$ をいずれも部分空間として、零ベクトルでない任意の $\boldsymbol{x}_1 \in X_1$, $\boldsymbol{x}_2 \in X_2$, ..., $\boldsymbol{x}_k \in X_k$ に対して $\{\boldsymbol{x}_1, \boldsymbol{x}_2, \ldots, \boldsymbol{x}_k\}$ がいつでも線形独立であるとき、部分空間の族 $\{X_1, X_2, \ldots, X_k\}$ は**線形独立**であるといいます。このとき、

$$X_1 \oplus X_2 \oplus \cdots \oplus X_k \stackrel{\text{def}}{=} \left\{\boldsymbol{x}_1 + \boldsymbol{x}_2 + \cdots + \boldsymbol{x}_k \;\middle|\; \boldsymbol{x}_1 \in X_1,\ \boldsymbol{x}_2 \in X_2,\ \ldots,\ \boldsymbol{x}_k \in X_k\right\}$$

は部分空間であり、これを $\{X_1, X_2, \ldots, X_k\}$ の**直和**といいます。

問8.1 部分空間 $X, Y \subseteq V$ に対して、$\{X, Y\}$ が線形独立であるための必要十分条件は、$X \cap Y = \{\mathbf{0}\}$ であることを示しなさい。

問8.2 部分空間 $X, Y, Z \subseteq V$ に対して、$\{X, Y, Z\}$ が線形独立であるとき、

$$X \oplus Y \oplus Z = (X \oplus Y) \oplus Z = X \oplus (Y \oplus Z)$$

が成立することを確かめなさい。また、$\{X, Y, Z\}$ が線形独立であるための必要十分条件が、$X \cap Y \cap Z = \{\mathbf{0}\}$ であるといえるかどうか考えなさい。

$\boldsymbol{f} : V \to V$ を線形写像とします。部分空間 $X \subseteq V$ が $\boldsymbol{f}(X) \subseteq X$ を満たすとき、X は $\boldsymbol{f}$ の**不変部**

分空間であるといいます。このとき、

$$\boldsymbol{f}\restriction_X(\boldsymbol{x}) \overset{\text{def}}{=} \boldsymbol{f}(\boldsymbol{x}) \qquad (\boldsymbol{x} \in X)$$

と定義すると、$\boldsymbol{f}\restriction_X : X \to X$となります。

Vの部分空間の族$\{X_1, X_2, \ldots, X_k\}$が線形独立で$W = X_1 \oplus X_2 \oplus \cdots \oplus X_k$とします。線形写像$\boldsymbol{f}_i : X_i \to X_i$（$i = 1, 2, \ldots, k$）に対して

$$\begin{aligned}&(\boldsymbol{f}_1 \oplus \boldsymbol{f}_2 \oplus \cdots \oplus \boldsymbol{f}_k)(\boldsymbol{x}_1 + \boldsymbol{x}_2 + \cdots + \boldsymbol{x}_k)\\ \overset{\text{def}}{=}\ & \boldsymbol{f}_1(\boldsymbol{x}_1) + \boldsymbol{f}_2(\boldsymbol{x}_2) + \cdots + \boldsymbol{f}_k(\boldsymbol{x}_k) \qquad (\boldsymbol{x}_1 \in X_1,\ \boldsymbol{x}_2 \in X_2,\ \ldots,\ \boldsymbol{x}_k \in X_k)\end{aligned}$$

によって、線形写像

$$\boldsymbol{f}_1 \oplus \boldsymbol{f}_2 \oplus \cdots \oplus \boldsymbol{f}_k : W \to W$$

が定義できます。これを**線形写像の直和**といいます。$\boldsymbol{f} = \boldsymbol{f}_1 \oplus \boldsymbol{f}_2 \oplus \cdots \oplus \boldsymbol{f}_k$とします。各$X_i$が有限次元で基底が$E_i$であるとし、線形写像$\boldsymbol{f}_i$の基底$E_i$による行列表現を$\boldsymbol{A}_i$とします（$i = 1, 2, \ldots, k$）。このとき、$E = E_1 \cup E_2 \cup \cdots \cup E_k$は$W$の基底です。線形写像$\boldsymbol{f}$の基底$E$による行列表現は

$$\left[\begin{array}{c|c|c|c} \boldsymbol{A}_1 & \boldsymbol{O} & \cdots & \boldsymbol{O} \\ \hline \boldsymbol{O} & \boldsymbol{A}_2 & \ddots & \vdots \\ \hline \vdots & \ddots & \ddots & \boldsymbol{O} \\ \hline \boldsymbol{O} & \ldots & \boldsymbol{O} & \boldsymbol{A}_k \end{array}\right]$$

となります。これを**行列の直和**といい、$\boldsymbol{A}_1 \oplus \boldsymbol{A}_2 \oplus \cdots \oplus \boldsymbol{A}_k$で表します。

$W = X_1 \oplus X_2 \oplus \cdots \oplus X_k$として、$\boldsymbol{f} : W \to W$とします。各$X_i$が$\boldsymbol{f}$の不変部分空間であるとき（$i = 1, 2, \ldots, k$）、$\{X_1, X_2, \ldots, X_k\}$は$\boldsymbol{f}$を**約す**といいます。このとき、

$$\boldsymbol{f} = \boldsymbol{f}\restriction_{X_1} \oplus \boldsymbol{f}\restriction_{X_2} \oplus \cdots \oplus \boldsymbol{f}\restriction_{X_k}$$

が成立します。これを$\boldsymbol{f}$の**直和分解**といいます。

任意の線形写像$\boldsymbol{f} : V \to V$を考えます。$\boldsymbol{f}^k : V \to V$は帰納的に

$$\boldsymbol{f}^k \overset{\text{def}}{=} \begin{cases} \boldsymbol{I} & (k = 0) \\ \boldsymbol{f} \circ \boldsymbol{f}^{k-1} & (k = 1, 2, \ldots) \end{cases}$$

で定義されます。ここで、$\boldsymbol{I}$は恒等写像、$\boldsymbol{f} \circ \boldsymbol{f}^{k-1}$は合成写像です。

Vを有限次元とします。$k = 0, 1, 2, \ldots$に対して

$$K^{(k)} \overset{\text{def}}{=} \text{kernel}\left(\boldsymbol{f}^k\right), \quad R^{(k)} \overset{\text{def}}{=} \text{range}\left(\boldsymbol{f}^k\right)$$

と定義すると、次の包含関係が成立します。

$$\{\boldsymbol{0}\} = K^{(0)} \subseteq K^{(1)} \subseteq K^{(2)} \subseteq \cdots \subseteq K^{(k)} \subseteq \cdots$$

$$V = R^{(0)} \supseteq R^{(1)} \supseteq R^{(2)} \supseteq \cdots \supseteq R^{(k)} \supseteq \cdots$$

となります。V は有限次元なので、

$$K \overset{\text{def}}{=} \bigcup_{k=0}^{\infty} K^{(k)}, \quad R \overset{\text{def}}{=} \bigcap_{k=0}^{\infty} R^{(k)}$$

とおくと、k_1, k_2 が存在して

$$\begin{aligned} K^{(k_1)} &= K^{(k_1+1)} = K^{(k_1+2)} = \cdots = K \\ R^{(k_2)} &= R^{(k_2+1)} = R^{(k_2+2)} = \cdots = R \end{aligned}$$

となります。このとき、K と R はいずれも $\boldsymbol{f}$ の不変部分空間になります。$V = K \oplus R$ であることを示します。$k_0 \overset{\text{def}}{=} \max\{k_1, k_2\}$ とします。$\boldsymbol{f} \restriction_R \colon R \to R$ は全射です。有限次元線形空間から同じ線形空間への線形写像は、全射ならば単射でした（次元定理）。したがってそれらの合成写像である $(\boldsymbol{f} \restriction_R)^{k_0} : R \to R$ も全単射となります。$\boldsymbol{u} \in V$ を任意とします。$\boldsymbol{v} = \boldsymbol{f}^{k_0}(\boldsymbol{u})$ とすると $\boldsymbol{v} \in R$ なので、$\boldsymbol{v} = \boldsymbol{f}^{k_0}(\boldsymbol{w})$ を満たす $\boldsymbol{w} \in R$ が一意に存在します。$\boldsymbol{f}^{k_0}(\boldsymbol{u} - \boldsymbol{w}) = \boldsymbol{0}$ なので、$\boldsymbol{u} - \boldsymbol{w} \in \operatorname{kernel}(\boldsymbol{f}^{k_0}) = K$ となります。よって、任意の $\boldsymbol{u} \in V$ は $\boldsymbol{u} = (\boldsymbol{u} - \boldsymbol{w}) + \boldsymbol{w}$ のように K のベクトルと R のベクトルの和で表現できます。$K \cap R = \{\boldsymbol{0}\}$ なので、この分解は一意です。したがって、$V = K \oplus R$ が示されました。$\{K, R\}$ は $\boldsymbol{f}$ を約すので、$\boldsymbol{f} = \boldsymbol{f} \restriction_K \oplus \boldsymbol{f} \restriction_R$ と表現できます。

8

$K^{(k-1)} \subsetneq K^{(k)}$ とします。$\{\boldsymbol{x}_1, \ldots, \boldsymbol{x}_i\} \subseteq K^{(k)}$ が線形独立であり、$\langle \boldsymbol{x}_1, \ldots, \boldsymbol{x}_i \rangle$ と $K^{(k-1)}$ の部分空間どうしが線形独立であるように取ります。このとき、

$$\left\{\boldsymbol{x}_1, \ldots, \boldsymbol{x}_i, \boldsymbol{f}(\boldsymbol{x}_1), \ldots, \boldsymbol{f}(\boldsymbol{x}_i), \ldots, \boldsymbol{f}^{k-1}(\boldsymbol{x}_1), \ldots, \boldsymbol{f}^{k-1}(\boldsymbol{x}_i)\right\} \subseteq K^{(k)}$$

が線形独立であることを示します。これらのベクトルの線形結合

$$a_1\boldsymbol{x}_1 + \cdots + a_i\boldsymbol{x}_i + b_1\boldsymbol{f}(\boldsymbol{x}_1) + \cdots + b_i\boldsymbol{f}(\boldsymbol{x}_i) + c_1\boldsymbol{f}^2(\boldsymbol{x}_1) + \cdots \qquad (*)$$

が零ベクトルになるとします。このとき、$\boldsymbol{f}^{k-1}$ を施せば

$$\boldsymbol{f}^{k-1}(a_1\boldsymbol{x}_1 + \cdots + a_i\boldsymbol{x}_i) = \boldsymbol{0}$$

なので、$a_1\boldsymbol{x}_1 + \cdots + a_i\boldsymbol{x}_i \in K^{(k-1)}$ となります。したがって、$a_1\boldsymbol{x}_1 + \cdots + a_i\boldsymbol{x}_i = \boldsymbol{0}$ でなければならず、$a_1 = \cdots = a_i = 0$ を得ます。次に $(*)$ に、$\boldsymbol{f}^{k-2}$ を施せば、

$$\boldsymbol{f}^{k-2}(b_1\boldsymbol{f}(\boldsymbol{x}_1) + \cdots + b_i\boldsymbol{f}(\boldsymbol{x}_i)) = \boldsymbol{f}^{k-1}(b_1\boldsymbol{x}_1 + \cdots + b_i\boldsymbol{x}_i) = \boldsymbol{0}$$

から、同様にして $b_1 = \cdots = b_i = 0$ が導けます。これを繰り返せば、望みの結果を得ます。

8.2 ジョルダン標準形

この節を通して、$\boldsymbol{A}$ は n 次の正方行列であり、$\mathbb{C}^n$ 上の線形写像であると考えます。$\boldsymbol{A}$ が相異なる m 個の固有値 $\lambda_1, \lambda_2, \ldots, \lambda_m$ を持つとし、それぞれの固有値の重複度は $n_1, n_2, \ldots, n_m$ とします。

$\boldsymbol{A}$の固有方程式は

$$(\lambda_1 - \lambda)^{n_1} (\lambda_2 - \lambda)^{n_2} \cdots (\lambda_m - \lambda)^{n_m} \;=\; 0$$

であり、$n_1 + n_2 + \cdots + n_m = n$です。固有値$\lambda_i$の固有空間は$\mathrm{kernel}\,(\boldsymbol{A} - \lambda_i \boldsymbol{I})$と表現することができます。$\mathrm{kernel}\,((\boldsymbol{A} - \lambda_i \boldsymbol{I})^{n_i})$を$\boldsymbol{A}$の固有値$\lambda_i$に対する**一般化固有空間**と呼びます。

$$K_i^{(k)} \stackrel{\mathrm{def}}{=} \mathrm{kernel}\left((\boldsymbol{A} - \lambda_i \boldsymbol{I})^k\right), \quad R_i^{(k)} \stackrel{\mathrm{def}}{=} \mathrm{range}\left((\boldsymbol{A} - \lambda_i \boldsymbol{I})^k\right)$$

として（$k = 0, 1, 2, \ldots$）、

$$K_i \stackrel{\mathrm{def}}{=} \bigcup_{k=0}^{\infty} K_i^{(k)}, \quad R_i \stackrel{\mathrm{def}}{=} \bigcap_{k=0}^{\infty} R_i^{(k)}$$

とおきます。前節で見たように$\{K_i,\, R_i\}$は$\boldsymbol{A} - \lambda_i \boldsymbol{I}$を約すので、$\{K_i,\, R_i\}$は$\boldsymbol{A}$も約すことに注意します。

K_iはλ_iの固有ベクトルをすべて含むので、R_iがλ_iの固有ベクトルを含むことはありません。また、K_iはλ_i以外の固有値に対する固有ベクトルを含むことはありません。なぜならば、$i \neq j$として$\boldsymbol{A}\boldsymbol{x} = \lambda_j \boldsymbol{x}$を満たす零ベクトルでない$\boldsymbol{x} \in K_i$が存在したと仮定すると、

$$(\boldsymbol{A} - \lambda_i \boldsymbol{I})\,\boldsymbol{x} \;=\; \boldsymbol{A}\boldsymbol{x} - \lambda_i \boldsymbol{x} \;=\; \lambda_j \boldsymbol{x} - \lambda_i \boldsymbol{x} \;=\; (\lambda_j - \lambda_i)\,\boldsymbol{x}$$

より、任意の$k = 1, 2, \ldots$に対して

$$(\boldsymbol{A} - \lambda_i \boldsymbol{I})^k \boldsymbol{x} \;=\; (\lambda_j - \lambda_i)^k \boldsymbol{x} \;\neq\; \boldsymbol{0}$$

なので$\boldsymbol{x} \notin K_i$となり、矛盾するからです。

$\{K_1,\, R_1\}$は$\boldsymbol{A}$を約すので、線形写像としての$\boldsymbol{A}$は

$$\boldsymbol{A} = \boldsymbol{A}\restriction_{K_1} \oplus \boldsymbol{A}\restriction_{R_1}$$

と直和分解ができます[注1]。$\{\boldsymbol{e}_1, \boldsymbol{e}_2, \ldots, \boldsymbol{e}_{n'}\}$を$K_1$の基底として、この基底による$\boldsymbol{A}\restriction_{K_1}$の行列表現を$\boldsymbol{K}_1$とします。また、$\{\boldsymbol{e}_{n'+1}, \boldsymbol{e}_{n'+2}, \ldots, \boldsymbol{e}_n\}$を$R_1$の基底として、この基底による$\boldsymbol{A}\restriction_{R_1}$の行列表現を$\boldsymbol{R}_1$とします。このとき、それぞれの基底の要素を列ベクトルとして並べてできる正則行列

$$\boldsymbol{V}_1 \stackrel{\mathrm{def}}{=} \begin{bmatrix} \boldsymbol{e}_1 & \boldsymbol{e}_2 & \cdots & \boldsymbol{e}_{n'} & \boldsymbol{e}_{n'+1} & \boldsymbol{e}_{n'+2} & \cdots & \boldsymbol{e}_n \end{bmatrix}$$

によって、上の線形写像としての$\boldsymbol{A}$の直和分解は

$$\boldsymbol{V}_1^{-1} \boldsymbol{A} \boldsymbol{V}_1 = \boldsymbol{K}_1 \oplus \boldsymbol{R}_1$$

と行列の直和で表現することができます。

このとき、$\boldsymbol{K}_1$は唯一の固有値λ_1を持ち、$\boldsymbol{R}_1$のすべての固有値は$\lambda_2, \ldots, \lambda_m$です。$\boldsymbol{A}$の固有方程式は、$\boldsymbol{K}_1$の固有方程式と$\boldsymbol{R}_1$の固有方程式を辺々掛け合わせたものなので、$\boldsymbol{K}_1$の固有方程式は$(\lambda - \lambda_1)^{n_1} = 0$でなければならず、$\boldsymbol{K}_1$は$n_1$次の正方行列といえます。したがって、$K_1$の次元$n'$は$n_1$に等しくなります。

$\boldsymbol{A}$を$\boldsymbol{R}_1$に読み替えて上と同様の議論を行うと、固有方程式が$(\lambda - \lambda_2)^{n_2} = 0$である行列$\boldsymbol{K}_2$と、

注1　右辺は行列ではなく線形写像なので、ここでの等号は線形写像として等しいという意味です。

固有方程式が$(\lambda_2-\lambda)^{n_2}\cdots(\lambda_m-\lambda)^{n_m}=0$である行列$\boldsymbol{R}_2$、および正則行列$\boldsymbol{V}_2$によって

$$\boldsymbol{V}_2^{-1}\boldsymbol{R}_1\boldsymbol{V}_2 \;=\; \boldsymbol{K}_2\oplus\boldsymbol{R}_2$$

と表現できます。これを帰納的に繰り返します。$K_1,\,K_2\,\ldots,\,K_m$の基底をそれぞれ順に列として並べた行列を$\boldsymbol{V}$とすれば、

$$\boldsymbol{V}^{-1}\boldsymbol{A}\boldsymbol{V} \;=\; \boldsymbol{K}_1\oplus\boldsymbol{K}_2\oplus\cdots\oplus\boldsymbol{K}_m$$

と表現できます。

$K_i^{(k)}=K_i$となる最小のkをk_iとします。$K_i^{(k_i-1)}$は$K_i^{(k_i)}$の真部分空間であるので、$\boldsymbol{x}\in K_i^{(k_i)}\setminus K_i^{(k_i-1)}$が存在します。前節の最後で見たように、

$$\left\{\boldsymbol{x},\,(\boldsymbol{A}-\lambda_i\boldsymbol{I})\,\boldsymbol{x},\,\ldots,\,(\boldsymbol{A}-\lambda_i\boldsymbol{I})^{k_i-1}\,\boldsymbol{x}\right\}\subseteq K_i^{(k_i)}$$

は線形独立です。したがって、$K_i^{(k_i)}$の次元はk_i以上です。K_iの次元はn_iだったので、$k_i\leqq n_i$であり、$K_i^{(n_i)}=K_i$がいえます。すなわち、任意の$\boldsymbol{x}\in K_i$に対して$(\boldsymbol{A}-\lambda_i\boldsymbol{I})^{n_i}\,\boldsymbol{x}=\boldsymbol{0}$なので、$(\boldsymbol{K}_i-\lambda_i\boldsymbol{I}_i)^{n_i}=\boldsymbol{O}$がいえました（$\boldsymbol{I}_i$は$n_i$次の単位行列）。

以上をまとめて、次のことがいえます。

1. $K_1,K_2,\ldots,K_m$はそれぞれ$\boldsymbol{A}$の固有値$\lambda_1,\lambda_2,\ldots,\lambda_m$の一般化固有空間であり、それぞれの次元は対応する固有値の重複度に等しく、

   $$\mathbb{C}^n \;=\; K_1\oplus K_2\oplus\cdots\oplus K_m$$

   と直和分解される
2. $\{K_1,K_2,\ldots,K_m\}$は$\boldsymbol{A}$を約し、$\boldsymbol{A}$は

   $$\boldsymbol{V}^{-1}\boldsymbol{A}\boldsymbol{V} \;=\; \boldsymbol{K}_1\oplus\boldsymbol{K}_2\oplus\cdots\oplus\boldsymbol{K}_m$$

   と相似変形される。ここで、$\boldsymbol{K}_i$は唯一の固有値λ_iを持つn_i次の正方行列で、$(\boldsymbol{K}_i-\lambda_i\boldsymbol{I}_i)^{n_i}=\boldsymbol{O}$を満たす（$i=1,2,\ldots,m$）

$\boldsymbol{A}$に対して一般化固有空間を求める方法を、次のプログラムで生成した$\boldsymbol{A}$を用いて説明します。

▼プログラム：jordan.py

```
from sympy import *
from numpy.random import seed, permutation
from functools import reduce

seed(2024)
A = diag(1, 2, 2, 2, 2, 3, 3, 3, 3, 3)
A[1, 2] = A[3, 4] = A[5, 6] = A[7, 8] = A[8, 9] = 1
for n in range(10):
```

```
9       P = permutation(10)
10      for i, j in [(P[2*k], P[2*k + 1]) for k in range(5)]:
11          A[:, j] += A[:, i]
12          A[i, :] -= A[j, :]
13  B = Lambda(S('lmd'), A - S('lmd')*eye(10))
14  x = Matrix(var('x0, x1, x2, x3, x4, x5, x6, x7, x8, x9'))
15  y = Matrix(var('y0, y1, y2, y3, y4, y5, y6, y7, y8, y9'))
16  z = Matrix(var('z0, z1, z2, z3, z4, z5, z6, z7, z8, z9'))
```

- **5〜12行目** … 10次の正方行列 $\boldsymbol{A}$ を生成します。
- **13〜16行目** … 次を定義します。

$$\boldsymbol{B}(\lambda) \stackrel{\text{def}}{=} \boldsymbol{A} - \lambda \boldsymbol{I}$$

$$\boldsymbol{x} \stackrel{\text{def}}{=} (x_0, x_1, x_2, x_3, x_4, x_5, x_6, x_7, x_8, x_9)$$

$$\boldsymbol{y} \stackrel{\text{def}}{=} (y_0, y_1, y_2, y_3, y_4, y_5, y_6, y_7, y_8, y_9)$$

$$\boldsymbol{z} \stackrel{\text{def}}{=} (z_0, z_1, z_2, z_3, z_4, z_5, z_6, z_7, z_8, z_9)$$

このプログラムを実行後、対話モードで計算していきます。生成された行列 $\boldsymbol{A}$ を表示し、固有値を調べます。

```
>>> A
Matrix([
[ -25, -121,  -80,   -8,  -11,  -71,  -8,  -68, -113,  -81],
[   1,   -1,   12,   21,   14,   -8,   1,   -4,   -8,   -3],
[ -47, -110,  -91,  -47,  -43,  -64, -17,  -63,  -86,  -78],
[ 110,  272,  226,  110,   99,  158,  39,  154,  215,  191],
[-100, -245, -215, -116, -100, -136, -36, -137, -190, -171],
[  37,  101,   63,    4,   11,   72,  12,   59,   87,   72],
[  19,  116,   82,   12,   11,   63,   7,   62,  109,   75],
[  45,  127,  101,   40,   37,   73,  16,   74,  107,   88],
[ -14,  -50,  -46,  -25,  -20,  -23,  -5,  -27,  -40,  -33],
[   5,   25,   25,   20,   16,    6,   2,   15,   23,   18]])
>>> A.charpoly().as_expr()
lambda**10 - 24*lambda**9 + 257*lambda**8 - 1616*lambda**7 + 6603*lambda**6 -
18304*lambda**5 + 34827*lambda**4 - 44856*lambda**3 + 37368*lambda**2 -
18144*lambda + 3888
>>> factor(_)
(lambda - 3)**5*(lambda - 2)**4*(lambda - 1)
```

固有値は $\lambda_1 = 1, \lambda_2 = 2, \lambda_3 = 3$ で、重複度は $n_1 = 1, n_2 = 4, n_3 = 5$ です。

固有値 $\lambda_1 = 1$ の一般化固有空間 K_1 を求めます。$\boldsymbol{B}(1)\boldsymbol{x} = \boldsymbol{0}$ を解いて、解を $\boldsymbol{x} = \boldsymbol{a}_1$ とします。$\boldsymbol{a}_1$ は固有値1に対する固有ベクトルです。

```
17  >>> a1 = x.subs(solve(B(1) * x)); a1
18  Matrix([
19  [ 4*x9],
20  [ 2*x9],
21  [ 2*x9],
22  [-6*x9],
23  [ 4*x9],
24  [-5*x9],
25  [-3*x9],
26  [-3*x9],
27  [    0],
28  [   x9]])
```

$\boldsymbol{a}_1$ は、固有値1の固有空間 $K_1^{(1)}$ のベクトルの一般形です。$\boldsymbol{a}_1$ は任意定数 x_9 を1個含むので、$K_1^{(1)}$ の次元は1です。$n_1 = 1$ だったので $K_1 = K_1^{(1)}$ であり、$\boldsymbol{a}_1$ は一般化固有空間 K_1 のベクトルの一般形でもあります。

固有値 $\lambda_2 = 2$ の一般化固有空間 K_2 を求めます。$\boldsymbol{B}(2)\boldsymbol{x} = \boldsymbol{0}$ を解いて、解を $\boldsymbol{x} = \boldsymbol{a}_2$ とします。$\boldsymbol{a}_2$ は固有値2に対する固有ベクトルです。

```
29  >>> a2 = x.subs(solve(B(2) * x)); a2
30  Matrix([
31  [   -x8/3 + x9/3],
32  [ -5*x8/3 - x9/3],
33  [            -x9],
34  [   x8/3 + 8*x9/3],
35  [2*x8/3 - 8*x9/3],
36  [   5*x8/3 + x9/3],
37  [        -x8 - x9],
38  [   -x8/3 + x9/3],
39  [             x8],
40  [             x9]])
```

$\boldsymbol{a}_2$ は、固有値2の固有空間 $K_2^{(1)}$ のベクトルの一般形です。$\boldsymbol{a}_2$ は任意定数 x_8 および x_9 の2個を含むので、固有空間 $K_2^{(1)}$ は2次元です。$n_2 = 4$ なので、$K_2^{(1)}$ は K_2 の真部分集合です。

$\boldsymbol{B}(2)\boldsymbol{y} = \boldsymbol{a}_2$ を解いて、$\boldsymbol{y} = \boldsymbol{b}_2$ とします。$(\boldsymbol{A} - 2\boldsymbol{I})^2 \boldsymbol{b}_2 = \boldsymbol{0}$ です。

```
>>> b2 = y.subs(solve(B(2) * y - a2)); b2
Matrix([
[-y7/2 - y8/2 + y9/2],
[         -y7 - 2*y8],
[                -y9],
[           -y4 + y8],
[                 y4],
[          y7 + 2*y8],
[           -y8 - y9],
[                 y7],
[                 y8],
[                 y9]])
```

$\boldsymbol{b}_2$は、$K_2^{(2)}$のベクトルの一般形です。$\boldsymbol{b}_2$は任意定数y_4およびy_7〜y_9の4個を含むので、$K_2^{(2)}$は4次元です。$n_2 = 4$なので$K_2^{(2)} = K_2$であり、$\boldsymbol{b}_2$は一般化固有空間K_2のベクトルの一般形でもあります。

固有値$\lambda_3 = 3$の一般化固有空間K_3を求めます。$\boldsymbol{B}\,(3)\,\boldsymbol{x} = \boldsymbol{0}$を解いて、解を$\boldsymbol{x} = \boldsymbol{a}_3$とします。

```
>>> a3 = x.subs(solve(B(3) * x)); a3
Matrix([
[-3*x8 - 20*x9/7],
[-3*x8 - 12*x9/7],
[-3*x8 - 18*x9/7],
[ 7*x8 + 41*x9/7],
[   -4*x8 - 4*x9],
[ 6*x8 + 27*x9/7],
[         8*x9/7],
[ 2*x8 + 13*x9/7],
[             x8],
[             x9]])
```

$\boldsymbol{a}_3$は、固有値3の固有空間$K_3^{(1)}$のベクトルの一般形です。$\boldsymbol{a}_3$は任意定数x_8およびx_9の2個を含むので、固有空間$K_3^{(1)}$は2次元で、重複度$n_3 = 5$と等しくありません。

$\boldsymbol{B}\,(3)\,\boldsymbol{y} = \boldsymbol{a}_3$を解いて、$\boldsymbol{y} = \boldsymbol{b}_3$とします。$(\boldsymbol{A} - 3\boldsymbol{I})^2\,\boldsymbol{b}_3 = \boldsymbol{0}$です。

```
>>> b3 = y.subs(solve(B(3) * y - a3)); b3
Matrix([
[-53*y6/60 - 43*y7/60 - 47*y8/30 - 31*y9/60],
```

```
[-11*y6/40 - 21*y7/40 - 39*y8/20 - 17*y9/40],
[  9*y6/40 - 41*y7/40 - 19*y8/20 - 37*y9/40],
[-11*y6/40 + 99*y7/40 + 41*y8/20 + 63*y9/40],
[   7*y6/15 - 28*y7/15 - 4*y8/15 - 16*y9/15],
[          2*y6/5 + 7*y7/5 + 16*y8/5 + 4*y9/5],
[                                          y6],
[                                          y7],
[                                          y8],
[                                          y9]])
```

$\boldsymbol{b}_3$ は、$K_3^{(2)}$ のベクトルの一般形です。$\boldsymbol{b}_3$ は任意定数 $y_6 \sim y_9$ の 4 個を含むので、$K_3^{(2)}$ は 4 次元で、まだ重複度 $n_3 = 5$ と等しくありません。

$\boldsymbol{B}(3)\,\boldsymbol{z} = \boldsymbol{b_3}$ を解いて、$\boldsymbol{z} = \boldsymbol{c}_3$ とします。$(\boldsymbol{A} - 3\boldsymbol{I})^3\,\boldsymbol{c}_3 = \boldsymbol{0}$ です。

```
>>> c3 = z.subs(solve(B(3) * z - b3)); c3
Matrix([
[         -17*z5/36 - 25*z6/36 - z7/18 - z8/18 - 5*z9/36],
[        z5/24 - 7*z6/24 - 7*z7/12 - 25*z8/12 - 11*z9/24],
[      -19*z5/24 + 13*z6/24 + z7/12 + 19*z8/12 - 7*z9/24],
[121*z5/24 - 55*z6/24 - 55*z7/12 - 169*z8/12 - 59*z9/24],
[      -47*z5/9 + 23*z6/9 + 49*z7/9 + 148*z8/9 + 28*z9/9],
[                                                      z5],
[                                                      z6],
[                                                      z7],
[                                                      z8],
[                                                      z9]])
```

$\boldsymbol{c}_3$ は、$K_3^{(3)}$ のベクトルの一般形です。$\boldsymbol{c}_3$ は任意定数 $z_5 \sim z_9$ の 5 個を含むので、$K_3^{(3)}$ は 5 次元です。$n_3 = 5$ なので $K_3^{(2)} = K_3$ であり、$\boldsymbol{c}_3$ は一般化固有空間 K_3 のベクトルの一般形でもあります。

$K_1 = K_1^{(1)}$ は 1 次元で、x_9 を任意定数とする $\boldsymbol{a}_1$ の形のベクトルからなっていました。$x_9 = 1$ を代入したベクトル $\boldsymbol{v}_0$ だけからなる集合を K_1 の基底とします（図 8.1）。

```
>>> v0 = a1.subs({x9:1})
```

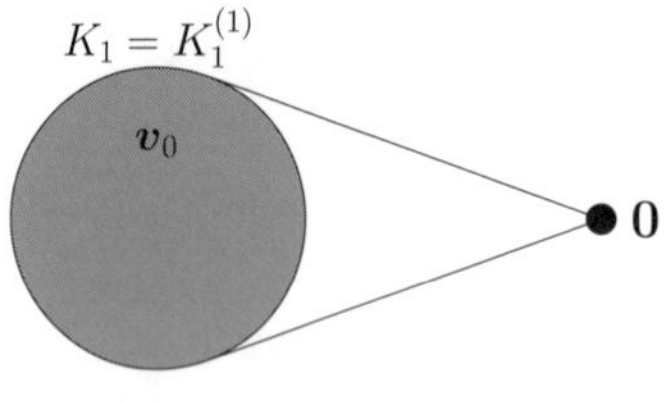

▲図 8.1　固有値１の固有空間と一般化固有空間の関係

K_2を考えます。$K_2^{(1)}$ は2次元で、$K_2^{(2)} = K_2$は4次元です。そこで、$K_2^{(2)} \setminus K_2^{(1)}$ のベクトルを線形独立に2個見つけることができるはずです。$K_2^{(1)}$ に属するベクトルは$x_8,\ x_9$を任意定数とするベクトル$\boldsymbol{a}_2$で、$K_2^{(2)}$ に属するベクトルはy_4およびy_7〜y_9を任意定数とするベクトル$\boldsymbol{b}_2$です。$\boldsymbol{a}_2$は$\boldsymbol{b}_2$の特別な場合です。$x_8 = x_9 = 0$とすると$\boldsymbol{a}_2$は零ベクトルになってしまうので、$y_8 = y_9 = 0$で零ベクトルでない$\boldsymbol{b}_2$を選べば、それは$K_2^{(1)}$ には属しません。$y_4 = 1,\ y_7 = 0,\ y_8 = y_9 = 0$を代入したものを$\boldsymbol{v}_1$とし、$\boldsymbol{v}_2 = \boldsymbol{B}\,(2)\,\boldsymbol{v}_1$とします。

```
>>> v1 = b2.subs({y4: 1, y7: 0, y8: 0, y9: 0})
>>> v2 = B(2) * v1
```

もう一つ、$K_2^{(2)} \setminus K_2^{(1)}$ のベクトルで$\boldsymbol{v}_2$と線形独立なものとして、$y_4 = 0,\ y_7 = 1,\ y_8 = y_9 = 0$を代入した$\boldsymbol{v}_3$が取れます。$\boldsymbol{v}_4 = \boldsymbol{B}\,(2)\,\boldsymbol{v}_3$とします。

```
>>> v3 = b2.subs({y4: 0 , y7: 1, y8: 0, y9: 0})
>>> v4 = B(2) * v3
```

$\{\boldsymbol{v}_1,\ \boldsymbol{v}_2,\ \boldsymbol{v}_3,\ \boldsymbol{v}_4\}$は線形独立で、$K_2$の基底となります（図 8.2）。

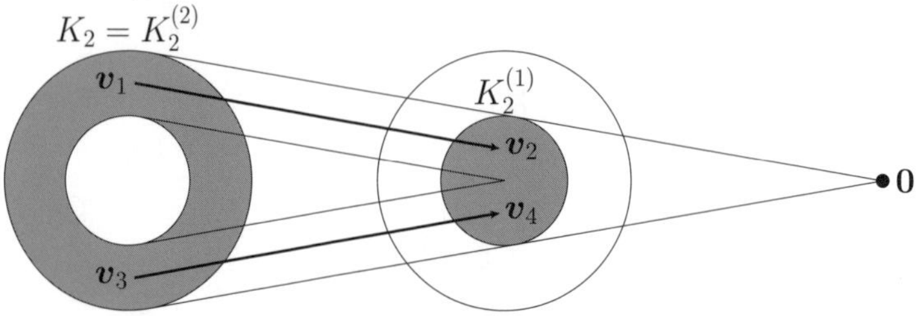

▲図 8.2　固有値２の固有空間と一般化固有空間の関係

K_3を考えます。$K_3^{(1)}$は2次元、$K_3^{(2)}$は4次元、$K_3^{(3)} = K_3$は5次元でした。$K_3^{(3)}$と$K_3^{(2)}$の次元の差は1なので、$K_3^{(3)} \setminus K_3^{(2)}$から一つベクトルを選びます。$\boldsymbol{c}_3$のベクトルの形と$\boldsymbol{b}_3$のベクトルの形を見比べて、$z_5 = 1,\ z_6 = z_7 = z_8 = z_9 = 0$を代入した$\boldsymbol{c}_3$を$\boldsymbol{v}_5$、$\boldsymbol{v}_6 = \boldsymbol{B}\,(3)\,\boldsymbol{v}_5$、$\boldsymbol{v}_7 = \boldsymbol{B}\,(3)\,\boldsymbol{v}_6$とします。

```
>>> v5 = c3.subs({z5: 1, z6: 0, z7: 0, z8: 0,z9: 0})
>>> v6 = B(3) * v5
>>> v7 = B(3) * v6
```

$\boldsymbol{v}_6 \in K_3^{(2)}$ で、$\boldsymbol{v}_7 \in K_3^{(1)}$ ですが、$K_3^{(1)}$ は2次元、$K_3^{(2)}$ は4次元だったので、$K_3^{(2)}$ から $\boldsymbol{v}_6$ とは線形独立にもう一つベクトルを探します。$y_6 = 1,\ y_7 = y_8 = y_9 = 0$ を代入した $\boldsymbol{b}_3$ を $\boldsymbol{v}_8$ として、$\boldsymbol{v}_9 = \boldsymbol{B}(3)\,\boldsymbol{v}_8$ とします。

```
>>> v8 = b3.subs({y6: 1, y7: 0, y8: 0, y9: 0})
>>> v9 = B(3) * v8
```

$\{\boldsymbol{v}_5, \boldsymbol{v}_6, \boldsymbol{v}_7, \boldsymbol{v}_8, \boldsymbol{v}_9\}$ は線形独立で、K_3 の基底となります（図 8.3）。

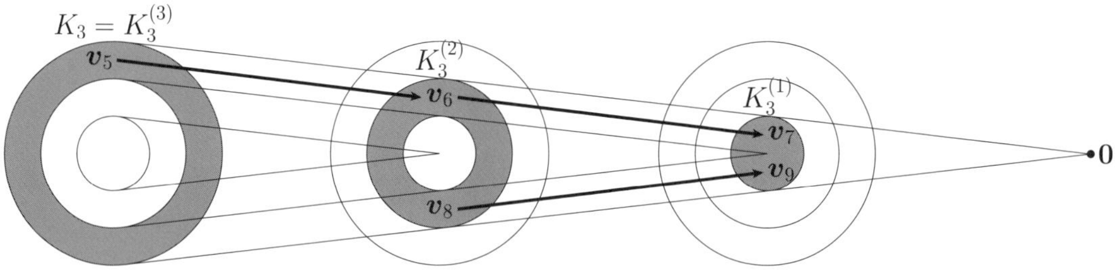

▲**図 8.3** 固有値 3 の固有空間と一般化固有空間の関係

$$\boldsymbol{V} = \begin{bmatrix} \boldsymbol{v}_0 & \boldsymbol{v}_1 & \boldsymbol{v}_2 & \boldsymbol{v}_3 & \boldsymbol{v}_4 & \boldsymbol{v}_5 & \boldsymbol{v}_6 & \boldsymbol{v}_7 & \boldsymbol{v}_8 & \boldsymbol{v}_9 \end{bmatrix}$$

として、$\boldsymbol{V}^{-1}\boldsymbol{A}\boldsymbol{V}$ を計算します。

```
>>> L = [v0, v1, v2, v3, v4, v5, v6, v7, v8, v9]
>>> V = reduce(lambda x, y: x.row_join(y), L)
>>> V**(-1) * A * V
Matrix([
[1, 0, 0, 0, 0, 0, 0, 0, 0, 0],
[0, 2, 0, 0, 0, 0, 0, 0, 0, 0],
[0, 1, 2, 0, 0, 0, 0, 0, 0, 0],
[0, 0, 0, 2, 0, 0, 0, 0, 0, 0],
[0, 0, 0, 1, 2, 0, 0, 0, 0, 0],
[0, 0, 0, 0, 0, 3, 0, 0, 0, 0],
[0, 0, 0, 0, 0, 1, 3, 0, 0, 0],
[0, 0, 0, 0, 0, 0, 1, 3, 0, 0],
[0, 0, 0, 0, 0, 0, 0, 0, 3, 0],
[0, 0, 0, 0, 0, 0, 0, 0, 1, 3]])
```

対角線の下に1が並んだ行列が得られます。

$$\begin{aligned}
\boldsymbol{A}\boldsymbol{v}_0 - \boldsymbol{v}_0 = \boldsymbol{B}(1)\,\boldsymbol{v}_0 &= 0\boldsymbol{v}_0 \\[1ex]
\boldsymbol{A}\boldsymbol{v}_1 - 2\boldsymbol{v}_1 = \boldsymbol{B}(2)\,\boldsymbol{v}_1 &= 0\boldsymbol{v}_1 + 1\boldsymbol{v}_2 + 0\boldsymbol{v}_3 + 0\boldsymbol{v}_4 \\
\boldsymbol{A}\boldsymbol{v}_2 - 2\boldsymbol{v}_2 = \boldsymbol{B}(2)\,\boldsymbol{v}_2 &= 0\boldsymbol{v}_1 + 0\boldsymbol{v}_2 + 0\boldsymbol{v}_3 + 0\boldsymbol{v}_4 \\
\boldsymbol{A}\boldsymbol{v}_3 - 2\boldsymbol{v}_3 = \boldsymbol{B}(2)\,\boldsymbol{v}_3 &= 0\boldsymbol{v}_1 + 0\boldsymbol{v}_2 + 0\boldsymbol{v}_3 + 1\boldsymbol{v}_4 \\
\boldsymbol{A}\boldsymbol{v}_4 - 2\boldsymbol{v}_4 = \boldsymbol{B}(2)\,\boldsymbol{v}_4 &= 0\boldsymbol{v}_1 + 0\boldsymbol{v}_2 + 0\boldsymbol{v}_3 + 0\boldsymbol{v}_4 \\[1ex]
\boldsymbol{A}\boldsymbol{v}_5 - 3\boldsymbol{v}_5 = \boldsymbol{B}(3)\,\boldsymbol{v}_5 &= 0\boldsymbol{v}_5 + 1\boldsymbol{v}_6 + 0\boldsymbol{v}_7 + 0\boldsymbol{v}_8 + 0\boldsymbol{v}_9 \\
\boldsymbol{A}\boldsymbol{v}_6 - 3\boldsymbol{v}_6 = \boldsymbol{B}(3)\,\boldsymbol{v}_6 &= 0\boldsymbol{v}_5 + 0\boldsymbol{v}_6 + 1\boldsymbol{v}_7 + 0\boldsymbol{v}_8 + 0\boldsymbol{v}_9 \\
\boldsymbol{A}\boldsymbol{v}_7 - 3\boldsymbol{v}_7 = \boldsymbol{B}(3)\,\boldsymbol{v}_7 &= 0\boldsymbol{v}_5 + 0\boldsymbol{v}_6 + 0\boldsymbol{v}_7 + 0\boldsymbol{v}_8 + 0\boldsymbol{v}_9 \\
\boldsymbol{A}\boldsymbol{v}_8 - 3\boldsymbol{v}_8 = \boldsymbol{B}(3)\,\boldsymbol{v}_8 &= 0\boldsymbol{v}_5 + 0\boldsymbol{v}_6 + 0\boldsymbol{v}_7 + 0\boldsymbol{v}_8 + 1\boldsymbol{v}_9 \\
\boldsymbol{A}\boldsymbol{v}_9 - 3\boldsymbol{v}_9 = \boldsymbol{B}(3)\,\boldsymbol{v}_9 &= 0\boldsymbol{v}_5 + 0\boldsymbol{v}_6 + 0\boldsymbol{v}_7 + 0\boldsymbol{v}_8 + 0\boldsymbol{v}_9
\end{aligned}$$

であることから、

$$\boldsymbol{V}^{-1}\boldsymbol{A}\boldsymbol{V} = \left[\begin{array}{c|c|c} \boldsymbol{A}_1 & & \\ \hline & \boldsymbol{A}_2 & \\ \hline & & \boldsymbol{A}_3 \end{array}\right] = \left[\begin{array}{c|cccc|ccccc}
1 & 0 & 0 & 0 & 0 & 0 & 0 & 0 & 0 & 0 \\ \hline
0 & 2 & 0 & 0 & 0 & 0 & 0 & 0 & 0 & 0 \\
0 & 1 & 2 & 0 & 0 & 0 & 0 & 0 & 0 & 0 \\
0 & 0 & 0 & 2 & 0 & 0 & 0 & 0 & 0 & 0 \\
0 & 0 & 0 & 1 & 2 & 0 & 0 & 0 & 0 & 0 \\ \hline
0 & 0 & 0 & 0 & 0 & 3 & 0 & 0 & 0 & 0 \\
0 & 0 & 0 & 0 & 0 & 1 & 3 & 0 & 0 & 0 \\
0 & 0 & 0 & 0 & 0 & 0 & 1 & 3 & 0 & 0 \\
0 & 0 & 0 & 0 & 0 & 0 & 0 & 0 & 3 & 0 \\
0 & 0 & 0 & 0 & 0 & 0 & 0 & 0 & 1 & 3
\end{array}\right]$$

を得ます。よく見ると、$\boldsymbol{A}_2$と$\boldsymbol{A}_3$は、さらに

$$\boldsymbol{A}_2 = \left[\begin{array}{cc|cc} 2 & 0 & 0 & 0 \\ 1 & 2 & 0 & 0 \\ \hline 0 & 0 & 2 & 0 \\ 0 & 0 & 1 & 2 \end{array}\right], \qquad \boldsymbol{A}_3 = \left[\begin{array}{ccc|cc} 3 & 0 & 0 & 0 & 0 \\ 1 & 3 & 0 & 0 & 0 \\ 0 & 1 & 3 & 0 & 0 \\ \hline 0 & 0 & 0 & 3 & 0 \\ 0 & 0 & 0 & 1 & 3 \end{array}\right]$$

と区分けできます。

$$
\begin{bmatrix}
\lambda & 0 & \cdots & \cdots & 0 \\
1 & \ddots & \ddots & & \vdots \\
0 & \ddots & \ddots & \ddots & \vdots \\
\vdots & \ddots & \ddots & \ddots & 0 \\
0 & \cdots & 0 & 1 & \lambda
\end{bmatrix}
$$

の形の行列を**ジョルダン細胞**といいます。任意の正方行列は、基底変換でジョルダン細胞が対角線に並んだ**ジョルダン標準形**と呼ばれる形にすることができます。

ジョルダン標準形を作る正則行列を作るとき、$\boldsymbol{v}_0$〜$\boldsymbol{v}_9$ の並べ方でジョルダン標準形には任意性があります。例えば

$$
\boldsymbol{U} = \begin{bmatrix} \boldsymbol{v}_0 & \boldsymbol{v}_4 & \boldsymbol{v}_3 & \boldsymbol{v}_2 & \boldsymbol{v}_1 & \boldsymbol{v}_9 & \boldsymbol{v}_8 & \boldsymbol{v}_7 & \boldsymbol{v}_6 & \boldsymbol{v}_5 \end{bmatrix}
$$

と並べて $\boldsymbol{U}^{-1}\boldsymbol{A}\boldsymbol{U}$ を計算すると、ジョルダン標準形は次のようになります。

```
>>> L = [v0, v4, v3, v2, v1, v9, v8, v7, v6, v5]
>>> U = reduce(lambda x, y: x.row_join(y), L)
>>> U**(-1) * A * U
Matrix([
[1, 0, 0, 0, 0, 0, 0, 0, 0, 0],
[0, 2, 1, 0, 0, 0, 0, 0, 0, 0],
[0, 0, 2, 0, 0, 0, 0, 0, 0, 0],
[0, 0, 0, 2, 1, 0, 0, 0, 0, 0],
[0, 0, 0, 0, 2, 0, 0, 0, 0, 0],
[0, 0, 0, 0, 0, 3, 1, 0, 0, 0],
[0, 0, 0, 0, 0, 0, 3, 0, 0, 0],
[0, 0, 0, 0, 0, 0, 0, 3, 1, 0],
[0, 0, 0, 0, 0, 0, 0, 0, 3, 1],
[0, 0, 0, 0, 0, 0, 0, 0, 0, 3]])
```

ジョルダン細胞の対角成分の一つ上の行（右の列）の成分に1が現れます。ジョルダン細胞の並び方にも任意性があります。

問8.3 次のプログラムはジョルダン標準形およびジョルダン分解の練習問題を作成するものです。このプログラムで作成した問題を、手計算で解きなさい。

▼プログラム：jordan2.py

```
from sympy import Matrix, diag
from numpy.random import seed, permutation

```

```
4  seed(2024)
5  X = Matrix([[1, 1, 0], [0, 1, 0], [0, 0, 2]])
6  Y = Matrix([[2, 1, 0], [0, 2, 1], [0, 0, 2]])
7  Z = Matrix([[2, 1, 0], [0, 2, 0], [0, 0, 2]])
8  while True:
9      A = X.copy()
10     while 0 in A:
11         i, j, _  = permutation(3)
12         A[:, j] += A[:, i]
13         A[i, :] -= A[j, :]
14         if max(abs(A)) >= 10:
15             break
16     if max(abs(A)) < 10:
17         break
18 U, J = A.jordan_form()
19 print(f'A = {A}\nU = {U}\nU**(-1)*A*U = {J}')
20 C = U * diag(J[0, 0], J[1, 1], J[2, 2]) * U**(-1)
21 B = A - C
22 print(f'B = {B}\nC = {C}')
```

- **5〜7行目** … 3次の正方行列で相似ではないジョルダン標準形を3種類用意します。問題として、それぞれと相似になる行列をランダムに作ります。
- **8〜17行目** … j 列目に i 列目を加える操作と、i 行目から j 行目を引く操作を行っても、行列は相似のままです。この操作を何回かランダムに行います。成分の中に0が一つもなく、しかもどの成分も正または負の1桁の数であるような行列ができたら、それを問題として採用することにします。9行目の X を Y や Z に書き換えれば、異なるジョルダン標準形の問題を作成できます。
- **18, 19行目** … Matrix クラスのメソッド jordan_form でジョルダン標準形を求めることができます。
- **20〜22行目** … ジョルダン分解（次節を参照）を求めます。

▼実行結果

```
A = Matrix([[4, 3, 2], [-6, -5, -5], [4, 4, 5]])
U = Matrix([[-1, -1, -1/4], [1, 0, -1/2], [0, 1, 1]])
U**(-1)*A*U = Matrix([[1, 1, 0], [0, 1, 0], [0, 0, 2]])
B = Matrix([[4, 4, 3], [-4, -4, -3], [0, 0, 0]])
C = Matrix([[0, -1, -1], [-2, -1, -2], [4, 4, 5]])
```

8.3 ジョルダン分解と行列の冪乗

$\boldsymbol{B}^k = \boldsymbol{O}$ となる k が存在するとき、$\boldsymbol{B}$ は**冪零行列**であるといいます。$\boldsymbol{K}_i - \lambda_i \boldsymbol{I}_i$ は冪零行列です（$\boldsymbol{I}_i$ は n_i 次の単位行列）。したがって、

$$\begin{aligned}\boldsymbol{A} &= \boldsymbol{V}\left(\boldsymbol{K}_1 \oplus \boldsymbol{K}_2 \oplus \cdots \oplus \boldsymbol{K}_m\right)\boldsymbol{V}^{-1} \\ &= \boldsymbol{V}\left((\boldsymbol{K}_1 - \lambda_1 \boldsymbol{I}_1) \oplus (\boldsymbol{K}_2 - \lambda_2 \boldsymbol{I}_2) \oplus \cdots \oplus (\boldsymbol{K}_m - \lambda_m \boldsymbol{I}_m)\right)\boldsymbol{V}^{-1} \\ &\quad + \boldsymbol{V}\left(\lambda_1 \boldsymbol{I}_1 \oplus \lambda_2 \boldsymbol{I}_2 \oplus \cdots \oplus \lambda_m \boldsymbol{I}_m\right)\boldsymbol{V}^{-1}\end{aligned}$$

で、最右辺を $\boldsymbol{B} + \boldsymbol{C}$ で表せば、冪零行列 $\boldsymbol{B}$ と対角化可能な行列 $\boldsymbol{C}$ の和によって $\boldsymbol{A}$ を表現できることがいえます。ここで、$\boldsymbol{BC} = \boldsymbol{CB}$ が成立するという意味で $\boldsymbol{B}$ と $\boldsymbol{C}$ は**可換**です。このような $\boldsymbol{A}$ の分解は一意です。なぜならば、互いに可換である冪零行列 $\boldsymbol{B}$ と対角化可能な行列 $\boldsymbol{C}$ によって $\boldsymbol{A} = \boldsymbol{B} + \boldsymbol{C}$ と分解ができたとします。$\boldsymbol{A}$ と $\boldsymbol{B}$ は可換であり、$\boldsymbol{A} - \lambda_i \boldsymbol{I}$ と $\boldsymbol{B}$ も可換です。したがって、任意の $\boldsymbol{x} \in K_i$ に対して

$$(\boldsymbol{A} - \lambda_i \boldsymbol{I})^{n_i} \boldsymbol{Bx} \;=\; \boldsymbol{B}\left(\boldsymbol{A} - \lambda_i \boldsymbol{I}\right)^{n_i} \boldsymbol{x} \;=\; \boldsymbol{0}$$

なので、$\boldsymbol{Bx} \in K_i$ です。すなわち、$\boldsymbol{A}$ の一般化固有空間の全体は $\boldsymbol{B}$ を約すので、$\boldsymbol{V}^{-1}\boldsymbol{BV} = \boldsymbol{B}_1 \oplus \boldsymbol{B}_2 \oplus \cdots \oplus \boldsymbol{B}_m$ と表現できます。$\boldsymbol{C}$ についても全く同様の議論で $\boldsymbol{V}^{-1}\boldsymbol{CV} = \boldsymbol{C}_1 \oplus \boldsymbol{C}_2 \oplus \cdots \oplus \boldsymbol{C}_m$ と表現できます。このとき、$\boldsymbol{K}_i = \boldsymbol{B}_i + \boldsymbol{C}_i$ です。したがって

$$(\boldsymbol{K}_i - \lambda_i \boldsymbol{I}_i) - \boldsymbol{B}_i \;=\; \boldsymbol{C}_i - \lambda_i \boldsymbol{I}_i$$

が成立します。$\boldsymbol{B}_i$ と $\boldsymbol{C}_i$ は可換なので、$\boldsymbol{B}_i$ は $\boldsymbol{K}_i$ とも可換であり、左辺は冪零行列であることがいえます。一方、右辺は対角化可能な行列です。冪零行列で対角化可能な行列は零行列しかありません。よって、$\boldsymbol{B}_i = \boldsymbol{K}_i - \lambda_i \boldsymbol{I}_i$ かつ $\boldsymbol{C}_i = \lambda_i \boldsymbol{I}_i$ であり、分解の一意性が示されました。このように、$\boldsymbol{A}$ を互いに可換な冪零行列 $\boldsymbol{B}$ と対角化可能な行列 $\boldsymbol{C}$ との和で表現することを**ジョルダン分解**といいます。

$\boldsymbol{C}$ が対角行列で $\boldsymbol{C} = \mathbf{diag}\,(\lambda_1, \lambda_2, \ldots, \lambda_n)$ であるならば、$k \in \mathbb{N}$ に対して

$$\boldsymbol{C}^k \;=\; \mathbf{diag}\left({\lambda_1}^k, {\lambda_2}^k, \ldots, {\lambda_n}^k\right)$$

です。一方、$\boldsymbol{B}$ が冪零行列で

$$\boldsymbol{B} \;=\; \begin{bmatrix} 0 & 0 & \cdots & \cdots & 0 \\ 1 & 0 & \ddots & & \vdots \\ 0 & \ddots & \ddots & \ddots & \vdots \\ \vdots & \ddots & \ddots & \ddots & 0 \\ 0 & \cdots & 0 & 1 & 0 \end{bmatrix}$$

という形であるとすると、

$$B^2 = \begin{bmatrix} 0 & 0 & \cdots & \cdots & 0 \\ 0 & 0 & \ddots & & \vdots \\ 1 & \ddots & \ddots & \ddots & \vdots \\ \vdots & \ddots & \ddots & \ddots & 0 \\ 0 & \cdots & 1 & 0 & 0 \end{bmatrix}, \ldots, B^{n-1} = \begin{bmatrix} 0 & 0 & \cdots & \cdots & 0 \\ 0 & 0 & \ddots & & \vdots \\ 0 & \ddots & \ddots & \ddots & \vdots \\ \vdots & \ddots & \ddots & \ddots & 0 \\ 1 & \cdots & 0 & 0 & 0 \end{bmatrix}$$

で、$\boldsymbol{B}^n = \boldsymbol{O}$となります。$\boldsymbol{J}$がジョルダン細胞

$$\boldsymbol{J} = \begin{bmatrix} a & 0 & \cdots & \cdots & 0 \\ 1 & a & \ddots & & \vdots \\ 0 & \ddots & \ddots & \ddots & \vdots \\ \vdots & \ddots & \ddots & \ddots & 0 \\ 0 & \cdots & 0 & 1 & a \end{bmatrix}$$

のとき、$\boldsymbol{J}$をジョルダン分解して$\boldsymbol{J} = a\boldsymbol{I} + \boldsymbol{B}$とします。二項展開

$$\boldsymbol{J}^k = \sum_{i=0}^{k} {}_k\mathrm{C}_i a^{k-i} \boldsymbol{B}^i$$

において、$k \geqq n$のときは$\boldsymbol{B}^k = \boldsymbol{O}$より

$$\boldsymbol{J}^k = \sum_{i=0}^{n-1} {}_k\mathrm{C}_i a^{k-i} \boldsymbol{B}^i$$

なので

$$\boldsymbol{J}^k = \begin{bmatrix} a^k & 0 & \cdots & \cdots & 0 \\ {}_k\mathrm{C}_1 a^{k-1} & a^k & \ddots & & \vdots \\ {}_k\mathrm{C}_2 a^{k-2} & \ddots & \ddots & \ddots & \vdots \\ \vdots & \ddots & \ddots & \ddots & 0 \\ {}_k\mathrm{C}_{n-1} a^{k-n+1} & \cdots & {}_k\mathrm{C}_2 a^{k-2} & {}_k\mathrm{C}_1 a^{k-1} & a^k \end{bmatrix}$$

となります。

3次の正方行列についてSymPyを使って確かめると次のようになります。

```
>>> from sympy import Matrix, S
>>> J = Matrix([[S('a'), 0, 0], [1, S('a'), 0], [0, 1, S('a')]])
>>> J
Matrix([
[a, 0, 0],
[1, a, 0],
```

```
[0, 1, a]])
>>> J**2
Matrix([
[a**2,    0,    0],
[ 2*a, a**2,    0],
[   1,  2*a, a**2]])
>>> J**3
Matrix([
[  a**3,      0,    0],
[3*a**2,   a**3,    0],
[   3*a, 3*a**2, a**3]])
>>> J**S('k')
Matrix([
[                   a**k,             0,    0],
[            a**(k - 1)*k,          a**k,    0],
[a**(k - 2)*k*(k - 1)/2, a**(k - 1)*k, a**k]])
```

一般のn次の正方行列$\boldsymbol{A}$は、ジョルダン分解によって、互いに可換である冪零行列$\boldsymbol{B}$と対角化可能な行列$\boldsymbol{C}$により$\boldsymbol{A}=\boldsymbol{B}+\boldsymbol{C}$と書け、$\boldsymbol{B}$と$\boldsymbol{C}$が可換であることから2項展開ができて、$k \geqq n$のとき$\boldsymbol{B}^k=\boldsymbol{O}$であることから

$$\boldsymbol{A}^k=(\boldsymbol{B}+\boldsymbol{C})^k=\sum_{i=0}^{k}{}_k\mathrm{C}_i\boldsymbol{B}^i\boldsymbol{C}^{k-i}=\sum_{i=0}^{n-1}{}_k\mathrm{C}_i\boldsymbol{B}^i\boldsymbol{C}^{k-i}$$

となります。

8.4 行列のスペクトル

n次の正方行列$\boldsymbol{A}$は、複素平面上に重複度を込めてn個の固有値を持ちます。$\boldsymbol{A}$の固有値全体集合のことを**スペクトル**[注2]と呼びます。スペクトルは、原点を中心とし$\boldsymbol{A}$のスペクトル半径$\rho(\boldsymbol{A})$を半径とする円に含まれます。

100次の正方行列をランダムに生成して、スペクトル半径の円に囲まれたスペクトルの形状を見てみましょう。100×100個の成分の実部と虚部のそれぞれを標準正規分布で発生させた複素行列を$\boldsymbol{A}$とします。行列$\boldsymbol{A}$が正則行列であるための必要十分条件は、スペクトルが0を含まないことです。図8.4上段左は、$\boldsymbol{A}$のスペクトルです。図8.4上段中央は、実行列$\boldsymbol{A}+\overline{\boldsymbol{A}}$のスペクトルです。実行列のスペクトルは実軸に関して対称になって現れます。

注2　有限次元線形空間の線形写像である行列では、スペクトルは有限個の点で、それらはすべて固有値です。しかし、無限次元線形空間の線形写像では、スペクトルが連続した曲線や面積を持つ領域として現れることがあり、その場合はスペクトルの点が固有値とは限らなくなります。

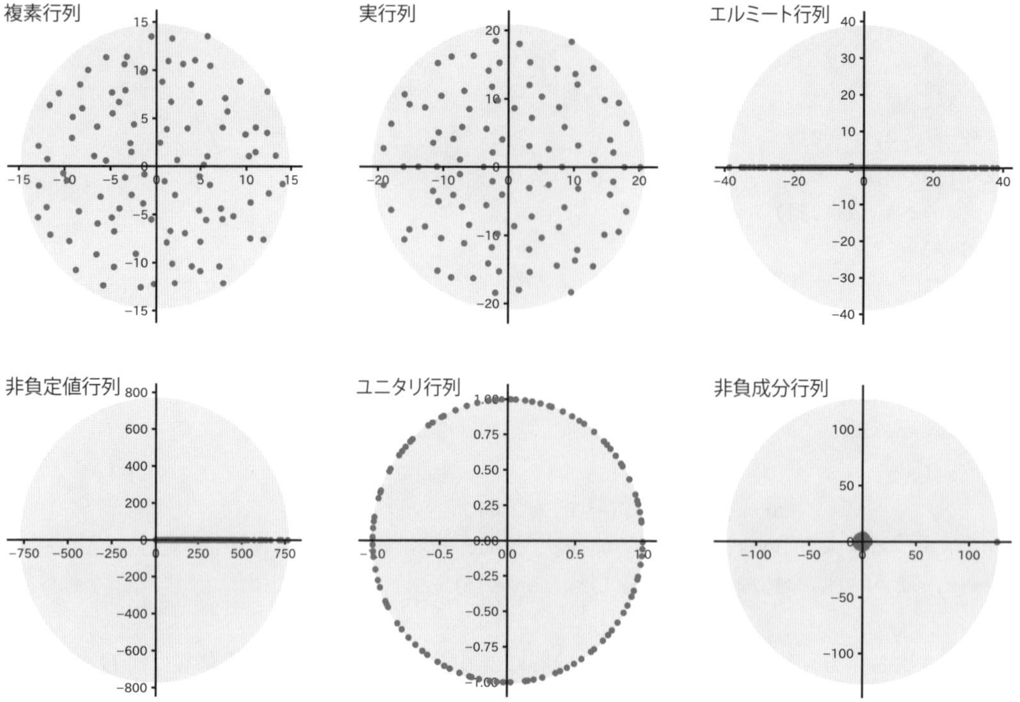

▲**図 8.4**　さまざまな種類の行列のスペクトル

図 8.4 上段右は、エルミート行列 $\boldsymbol{A}+\boldsymbol{A}^*$ のスペクトルで、実軸上に乗っています。図 8.4 下段左は、非負定値行列（半正定値行列）$\boldsymbol{A}^*\boldsymbol{A}$ のスペクトルで、実軸の 0 以上に乗っています。正定値行列ならば、スペクトルは 0 を含みません。図 8.4 下段中央は、ユニタリ行列のスペクトルです。この行列は、$\boldsymbol{A}$ の列ベクトルをグラム・シュミットの直交化法で正規直交基底にすることによって作りました。固有値はすべて 0 を中心とする半径 1 の円周上に乗っています。すべての成分が正（または非負）である正方行列のことを**正成分行列**（または**非負成分行列**）といいます。図 8.4 下段右は、$\boldsymbol{A}$ のすべての成分の絶対値をとった行列に対するスペクトルです[注3]。

この実験で用いたプログラムは、次の通りです。

▼プログラム：spectrum.py

```
from numpy import matrix, pi, sin, cos, linspace
from numpy.random import seed, normal
from numpy.linalg import eig, eigh
import matplotlib.pylab as plt
import japanize_matplotlib
from gram_schmidt2 import gram_schmidt
```

注3　この実験の場合、確率 1 で正成分行列かつ正則行列となります。一般には、正成分行列が正則行列とは限りません。一方、正定値行列はつねに正則行列です。

```
7
8  seed(2024)
9  N = 100
10 A = matrix(normal(0, 1, (N, N)) + 1j*normal(0, 1, (N, N)))
11 R = A + A.conj()
12 H = A + A.H
13 PD = A * A.H
14 U = gram_schmidt(A)
15 PC = abs(A)
16 print(f'PDの最小固有値:{eigh(PD)[0].min()}, PCの最小成分:{PC.min()}')
17 title= ['複素行列', '実行列', 'エルミート行列',
18         '非負定値行列', 'ユニタリ行列', '非負成分行列']
19 fig = plt.figure(figsize=(15, 10))
20 for n, X in enumerate([A, R, H, PD, U, PC]):
21     eigvals = eig(X)[0]
22     ax = fig.add_subplot(2, 3, n+1)
23     r = max(abs(eigvals))
24     T = linspace(0, 2 * pi, 100)
25     ax.fill(r*cos(T), r*sin(T), c='0.9', zorder=1)
26     ax.scatter(eigvals.real, eigvals.imag, c='r', s=10, zorder=2)
27     ax.text(-r, r, title[n], c='b', fontsize=20)
28     ax.spines['bottom'].set_position(('data', 0))
29     ax.spines['left'].set_position(('data', 0))
30     ax.spines['right'].set_visible(False)
31     ax.spines['top'].set_visible(False)
32 plt.savefig('spectrum.png'), plt.show()
```


- **5行目** … Matplotlibは、そのままでは text メソッドなどで日本語を正しく表示することができませんが、japanize_matplotlib をインポートすることにより、日本語が使えるようになります。このモジュールを用いるには、あらかじめ pip コマンドなどによってライブラリ japanize-matplotlib をインストールしておく必要があります。

- **6行目** … 第7章で作成したライブラリ gram_schmidt2 を使います。

- **16行目** … 非負定値行列 PD の最小固有値、および非負成分行列 PC の最小成分を求めて表示します。どちらも正の値であるので、PD および PC はそれぞれ正定値行列および正成分行列になることが確認できます。

▼実行結果

```
PDの最小固有値:0.01475082001694155, PCの最小成分:0.02224965417766303
```

- **22行目** … add_subplotを用いて、6種類の行列スペクトルを描きます。
- **23〜27行目** … 円を描きグレーで塗りつぶします。グレーレベル（0〜1）は、名前引数c（または color）に文字列で与えます。fill関数の引数は、plot関数の引数と基本的に使い方は同じです。
- **28, 29行目** … 何も指定しなければ左辺と下辺にある座標軸を、それぞれ中央に移動させます。
- **30, 31行目** … 何も指定しなければ右辺と上辺にある枠の線を、表示させないようにします。
- **32行目** … 描画したグラフ（図8.4）をspectrum.pngという名前で、PNGファイルとして保存します。拡張子をjpgに変えれば、JPEGファイルとして保存されます。

正成分行列では、スペクトル半径の円周上に正の固有値は一つだけ現れます。この現象は、後に述べるペロン・フロベニウスの定理によって説明されます。

$\boldsymbol{A}$をn次の正方行列とします。$|\lambda| > \|\boldsymbol{A}\|$である$\lambda$に対して

$$\frac{\boldsymbol{A}^k}{\lambda^k} \to \boldsymbol{O} \quad (k \to \infty)$$

を示すことは難しくありません。$\rho(\boldsymbol{A}) \leqq \|\boldsymbol{A}\|$でしたが、$\lambda$の条件を$|\lambda| > \rho(\boldsymbol{A})$と弱めてもこの収束がいえることを証明しましょう。$\boldsymbol{A}$はジョルダン分解により、正則行列$\boldsymbol{V}$、および互いに可換である冪零行列$\boldsymbol{B}$と$\boldsymbol{C}= \mathbf{diag}(\lambda_1, \ldots, \lambda_n)$（$\lambda_1, \ldots, \lambda_n$は$\boldsymbol{A}$の固有値）によって、$\boldsymbol{V}^{-1}\boldsymbol{A}\boldsymbol{V} = \boldsymbol{B}+\boldsymbol{C}$と書けます。$\boldsymbol{B}$と$\boldsymbol{C}$が可換であることから2項展開ができ、$k \geqq n$のとき$\boldsymbol{B}^k = \boldsymbol{O}$より

$$\frac{\boldsymbol{A}^k}{\lambda^k} = \frac{\boldsymbol{V}(\boldsymbol{B}+\boldsymbol{C})^k \boldsymbol{V}^{-1}}{\lambda^k} = \boldsymbol{V}\left(\sum_{i=0}^{n-1} \frac{{}_k\mathrm{C}_i \boldsymbol{B}^i \boldsymbol{C}^{k-i}}{\lambda^k}\right)\boldsymbol{V}^{-1}$$

となります。$\|\boldsymbol{C}\| = \max\{|\lambda_1|, \ldots, |\lambda_n|\} = \rho(\boldsymbol{A})$なので、行列ノルムの性質を用いて

$$\left\|\frac{\boldsymbol{A}^k}{\lambda^k}\right\| \leqq \|\boldsymbol{V}\| \left(\sum_{i=0}^{n-1} \frac{{}_k\mathrm{C}_i \|\boldsymbol{B}\|^i \rho(\boldsymbol{A})^{k-i}}{|\lambda|^k}\right) \|\boldsymbol{V}^{-1}\|$$

を得ます。ここで、$0 \leqq \alpha < 1$のとき、各$i = 0, 1, \ldots, n-1$に対して

$${}_k\mathrm{C}_i \alpha^k \leqq k^i \alpha^k \to 0 \quad (k \to \infty)$$

がいえるので、望みの結果を得ます。

次のプログラムは、3次の正方行列$\boldsymbol{A}$をランダムに生成して、λを$\boldsymbol{A}$のスペクトル半径よりわずかに大きく取り、$(\boldsymbol{A}/\lambda)^k$の各成分および行列ノルムの収束する状況をグラフにプロットするものです（図8.5）。

▼プログラム：norm.py

```
from numpy import matrix, linalg, random
import matplotlib.pyplot as plt

def power(A):
    m, n = A.shape
    lmd = max(abs(linalg.eig(A)[0])) * 1.1
    K = range(50)
    P = [(A / lmd)**k for k in K]
    for i in range(m):
        for j in range(n):
            plt.plot(K, [B[i, j] for B in P])
    plt.plot(K, [linalg.norm(B, 2) for B in P])

random.seed(2024)
plt.figure(figsize=(20, 5))
for n in range(10):
    plt.subplot(2, 5, n+1)
    A = matrix(random.normal(0, 1, (3, 3)))
    power(A)
plt.show()
```


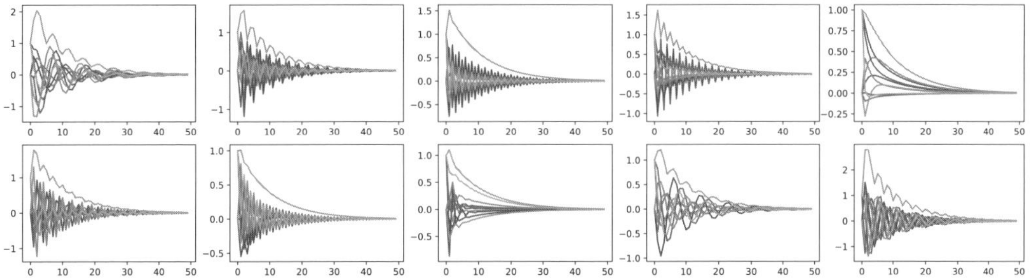

▲**図 8.5**　$(\boldsymbol{A}/\lambda)^k$ の収束

上で述べた事実を用いて、スペクトル半径と行列ノルムの関係を示す一つの公式を証明しておきます。この公式は、ペロン・フロベニウスの定理の証明で用いられます。

定理 8.1（ゲルファントの公式）

$$\rho(\boldsymbol{A}) = \lim_{k\to\infty} \left\| \boldsymbol{A}^k \right\|^{1/k}$$

証明　λ を $\boldsymbol{A}$ の固有値とし、$\boldsymbol{x}$ を対応する正規化された固有ベクトルとすると、任意の $n \in \mathbb{N}$ に対して

$$|\lambda|^k = \left\|\lambda^k \boldsymbol{x}\right\| = \left\|\boldsymbol{A}^k \boldsymbol{x}\right\| \leqq \left\|\boldsymbol{A}^k\right\|$$

なので、$|\lambda| \leqq \left\|\boldsymbol{A}^k\right\|^{1/k}$ であり、$\rho(\boldsymbol{A}) \leqq \left\|\boldsymbol{A}^k\right\|^{1/k}$ がいえる。$\varepsilon > 0$ を任意とする。直前で示したことから、

$$\lim_{k\to\infty} \frac{\left\|\boldsymbol{A}^k\right\|}{(\varepsilon + \rho(\boldsymbol{A}))^k} = \lim_{k\to\infty} \left\|\frac{\boldsymbol{A}^k}{(\varepsilon + \rho(\boldsymbol{A}))^k}\right\| = 0 < 1$$

である。よって、ある k_0 が存在して、$k \geqq k_0$ のとき

$$\left\|\boldsymbol{A}^k\right\| < (\varepsilon + \rho(\boldsymbol{A}))^k$$

が成り立つといえる。したがって、$k \geqq k_0$ のとき

$$\rho(\boldsymbol{A}) \leqq \left\|\boldsymbol{A}^k\right\|^{1/k} < \varepsilon + \rho(\boldsymbol{A})$$

が成立する。$\varepsilon > 0$ は任意だったので、$\lim_{k\to\infty} \left\|\boldsymbol{A}^k\right\|^{1/k} = \rho(\boldsymbol{A})$ を得る[注4]。■

次のプログラムは、3次の正方行列をランダムに生成して、ゲルファントの公式での収束状況を観察するものです（図8.6）。

▼プログラム：gelfand.py

```
from numpy import matrix, linalg, random
import matplotlib.pylab as plt

def gelfand(A):
    m, n = A.shape
    lmd = max(abs(linalg.eig(A)[0]))
    K = range(50)
    P = [A**k for k in K]
    plt.plot(K[1:], [linalg.norm(P[k], 2)**(1/k) for k in K[1:]])
    plt.plot([K[1], K[-1]], [lmd, lmd])

random.seed(2024)
plt.figure(figsize=(20, 5))
for n in range(10):
    plt.subplot(2, 5, n+1)
```

注4　ここではいわゆる、ε-δ 論法を使っています。

```
        A = matrix(random.normal(0, 1, (3, 3)))
        gelfand(A)
    plt.show()
```

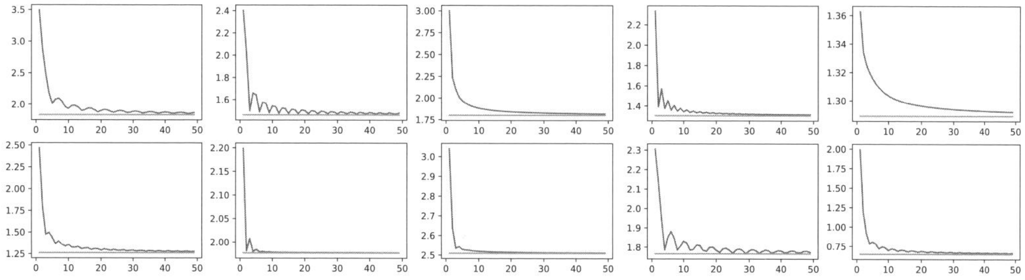

▲**図 8.6**　ゲルファントの公式

8.5　ペロン・フロベニウスの定理

$\boldsymbol{x} = (x_1, x_2, \ldots, x_n) \in \mathbb{C}^n$ に対して、$|\boldsymbol{x}| = \big(|x_1|, |x_2|, \ldots, |x_n|\big)$ とします。また、$\boldsymbol{x} = (x_1, x_2, \ldots, x_n) \in \mathbb{R}^n$ および $\boldsymbol{y} = (y_1, y_2, \ldots, y_n) \in \mathbb{R}^n$ に対して

$$\boldsymbol{x} \leqq \boldsymbol{y} \overset{\text{def}}{\Leftrightarrow} \forall i,\ x_i \leqq y_i$$

$$\boldsymbol{x} \leq \boldsymbol{y} \overset{\text{def}}{\Leftrightarrow} \forall i,\ x_i \leqq y_i \text{ かつ } \exists i,\ x_i < y_i$$

$$\Leftrightarrow \boldsymbol{x} \leqq \boldsymbol{y} \text{ かつ } \boldsymbol{x} \neq \boldsymbol{y}$$

$$\boldsymbol{x} < \boldsymbol{y} \overset{\text{def}}{\Leftrightarrow} \forall i,\ x_i < y_i$$

と表記することにします。

補題 8.1　$0 \leq \boldsymbol{x} < \boldsymbol{y}$ ならば、$\varepsilon > 0$ が存在して $(1+\varepsilon)\boldsymbol{x} < \boldsymbol{y}$ が成立する。

証明　$\boldsymbol{y} - \boldsymbol{x} > 0$ である。$\boldsymbol{y} - \boldsymbol{x}$ の成分はすべて正なので、その中の最小値を a とすると、$a > 0$ である。一方、$\boldsymbol{x}$ の成分の中の最大値を b とすると、$b > 0$ である。このとき、$a\boldsymbol{x}/b$ の成分の中の最大値は a であるので、$\varepsilon = a/(2b) > 0$ とおけば、$\varepsilon \boldsymbol{x} < \boldsymbol{y} - \boldsymbol{x}$ がいえる。■

補題 8.2　$\boldsymbol{x} \neq \boldsymbol{0}$ かつ $\boldsymbol{y} > 0$ であり $\langle \boldsymbol{y} \mid |\boldsymbol{x}| \rangle = \big|\langle \boldsymbol{y} \mid \boldsymbol{x} \rangle\big|$ ならば、$c \neq 0$ である $c \in \mathbb{C}$ が存在して $c\boldsymbol{x} \geq \boldsymbol{0}$ である。

証明　$\boldsymbol{x} = (x_1, x_2, \ldots, x_n)$，$\boldsymbol{y} = (y_1, y_2, \ldots, y_n)$とする。$y_1, y_2, \ldots, y_n$はすべて正であり

$$\sum_{i=1}^{n} y_i |x_i| = \left|\sum_{i=1}^{n} y_i x_i\right|$$

である。この両辺を2乗すると

$$\sum_{i=1}^{n}\sum_{j=1}^{n} y_i y_j |x_i| |x_j| = \sum_{i=1}^{n}\sum_{j=1}^{n} y_i y_j x_i \overline{x_j}$$

なので、

$$\sum_{i=1}^{n}\sum_{j=1}^{n} y_i y_j \left(|x_i \overline{x_j}| - x_i \overline{x_j}\right) = 0$$

となる。各i, jについて、$y_i y_j > 0$であり、$\mathrm{Re}\left(|x_i\overline{x_j}| - x_i\overline{x_j}\right) \geqq 0$なので、$\mathrm{Re}\left(|x_i\overline{x_j}| - x_i\overline{x_j}\right) = 0$でなければならない。$z \in \mathbb{C}$が$\mathrm{Re}\left(|z| - z\right) = 0$であるのは、$z$が実数かつ$z \geqq 0$のときで、そのときに限ることに注意すると、すべてのi, jに対して$x_i\overline{x_j} \geqq 0$がいえる。$\boldsymbol{x} \neq \boldsymbol{0}$より$x_j \neq 0$である$j$が存在するので、$c = \overline{x_j}$とおけば、$c\boldsymbol{x} \geq \boldsymbol{0}$を得る。■

行列$\boldsymbol{A}$および$\boldsymbol{B}$に対して$\boldsymbol{V}^{-1}\boldsymbol{A}\boldsymbol{V} = \boldsymbol{B}$となる正則行列$\boldsymbol{V}$が存在するとき、$\boldsymbol{A}$と$\boldsymbol{B}$は相似な関係にあるといいました。このとき特に、$\boldsymbol{V}$としてユニタリ行列を選べるならば、$\boldsymbol{A}$と$\boldsymbol{B}$は**ユニタリ同値**であるといいます。

行列式や階数の値、正則行列であるという性質、対角化可能であるという性質は、相似な行列どうしで共有される値および性質です。正規行列、エルミート行列、ユニタリ行列、直交射影、あるいは正定値行列であるという性質は、ユニタリ同値な行列どうしで共有される性質です。正成分行列という性質は、相似な行列どうしであっても、ユニタリ同値な行列どうしであっても共有されません。

定理8.2（ペロン・フロベニウスの定理）　正成分行列$\boldsymbol{A}$に対して次の1から3が成立する。

1. $\boldsymbol{A}$のスペクトル半径$\rho(\boldsymbol{A})$は$\boldsymbol{A}$の固有値であり、この固有値に対応する固有ベクトルとして成分がすべて正であるものを選ぶことができる
2. $\boldsymbol{A}$の$\rho(\boldsymbol{A})$以外の固有値の絶対値はすべて$\rho(\boldsymbol{A})$未満である
3. 固有値$\rho(\boldsymbol{A})$の重複度は1である

証明　λを、$|\lambda| = \rho(\boldsymbol{A})$である$\boldsymbol{A}$の固有値として、$\boldsymbol{x} = (x_1, x_2, \ldots, x_n)$をその固有値に対応する固有ベクトルとする。このとき、各iに対して

$$\boldsymbol{A}|\boldsymbol{x}|\text{の第}i\text{成分} = \sum_{j=1}^{n} a_{ij}|x_j| = \sum_{j=1}^{n} |a_{ij}x_j| \geqq \left|\sum_{j=1}^{n} a_{ij}x_j\right|$$

$$= |\lambda x_i| \;=\; \rho(\boldsymbol{A})\,|x_i| \;=\; \rho(\boldsymbol{A})\,|\boldsymbol{x}|\text{の第}\,i\,\text{成分} \qquad \cdots\ (*)$$

がいえるので、$\boldsymbol{A}\,|\boldsymbol{x}| \geqq \rho(\boldsymbol{A})\,|\boldsymbol{x}|$ である。等号が成立しないと仮定すると、

$$\boldsymbol{A}\,|\boldsymbol{x}| \;\geq\; \rho(\boldsymbol{A})\,|\boldsymbol{x}|$$

である。$\boldsymbol{A}$ は正成分行列なので、両辺に掛けて

$$\boldsymbol{A}^2\,|\boldsymbol{x}| \;>\; \rho(\boldsymbol{A})\,\boldsymbol{A}\,|\boldsymbol{x}|$$

したがって、補題 8.1 より、ある $\varepsilon > 0$ が存在して

$$\boldsymbol{A}^2\,|\boldsymbol{x}| \;>\; (1+\varepsilon)\,\rho(\boldsymbol{A})\,\boldsymbol{A}\,|\boldsymbol{x}|$$

が成り立つ。$\boldsymbol{A}$ は正成分行列なので、両辺に掛けて

$$\boldsymbol{A}^3\,|\boldsymbol{x}| \;>\; (1+\varepsilon)\,\rho(\boldsymbol{A})\,\boldsymbol{A}^2\,|\boldsymbol{x}| \;>\; \big((1+\varepsilon)\,\rho(\boldsymbol{A})\big)^2\boldsymbol{A}\,|\boldsymbol{x}|$$

がいえる。これを繰り返すと、

$$\boldsymbol{A}^{k+1}\,|\boldsymbol{x}| \;>\; \big((1+\varepsilon)\,\rho(\boldsymbol{A})\big)^k\boldsymbol{A}\,|\boldsymbol{x}|$$

を得る。この大小関係は $\mathbb{R}^n$ 上のノルムをとっても保存されて

$$\begin{array}{ccc} \left\|\boldsymbol{A}^{k+1}\,|\boldsymbol{x}|\right\| & > & \left\|\big((1+\varepsilon)\,\rho(\boldsymbol{A})\big)^k\boldsymbol{A}\,|\boldsymbol{x}|\right\| \\ \wedge\!\| & & \| \\ \left\|\boldsymbol{A}^k\right\|\cdot\left\|\boldsymbol{A}\,|\boldsymbol{x}|\right\| & > & \big((1+\varepsilon)\,\rho(\boldsymbol{A})\big)^k\cdot\left\|\boldsymbol{A}\,|\boldsymbol{x}|\right\| \end{array}$$

がいえるので、$\boldsymbol{A}\,|\boldsymbol{x}| \neq \boldsymbol{0}$ より

$$\left\|\boldsymbol{A}^k\right\|^{1/k} \;>\; (1+\varepsilon)\,\rho(\boldsymbol{A})$$

を得る。ここで $k \to \infty$ とすると左辺はゲルファントの公式より $\rho(\boldsymbol{A})$ となるので矛盾を生じ、$\boldsymbol{A}\,|\boldsymbol{x}| = \rho(\boldsymbol{A})\,|\boldsymbol{x}|$ であることが示された。$\boldsymbol{A}$ は正成分行列で $|\boldsymbol{x}| \geq \boldsymbol{0}$ なので、$\boldsymbol{A}\,|\boldsymbol{x}| > \boldsymbol{0}$ である。したがって、$\rho(\boldsymbol{A}) > 0$ かつ $|\boldsymbol{x}| > \boldsymbol{0}$ でなければならない。よって、1 が示された。このとき、各 i について $(*)$ はすべて等号で結ばれるので

$$\sum_{j=1}^{n} a_{ij}\,|x_j| \;=\; \left|\sum_{j=1}^{n} a_{ij}x_j\right|$$

である。したがって、補題 8.2 から $c \neq 0$ である $c \in \mathbb{C}$ が存在して $c\boldsymbol{x} \geq \boldsymbol{0}$ がいえる。このとき、

$$\lambda\,(c\boldsymbol{x}) \;=\; \boldsymbol{A}\,(c\boldsymbol{x}) \;>\; 0$$

なので、$\lambda > 0$でなければならない。$|\lambda| = \rho(\boldsymbol{A})$だったので、$\lambda = \rho(\boldsymbol{A})$である。よって、2も示された。最後に3を示す。まず、$\lambda = \rho(\boldsymbol{A})$の固有空間の次元が1であることを示す。$\boldsymbol{x} > \boldsymbol{0}$を$\boldsymbol{A}$の固有値$\rho(\boldsymbol{A})$に対する固有ベクトルとし、同じ固有値に対して$\boldsymbol{x}$と線形独立な固有ベクトル$\boldsymbol{x}'$が存在したとする。すると2と同様の議論により、$c \neq 0$かつ$c\boldsymbol{x}' \geqq \boldsymbol{0}$となる$c \in \mathbb{C}$が存在する。$\boldsymbol{x}$は$c\boldsymbol{x}'$のスカラー倍ではないので、$t \geqq 0$を調整して$\boldsymbol{x} - tc\boldsymbol{x}' \geq \boldsymbol{0}$の少なくとも一つの成分は0であるように選ぶことができる。このとき、

$$\rho(\boldsymbol{A})(\boldsymbol{x} - tc\boldsymbol{x}') = \boldsymbol{A}(\boldsymbol{x} - tc\boldsymbol{x}') > 0$$

なので$\boldsymbol{x} - tc\boldsymbol{x}' > \boldsymbol{0}$となり矛盾である。よって、固有空間の次元が1であることが示されたので、一般化固有空間が2次元以上であると仮定すると

$$\{\boldsymbol{0}\} \subsetneqq \operatorname{kernel}(\boldsymbol{A} - \lambda\boldsymbol{I}) \subsetneqq \operatorname{kernel}\left((\boldsymbol{A} - \lambda\boldsymbol{I})^2\right)$$

という包含関係が成立する。したがって、$\boldsymbol{0} \neq \boldsymbol{v} \in \operatorname{kernel}(\boldsymbol{A} - \lambda\boldsymbol{I})$である$\boldsymbol{v}$と、$(\boldsymbol{A} - \lambda\boldsymbol{I})\boldsymbol{u} = \boldsymbol{v}$を満たす$\boldsymbol{u} \in \operatorname{kernel}\left((\boldsymbol{A} - \lambda\boldsymbol{I})^2\right)$が存在する。固有値$\lambda$に対する固有空間の次元が1であるので、$\boldsymbol{v} > \boldsymbol{0}$としてよい。一方、$\boldsymbol{A}^{\mathrm{T}}$も正成分行列であるから、固有値$\mu = \rho\left(\boldsymbol{A}^{\mathrm{T}}\right)$および対応する固有ベクトル$\boldsymbol{w} > 0$を持つ。このとき、$\langle \boldsymbol{v} \mid \boldsymbol{w} \rangle > 0$で

$$\lambda \langle \boldsymbol{v} \mid \boldsymbol{w} \rangle = \langle \lambda\boldsymbol{v} \mid \boldsymbol{w} \rangle = \langle \boldsymbol{A}\boldsymbol{v} \mid \boldsymbol{w} \rangle = \langle \boldsymbol{v} \mid \boldsymbol{A}^{\mathrm{T}}\boldsymbol{w} \rangle = \langle \boldsymbol{v} \mid \mu\boldsymbol{w} \rangle = \mu \langle \boldsymbol{v} \mid \boldsymbol{w} \rangle$$

なので、$\mu = \lambda$である。$\boldsymbol{A}\boldsymbol{u} = \lambda\boldsymbol{u} + \boldsymbol{v}$だったので、この両辺と$\boldsymbol{w}$の内積をとると$\langle \boldsymbol{A}\boldsymbol{u} \mid \boldsymbol{w} \rangle = \langle \lambda\boldsymbol{u} + \boldsymbol{v} \mid \boldsymbol{w} \rangle$から$\langle \boldsymbol{v} \mid \boldsymbol{w} \rangle = 0$が得られ、矛盾が導かれる。■

問8.4　上の証明で論理の飛躍があるところを詳しく説明しなさい。特に、最後の$\lambda = \mu$から$\langle \boldsymbol{v} \mid \boldsymbol{w} \rangle = 0$が導かれるのはなぜか。

第9章 力学系

時間と共に変化する変量に関する数理的モデルは、広い意味で力学系（dynamical system）と呼ばれています。この章では、時刻が連続的に変化し変量が決定的（確定的）に変化する力学系として、線形の微分方程式で表現されるシステムを考えます。また、時間が離散的に変化し変量が確率的に変化する力学系として、定常マルコフ過程を考えます。いずれも、これまで勉強を積み重ねてきた線形代数の理論が大きな役割を果たします。

力学系の挙動を数学的に解明するには、コンピュータによる数値計算でシミュレーションして可視化することも重要な手段の一つです。Pythonの練習問題としても興味深い例が豊富にありますので、そのいくつかを取り上げます。

この章と次の第10章はいずれも応用が主体の章です。読者は、提示してあるPythonのコードのパラメタをいろいろ変えてみて、プログラムの動作がどのように変わるのかを観察してください。また、自分なりにコードを改良してみてください。シミュレーションのプログラムならば、そのコードを参考にして、より複雑な動きのモデルをシミュレーションしてみてもよいでしょう。データを解析するプログラムならば、自分で見つけたデータや作成したデータを解析してみるとよいでしょう。いよいよ、線形代数学の応用の実践編に入ります。

9.1 ベクトルおよび行列値関数の微分

時間とともに変化する n 個のスカラー値は、ベクトル値関数 $\boldsymbol{x}:\mathbb{R}\to\mathbb{K}^n$ で表すことができます。$\boldsymbol{x}(t)=\big(x_1(t), x_2(t), \ldots, x_n(t)\big)$ とします。$t=t_0$ のとき $\boldsymbol{x}_0\in\mathbb{K}^n$ が存在して

$$\lim_{\Delta t\to 0}\left\|\frac{\boldsymbol{x}(t_0+\Delta t)-\boldsymbol{x}(t_0)}{\Delta t}-\boldsymbol{x}_0\right\| = 0$$

を満たすとき、$\boldsymbol{x}(t)$ は $t=t_0$ で**微分可能**であるといい、$\boldsymbol{x}_0$ を $\dfrac{d}{dt}\boldsymbol{x}(t_0)$ で表して $\boldsymbol{x}(t)$ の $t=t_0$ における**微分**と呼びます。

$\emptyset\neq T\subseteq\mathbb{R}$ で任意の $t\in T$ で $\boldsymbol{x}(t)$ が微分可能であるならば、$\boldsymbol{x}(t)$ は T 上で微分可能であるといい、$t\mapsto\dfrac{d}{dt}\boldsymbol{x}(t)$ は T で定義され $\mathbb{K}^n$ に値をとる関数となります。この関数を $\boldsymbol{x}$ の**導関数**といい、$\dfrac{d}{dt}\boldsymbol{x}$ または $\boldsymbol{x}'$ で表します。

$$\boldsymbol{x}'(t) = \big(x_1{}'(t), x_2{}'(t), \ldots, x_n{}'(t)\big)$$

がいえます。$x_i{}'$ は x_i の導関数です $(i = 1, 2, \ldots, n)$。複素数値関数ならば、実部と虚部に分けてそれぞれの導関数をとります。

写像 $\boldsymbol{x} \mapsto \boldsymbol{x}'$ を $\dfrac{d}{dt}$ で表し、**微分作用素**と呼びます。微分作用素は線形写像です。すなわち、$\boldsymbol{x}, \boldsymbol{y} : T \to \mathbb{K}^n$ が T 上で微分可能ならば、任意の $a, b \in \mathbb{K}$ に対して

$$\frac{d}{dt}(a\boldsymbol{x} + b\boldsymbol{y}) = a\frac{d}{dt}\boldsymbol{x} + b\frac{d}{dt}\boldsymbol{y}$$

が成立します。また、微分作用素 $\dfrac{d}{dt}$ は任意の (m, n) 型行列 $\boldsymbol{A}$ と可換、すなわち、T 上で微分可能である $\boldsymbol{x} : T \to \mathbb{K}^n$ に対して、

$$\frac{d}{dt}\boldsymbol{A}\boldsymbol{x} = \boldsymbol{A}\frac{d}{dt}\boldsymbol{x}$$

が成立します。特に、任意の $\boldsymbol{a} \in \mathbb{K}^n$ に対して

$$\frac{d}{dt}\langle \boldsymbol{a} \mid \boldsymbol{x}(t)\rangle = \langle \boldsymbol{a}|\boldsymbol{x}'(t)\rangle \text{ および } \frac{d}{dt}\langle \boldsymbol{x}(t) \mid \boldsymbol{a}\rangle = \langle \boldsymbol{x}'(t)|\boldsymbol{a}\rangle$$

がいえます。

行列を値とする関数

$$\boldsymbol{X}(t) = \begin{bmatrix} x_{11}(t) & x_{12}(t) & \cdots & x_{1n}(t) \\ x_{21}(t) & x_{22}(t) & \cdots & x_{2n}(t) \\ \vdots & \vdots & & \vdots \\ x_{m1}(t) & x_{m2}(t) & \cdots & x_{mn}(t) \end{bmatrix}$$

に対してもベクトル値関数と同様に、行列ノルムを用いて極限で微分を定義できます。このとき、

$$\frac{d}{dt}\boldsymbol{X}(t) = \boldsymbol{X}'(t) = \begin{bmatrix} x_{11}{}'(t) & x_{12}{}'(t) & \cdots & x_{1n}{}'(t) \\ x_{21}{}'(t) & x_{22}{}'(t) & \cdots & x_{2n}{}'(t) \\ \vdots & \vdots & & \vdots \\ x_{m1}{}'(t) & x_{m2}{}'(t) & \cdots & x_{mn}{}'(t) \end{bmatrix}$$

がいえます。$\boldsymbol{X}'(t)$ と $\boldsymbol{Y}'(t)$ が存在して、行列の積 $\boldsymbol{X}(t)\boldsymbol{Y}(t)$ が定義されるならば、**積の微分公式**

$$\frac{d}{dt}(\boldsymbol{X}(t)\boldsymbol{Y}(t)) = \boldsymbol{X}'(t)\boldsymbol{Y}(t) + \boldsymbol{X}(t)\boldsymbol{Y}'(t)$$

が成立します。この特別の場合として

$$\frac{d}{dt}\langle \boldsymbol{x}(t) \mid \boldsymbol{y}(t)\rangle = \langle \boldsymbol{x}'(t) \mid \boldsymbol{y}(t)\rangle + \langle \boldsymbol{x}(t) \mid \boldsymbol{y}'(t)\rangle$$

が成立します。

問9.1　上で述べた $\dfrac{1}{dt}(\boldsymbol{X}(t)\boldsymbol{Y}(t)) = \boldsymbol{X}'(t)\boldsymbol{Y}(t) + \boldsymbol{X}(t)\boldsymbol{Y}'(t)$ を証明しなさい。

問 9.2　$\boldsymbol{X}(t)$ が t に関していつでも正則行列であるとき、$\dfrac{1}{dt}\left(\boldsymbol{X}(t)^{-1}\right)$ を $\boldsymbol{X}(t)$ と $\boldsymbol{X}'(t)$ の式で表現しなさい。

ヒント：微積分で $y=\dfrac{1}{f(x)}$ の微分 $y'=-\dfrac{f'(x)}{f(x)^2}$ を導いた方法を思い出してください。

9.2　ニュートンの運動方程式

ニュートンの運動方程式は「力＝質量×加速度」としてよく知られています。バネにつながれた物体の運動（**単振動**）を考えてみましょう。バネは縮むと伸びる方向に、伸びると縮む方向に力が加わります。釣り合っている位置を原点として、時刻 t における物体の位置を $x(t)$ としたとき、$-kx(t)$ の力が加わるとします（k はバネ係数）。$x(t)$ の微分 $x'(t)=v(t)$ である速度を考えます。加速度は $v(t)$ の微分なので、物体の質量を m とすればニュートンの運動方程式は $-kx(t)=mv'(t)$ となります。話を簡単にするために、$k=m=1$ とします。位置と速度をそれぞれ時刻 t とともに変化する量とすると、次の連立微分方程式

$$\begin{cases} x'(t) &= v(t) \\ v'(t) &= -x(t) \end{cases}$$

が成立します。この微分方程式に従う $x(t)$ と $v(t)$ を求めてみましょう。

最初の方法は、コンピュータの助けを借りて数値的に解く方法です。微分方程式の数値的解法の一つである**オイラー法**[注1]と呼ばれる方法で解くことにします。微分の定義から

$$\begin{cases} x'(t) &= \displaystyle\lim_{\Delta t\to 0}\frac{x(t+\Delta t)-x(t)}{\Delta t} \\ v'(t) &= \displaystyle\lim_{\Delta t\to 0}\frac{v(t+\Delta t)-v(t)}{\Delta t} \end{cases}$$

です。Δt が十分小さいときは右辺の $\displaystyle\lim_{\Delta t\to 0}$ がなくても近似的に等号は成り立つと考え、分母を払って微分方程式を考慮すれば

$$\begin{cases} x(t+\Delta t) &\approx x(t)+v(t)\Delta t \\ v(t+\Delta t) &\approx v(t)-x(t)\Delta t \end{cases}$$

となります（これはテーラー展開の1次までの近似と解釈できます）。

$$\begin{cases} x(0) &= x_0 \\ v(0) &= v_0 \end{cases}$$

とします。これは時刻0における位置と速度であり、**微分方程式の初期値**といいます。漸化式

$$\begin{cases} x_k &= x_{k-1}+v_{k-1}\Delta t \\ v_k &= v_{k-1}-x_{k-1}\Delta t \end{cases}$$

注1　オイラー法より近似精度がよいルンゲ・クッタ法と呼ばれる方法もあります。

で得られる $\{x_k\}$ および $\{v_k\}$ は、それぞれ $x(t)$ および $v(t)$ を $t = 0, \Delta t, 2\Delta t, \ldots$ でサンプリングしたものを近似していることになります。

VPythonで、3Dのアニメーションを作ってみましょう。

▼プログラム：newton.py

```
1  from vpython import *
2
3  Ball = sphere(color=color.red)
4  Wall = box(pos=vec(-10, 0, 0),
5             length=1, width=10, height=10)
6  Spring = helix(pos=vec(-10, 0, 0), length=10)
7  dt, x, v = 0.01, 2.0, 0.0
8  while True:
9      rate(1 / dt)
10     dx, dv = v * dt, -x * dt
11     x, v = x + dx, v + dv
12     Ball.pos.x, Spring.length = x, 10 + x
```

- **7行目** … dt は Δt です。位置 x と速度 v の初期条件を与えます。
- **8〜12行目** … 無限ループで、アニメーションが実行されます。9行目の rate(1 / dt) により、1秒間に $1/\Delta t$ 回ループが実行されるように速度を調整しています。

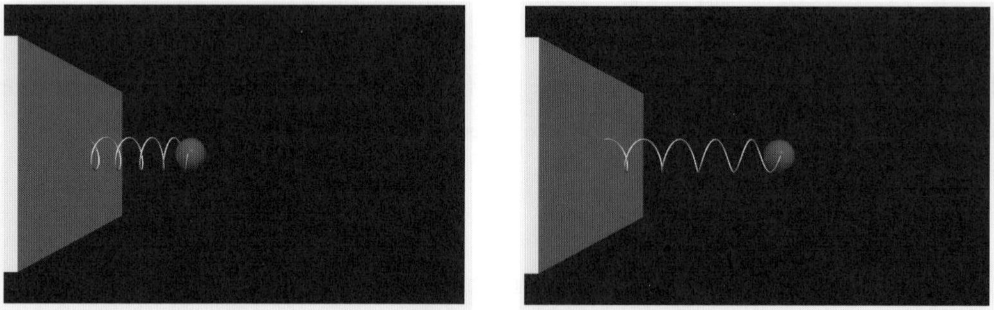

▲図 9.1　1次元単振動のシミュレーション

アニメーション（図 9.1 横の QR コードから閲覧できます）をよく見ていると徐々に振幅が大きくなっていきます。これは物理的には、エネルギー保存則に反します。点 $(x(t), v(t))$ を時間の変化とともにプロットしてみたものが図 9.2 です。左から、Δt を 0.1、0.01、0.001 としたものです。Δt の値を 0 に近づけると、円になっていきます。

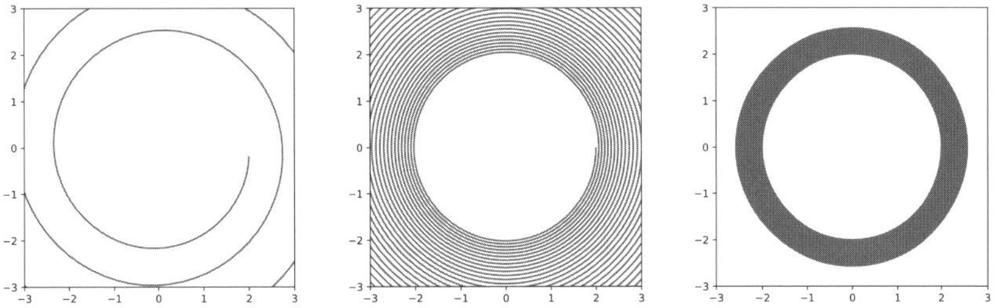

▲**図 9.2** 単振動の位置と速度の軌跡（テーラー展開の1次近似の場合）

テーラー展開の2次までの近似

$$\begin{aligned} x(t+\Delta t) &\approx x(t) + \frac{x'(t)}{1!}\Delta t + \frac{x''(t)}{2!}\Delta t^2 \\ &= x(t) + v(t)\Delta t - \frac{x(t)}{2}\Delta t^2 \\ v(t+\Delta t) &\approx v(t) + \frac{v'(t)}{1!}\Delta t + \frac{v''(t)}{2!}\Delta t^2 \\ &= v(t) - x(t)\Delta t - \frac{v(t)}{2}\Delta t^2 \end{aligned}$$

を用いると、図9.3のようになります（左から順に$\Delta t = 0.1, 0.01, 0.001$）。

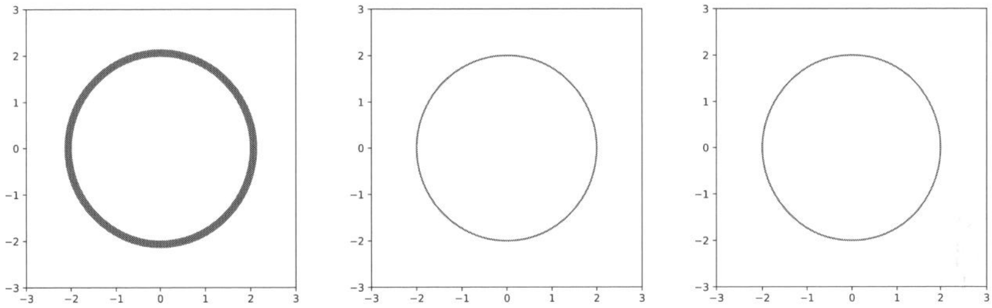

▲**図 9.3** 単振動の位置と速度の軌跡（テーラー展開の2次近似の場合）

図9.2と図9.3の軌跡は、いずれも次のプログラムで描画しました。

▼プログラム：newton2.py

```
from numpy import arange
import matplotlib.pyplot as plt

def taylor_1st(x, v, dt):
    dx = v * dt
    dv = -x * dt
    return x + dx, v + dv

def taylor_2nd(x, v, dt):
```

```
10     dx = v * dt - x / 2 * dt**2
11     dv = -x * dt - v / 2 * dt**2
12     return x + dx, v + dv
13
14 update = taylor_1st  # taylor_2nd
15 dt = 0.1  # 0.01, 0.001
16 path = [(2.0, 0.0)]  # (x, v)
17 for t in arange(0, 500, dt):
18     x, v = path[-1]
19     path.append(update(x, v, dt))
20 plt.plot(*zip(*path))
21 plt.axis('scaled'), plt.xlim(-3.0, 3.0), plt.ylim(-3.0, 3.0), plt.show()
```

- **4〜7行目** … テーラー展開の1次近似による位置x、および速度vの更新式です。
- **9〜12行目** … テーラー展開の2次近似による位置x、および速度vの更新式です。
- **14行目** … テーラー展開の1次近似式taylor_1st、または2次近似式taylor_2ndのいずれかを、更新式updateとします。
- **15行目** … dtは、Δtの値です。
- **16行目** … リストpathに、位置と速度の変化を記録します。(2.0, 0.0)は位置と速度の初期値です。
- **17〜19行目** … 時刻tを0からdt刻みで500未満の間、位置x、および速度vを更新しながらpathに追加していきます。

問9.3　テーラー展開の3次および4次までの近似式をnewton2.pyに加えて実験を行い、次数を上げるにつれてdt=0.1での軌跡が円に近くなることを確かめなさい。

点$(x(t), v(t))$は理論的には、正確な円を描きます。厳密に解いてそれを確かめてみましょう。

$$\frac{d}{dt}\begin{bmatrix} x(t) \\ v(t) \end{bmatrix} = \begin{bmatrix} 0 & 1 \\ -1 & 0 \end{bmatrix}\begin{bmatrix} x(t) \\ v(t) \end{bmatrix}$$

ここで、行列$A = \begin{bmatrix} 0 & 1 \\ -1 & 0 \end{bmatrix}$の対角化を行います。

```
>>> from sympy import *
>>> A = Matrix([[0, 1], [-1, 0]])
>>> A.diagonalize()
```

```
(Matrix([
[I, -I],
[1,  1]]), Matrix([
[-I, 0],
[ 0, I]]))
```

$$V = \begin{bmatrix} i & -i \\ 1 & 1 \end{bmatrix}, \qquad A = V\begin{bmatrix} -i & 0 \\ 0 & i \end{bmatrix}V^{-1}$$

なので、

$$\frac{d}{dt}\begin{bmatrix} x(t) \\ v(t) \end{bmatrix} = V\begin{bmatrix} -i & 0 \\ 0 & i \end{bmatrix}V^{-1}\begin{bmatrix} x(t) \\ v(t) \end{bmatrix}$$

両辺に左からV^{-1}を施して（線形作用素V^{-1}と微分作用素$\dfrac{d}{dt}$は交換されます）

$$\frac{d}{dt}V^{-1}\begin{bmatrix} x(t) \\ v(t) \end{bmatrix} = \begin{bmatrix} -i & 0 \\ 0 & i \end{bmatrix}V^{-1}\begin{bmatrix} x(t) \\ v(t) \end{bmatrix}$$

を得ます。ここで、

$$\begin{bmatrix} y(t) \\ w(t) \end{bmatrix} \stackrel{\text{def}}{=} V^{-1}\begin{bmatrix} x(t) \\ v(t) \end{bmatrix}$$

とおくと

$$\frac{d}{dt}\begin{bmatrix} y(t) \\ w(t) \end{bmatrix} = \begin{bmatrix} -i & 0 \\ 0 & i \end{bmatrix}\begin{bmatrix} y(t) \\ w(t) \end{bmatrix}$$

と表すことができます。これは

$$\begin{cases} \dfrac{d}{dt}y(t) &= -iy(t) \\ \dfrac{d}{dt}w(t) &= iw(t) \end{cases}$$

という二つの独立な変数分離形の微分方程式なので

$$\begin{cases} y(t) &= C_1e^{-it} \\ w(t) &= C_2e^{it} \end{cases}$$

と容易に解けます（C_1, C_2は積分定数）。

$$V\begin{bmatrix} y(t) \\ w(t) \end{bmatrix} = \begin{bmatrix} x(t) \\ v(t) \end{bmatrix}$$

なので、

$$\begin{bmatrix} x(t) \\ v(t) \end{bmatrix} = V \begin{bmatrix} C_1 e^{-it} \\ C_2 e^{it} \end{bmatrix} = \begin{bmatrix} i & -i \\ 1 & 1 \end{bmatrix} \begin{bmatrix} C_1 e^{-it} \\ C_2 e^{it} \end{bmatrix} = \begin{bmatrix} C_1 i e^{-it} - C_2 i e^{it} \\ C_1 e^{-it} + C_2 e^{it} \end{bmatrix}$$

上のPythonのプログラムの初期条件$x_0 = 2, v_0 = 0$を用いて、積分定数を求めてみましょう。

$$\begin{cases} x(0) = iC_1 - iC_2 = 2 \\ v(0) = C_1 + C_2 = 0 \end{cases}$$

から

$$\begin{cases} C_1 = -i \\ C_2 = i \end{cases}$$

よって、

$$\begin{cases} x(t) = e^{-it} + e^{it} = 2\cos t \\ v(t) = -ie^{-it} + ie^{it} = -2\sin t \end{cases}$$

を得ます。これは半径2の円の方程式となります。

9.3　線形の微分方程式

前節で微分方程式の解の軌跡を図に表現しました。この微分方程式では、初期値を変えると解の軌跡である円の半径が変化します。もう少し一般的な微分方程式でこの状況を見てみましょう。$\boldsymbol{A}$を正方行列とします。$\boldsymbol{x} : \mathbb{R} \to \mathbb{R}^n$に対して、

$$\boldsymbol{x}'(t) = \boldsymbol{A}\boldsymbol{x}(t)$$

を満たすとき、これを**線形の微分方程式**と呼びます。この微分方程式は$\boldsymbol{x}' = \boldsymbol{A}\boldsymbol{x}$と表現することもあります。$\boldsymbol{x} \in \mathbb{R}^2$で$\boldsymbol{A} = \begin{bmatrix} 0 & 1 \\ -1 & 0 \end{bmatrix}$の場合の$\boldsymbol{x}' = \boldsymbol{A}\boldsymbol{x}$が前節の微分方程式です。

$\boldsymbol{x}$の初期値を$\boldsymbol{x}_0 \stackrel{\text{def}}{=} \boldsymbol{v}(0)$とし、$\boldsymbol{y}(t) \stackrel{\text{def}}{=} e^{-t\boldsymbol{A}}\boldsymbol{x}(t)$とおきます。$\boldsymbol{y}$の初期値は$\boldsymbol{y}(0) = \boldsymbol{x}_0$で、

$$\boldsymbol{y}'(t) = \left(\frac{d}{dt}e^{-t\boldsymbol{A}}\right)\boldsymbol{x}(t) + e^{-t\boldsymbol{A}}\frac{d}{dt}\boldsymbol{x}(t) = -\boldsymbol{A}e^{-t\boldsymbol{A}}\boldsymbol{x}(t) + e^{-t\boldsymbol{A}}\boldsymbol{A}\boldsymbol{x}(t) = \boldsymbol{0}$$

がいえます。ここで、

$$\frac{d}{dt}e^{-t\boldsymbol{A}} = -\boldsymbol{A}e^{-t\boldsymbol{A}}$$

であることは、次のようにして示されます。

$$\left\| \frac{e^{-(t+h)\boldsymbol{A}} - e^{-t\boldsymbol{A}}}{h} + \boldsymbol{A}e^{-t\boldsymbol{A}} \right\| \leqq \left\| e^{-t\boldsymbol{A}} \right\| \left\| \frac{e^{-h\boldsymbol{A}} - \boldsymbol{I}}{h} + \boldsymbol{A} \right\|$$

$$= \left\| e^{-t\boldsymbol{A}} \right\| \frac{1}{|h|} \left\| \sum_{k=2}^{\infty} \frac{(-h\boldsymbol{A})^k}{k!} \right\| \leqq \left\| e^{-t\boldsymbol{A}} \right\| \frac{1}{|h|} \sum_{k=2}^{\infty} \frac{|h|^k \left\| \boldsymbol{A} \right\|^k}{k!}$$

$$= \left\| e^{-t\boldsymbol{A}} \right\| \left(\frac{e^{|h|\|\boldsymbol{A}\|} - 1}{|h|} - \|\boldsymbol{A}\| \right) \to 0 \qquad (h \to 0)$$

$\boldsymbol{y}'(t) = \boldsymbol{0}$ より、$\boldsymbol{y}(t)$ は定数関数です。よって、$\boldsymbol{y}(0) = \boldsymbol{x}_0$ から、$\boldsymbol{y}(t) = \boldsymbol{x}_0$ です。したがって、線形微分方程式の解は

$$\boldsymbol{x}(t) = e^{t\boldsymbol{A}}\boldsymbol{x}_0$$

であることがいえました。

$\boldsymbol{x}_0 \in \mathbb{R}^n$ に対して集合 $\left\{ e^{t\boldsymbol{A}}\boldsymbol{x}_0 \;\middle|\; t \in \mathbb{R} \right\} \subseteq \mathbb{R}^n$ を、微分方程式 $\boldsymbol{x}' = \boldsymbol{A}\boldsymbol{x}$ の**相空間** $\mathbb{R}^n$ における**解の軌跡**といいます。2次の実正方行列 $\boldsymbol{A}$ に対する微分方程式 $\boldsymbol{x}' = \boldsymbol{A}\boldsymbol{x}$ の相空間での解の軌跡を観察してみます。$\boldsymbol{A}$ の固有方程式は実係数なので、もし複素解があれば共役な複素数が対で出てきます。したがって、$\boldsymbol{A}$ のジョルダン標準形は次の3通りのいずれかになります。

$$\begin{bmatrix} \lambda_1 & 0 \\ 0 & \lambda_2 \end{bmatrix} (\lambda_1, \lambda_2 \text{は実数}), \qquad \begin{bmatrix} \lambda & 0 \\ 1 & \lambda \end{bmatrix} (\lambda \text{は実数}), \qquad \begin{bmatrix} \lambda & 0 \\ 0 & \overline{\lambda} \end{bmatrix} (\lambda \text{は複素数})$$

それぞれの行列を $\boldsymbol{J}_1$, $\boldsymbol{J}_2$, $\boldsymbol{J}_3$ として、$\boldsymbol{A}$ がこれらと等しく（または、相似な行列に）なるとき、$-1 \leqq x$、$y \leqq 1$ の一様乱数で初期値 $\boldsymbol{x}_0 = (x, y)$ を100個生成し、$\boldsymbol{x}(t) = e^{t\boldsymbol{A}}\boldsymbol{x}_0$ を $-10 \leqq t \leqq 10$ で動かしてみます。

(1) $\boldsymbol{A} = \boldsymbol{J}_1$ の場合：

$$e^{t\boldsymbol{A}} = \begin{bmatrix} e^{\lambda_1 t} & 0 \\ 0 & e^{\lambda_2 t} \end{bmatrix}$$

図9.4は左から (λ_1, λ_2) が、$(1, 0)$、$(1, 1)$、$(1, 2)$、および $(1, -1)$ のときの相空間での軌跡です。

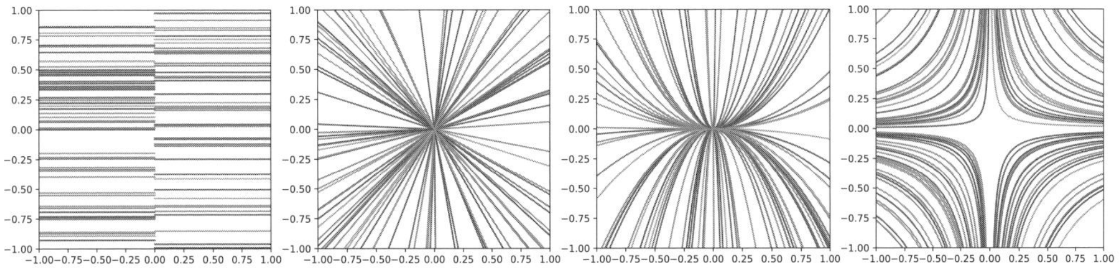

▲**図9.4** 相空間での解の軌跡（$\boldsymbol{A}$ が異なる実固有値を持つ場合）

(2) $\boldsymbol{A} = \boldsymbol{J}_2$ の場合： $t\boldsymbol{A}$ のジョルダン標準形は、

$$\begin{bmatrix} t\lambda & 0 \\ t & t\lambda \end{bmatrix} = \frac{1}{t} \begin{bmatrix} 1 & 0 \\ 0 & t \end{bmatrix} \begin{bmatrix} t\lambda & 0 \\ 1 & t\lambda \end{bmatrix} \begin{bmatrix} t & 0 \\ 0 & 1 \end{bmatrix}$$

です。8.2節で見たようにジョルダン細胞 $\boldsymbol{X} = \begin{bmatrix} x & 0 \\ 1 & x \end{bmatrix}$ に対して、$\boldsymbol{X}^n = \begin{bmatrix} x^n & 0 \\ nx^{n-1} & x^n \end{bmatrix}$ であ

るので、

$$e^{\boldsymbol{X}} = \sum_{n=0}^{\infty} \frac{\boldsymbol{X}^n}{n!} = \sum_{n=0}^{\infty} \frac{1}{n!} \begin{bmatrix} x^n & 0 \\ nx^{n-1} & x^n \end{bmatrix} = \begin{bmatrix} \displaystyle\sum_{n=0}^{\infty} \frac{x^n}{n!} & 0 \\ \displaystyle\sum_{n=1}^{\infty} \frac{x^{n-1}}{(n-1)!} & \displaystyle\sum_{n=0}^{\infty} \frac{x^n}{n!} \end{bmatrix} = \begin{bmatrix} e^x & 0 \\ e^x & e^x \end{bmatrix}$$

が成立します。したがって、

$$e^{t\boldsymbol{A}} = \frac{1}{t} \begin{bmatrix} 1 & 0 \\ 0 & t \end{bmatrix} \begin{bmatrix} e^{t\lambda} & 0 \\ e^{t\lambda} & e^{t\lambda} \end{bmatrix} \begin{bmatrix} t & 0 \\ 0 & 1 \end{bmatrix} = \begin{bmatrix} e^{t\lambda} & 0 \\ te^{t\lambda} & e^{t\lambda} \end{bmatrix}$$

となります。図 9.5 は、$\lambda = 0$ のとき（左）と、$\lambda = 1$ のとき（右）の相空間での軌跡です。

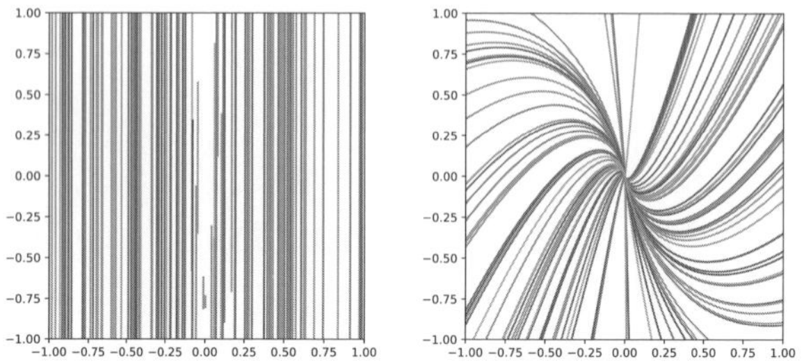

▲**図 9.5**　相空間での解の軌跡（$\boldsymbol{A}$ が対角化できない場合）

(3) **$\boldsymbol{A}$ が $\boldsymbol{J_3}$ と対等な場合**：$\lambda = a + bi$（$a, b \in \mathbb{R}, b \neq 0$）として、$\boldsymbol{V} = \begin{bmatrix} 1 & -i \\ 1 & i \end{bmatrix}$ とおくと、$\boldsymbol{V}^{-1}\boldsymbol{J}_3\boldsymbol{V} = \begin{bmatrix} a & b \\ -b & a \end{bmatrix}$（$= \boldsymbol{K}$ とおく）であり、

$$e^{t\boldsymbol{K}} = \boldsymbol{V}^{-1} e^{t\boldsymbol{J}_3} \boldsymbol{V} = \boldsymbol{V}^{-1} \begin{bmatrix} e^{t\lambda} & 0 \\ 0 & e^{\overline{t\lambda}} \end{bmatrix} \boldsymbol{V}$$

$$= e^{at} \boldsymbol{V}^{-1} \begin{bmatrix} e^{ibt} & 0 \\ 0 & e^{-ibt} \end{bmatrix} \boldsymbol{V} = e^{at} \begin{bmatrix} \cos(bt) & \sin(bt) \\ -\sin(bt) & \cos(bt) \end{bmatrix}$$

となります。したがって、$\boldsymbol{A} = \boldsymbol{K}$ の場合を考えます。図 9.6 は、$a = 0, b = 1$ のとき（左）と、$a = b = 1$ のとき（右）の相空間での軌跡です。

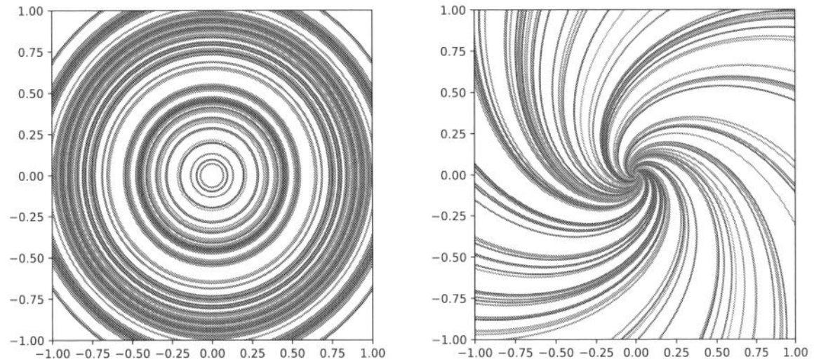

▲**図 9.6**　相空間での解の軌跡（$\boldsymbol{A}$ が複素固有値を持つ場合）

相空間での軌跡はいずれも次のプログラムで描画しました。

▼プログラム：phasesp.py

```
1   from numpy import array, arange, exp, sin, cos
2   from numpy.random import uniform
3   import matplotlib.pylab as plt
4
5   def B1(lmd1, lmd2):
6       return lambda t: array([[exp(lmd1*t), 0],
7                               [0, exp(lmd2*t)]])
8
9   def B2(lmd):
10      return lambda t: exp(lmd*t) * array([[1, 0], [t, 1]])
11
12  def B3(a, b):
13      return lambda t: exp(a*t)*array([[cos(b*t), sin(b*t)],
14                                       [-sin(b*t), cos(b*t)]])
15
16  B = B1(1, 0)  # B1(lmd1, lmd2), B2(lmd), B3(a, b)
17  V = uniform(-1, 1, (100, 2))
18  T = arange(-10, 10, 0.01)
19  [plt.plot(*zip(*[B(t).dot(v) for t in T])) for v in V]
20  plt.axis('scaled'), plt.xlim(-1, 1), plt.ylim(-1, 1), plt.show()
```

- **5〜7行目** … λ_1, λ_2 を引数として行列値関数 $t \mapsto e^{t\boldsymbol{J}_1}$ を戻り値とする関数です。
- **9, 10行目** … λ を引数として行列値関数 $t \mapsto e^{t\boldsymbol{J}_2}$ を戻り値とする関数です。
- **12〜14行目** … a, b を引数として行列値関数 $t \mapsto e^{t\boldsymbol{K}}$ を戻り値とする関数です。
- **16行目** … 行列 $\boldsymbol{B}(t)$ を選びます。

- **17行目** … $[-1,1) \times [-1,1)$ から一様乱数で選んだ100個の点を V とします。
- **18行目** … 初項 -10 で公差0.01の等差数列で10未満の項のリストを T とします。
- **19行目** … 各 $\boldsymbol{v} \in V$ に対して、$t \in T$ を動かしたときの $\boldsymbol{B}(t)\boldsymbol{v}$ の軌跡をプロットします。

上で述べてきたように、SymPy では行列の指数関数を望み通りに計算してくれます。一方、NumPy では行列に関数を施すと成分ごとに関数が適用されるので、行列の指数関数とはならないことに注意してください。NumPy の `matrix` クラスの冪乗は行列積で計算されます。アレイの冪乗は成分ごとです。

9.4　定常マルコフ過程の平衡状態

天体の運行は過去から将来にわたって正確にわかります。これは運動が微分方程式に支配されているからです。一方、台風の進路はあいまいにしか予測できません。確率的にどの地点にいる可能性が高いということしかわかりません。このような確率に支配されるシステムについて、最もシンプルなモデルを考えてみましょう。

有限集合 $\Omega = \{\omega_1, \omega_2, \ldots, \omega_n\}$ の要素を**状態**と呼ぶことにします。時刻 $t = 0,1,2,\ldots$ とともに状態が $\omega_{i_0}, \omega_{i_1}, \omega_{i_2}, \ldots$ と確率的に変化するシステムを考えます。時刻 t における状態が ω_j にあるときに、次の時刻 $t+1$ に状態が ω_i となる確率が、t によらず、t より前にどのような状態変化を辿って ω_j になったかにもよらず、ω_j のみで決まる確率 $P\left(\omega_i \mid \omega_j\right)$ に従うものとします。$0 \leqq P\left(\omega_i \mid \omega_j\right) \leqq 1$ で

$$\sum_{i=1}^{n} P\left(\omega_i \mid \omega_j\right) = 1 \qquad (j = 1,2,\ldots,n)$$

です。このような確率的システムのことを**定常マルコフ過程**といい、$P\left(\omega_i \mid \omega_j\right)$ を**状態推移確率**といいます。

図9.7は、**状態推移図**と呼ばれる図の例です。$P\left(\omega_i \mid \omega_j\right) > 0$ のとき、ω_j から ω_i へ矢印で結び、$P\left(\omega_i \mid \omega_j\right)$ の値を矢印に付けます。丸で囲んだ ω_i をそれぞれ**ノード**（または、**節**）と呼び、矢印を**エッジ**（または、**枝**）と呼ぶことにします。状態推移図では、各ノードから出ていく矢印の値の和が1になります。入ってくる矢印の値の和は、必ずしも1であるとは限りません。

$x : \Omega \to [0,1]$ が

$$\sum_{i=1}^{n} x\left(\omega_i\right) = 1$$

を満たすとき、x は Ω 上の**確率**であるといいます。特に、$\omega_i \in \Omega$ に対して

$$x_i\left(\omega_j\right) \stackrel{\text{def}}{=} \begin{cases} 1 & j = i \text{のとき} \\ 0 & j \neq i \text{のとき} \end{cases}$$

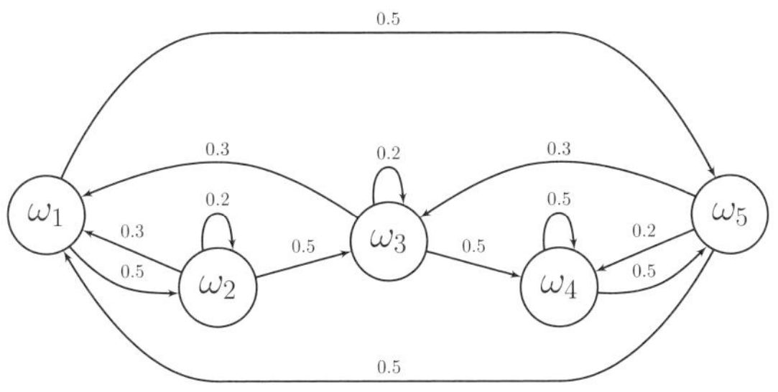

▲図 9.7 状態推移図

と定義すると、x_i は Ω 上の確率となります。ω_i と x_i は1対1に対応します。今まで、Ω の要素を状態と呼んできましたが、これからは Ω 上の確率を**状態**と呼ぶことにします。Ω の要素であった状態 ω_i は、確率1で ω_i にある状態 x_i と言い換えることができます。状態推移確率 P と確率 x に対して

$$(Px)(\omega_i) \overset{\text{def}}{=} \sum_{j=1}^{n} P\left(\omega_i \mid \omega_j\right) x(\omega_j) \qquad (i = 1, 2, \ldots, n)$$

と定義すると、Px は確率となります。状態推移確率 P および Q に対して

$$(PQ)\left(\omega_i \mid \omega_j\right) \overset{\text{def}}{=} \sum_{k=1}^{n} P\left(\omega_i \mid \omega_k\right) Q\left(\omega_k \mid \omega_j\right) \qquad (i, j = 1, 2, \ldots, n)$$

と定義すると、PQ は状態推移確率となります。確率 x と状態推移確率 P は、次の関係により n 次元ベクトルおよび n 次の正方行列とそれぞれ1対1に対応付けられます。

$$\boldsymbol{x} = \begin{bmatrix} x(\omega_1) \\ x(\omega_2) \\ \vdots \\ x(\omega_n) \end{bmatrix}, \quad \boldsymbol{P} = \begin{bmatrix} P(\omega_1 \mid \omega_1) & P(\omega_1 \mid \omega_2) & \cdots & P(\omega_1 \mid \omega_n) \\ P(\omega_2 \mid \omega_1) & P(\omega_2 \mid \omega_2) & \cdots & P(\omega_2 \mid \omega_n) \\ \vdots & \vdots & \ddots & \vdots \\ P(\omega_n \mid \omega_1) & P(\omega_n \mid \omega_2) & \cdots & P(\omega_n \mid \omega_n) \end{bmatrix}$$

このとき、$\boldsymbol{x}$ は**確率ベクトル**であるといい、$\boldsymbol{P}$ を**状態推移行列**といいます。すべての列に対して列方向の総和が1である非負成分行列のことを**確率行列**といいます。状態推移行列は確率行列です。先ほどの Px および PQ の定義で、確率と状態推移確率をそれぞれ、確率ベクトルと確率行列に随時読み替えて考えることにします。この読み替えにより、状態推移確率と確率の積 Px は行列とベクトルの積 $\boldsymbol{Px}$ に、状態推移行列 P および Q の積 PQ は行列積 $\boldsymbol{PQ}$ に対応します。

問9.4 確率行列どうしの行列積は確率行列になることを示しなさい。

状態推移行列 $\boldsymbol{P}$ に対して、$\boldsymbol{P}^k$ は状態推移行列です。任意の $i, j = 1, 2, \ldots, n$ に対して、$k \in \mathbb{N}$ が存在して $\boldsymbol{P}^k$ の (i, j) 成分が正となるとき、$\boldsymbol{P}$ は**既約**であるといいます。また、任意の $i = 1, 2, \ldots, n$ に対して $\boldsymbol{P}^k$ の (i, i) 成分が正となる $k \in \mathbb{N}$ の最大公約数が1であるとき、$\boldsymbol{P}$ は**非周期的**であるといいます。状態推移図の言葉でいえば、既約とは任意の二つ（同じでもよい）のノード間に**経路**[注2]が存在

注2　始点から終点に向かう矢印が連続したエッジの列のことです。

在すること、非周期的とは任意のノードに**回路**[注3]が存在してそれらの長さの最大公約数が1であることです。

> **補題 9.1**　$\emptyset \neq X \subseteq \mathbb{N}$ の最大公約数が1であり、和に関して閉じているとする。このとき、X のある要素以上の自然数はすべて X の要素となる。

証明　X が和に関して閉じていることから、X は任意の自然数倍に関しても、自然数をスカラーとする線形結合に関しても閉じていることに注意する。X の要素を小さい順に並べて、隣り合う数どうしの差の最小値を k とする。$k = 1$ であることを背理法で示す。$k > 1$ と仮定する。$x, x + k \in X$ であるとする。k は X の公約数ではないので、k の倍数ではない $y \in X$ が存在し、$y = mk + n$ $(0 < n < k)$ と書ける。X は和および自然数倍に関して閉じているので、$(m+1)(x+k), (m+1)x + y \in X$ である。ここで、この2数の差は

$$(m+1)(x+k) - (m+1)x - y \;=\; (m+1)k - y \;=\; k - n < k$$

となり、これは k の最小性に矛盾する。よって、$k = 1$ であることが示された。すなわち $x, x+1 \in X$ である x が存在する。X が和に関して閉じていることから $2x, 2x+1, 2x+2 \in X$ がいえる。さらに、$3x, 3x+1, 3x+2, 3x+3 \in X$ がいえて、これを繰り返していくと、

$$xx,\ xx+1,\ xx+2,\ \ldots,\ xx+x \;\in\; X$$

を得る。これら連続する $x+1$ 個の数に $x, 2x, 3x, \ldots \in X$ を加えれば、xx 以上の数はすべて X の要素となることが示される。■

$\boldsymbol{P}$ が正成分行列であるならば、$\boldsymbol{P}$ は既約かつ非周期的です。逆に、$\boldsymbol{P}$ が既約かつ非周期的であるならば、ある m が存在して $\boldsymbol{P}^m$ も正成分行列であることが補題 9.1 からいえます。

> **定理 9.1**　既約かつ非周期的な状態推移行列 $\boldsymbol{P}$ に対して確率ベクトル $\boldsymbol{x}_1$ が一意に存在して $\boldsymbol{P}\boldsymbol{x}_1 = \boldsymbol{x}_1$ を満たす。さらに、任意の確率ベクトル $\boldsymbol{x}$ に対して、
>
> $$\boldsymbol{P}^m\boldsymbol{x} \;\to\; \boldsymbol{x}_1 \quad (m \to \infty)$$
>
> である。このような $\boldsymbol{x}_1$ を、$\boldsymbol{P}$ の**平衡状態**という。

証明　十分大きな m を、$\boldsymbol{Q} = \boldsymbol{P}^m$ が正成分行列となるように取る。ペロン・フロベニウスの定理より

1. $\boldsymbol{Q}$ のスペクトル半径 $\rho(\boldsymbol{Q})$ は $\boldsymbol{Q}$ の固有値であり、この固有値に対応する固有ベクトルとして

注3　自分自身に戻る経路のことです。経路の長さとは、その経路に含まれるエッジの数です。

成分がすべて正であるものを選ぶことができる

2. $\boldsymbol{Q}$ の $\rho(\boldsymbol{Q})$ 以外の固有値の絶対値はすべて $\rho(\boldsymbol{Q})$ 未満である
3. $\rho(\boldsymbol{Q})$ の一般化固有空間は1次元である

が成立する。$\boldsymbol{P}$ の固有値を重複度も込めて $\lambda_1, \lambda_2, \ldots, \lambda_n$ とする。$\boldsymbol{Q}$ の固有値は ${\lambda_1}^m, {\lambda_2}^m, \ldots, {\lambda_n}^m$ であり、$\rho(\boldsymbol{Q}) = \rho(\boldsymbol{P})^m$ である。${\lambda_1}^m = \rho(\boldsymbol{P})^m$ としてよい。$\boldsymbol{x}_1$ を、$\boldsymbol{P}$ の固有値 λ_1 に対応する固有ベクトルであるとする。$\boldsymbol{x}_1$ は、$\boldsymbol{Q}$ の固有値 ${\lambda_1}^m$ に対応する固有ベクトルでもある。3より、必要なら適当なスカラー倍して $\boldsymbol{x}_1 > 0$ であり、しかも $\boldsymbol{x}_1$ が確率ベクトルであるとしてよい。$\lambda_1 \boldsymbol{x}_1 = \boldsymbol{P}\boldsymbol{x}_1$ も確率ベクトルでなければならないので、$\lambda_1 = \rho(\boldsymbol{P}) = 1$ がいえる。また2および3より、$i \geqq 2$ に対して $|\lambda_i|^m = |{\lambda_i}^m| < \rho(\boldsymbol{P})^m$ なので、$|\lambda_i| < \rho(\boldsymbol{P}) = 1$ である。$\boldsymbol{Q}$ の固有値1に対する固有ベクトルは $\boldsymbol{x}_1$ のスカラー倍に限られるので、$\boldsymbol{P}$ の固有値1に対する固有ベクトルで確率ベクトルになるのは $\boldsymbol{x}_1$ のみである。$\boldsymbol{J} = \boldsymbol{V}^{-1}\boldsymbol{P}\boldsymbol{V}$ を $\boldsymbol{P}$ のジョルダン標準形とすると、固有値1のジョルダン細胞は $(1,1)$ 型で、1以外の固有値の絶対値は1未満であることから、$\boldsymbol{J}^m$ は $m \to \infty$ のとき $(1,1)$ 成分のみ1で、その他の成分はすべて0である行列 $\boldsymbol{J}_\infty$ に収束する（ジョルダン分解を考えよ）。したがって、$\boldsymbol{P}^m = \boldsymbol{V}\boldsymbol{J}^m\boldsymbol{V}^{-1}$ は $m \to \infty$ のとき $\boldsymbol{P}_\infty = \boldsymbol{V}\boldsymbol{J}_\infty\boldsymbol{V}^{-1}$ に収束するが、

$$\boldsymbol{P}\boldsymbol{P}_\infty = \boldsymbol{P} \lim_{m\to\infty} \boldsymbol{P}^m = \lim_{m\to\infty} \boldsymbol{P}^m = \boldsymbol{P}_\infty$$

なので、$\boldsymbol{P}_\infty$ のすべての列ベクトルは $\boldsymbol{P}$ で不変な確率ベクトルである。よって、

$$\boldsymbol{P}_\infty = \begin{bmatrix} \boldsymbol{x}_1 & \boldsymbol{x}_1 & \cdots & \boldsymbol{x}_1 \end{bmatrix}$$

であり、任意の確率ベクトル $\boldsymbol{x}$ に対して $\boldsymbol{P}_\infty \boldsymbol{x} = \boldsymbol{x}_1$ もいえる。■

問9.5　既約あるいは非周期的という条件を取り除いた場合、定理 9.1 が成立しない例を作りなさい。

既約で非周期的である定常マルコフ過程の状態推移図を、双六ゲームと思ってください。駒が一つあって、最初にその駒を任意のノードに置き、状態推移確率に従うサイコロを振って次々と場所を変えるとします。定理 9.1 から次のことがいえます。「十分な回数のサイコロを振ったとき、駒が滞在していたノードの度数（何回滞在していたか）をサイコロを振った回数で割ると、ほぼ定常マルコフ過程の平衡状態の確率分布に近い数字になる。」この事実を、定常マルコフ過程の**エルゴード定理**と呼びます。駒が滞在していたノードの度数の割合を**時間平均**、平衡状態の確率分布に従ってノードを発生させたときの平均を**相平均**と呼ぶと、「系の時間平均は相平均に一致する」という法則といえます。この法則は、物理学において**エルゴード仮説**と呼ばれます。

9.5　マルコフ・ランダム・フィールド

マルコフ過程では、今の状態は一つ前の時点にのみ依存して確率的に決まりました。**マルコフ・ランダム・フィールド**は、平面（または空間）の点の状態が、その点に隣接する点の状態だけによって決まるシステムです。ここでマルコフ・ランダム・フィールドを取り上げる理由は二つあります。一つはマルコフ・ランダム・フィールドの定常状態が、前節で得られたマルコフ過程の極限状態としての定常状態の目で見て面白い例となっているからです。もう一つの理由は、マルコフ・ランダム・フィールドの状態推移確率は行列として考えるととても大きな規模の行列になりますが、空間的マルコフ性という条件を満たすことから行列成分のほとんどが0である行列であり、背景に行列理論があるにもかかわらず、実際の計算は大幅に計算量を減らせる問題になることによります。

Xを空でない有限集合とし、Xを**画面**、Xの要素を**ピクセル**と呼ぶことにして、画面上の各ピクセルの色を白または黒に塗り分けた図形を考えます。図9.8は、$X=\{x_1,x_2,x_3\}$のときの全図形です。図形は黒のピクセルだけを集めた集合を考えれば、Xの部分集合と同一視できます。$x\in A$ならばAのピクセルxは黒、$x\notin A$ならばAのピクセルxは白と考えます。図形$A\subseteq X$を基本事象として、$p(A)>0$の確率でAが発生するような確率モデルを考えます。

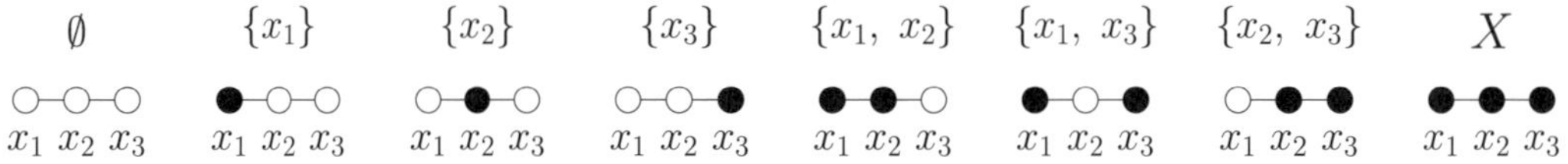

▲**図 9.8**　3ピクセル

このような図形が、与えられた確率分布pに従って発生する確率モデルを、コンピュータでシミュレーションすることを考えます。そのために、

$$f\left(\frac{1}{t}\right) = \frac{1}{t}f(t)$$

を満たす関数$f:(0,\infty)\to(0,1]$を**受理関数**と呼ぶことにします。受理関数の例としては、

$$f(t) = \frac{t}{1+t} \qquad \text{または} \qquad f(t) = \min\{t,\,1\}$$

などがあります（図9.9）。

任意の受理関数fを固定しておきます。図形$A\subseteq X$に対してピクセル$x\in X$の色を反転した図形をA_xで表します。A_xは$x\in A$のときは$A\setminus\{x\}$（差集合、Aからxを取り除いた図形）に等しく、$x\notin A$のときは$A\cup\{x\}$（和集合、Aにxを付け加えた図形）に等しくなります。ピクセルxを選んだとき、図形間の状態推移確率P_xを

$$P_x(B\mid A) \overset{\text{def}}{=} \begin{cases} f\left(\dfrac{p(A_x)}{p(A)}\right) & B=A_x\text{のとき} \\ 1-f\left(\dfrac{p(A_x)}{p(A)}\right) & B=A\text{のとき} \\ 0 & \text{その他} \end{cases}$$

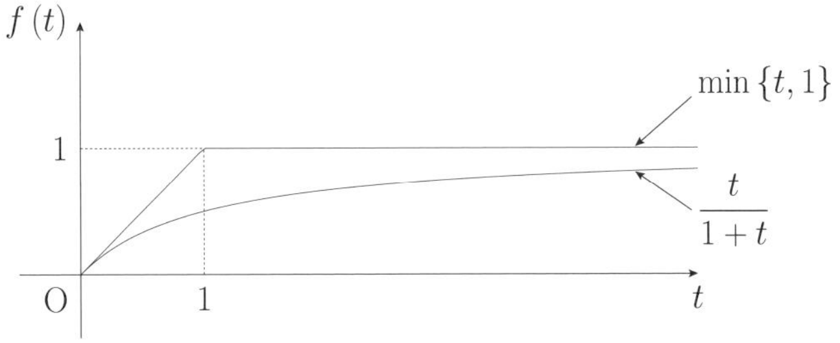

▲図 9.9 受理関数

で定義します。P_x をピクセル x の色の**反転確率**と呼びます。このとき、

$$
\begin{aligned}
(P_x p)(A) &= \sum_{B \subseteq X} P_x \left(A \mid B \right) p(B) \\
&= P_x \left(A \mid A_x \right) p(A_x) + P_x \left(A \mid A \right) p(A) \\
&= f\left(\frac{p(A)}{p(A_x)} \right) p(A_x) + \left(1 - f\left(\frac{p(A_x)}{p(A)} \right) \right) p(A) \\
&= \frac{p(A)}{p(A_x)} f\left(\frac{p(A_x)}{p(A)} \right) p(A_x) + \left(1 - f\left(\frac{p(A_x)}{p(A)} \right) \right) p(A) \\
&= p(A)
\end{aligned}
$$

なので、p は状態推移確率 P_x の平衡状態となります。これは次のことを意味しています。確率 p によって確率的に生成された図形 B があったとします。この図形を状態推移確率 P_x で推移させることで確率的に得られる図形を A とします。このとき、図形 A もまた、確率 p によって確率的に生成された図形であるとみなすことができます。

画面を $X = \{x_1, x_2, \ldots, x_n\}$ とします。画像を確率的に推移させる方法を考えます。受理関数が $0 < f < 1$ であるとします。X のピクセルを順番に走査して x_i の色を反転確率 P_{x_i} で反転させていきます。これは、状態推移確率の行列積

$$
\boldsymbol{Q} \stackrel{\text{def}}{=} \boldsymbol{P}_{x_1} \boldsymbol{P}_{x_2} \cdots \boldsymbol{P}_{x_n}
$$

で定義される確率行列 $\boldsymbol{Q}$ に対応する状態推移確率 Q で、画像の推移が起きると考えることができます。任意の図形 A から任意の図形 B へは、$x_i \in A \triangle B$（対称差集合）のときは反転が選ばれ、$x_i \in A \cap B$ のときはそのままを選ばれるようにすることにより、一回の走査で正の確率で推移可能です。すなわち、$\boldsymbol{Q} > \boldsymbol{0}$ がいえます。受理関数 $f(x) = \min\{1, x\}$ の場合、この方法ではうまくいきません。例えば $n = 2$ として、p を白白、白黒、黒白、黒黒の四つの図形が等確率で現れる確率とします。受理関数 f を用いて上の方法で状態を変化させると、選んだピクセルの色の反転は確率 1 で起こるので、二つのピクセルが同じ色のときと異なる色のときが交互に現れます。すなわち、$\boldsymbol{Q}$ は周期的な確率行列となってしまいます。別の方法を考えてみましょう。画面のピクセルを順番ではなくランダムに走査して反転するかしないかを決めます。$1/(n+1)$ の確率で、n 個のピクセルのどれか一つを選ぶかそれともどのピクセルも選ばないかを決めます。x_i が選ばれれば反転確率 P_{x_i} でピクセル x_i の色を反転させて、どのピクセルも選ばれなければ何もしないことにして、この操作をピクセル

の個数 n 回繰り返します。これは、$\boldsymbol{I}$ を単位行列として

$$\boldsymbol{Q} \overset{\text{def}}{=} \frac{1}{n+1}\left(\boldsymbol{I} + \boldsymbol{P}_{x_1} + \boldsymbol{P}_{x_2} + \cdots + \boldsymbol{P}_{x_n}\right)$$

によって定義される確率行列 $\boldsymbol{Q}$ に対応する状態推移確率 Q で画像の推移が起きると考えることができます。$\boldsymbol{Q}$ の対角成分は正なので、非周期的確率行列です。また、$A \neq B$ のとき、$A \triangle B$ の要素であるピクセルの色を順番に反転して A から B に推移する確率は正なので、$\boldsymbol{Q}$ は既約な確率行列であることがいえます。

いずれの場合も、p は Q の平衡状態でもあるので、前節の結果から任意の確率ベクトル $\boldsymbol{q}$ に対して $\boldsymbol{Q}^k \boldsymbol{q} \to \boldsymbol{p}$ $(k \to \infty)$ がいえます。任意の確率分布で選んだ図形に状態推移確率 Q を繰り返し適用すれば、十分な繰り返しの後の図形はほぼ確率分布 p で生成された図形であるといえることになります。

X のピクセルをノードとするグラフ構造を考えます。エッジの方向は考えません。ループ（自分どうしを結ぶエッジ）や多重エッジ（同じノードの組を結ぶ複数のエッジ）は存在しないものとします。$x, y \in X$ に対して x と y の間にエッジが存在するとき、x と y は**隣接**しているといいます。$x \in X$ に対して、x と隣接しているノード y の全体を ∂x で表し、x の**近傍**と呼びます。$Y \subset X$ に対して、Y^{C} の要素で少なくとも一つの Y の要素と隣接しているものの全体を ∂Y で表し、これを Y の**境界**と呼びます。

空でない $S \subseteq X$ に対して、S が1個のノードだけからなるか、または、S に属する任意の異なる2個のノードが互いに隣接しているとき、S は**単体**であるということにします。$A \subseteq X$ に対して、$\mathcal{S}_A \overset{\text{def}}{=} \left\{S \mid S \subseteq A \text{かつ、} S \text{は単体である}\right\}$ とします。関数 $I : \mathcal{S}_X \to \mathbb{R}$ を、X 上の**相互作用**と呼びます。X 上の相互作用 I および $\beta \in \mathbb{R}$ を考えます。

$$V(A) \overset{\text{def}}{=} \sum_{B \in \mathcal{S}_A} I(B) \qquad (A \subseteq X)$$

と定義（ただし、$V(\emptyset) \overset{\text{def}}{=} 0$）して、$V(A)$ を図形 A の**ポテンシャル**と呼びます。

$$Z \overset{\text{def}}{=} \sum_{A \subseteq X} e^{\beta V(A)}$$

$$p(A) \overset{\text{def}}{=} \frac{e^{\beta V(A)}}{Z} \qquad (A \subseteq X)$$

と定義して、p を**ギブス状態**といいます。$p(A)$ の確率に従って図形 A を発生させると、$\beta = 0$ のときはすべての図形が等確率 $\dfrac{1}{2^n}$ で生じます。$p(A)$ の定義式の右辺の分母と分子を $e^{\beta \max V}$ で割ると、β を正の方向に大きくすればするほどポテンシャルが最大の図形以外の図形の出現確率が0に近づいていくので、ポテンシャルの大きな図形が出やすくなることがいえます。$p(A)$ の定義式の右辺の分母と分子を $e^{\beta \min V}$ で割ると、β を負の方向に小さくすればするほどポテンシャルが最小の図形以外の図形の出現確率が0に近づいていくので、ポテンシャルの小さな図形が出やすくなることがいえます。p をマルコフ過程の定常状態として実現しながら徐々に β の値を大きくまたは小さくし、図形の

ポテンシャルを最大値または最小値に近づけていく方法を**シミュレーティッド・アニーリング**注4といいます。

$Y \subseteq X$とします。Yは図形ではなく、画面のある領域と考えてください。領域Yの外側Y^{C}での図形が$B \subseteq Y^{\mathsf{C}}$であるという条件の下、領域$Y$上での図形が$A \subseteq Y$であるという条件付き確率を$p_Y\left(A \mid B\right)$で表すことにします。$Y$の外側の図形が$B$であるという条件は、$\left\{A' \cup B \mid A' \subseteq Y\right\}$という図形集合の要素のいずれかが発生するということで、この確率は$\displaystyle\sum_{A' \subseteq Y} p\left(A' \cup B\right)$です。したがって、この条件の下で、条件付き確率$p_Y\left(A \mid B\right)$は次のように計算されます。

$$p_Y\left(A \mid B\right) = \frac{p\left(A \cup B\right)}{\displaystyle\sum_{A' \subseteq Y} p\left(A' \cup B\right)} \qquad \left(A \subseteq Y,\ B \subseteq Y^{\mathsf{C}}\right)$$

任意の$A \subseteq Y$と$B, B' \subseteq Y^{\mathsf{C}}$に対して、$B \cap \partial Y = B' \cap \partial Y$ならば

$$p_Y\left(A \mid B\right) = p_Y\left(A \mid B'\right)$$

であることを証明しましょう。この性質を、pは**空間的マルコフ性を持つ**といいます。$B' = B \cap \partial Y$として証明すれば十分です。単体CがYと$\left(Y \cup \partial Y\right)^{\mathsf{C}}$の両方と共通部分を持つことはないので、任意の$A' \subseteq Y$と$B \subseteq Y^{\mathsf{C}}$に対して$\mathcal{S}_{A' \cup B}$は次のように5種類の単体の族に直和分割されます（図9.10参照）。

$$\mathcal{S}_{A' \cup B} = \mathcal{S}_1 \cup \mathcal{S}_2 \cup \mathcal{S}_3 \cup \mathcal{S}_4 \cup \mathcal{S}_5$$

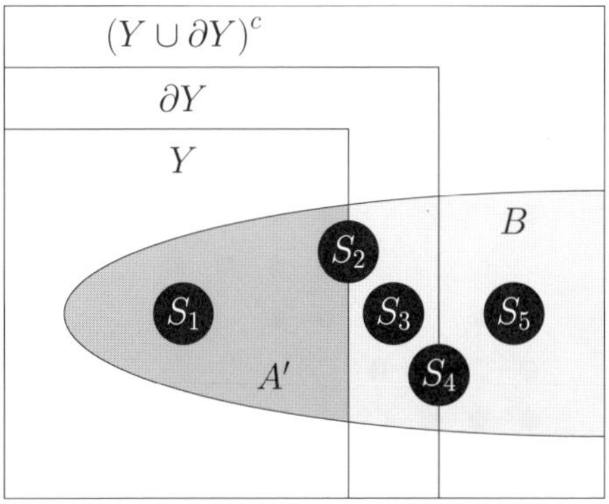

▲**図 9.10**　空間的マルコフ性

$S_1 \in \mathcal{S}_1$はYに含まれ、$S_2 \in \mathcal{S}_2$はYと∂Yに交わり、$S_3 \in \mathcal{S}_3$は∂Yに含まれ、$S_4 \in \mathcal{S}_4$は∂Yと$\left(Y \cup \partial Y\right)^{\mathsf{C}}$に交わり、$S_5 \in \mathcal{S}_5$は$\left(Y \cup \partial Y\right)^{\mathsf{C}}$に含まれます。

注4　アニーリング（annealing）は日本語では「焼き鈍し」ともいいます。これは、液体または気体の状態にある物質の温度を徐々に下げていきながら綺麗な結晶状態にする方法に因んでいます。シミュレーティッド・アニーリングでは、ある状態が時間とともに徐々に確率的に変化していきますが、ローカルミニマムから抜け出してグローバルミニマムに確率1で到達するためには温度パラメタβの適切な制御が必要になります。これに対して、量子コンピュータを用いて状態の重ね合わせのまま量子的揺らぎを用いたアニーリングを行う**量子アニーリング**という考え方も提案されています。

$$\mathcal{S}_1 \cup \mathcal{S}_2 \cup \mathcal{S}_3 \;=\; \mathcal{S}_{A' \cup (B \cap \partial Y)}$$

で、$\mathcal{S}_4 \cup \mathcal{S}_5$ の単体は $A' \subseteq Y$ と交わりを持たないことに注意しましょう。したがって、

$$V(A' \cup B) \;=\; \sum_{C \in \mathcal{S}_{A' \cup B}} I(C) \;=\; V(A' \cup (B \cap \partial Y)) + \sum_{C \in \mathcal{S}_4 \cup \mathcal{S}_5} I(C)$$

なので、

$$p_Y\left(A \mid B\right) \;=\; \frac{e^{\beta V(A \cup B)}}{\sum_{A' \subseteq Y} e^{\beta V\left(A' \cup B\right)}} \;=\; \frac{e^{\beta V(A \cup (B \cap \partial Y))}}{\sum_{A' \subseteq Y} e^{\beta V\left(A' \cup (B \cap \partial Y)\right)}} \;=\; p_Y\left(A \mid B \cap \partial Y\right)$$

がいえます。ここで考えているような数理的モデルのことを**マルコフ・ランダム・フィールド**と呼びます。マルコフ・ランダム・フィールドでは、

$$\frac{p(A_x)}{p(A)} \;=\; \frac{e^{\beta V(A_x)}}{e^{\beta V(A)}} \;=\; e^{\beta(V(A_x) - V(A))}$$

を求めるとき、$V(A_x) - V(A)$ の値が $A \cap \partial x$ の状態だけで計算できるので、この節の前半で説明したシミュレーションが容易になります。

ギブス状態 p の確率分布に従って X 上の図形を発生させてみましょう。図 9.11 のように格子状にピクセルが並んだグラフを考えます。

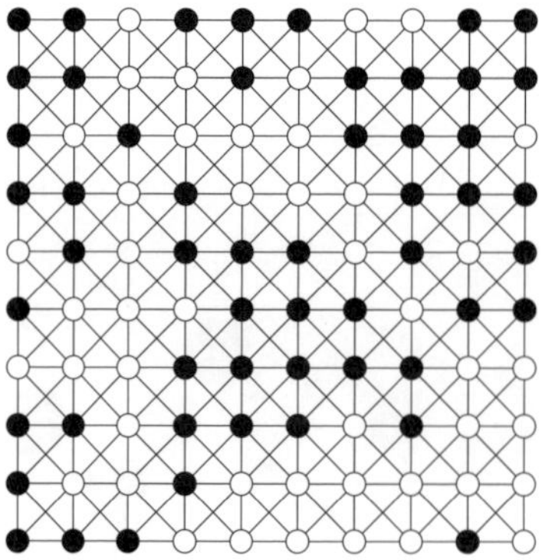

▲**図 9.11**　8近傍格子モデル

プログラムでは縦横のピクセル数を $N = 100$ として、周辺部分を特別扱いしないために上下および左右の辺のピクセルどうしが隣接している（トーラス状になっている）ものとしています。したがって、すべてのピクセルには例外なく8個のピクセルが隣接しています。単体には図 9.12 のような10種類の形があります。

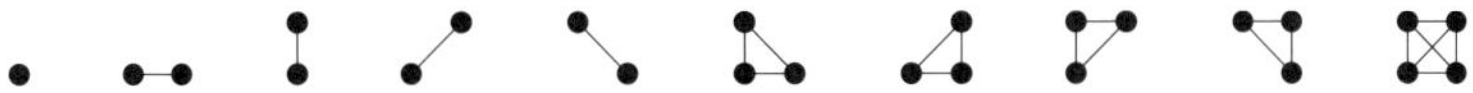

▲図 9.12　8 近傍格子モデルの単体

これらを、1 個のピクセルからなる単体、上下または左右にピクセルが並んだ単体、斜めにピクセルが並んだ単体、3 個のピクセルからなる単体、4 個のピクセルからなる単体という 5 種類のグループに分けて、同じグループには同じ相互作用を与えることにします。

この節で学んだ計算方法を Python のプログラムにして、相互作用の値を変えることで平衡状態で発生する図形の様子がどのように変化するのかを見てみましょう。

▼プログラム：gibbs.py

```
from numpy import random, exp, dot
from tkinter import Tk, Canvas

class Screen:
    def __init__(self, N, size=800):
        self.N = N
        self.unit = size // self.N
        tk = Tk()
        self.canvas = Canvas(tk, width=size, height=size)
        self.canvas.pack()
        self.color = ['yellow', 'blue']
        self.Obj = [[self.obj(i, j) for j in range(N)] for i in range(N)]

    def obj(self, i, j):
        rect = self.canvas.create_rectangle
        x0, x1 = i * self.unit, (i + 1) * self.unit
        y0, y1 = j * self.unit, (j + 1) * self.unit
        return rect(x0, y0, x1, y1)

    def update(self, X):
        config = self.canvas.itemconfigure
        for i in range(self.N):
            for j in range(self.N):
                c = self.color[X[i, j]]
                obj = self.Obj[i][j]
                config(obj, outline=c, fill=c)
        self.canvas.update()

def reverse(X, i, j):
```

```
30         i0, i1 = i - 1, i + 1
31         j0, j1 = j - 1, j + 1
32         n, s, w, e = [X[i0, j], X[i1, j], X[i, j0], X[i, j1]]
33         nw, ne, sw, se = [X[i0, j0], X[i0, j1], X[i1, j0], X[i1, j1]]
34         a = X[i, j]
35         b = 1 - 2 * a
36         intr1 = b
37         intr20 = b * sum([n, s, w, e])
38         intr21 = b * sum([nw, ne, sw, se])
39         intr3 = b * sum([n*ne, ne*e, e*n, e*se, se*s, s*e,
40                          s*sw, sw*w, w*s, w*nw, nw*n, n*w])
41         intr4 = b * sum([n*ne*e, e*se*s, s*sw*w, w*nw*n])
42         return intr1, intr20, intr21, intr3, intr4
43 
44     N = 200
45     random.seed(2024)
46     beta, I = 1.0, [-4.0, 1.0, 1.0, 0.0, 0.0]
47     #beta, I = 2.0, [0.0, 1.0, -1.0, 0.0, 0.0]
48     #beta, I = 4.0, [-2.0, 2.0, 0.0, -1.0, 2.0]
49     #beta, I = 1.5, [-2.0, -1.0, 1.0, 1.0, -2.0]
50     scrn = Screen(N)
51     X = random.randint(0, 2, (N, N))
52     while True:
53         for i in range(-1, N - 1):
54             for j in range(-1, N - 1):
55                 S = reverse(X, i, j)
56                 p = exp(beta * dot(I, S))
57                 if random.uniform(0.0, 1.0) < p / (1 + p):
58                     X[i, j] = 1 - X[i, j]
59         scrn.update(X)
```

- **2行目** … 画面の変化をリアルタイムにコンピュータのウィンドウに表示するために、tkinterと呼ばれるGUIツールを用います。

- **4〜27行目** … 画面 X をコンピュータ画面にマッピングするためのクラスScreenを定義しています。描画画面はtkinterのCanvasクラスから生成されたオブジェクトcanvasを用います（9行目）。canvasにピクセルを表す小さな正方形を描画して（14〜18行目で定義されたメソッドobj）、それをオブジェクトとして $N \times N$ の2次元リストに記憶させ（12行目で定義されたオブジェクト変数Obj）、Xを参照してObjに記憶されているピクセルの色を変更するメソッドupdateを定義しておきます（20〜27行目）。

- **29〜42行目** … ピクセル X[i, j] を反転させたときに、ポテンシャルの増減に影響する単体の個数の増減を種類ごとに計算するための関数を定義しています。X[i, j] の状態（黒が1、白が0）をaとして、その近傍の状態を東西南北に見立てた変数名で参照することにします（図 9.13）。

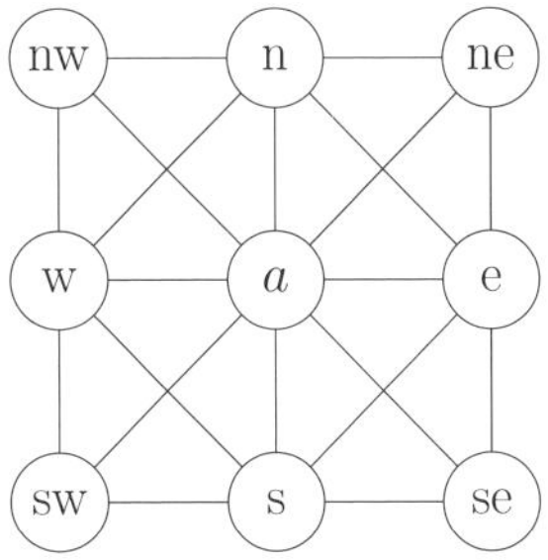

▲図 9.13　8近傍

- **44行目** … 画面の縦横の大きさ N を定義します。
- **46行目** … 温度パラメタ β および相互作用 I を定義します。
- **50行目** … Screen クラスのオブジェクト scrn を生成します。
- **51行目** … 画面 X の初期状態の各ピクセルはランダムに決めます。
- **52〜59行目** … メインループです。計算はアレイ X 上で行います。画面全体をトーラス状に走査するために、i も j も range(-1, N - 1) で変化させています。range(N) で変化させてしまうと、画面の端のピクセルで近傍の状態を参照するときに添字エラーとなることがありますが、このようにすればうまくいきます。dot(I, S) はピクセル X[i, j] の反転によるポテンシャル V の差分です。ピクセルの反転確率を計算するための受理関数 $f(t)$ は、ここでは $t/(1+t)$ を用いています（57行目）。画面走査が終わるごとに scrn.update(X) で、図形をコンピュータ画面に描画します。

パラメタ β と相互作用 I を

- beta = 1.0; I = [-4.0, 1.0, 1.0, 0.0, 0.0]
- beta = 2.0; I = [0.0, 1.0, -1.0, 0.0, 0.0]
- beta = 4.0; I = [-2.0, 2.0, 0.0, -1.0, 2.0]
- beta = 1.5; I = [-2.0, -1.0, 1.0, 1.0, -2.0]

で与えて十分な時間が経過した後の画面の状態は、それぞれ図 9.14 のようになりました。それぞれ、状態推移確率の平衡状態付近の確率で画像が変化して、それらがギブス状態で生成した図形に近いものと考えられます。画像が変化する様子の動画を QR コードから閲覧できます。

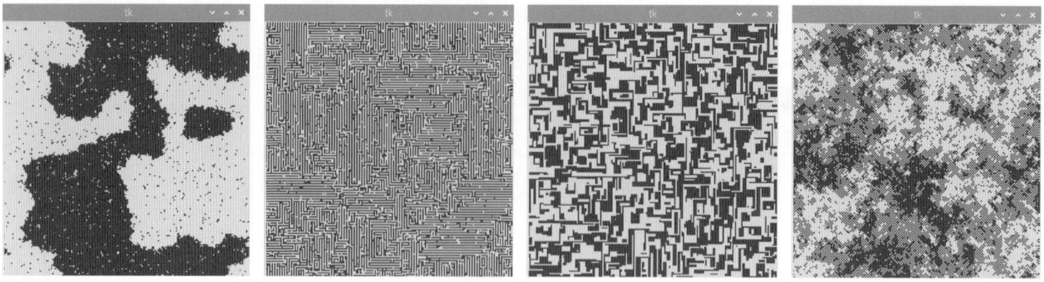

▲図 9.14　平衡状態

問9.6　gibbs.pyのプログラムで、相互作用Iを一定にしてbetaを正数および負数で絶対値を大きくしたり小さくしたり変化させたとき、平衡状態の図がどのように変わるのかを観察しなさい。

9.6　1径数半群と生成行列

連続稼働している機械が正常に動いている状態と偶発的に故障して修理中の状態という二つの状態の間を行き来する状況や、窓口の待ち行列に並んでいる人数の変化などは、連続的に時間が進行して離散的な状態をとる確率システムの例といえるでしょう。このようなシステムを理想化したモデルを考えてみます。

$\boldsymbol{G}$をn次の正方行列として、第(i,j)成分を$\boldsymbol{G}(i,j)$で表すことにします。$\boldsymbol{G}$は、$i \neq j$のときは$\boldsymbol{G}(i,j) \geqq 0$であり、任意の$j$を固定して$i$に関して$\boldsymbol{G}(i,j)$の総和（列を固定した縦方向の総和）をとると0になる（したがって、$\boldsymbol{G}$の対角成分はすべて0以下である）とします。このとき、

$$\boldsymbol{P}_t \overset{\text{def}}{=} e^{t\boldsymbol{G}} \qquad (t \geqq 0)$$

と定義すると、次の(1)〜(4)が成立します。

(1)　$\boldsymbol{P}_t$は確率行列である

(2)　$\boldsymbol{P}_{s+t} = \boldsymbol{P}_s \boldsymbol{P}_t$

(3)　$\lim_{t \to 0} \boldsymbol{P}_t = \boldsymbol{P}_0 = \boldsymbol{I}$

(4)　$\lim_{t \to 0} \dfrac{\boldsymbol{P}_t - \boldsymbol{I}}{t} = \boldsymbol{G}$

(1)を証明するために、まず、「$i \neq j$のとき$\boldsymbol{G}(i,j) > 0$」という条件の下で$\boldsymbol{P}_t$が正成分行列であることを示します。$\Delta t > 0$が十分小さなとき

$$\boldsymbol{P}_{\Delta t} = \boldsymbol{I} + \boldsymbol{G} \cdot \Delta t + \boldsymbol{O}\left(\Delta t^2\right)$$

と書けます。ここで、$\left\|\boldsymbol{O}\left(\Delta t^2\right)\right\| = O\left(\Delta t^2\right)$は$\|\boldsymbol{G} \cdot \Delta t\| = \|\boldsymbol{G}\| \Delta t$に比べて無視できるぐらい小

さな量になります注5。$\boldsymbol{O}\left(\Delta t^2\right)$のどの成分も$\boldsymbol{G}\cdot\Delta t$の成分に比べて無視できるぐらい小さな量です。したがって、$\boldsymbol{G}\cdot\Delta t$の対角成分を十分0に近くすることができ、$\boldsymbol{I}+\boldsymbol{G}\cdot\Delta t$の対角成分は正となります。$\boldsymbol{I}+\boldsymbol{G}\cdot\Delta t$の非対角成分は正なので、$\boldsymbol{P}_{\Delta t}$は正成分行列となります。任意の$t>0$に対して、$k\in\mathbb{N}$を十分大きく取り$t=k\cdot\Delta t$で$\boldsymbol{P}_{\Delta t}$が正成分行列となるようにすれば、$\boldsymbol{P}_t={\boldsymbol{P}_{\Delta t}}^k$であることから、$\boldsymbol{P}_t$も正成分行列となります。「$i\neq j$のとき$\boldsymbol{G}(i,j)\geqq 0$」という条件の下で$\boldsymbol{P}_t$が非負成分行列となることは、$\boldsymbol{G}(i,j)=0$である成分を$\varepsilon>0$として$\varepsilon$を0に近づければ、上の結果から得られます。$(1,n)$型行列$\mathbf{1}=\begin{bmatrix}1 & 1 & \cdots & 1\end{bmatrix}$に対して$\mathbf{1}\boldsymbol{G}=\mathbf{0}$なので、$k\geqq 1$のとき$\mathbf{1}\boldsymbol{G}^k=\mathbf{0}$であり、

$$\mathbf{1}\boldsymbol{P}_t = \mathbf{1}e^{t\boldsymbol{G}} = \sum_{k=0}^{\infty}\frac{t^k}{k!}\mathbf{1}\boldsymbol{G}^k = \mathbf{1}\boldsymbol{I}+\sum_{k=1}^{\infty}\frac{t^k}{k!}\mathbf{1}\boldsymbol{G}^k = \mathbf{1}$$

であることから、$\boldsymbol{P}_t$は各列を固定した縦方向の総和が1、すなわち確率行列であることが示されました。(2)、(3)、(4)の証明は練習問題とします。

問9.7　7.4節も参考にして、上の(2)、(3)、(4)を証明しなさい。

$\{\boldsymbol{P}_t\}_{t\geqq 0}$を**1径数半群**といい、$\boldsymbol{G}$を**生成行列**といいます。$\boldsymbol{P}_t$の第$(i,j)$成分を$\boldsymbol{P}_t(i,j)$とします。1径数半群は、状態集合$\{0,1,\ldots,n-1\}$上を時刻$t$の変化とともに確率的に動き回り、状態$j$にあったとき$t$秒後に状態が$i$となる確率が$\boldsymbol{P}_t(i,j)$であるとします。微小時間$\Delta t$に対して、$\boldsymbol{P}_{\Delta t}$を$\boldsymbol{I}+\boldsymbol{G}\cdot\Delta t$で近似した状態推移確率で変化する定常マルコフ過程の$\Delta t\to 0$における極限であるとも考えることができます。

$\boldsymbol{G}$が、$i\neq j$である任意のi,jに対して$i_0=i$かつ$i_k=j$である列$i_0,i_1,\ldots,i_k$が存在して、

$$\boldsymbol{G}(i_k,i_{k-1})\cdots\boldsymbol{G}(i_2,i_1)\,\boldsymbol{G}(i_1,i_0)>0$$

を満たすとき、$\boldsymbol{G}$は**既約**であるといいます。このとき、十分小さな$\Delta t>0$に対して

$$\boldsymbol{P}_{\frac{\Delta t}{k}}=\boldsymbol{I}+\boldsymbol{G}\cdot\frac{\Delta t}{k}+\boldsymbol{O}\left(\frac{\Delta t^2}{k^2}\right)$$

なので、$i\neq j$のとき両辺の(i,j)成分は

$$\boldsymbol{P}_{\frac{\Delta t}{k}}(i,j)=\boldsymbol{G}(i,j)\cdot\frac{\Delta t}{k}+O\left(\frac{\Delta t^2}{k^2}\right)$$

となります注6。したがって、

$$\begin{aligned}\boldsymbol{P}_{\Delta t}(i,j)&\geqq \boldsymbol{P}_{\frac{\Delta t}{k}}(i_k,i_{k-1})\cdots\boldsymbol{P}_{\frac{\Delta t}{k}}(i_2,i_1)\,\boldsymbol{P}_{\frac{\Delta t}{k}}(i_1,i_0)\\&=\boldsymbol{G}(i_k,i_{k-1})\cdots\boldsymbol{G}(i_2,i_1)\,\boldsymbol{G}(i_1,i_0)\cdot\frac{\Delta t^k}{k^k}+O\left(\frac{\Delta t^{k+1}}{k^{k+1}}\right)\end{aligned}$$

注5　正確には**高位の無限小**という言い方をします。$O(dt)$はランダウ記号と呼ばれるものです。
注6　右辺の２項目は、定数倍の違いはあるものの(i,j)には依存しません。

であり、右辺の第2項は第1項に比べて無視できるほど小さくできるので右辺は正となり、したがって左辺も正となります。よって、$\boldsymbol{P}_{\Delta t}(i,j) > 0$がいえます。$\boldsymbol{P}_{\Delta t}(i,i) \geqq \boldsymbol{P}_{\Delta t/2}(i,j)\,\boldsymbol{P}_{\Delta t/2}(j,i) > 0$もいえます。$\boldsymbol{G}$が既約であれば、十分小さな$\Delta t > 0$に対して$\boldsymbol{P}_{\Delta t}$は正成分行列であることがいえました。任意の$t > 0$に対して、$k \in \mathbb{N}$を十分大きく取れば、$\boldsymbol{P}_t = {\boldsymbol{P}_{\Delta t}}^k$が正成分行列であることも導かれます。ペロン・フロベニウスの定理より$\boldsymbol{P}_t$は固有値1を持ち、対応する固有ベクトルとして唯一の確率ベクトル$\boldsymbol{x}_1$があります。したがって$\boldsymbol{x}_1$は、状態推移確率$\boldsymbol{P}_t$の唯一の定常状態であり、$\boldsymbol{G}$の最大固有値0に対応する固有ベクトルです。定理9.1から、任意の確率ベクトル$\boldsymbol{x}$に対して十分な時間が経過した後の$\boldsymbol{P}_t\boldsymbol{x}$は定常状態$\boldsymbol{x}_1$に近づくことがいえます。

次のプログラムは、状態集合を$\{0,1,2\}$、生成行列を

$$\boldsymbol{G} = \begin{bmatrix} -3 & 4 & 0 \\ 1 & -4 & 5 \\ 2 & 0 & -5 \end{bmatrix}$$

とする1径数半群のシミュレーションです。微小時間Δt後の状態推移確率$\boldsymbol{P}_{\Delta t} \approx \boldsymbol{I} + \boldsymbol{G} \cdot \Delta t$を状態推移図で表すと、図9.15のようになります。

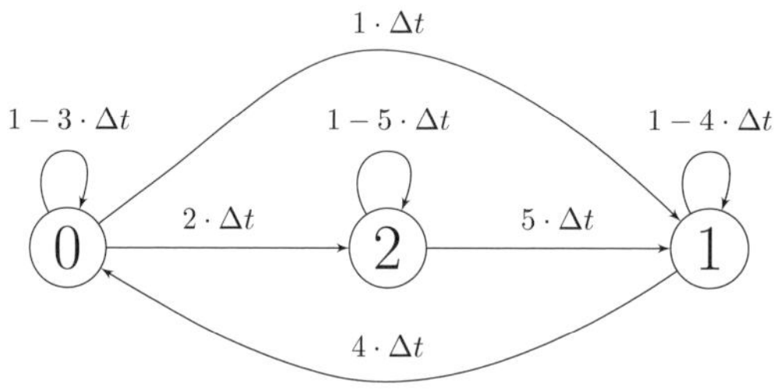

▲**図 9.15**　状態推移図

▼プログラム：semigroup.py

```
from numpy import arange, array, eye, exp
from numpy.random import choice, seed
from numpy.linalg import eig
import matplotlib.pyplot as plt


seed(2024)
dt, tmax = 0.01, 1000
T = arange(0.0, tmax, dt)
G = array([[-3,  4,  0], [ 1, -4,  5], [ 2,  0, -5]])
v = eig(G)[1][:, 0]
print(v / sum(v))
dP = eye(3) + G * dt
X = [0]
S = [[dt], [], []]
```

```
15 for t in T:
16     x = X[-1]
17     y = choice(3, p=dP[:, x])
18     if x == y:
19         S[x][-1] += dt
20     else:
21         S[y].append(dt)
22     X.append(y)
23 fig1 = plt.figure(figsize=(15, 5))
24 plt.plot(T[:2000], X[:2000])
25 plt.yticks(range(3))
26 fig1.show()
27 fig2, axs = plt.subplots(1, 3, figsize=(20, 5))
28 for x in range(3):
29     s, n = sum(S[x]), len(S[x])
30     print(s / tmax)
31     m = s / n
32     axs[x].hist(S[x], bins=10)
33     t = arange(0, 3, 0.01)
34     axs[x].plot(t, exp(-t / m) / m * s)
35     axs[x].set_xlim(0, 3), axs[x].set_ylim(0, 600)
36 fig2.show()
```


- **7, 8行目** … dtはΔtを表します。
- **9行目** … 生成行列$\boldsymbol{G}$を定義します。
- **10, 11行目** … $\boldsymbol{G}$の最大固有値（固有値0）の固有ベクトルを、成分の総和が1になるように正規化して表示します。
- **12行目** … dPは、$\boldsymbol{P}_{\Delta t}$の近似式$\boldsymbol{I}+\boldsymbol{G}\Delta t$です。
- **13行目** … 状態変化を記録するリストです。初期状態は0としておきます。
- **14行目** … 各状態に留まっている時間を計測するカウンタです。
- **15〜22行目** … 現在の状態がxであるとき、$\boldsymbol{P}_{\Delta t}(y, x)$の確率で$y$を発生させて微小時間$\Delta t$が経過したときの状態を求めていきます。
- **23〜26行目** … 最初の2000ステップ（20秒間）の状態変化の関数をグラフとして描画します（図9.16）。1径数半群の**標本関数**といいます。

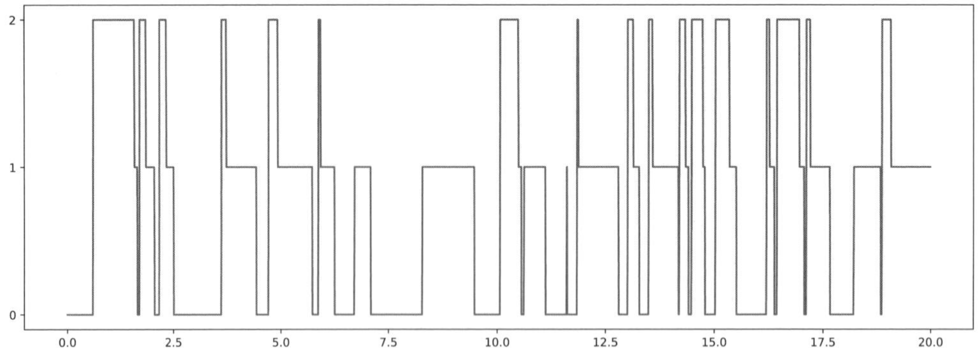

▲**図 9.16**　状態変化

■ **27〜36行目** … 各状態に対して、1回の滞在時間（標本関数の各水平部分の長さ）の度数分布をヒストグラムで表します（図 9.17）。この分布はそれぞれ、**指数分布**と呼ばれる分布に従います。また、各状態について総滞在時間の割合を求めます。

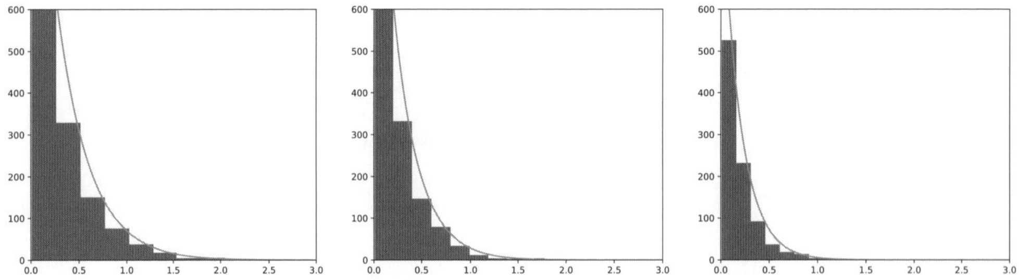

▲**図 9.17**　1回の滞在時間の分布（左から状態0、1、2）

▼実行結果

```
[0.46511628-0.j 0.34883721-0.j 0.18604651-0.j]
0.4632700000000002
0.3543200000000002
0.18242000000000008
```

最初の行は、生成行列 $\boldsymbol{G}$ の固有値0に対する固有ベクトルです（実部が正、虚部が0の複素数で表示されています）。これは、$\boldsymbol{P}_t$ の平衡状態です。次の三つの数は、上から状態0、1、2の総滞在時間の比率であり、平衡状態に近い値になります。標本関数によるので、多少の差異があります。

問 9.8　SymPyを用いて上と同じ $\boldsymbol{G}$ に対する推移確率 $\boldsymbol{P}_t = \exp(t\boldsymbol{G})$ を求め、t が0.01、0.1、1および10のときの行列 $\boldsymbol{P}_t$ の値を評価しなさい。

第10章 線形代数の応用と発展

この章では、これまで学習してきたことの集大成として、特異値分解と一般化逆行列を中心に、それに関連する話題を取り上げます。これらの理論は、非正規直交系に対するフーリエ解析の一般化と考えることもできますし、非正則行列に関する連立方程式論とも考えられます。固有値問題と密接に結びついていますが、エルミート行列（または、実対称行列）の固有値および固有ベクトルしか登場しないので、取り扱いは理論的にも計算においても比較的容易です。

最初に、内積の章でも取り扱った最小２乗法を連立方程式を解くという観点で考察し、問題を解く汎用的な方法として、一般化逆行列および特異値分解を導入します。また、ベクトルとベクトルの積が行列になるテンソル積という概念を導入し、フーリエ展開、行列の対角化、特異値分解がいずれもテンソル分解という表現を持つことを見ます。これは量子力学における観測量（オブザーバブル）と状態（ステート）の数学的モデルにも関連します。ベクトルに値をとる確率変数に対するテンソル分解は、主成分分析およびKL展開というデータ解析やデータ圧縮の手法になって、応用上よく使われる道具になります。雑音などで乱れたり欠落したりした時系列の観測データから、それらを元にして線形変換による真の値を推定または予測することは線形回帰と呼ばれ、気象予報、株価予想、ロボット制御など、さまざまな分野に登場します。この章では、数学的な理論に基づいて、Pythonでこれらの問題を解くプログラムの作り方などを学びます。

10.1 連立方程式と最小2乗法

この章を通して、(m,n)型行列の全体を$M_{\mathbb{K}}(m,n)$で表すことにします。$\boldsymbol{A} \in M_{\mathbb{K}}(m,n)$に対して、次の1から4が成立します。

1. $\mathrm{kernel}(\boldsymbol{A}) = \mathrm{range}(\boldsymbol{A}^*)^{\perp}$
2. $\mathrm{kernel}(\boldsymbol{A})^{\perp} = \mathrm{range}(\boldsymbol{A}^*)$
3. $\mathrm{range}(\boldsymbol{A}) = \mathrm{kernel}(\boldsymbol{A}^*)^{\perp}$
4. $\mathrm{range}(\boldsymbol{A})^{\perp} = \mathrm{kernel}(\boldsymbol{A}^*)$

1は、$\boldsymbol{x} \in \mathbb{K}^n$に対する次の同値変形から示されます。

$$
\begin{aligned}
\boldsymbol{x} \in \mathrm{kernel}(\boldsymbol{A}) &\Leftrightarrow \boldsymbol{A}\boldsymbol{x} = \boldsymbol{0} \\
&\Leftrightarrow \text{任意の}\boldsymbol{y} \in \mathbb{K}^m\text{に対して、}\langle \boldsymbol{y} \mid \boldsymbol{A}\boldsymbol{x} \rangle = 0 \\
&\Leftrightarrow \text{任意の}\boldsymbol{y} \in \mathbb{K}^m\text{に対して、}\langle \boldsymbol{A}^*\boldsymbol{y} \mid \boldsymbol{x} \rangle = 0 \\
&\Leftrightarrow \boldsymbol{x} \in \mathrm{range}(\boldsymbol{A}^*)^{\perp}
\end{aligned}
$$

2、3、4は、行列の随伴行列を2回とる操作、および部分空間の直交補空間を2回とる操作がそれぞれ元に戻ることを利用して1から得られます。

この結果から、$\boldsymbol{x} \mapsto \boldsymbol{Ax}$ は $\mathrm{range}\,(\boldsymbol{A}^*)$ と $\mathrm{range}\,(\boldsymbol{A})$ との間の線形同型写像であることがわかります。したがって、$\mathrm{rank}\,(\boldsymbol{A}) = \mathrm{rank}\,(\boldsymbol{A}^*)$ です。

$\mathbb{K}^m$ のベクトル

$$\boldsymbol{a}_1 = \begin{bmatrix} a_{11} \\ a_{21} \\ \vdots \\ a_{m1} \end{bmatrix}, \quad \boldsymbol{a}_2 = \begin{bmatrix} a_{12} \\ a_{22} \\ \vdots \\ a_{m2} \end{bmatrix}, \quad \ldots, \quad \boldsymbol{a}_n = \begin{bmatrix} a_{1n} \\ a_{2n} \\ \vdots \\ a_{mn} \end{bmatrix}, \quad \boldsymbol{b} = \begin{bmatrix} b_1 \\ b_2 \\ \vdots \\ b_m \end{bmatrix}$$

が与えられたとき、$\boldsymbol{b}$ を $\{\boldsymbol{a}_1, \boldsymbol{a}_2, \ldots, \boldsymbol{a}_n\}$ の線形結合で表現する問題を考えます。この問題に解が存在するための必要十分条件は、$\boldsymbol{b}$ が $\{\boldsymbol{a}_1, \boldsymbol{a}_2, \ldots, \boldsymbol{a}_n\}$ の生成する部分空間に属することです。また、解が存在するときに、いつでも解が一意であるための必要十分条件は、$\{\boldsymbol{a}_1, \boldsymbol{a}_2, \ldots, \boldsymbol{a}_n\}$ が線形独立であることです。必ずしも解が存在しないときには、$\boldsymbol{b}$ の何らかの意味で最良近似となる $x_1\boldsymbol{a}_1 + x_2\boldsymbol{a}_2 + \cdots + x_n\boldsymbol{a}_n$ を見つけること、また、必ずしも解が一意ではないときには、解全体の集合の中で何らかの意味で標準的といえるものを見つけることを目標とします。$\{\boldsymbol{a}_1, \boldsymbol{a}_2, \ldots, \boldsymbol{a}_n\}$ が $\mathbb{K}^m$ の正規直交基底であるならば（$m = n$）、この問題はフーリエ展開に過ぎません。$\{\boldsymbol{a}_1, \boldsymbol{a}_2, \ldots, \boldsymbol{a}_n\}$ が $\mathbb{K}^m$ の正規直交系のときは（$m > n$）、

$$\langle \boldsymbol{a}_1 \mid \boldsymbol{b} \rangle\, \boldsymbol{a}_1 + \langle \boldsymbol{a}_2 \mid \boldsymbol{b} \rangle\, \boldsymbol{a}_2 + \cdots + \langle \boldsymbol{a}_n \mid \boldsymbol{b} \rangle\, \boldsymbol{a}_n$$

は、$\{\boldsymbol{a}_1, \boldsymbol{a}_2, \ldots, \boldsymbol{a}_n\}$ が生成する部分空間上への $\boldsymbol{b}$ の直交射影になります。一般の場合は、

$$\boldsymbol{A} = \begin{bmatrix} a_{11} & a_{12} & \cdots & a_{1n} \\ a_{21} & a_{22} & \cdots & a_{2n} \\ \vdots & \vdots & & \vdots \\ a_{m1} & a_{m2} & \cdots & a_{mn} \end{bmatrix}, \quad \boldsymbol{x} = \begin{bmatrix} x_1 \\ x_2 \\ \vdots \\ x_n \end{bmatrix}$$

として、$\boldsymbol{Ax} = \boldsymbol{b}$ の解（存在しない場合は近似解）を見つける問題となります。この問題は互いに同値な次の問題に帰着できます。

(1)　$\|\boldsymbol{b} - \boldsymbol{Ax}\|$ を最小とする $\boldsymbol{x} \in \mathbb{K}^n$ を見つけよ
(2)　連立方程式 $\boldsymbol{A}^*\boldsymbol{Ax} = \boldsymbol{A}^*\boldsymbol{b}$ を満たす $\boldsymbol{x} \in \mathbb{K}^n$ を見つけよ

$\boldsymbol{x}$ を $\mathbb{K}^n$ で動かすと $\boldsymbol{Ax}$ は $\mathrm{range}\,(\boldsymbol{A})$ を動きます。

$$\|\boldsymbol{b} - \boldsymbol{y}_0\| = \min_{\boldsymbol{y} \in \mathrm{range}(\boldsymbol{A})} \|\boldsymbol{b} - \boldsymbol{y}\|$$

を満たす $\boldsymbol{y}_0 \in \mathrm{range}\,(\boldsymbol{A})$ は、$\boldsymbol{y}_0 = \mathbf{proj}_{\mathrm{range}(\boldsymbol{A})}\,(\boldsymbol{b})$ が唯一の解です。$\boldsymbol{x}_0 \in \mathbb{K}^n$ を $\boldsymbol{y}_0 = \boldsymbol{Ax}_0$ を満たすように取ります。すると $\boldsymbol{x}_0$ は (1) の解となります。$\boldsymbol{b} - \boldsymbol{y}_0$ は $\mathrm{range}\,(\boldsymbol{A})$ と直交します。任意の

$\boldsymbol{x} \in \mathbb{K}^n$ に対して、

$$0 = \left\langle \boldsymbol{b} - \boldsymbol{A}\boldsymbol{x}_0 \mid \boldsymbol{A}\boldsymbol{x} \right\rangle = \left\langle \boldsymbol{A}^* (\boldsymbol{b} - \boldsymbol{A}\boldsymbol{x}_0) \mid \boldsymbol{x} \right\rangle$$

となることから、$\boldsymbol{A}^*\boldsymbol{b} - \boldsymbol{A}^*\boldsymbol{A}\boldsymbol{x}_0 = \boldsymbol{0}$ であり、$\boldsymbol{x}_0$ は(2)の解でもあります。逆に辿れば、(2)の解 $\boldsymbol{x}_0$ が(1)の解であることもいえます。

問10.1 $\boldsymbol{A} = \begin{bmatrix} 1 & 2 & 3 \\ 4 & 5 & 6 \\ 7 & 8 & 9 \end{bmatrix}$ および $\boldsymbol{b} = \begin{bmatrix} -1 \\ 4 \\ -9 \end{bmatrix}$ に対して、VPythonを用いて $\mathrm{range}\,(\boldsymbol{A})$ の平面を可視化することにより、3次元空間で連立方程式 $\boldsymbol{A}^*\boldsymbol{A}\boldsymbol{x} = \boldsymbol{A}^*\boldsymbol{b}$ の解である $\boldsymbol{x}$ に対する点 $\boldsymbol{A}\boldsymbol{x}$ と点 $\boldsymbol{b}$ を結ぶ線分が、$\mathrm{range}\,(\boldsymbol{A})$ の平面と直交することを確かめなさい。

一般に、連立方程式 $\boldsymbol{A}\boldsymbol{x} = \boldsymbol{b}$ の解全体の集合のことを、その連立方程式の**解集合**または**解空間**と呼びます。解集合が空集合ではないとき、解 $\boldsymbol{x} = \boldsymbol{x}_0 \in \mathbb{K}^n$ は必ずしも一意であるとはいえません。しかし、その一つの解である $\boldsymbol{x}_0$ に対して、$\boldsymbol{x}_1 \in \mathrm{kernel}\,(\boldsymbol{A})$ と $\boldsymbol{x}_2 \in \mathrm{kernal}\,(\boldsymbol{A})^\perp$ によって直交分解 $\boldsymbol{x}_0 = \boldsymbol{x}_1 + \boldsymbol{x}_2$ を考えると、$\boldsymbol{A}\boldsymbol{x}_0 = \boldsymbol{A}\boldsymbol{x}_2$ かつ $\|\boldsymbol{x}_0\| \geqq \|\boldsymbol{x}_2\|$ が成立します。したがって、$\mathrm{kernel}\,(\boldsymbol{A})^\perp = \mathrm{range}\big(\boldsymbol{A}^*\big)$ の中に連立方程式 $\boldsymbol{A}\boldsymbol{x} = \boldsymbol{b}$ を満たす唯一の解 $\boldsymbol{x} = \boldsymbol{x}_2$ が存在して連立方程式の解集合を $\boldsymbol{x}_2 + \mathrm{kernel}\,(\boldsymbol{A})$ と表現でき、その中で $\boldsymbol{x}_2$ はノルムが最小のものであるといえます。解集合は部分空間 $\mathrm{kernel}\,(\boldsymbol{A})$ の原点が $\boldsymbol{x}_2$ となるように部分空間全体を平行移動したものです[注1]。

次のような問題を考えます。

ある集合 X 上で定義され、$\mathbb{K}$ に値をとる関数の集合 $\{\varphi_1, \varphi_2, \ldots, \varphi_n\}$ があるとします。$f : X \to \mathbb{K}$ に対して

$$f\,(x) \;=\; a_1\varphi_1\,(x) + a_2\varphi_2\,(x) + \cdots + a_n\varphi_n\,(x) \qquad \cdots\ (\mathrm{A})$$

と表現したいとします。$x_1, x_2, \ldots, x_m \in X$ を**標本点**と呼び、各標本点 x_i に対する $f\,(x_i)$ を**標本値**といいます。すべての標本点において(A)を満たす解 $a_1, a_2, \ldots, a_n$ を見つけなさい。

これは、連立方程式

$$\begin{bmatrix} \varphi_1\,(x_1) & \varphi_2\,(x_1) & \cdots & \varphi_n\,(x_1) \\ \varphi_1\,(x_2) & \varphi_2\,(x_2) & \cdots & \varphi_n\,(x_2) \\ \vdots & \vdots & & \vdots \\ \varphi_1\,(x_m) & \varphi_2\,(x_m) & \cdots & \varphi_n\,(x_m) \end{bmatrix} \begin{bmatrix} a_1 \\ a_2 \\ \vdots \\ a_n \end{bmatrix} = \begin{bmatrix} f\,(x_1) \\ f\,(x_2) \\ \vdots \\ f\,(x_m) \end{bmatrix} \qquad \cdots\ (\mathrm{B})$$

を解くことになり、さらにこれは

注1　線形空間 V の部分集合 W と $\boldsymbol{v} \in V$ に対して $\boldsymbol{v} + W \overset{\mathrm{def}}{=} \left\{ \boldsymbol{v} + \boldsymbol{w} \;\middle|\; \boldsymbol{w} \in W \right\}$ と定義し、これを W の**平行移動**と呼んでいます。2次元平面や3次元空間では、原点を通る直線や平面の平行移動にあたります。部分空間を平行移動した集合のことを**アフィン空間**といいます。

$$\sum_{i=1}^{m}\left|f(x_i)-\sum_{j=1}^{n}a_j\varphi_j(x_i)\right|^2 = 0 \qquad \cdots \text{(C)}$$

を解くこととも同値となります。連立方程式 (B) に解が存在しない場合も当然あります。このときは、(C) の左辺（**2乗誤差**）を最小にする解を近似解とします。この近似解を求めることを**最小2乗法**といいます。次のプログラムは、NumPy を用いて最小2乗法の問題を解きます。NumPy には、最小2乗法を解くための関数もあらかじめ用意されているので、方程式を解いた結果と関数を用いた結果を比較してみます。

▼プログラム：lstsqr.py

```
1  from numpy import array, linspace, sqrt, random, linalg
2  import matplotlib.pyplot as plt
3  
4  n, m = 30, 1000
5  random.seed(2024)
6  x = linspace(0.0, 1.0, m)
7  w = random.normal(0.0, sqrt(1.0/m), m)
8  y = w.cumsum()
9  tA = array([x**j for j in range(n + 1)])
10 A = tA.T
11 S = linalg.solve(tA.dot(A), tA.dot(y))
12 L = linalg.lstsq(A, y, rcond=None)[0]
13 fig, axs = plt.subplots(1, 2, figsize=(15, 5))
14 for ax, B in zip(axs, [S, L]):
15     z = B.dot(tA)
16     ax.plot(x, y), ax.plot(x, z)
17 plt.show()
```

- **4～9行目** … 区間 $[0,1]$ を 1000 等分した点を標本点として、1次元ブラウン運動の見本関数を 30 次関数で最小2乗近似します。

- **11行目** … 方程式 $\boldsymbol{A}^*\boldsymbol{A}\boldsymbol{x} = \boldsymbol{A}^*\boldsymbol{y}$ を linalg.solve で解きます。

- **12行目** … 最小2乗近似を求める関数 linalg.lstsq を用いて解きます。冪乗の計算は次数が大きくなると情報落ちなどの誤差が出やすくなります。linalg.lstsq はそれを考慮しているので、次数が高いときは近似精度が多少よくなります（図 10.1）。より近似精度を上げるには、直交多項式を用いる必要があります[注2]。

注2　単項式 x^n は n が大きくなると $-1 < x < 1$ で0に近い関数になってしまいますが、チェビシェフ多項式やルジャンドル多項式は、三角関数と同様に ± 1 の範囲で適度に振動する関数になります。

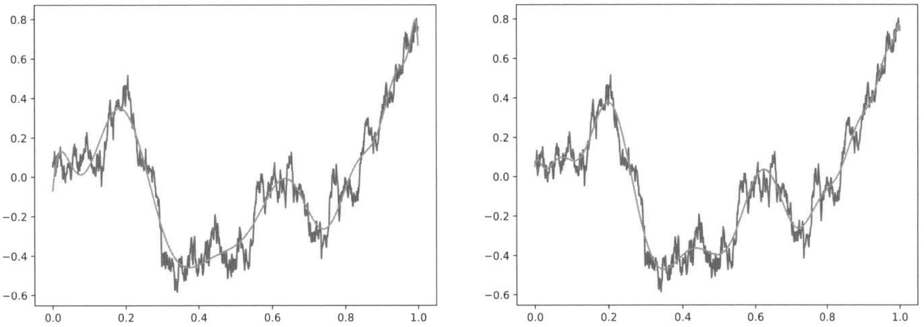

▲**図 10.1**　多項式による最小２乗近似（左：linalg.solve、右：linalg.lstsq）

2次元平面を動く点は関数 $f:[a,b]\to\mathbb{R}^2$ とみなせます。この関数に対して最小2乗法を適用するとき、x 成分と y 成分の二つの実数値関数に分けて考えることもできますが、$\mathbb{R}^2$ を複素平面 $\mathbb{C}$ と同一視すれば、一つの複素数値関数と見て最小2乗近似を行うことができます。ここでは、第1章のプログラム tablet.py で得られたデータファイル tablet.txt を用いて、複素平面に書かれた手書き文字を $f:[0,1]\to\mathbb{C}$ で近似してみます。$f(0)$ が書き始めの点、$f(1)$ が書き終わりの点として、関数 f は筆順を表すものとします（図 10.2）。関数系を変えて、また関数の個数 n を変えて近似式を求めてみます。標本点は $[0,1]$ を m 等分した分点とします。

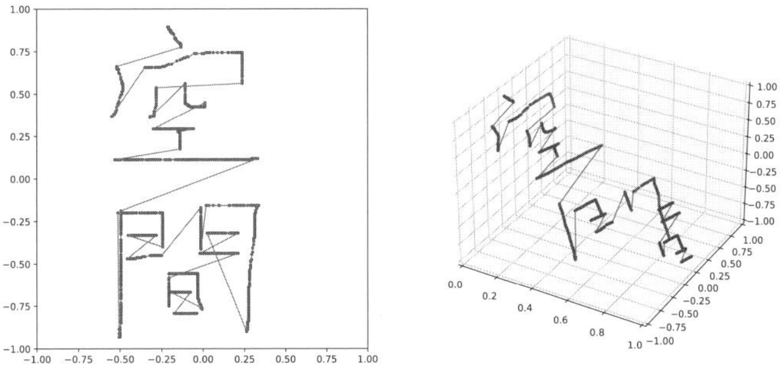

▲**図 10.2**　複素平面を動く点を、複素数値関数とみなす

▼プログラム：moji.py

```
from numpy import array, linspace, identity, exp, pi, linalg, ones
from numpy.polynomial.legendre import Legendre
import matplotlib.pyplot as plt

def phi1(n, x):
    f = array([(x0 >= x).astype('int') for x0 in linspace(0, 1, n)]).T
    return f

def phi2(n, x):
```

```
10     f = array([exp(2*pi*k*1j*x) for k in range(-n//2, n//2 + 1)]).T
11     return f
12 
13 def phi3(n, x):
14     f = array([Legendre.basis(j, domain=[0, 1])(x) for j in range(n)]).T
15     return f
16 
17 with open('tablet.txt', 'r') as fd:
18     y = eval(fd.read())
19 x = linspace(0.0, 1.0, len(y))
20 fig, axs = plt.subplots(3, 5, figsize=(20, 9))
21 for i, f in enumerate([phi1, phi2, phi3]):
22     for j, n in enumerate([8, 16, 32, 64, 128]):
23         ax = axs[i, j]
24         A = f(n, x)
25         c = linalg.lstsq(A, y, rcond=None)[0]
26         z = A.dot(c)
27         ax.scatter(z.real, z.imag, s=5, c='b')
28         ax.plot(z.real, z.imag, lw=1, c='r')
29         ax.axis('scaled'), ax.set_xlim(-1, 1), ax.set_ylim(-1, 1)
30         ax.tick_params(labelbottom=False, labelleft=False,
31                        bottom=False, left=False)
32 plt.show()
```

■ **5〜15行目** … 次の3種類の関数族を考えます。

- **2値関数：** $[0,1]$ を n 等分した分点 $0 = x_0 < x_1 < \cdots < x_{n-1} < x_n = 1$ に対して

$$1_{x_k}(x) = \begin{cases} 0 & x < x_k \text{のとき} \\ 1 & x_k \leqq x \text{のとき} \end{cases}$$

  とする関数族 $\{1_{x_0},\ 1_{x_1},\ \ldots,\ 1_{x_n}\}$

- **フーリエ級数：** $e_k(x) = \exp(2\pi ikx)$ とする関数族 $\left\{e_{-n/2},\ \ldots,\ e_{-1},\ e_0,\ e_1,\ \ldots,\ e_{n/2}\right\}$
- **多項式：** k 次のルジャンドル多項式[注3]を $p_k(x)$ とする関数族 $\{p_0,\ p_1\ \ldots,\ p_n\}$

それぞれの関数族を $\{\varphi_1, \varphi_2, \ldots, \varphi_n\}$ とおいたときの、$(m, n+1)$ 型行列

注3　第6章のフーリエ級数や三角級数を用いたローパスフィルタのように、ルジャンドル多項式の直交性を利用してフーリエ展開でも計算できます。このプログラムのように直交性を用いない方法では、内積の入れ方の異なるチェビシェフ多項式などの他の直交多項式を用いても、結果は同じになります。単項式の族 $\left\{1, x, x^2, \ldots, x^n, \ldots\right\}$ を用いた場合は、lstsqr.py のプログラムの説明で述べたように、n を大きくすると計算誤差が大きくなっていきます。

$$\begin{bmatrix} \varphi_0(x_1) & \varphi_1(x_1) & \cdots & \varphi_n(x_1) \\ \varphi_0(x_2) & \varphi_1(x_2) & \cdots & \varphi_n(x_2) \\ \vdots & \vdots & & \vdots \\ \varphi_0(x_m) & \varphi_1(x_m) & \cdots & \varphi_n(x_m) \end{bmatrix}$$

を返す三つの（Pythonの意味での）関数phi1、phi2、phi3を定義します。

- **17〜19行目** … tablet.txtから読み込まれた複素数列を標本値とし、対応する標本点$(x_1, x_2, \ldots, x_m)$を作ります。mは複素数列の項数で、標本点は区間$[0, 1]$に等間隔に並ぶものとします。
- **20〜31行目** … 3種類の関数族に対して、$n = 8, 16, 32, 64, 128$のときの最小2乗近似関数のグラフをそれぞれ描画します（図10.3）。

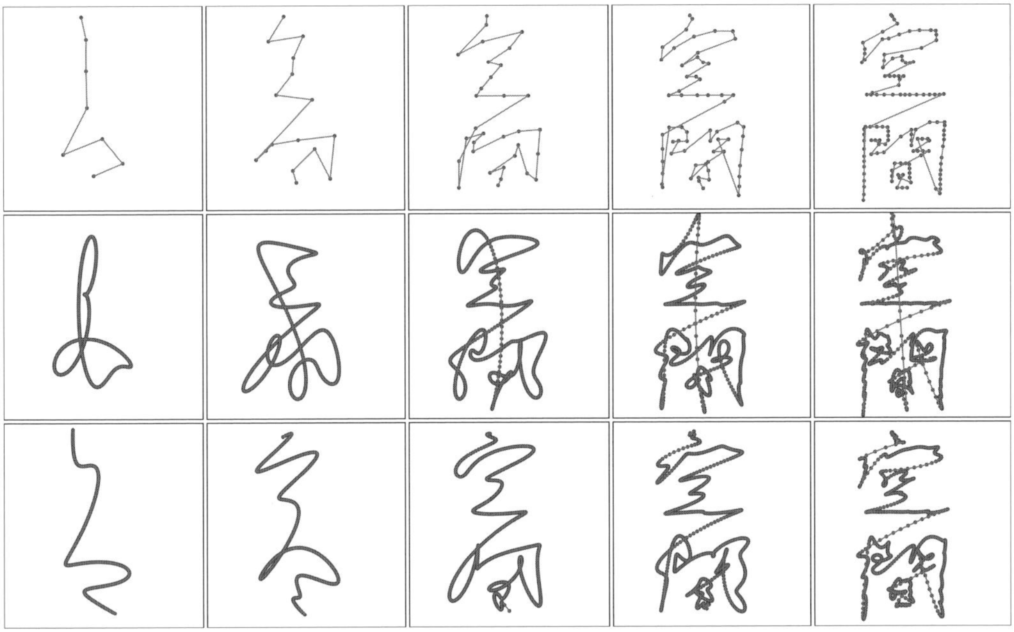

▲**図 10.3**　複素数値関数の最小２乗近似（上から２値関数、フーリエ級数、多項式）

10.2　一般化逆行列と特異値分解

任意の$\boldsymbol{A} \in M_{\mathbb{K}}(m, n)$に対し、$\mathrm{range}(\boldsymbol{A}^*) = \mathrm{kernel}(\boldsymbol{A})^{\perp}$および$\mathrm{range}(\boldsymbol{A}) = \mathrm{kernel}(\boldsymbol{A}^*)^{\perp}$上への直交射影をそれぞれ$\boldsymbol{P}$、$\boldsymbol{Q}$とします（図10.4）。次の1、2が成立することは容易にわかります。

1. $\boldsymbol{A} = \boldsymbol{AP} = \boldsymbol{QA}$　　2. $\boldsymbol{A}^* = \boldsymbol{A}^*\boldsymbol{Q} = \boldsymbol{PA}^*$

行列$\boldsymbol{A}$が表す線形写像を$\mathrm{range}(\boldsymbol{A}^*)$に制限した

$$\boldsymbol{f}(\boldsymbol{x}) \stackrel{\text{def}}{=} \boldsymbol{A}\boldsymbol{x} \qquad (\boldsymbol{x} \in \operatorname{range}(\boldsymbol{A}^*))$$

は、線形同型写像$\boldsymbol{f} : \operatorname{range}(\boldsymbol{A}^*) \to \operatorname{range}(\boldsymbol{A})$であり、

$$\boldsymbol{A}\boldsymbol{x} = \boldsymbol{f}(\boldsymbol{P}\boldsymbol{x}) \qquad (\boldsymbol{x} \in \mathbb{K}^n)$$

がいえます。$\boldsymbol{f}$の逆写像である線形同型写像$\boldsymbol{f}^{-1} : \operatorname{range}(\boldsymbol{A}) \to \operatorname{range}(\boldsymbol{A}^*)$に対して、

$$\boldsymbol{g}(\boldsymbol{y}) \stackrel{\text{def}}{=} \boldsymbol{f}^{-1}(\boldsymbol{Q}\boldsymbol{y}) \qquad (\boldsymbol{y} \in \mathbb{K}^m)$$

と定義します。この線形写像の行列表現を$\boldsymbol{A}^\dagger$で表して、**ムーア・ペンローズの一般化逆行列**といいます。この$\boldsymbol{A}^\dagger \in M_{\mathbb{K}}(n, m)$は次の3から7を満たします。

3. $\boldsymbol{A}^\dagger = \boldsymbol{A}^\dagger\boldsymbol{Q} = \boldsymbol{P}\boldsymbol{A}^\dagger$
4. $\boldsymbol{A}^\dagger\boldsymbol{A} = \boldsymbol{P}$
5. $\boldsymbol{A}\boldsymbol{A}^\dagger = \boldsymbol{Q}$
6. $\boldsymbol{A}^{\dagger\dagger} = \boldsymbol{A}$
7. $(\boldsymbol{A}^\dagger)^* = (\boldsymbol{A}^*)^\dagger$

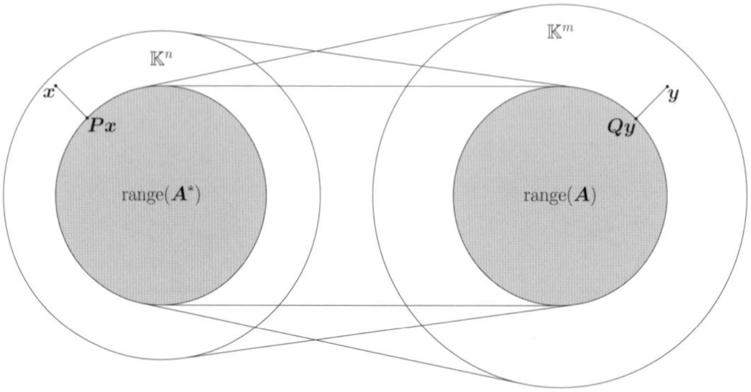

▲図 10.4 $\boldsymbol{P}$と$\boldsymbol{Q}$の関係

$\operatorname{range}(\boldsymbol{A}^\dagger) = \operatorname{range}(\boldsymbol{A}^*)$なので、$\boldsymbol{P}\boldsymbol{A}^\dagger = \boldsymbol{A}^\dagger$がいえます。また、任意の$\boldsymbol{y} \in \mathbb{K}^m$に対して

$$\boldsymbol{A}^\dagger\boldsymbol{Q}\boldsymbol{y} = \boldsymbol{f}^{-1}(\boldsymbol{Q}\boldsymbol{Q}\boldsymbol{y}) = \boldsymbol{f}^{-1}(\boldsymbol{Q}\boldsymbol{y}) = \boldsymbol{A}^\dagger\boldsymbol{y}$$

なので、$\boldsymbol{A}^\dagger\boldsymbol{Q} = \boldsymbol{A}^\dagger$もいえます。任意の$\boldsymbol{x} \in \mathbb{K}^n$に対して

$$\boldsymbol{A}^\dagger\boldsymbol{A}\boldsymbol{x} = \boldsymbol{f}^{-1}(\boldsymbol{A}\boldsymbol{x}) = \boldsymbol{f}^{-1}(\boldsymbol{A}\boldsymbol{P}\boldsymbol{x}) = \boldsymbol{f}^{-1}\big(\boldsymbol{f}(\boldsymbol{P}\boldsymbol{x})\big) = \boldsymbol{P}\boldsymbol{x}$$

なので、$\boldsymbol{A}^\dagger\boldsymbol{A} = \boldsymbol{P}$が成立します。任意の$\boldsymbol{y} \in \mathbb{K}^m$に対して、

$$\boldsymbol{A}\boldsymbol{A}^\dagger\boldsymbol{y} = \boldsymbol{f}\big(\boldsymbol{f}^{-1}(\boldsymbol{Q}\boldsymbol{y})\big) = \boldsymbol{Q}\boldsymbol{y}$$

より、$\boldsymbol{A}\boldsymbol{A}^\dagger = \boldsymbol{Q}$がいえます。

逆に、$\boldsymbol{A}^\dagger\boldsymbol{Q} = \boldsymbol{A}^\dagger$と$\boldsymbol{A}^\dagger\boldsymbol{A} = \boldsymbol{P}$の条件は、ムーア・ペンローズの一般化逆行列$\boldsymbol{A}^\dagger$を一意に特徴付ける条件にもなっています。$\boldsymbol{A}'\boldsymbol{Q} = \boldsymbol{A}'$かつ$\boldsymbol{A}'\boldsymbol{A} = \boldsymbol{P}$を満たす$\boldsymbol{A}'$があったとします。$\boldsymbol{y} \in \mathbb{K}^m$を任意とすると、$\boldsymbol{Q}\boldsymbol{y} = \boldsymbol{A}\boldsymbol{x}$となる$\boldsymbol{x} \in \operatorname{range}(\boldsymbol{A}^*)$が存在します。このとき、

$$A'y = A'Qy = A'Ax = Px = x$$

です。A' を $A^\dagger$ に置き換えてもこの式は成立します。すなわち、$A^\dagger y = x$ がいえます。したがって、$A'y = A^\dagger y$ であり、$y \in \mathbb{K}^m$ は任意だったので、$A' = A^\dagger$ がいえます。

6は $AP = A$ と $AA^\dagger = Q$、および一般化逆行列の一意性によります。

7を示します。3の $A^\dagger = PA^\dagger$ および5の式について両辺の随伴行列をとると、それぞれ $(A^\dagger)^* = (A^\dagger)^* P$ および $(A^\dagger)^* A^* = Q$ を得ます。したがって、A^* を A と見ると、一般化逆行列の一意性より $(A^\dagger)^* = (A^*)^\dagger$ がいえます。

一般化逆行列は前節で考えていた最小2乗法に対し、ある意味唯一の解を与えます。

$$A^*AA^\dagger b = A^*Qb = A^*b$$

なので、$x = A^\dagger b$ は連立方程式 $A^*Ax = A^*b$ の解です。しかも、$A^\dagger b$ は $\mathrm{range}(A^*)$ の中では唯一の解です。連立方程式 $A^*Ax = A^*b$ の解空間は、$A^\dagger b + \mathrm{kernel}(A)$ と表現でき、$A^\dagger b$ は解空間の中でノルムが最小のものとなります。

A^*A は半正定値エルミート行列なので、その0でない固有値を重複度も込めて $\sigma_1{}^2, \sigma_2{}^2, \ldots, \sigma_k{}^2$（各 σ_i は正の実数）として、対応する固有ベクトル $\{v_1, v_2, \ldots, v_k\}$ を $\mathrm{range}(A^*) = \mathrm{kernel}(A)^\perp$ の正規直交基底となるように取ることができます。

$$w_i \stackrel{\mathrm{def}}{=} \frac{Av_i}{\sigma_i} \qquad (i = 1, 2, \ldots, k)$$

とおきます。このとき、

$$\langle w_i \mid w_j \rangle = \left\langle \frac{Av_i}{\sigma_i} \,\middle|\, \frac{Av_j}{\sigma_j} \right\rangle = \frac{\langle A^*Av_i \mid v_j \rangle}{\sigma_i \sigma_j} = \frac{\langle \sigma_i{}^2 v_i \mid v_j \rangle}{\sigma_i \sigma_j} = \frac{\sigma_i}{\sigma_j} \langle v_i \mid v_j \rangle$$

なので、$\{w_1, w_2, \ldots, w_k\}$ は $\mathrm{range}(A) = \mathrm{kernel}(A^*)^\perp$ の正規直交基底となっています。

$$Av_i = \sigma_i w_i \qquad (i = 1, 2, \ldots, k)$$

より、$f : \mathrm{range}(A^*) \to \mathrm{range}(A)$ である線形写像 $f : x \mapsto Ax$ の行列表現、および $f^{-1} : \mathrm{range}(A) \to \mathrm{range}(A^*)$ の行列表現はそれぞれ、次のようになります。

$$\begin{bmatrix} \sigma_1 & 0 & \cdots & 0 \\ 0 & \sigma_2 & \cdots & 0 \\ \vdots & \vdots & \ddots & \vdots \\ 0 & 0 & \cdots & \sigma_k \end{bmatrix}, \qquad \begin{bmatrix} 1/\sigma_1 & 0 & \cdots & 0 \\ 0 & 1/\sigma_2 & \cdots & 0 \\ \vdots & \vdots & \ddots & \vdots \\ 0 & 0 & \cdots & 1/\sigma_k \end{bmatrix}$$

(n, k) 型行列 V と (m, k) 型行列 W を

$$V \stackrel{\mathrm{def}}{=} \begin{bmatrix} v_1 & v_2 & \cdots & v_k \end{bmatrix}, \quad W \stackrel{\mathrm{def}}{=} \begin{bmatrix} w_1 & w_2 & \cdots & w_k \end{bmatrix}$$

とします。$\mathbb{K}^n$ の標準基底 $\{e_1, e_2, \ldots, e_n\}$ および $\mathrm{range}(A^*)$ の基底 $\{v_1, v_2, \ldots, v_k\}$ に関する

range $(\boldsymbol{A}^*)$ 上への直交射影 $\boldsymbol{P}$ の行列表現は

$$\boldsymbol{P}\boldsymbol{e}_j = \sum_{i=1}^{k} \langle \boldsymbol{v}_i \mid \boldsymbol{e}_j \rangle \boldsymbol{v}_i = \sum_{i=1}^{k} \overline{v_{ji}} \boldsymbol{v}_i$$

より、$\boldsymbol{V}^*$ となります。一方、range $(\boldsymbol{A})$ の基底 $\{\boldsymbol{w}_1, \boldsymbol{w}_2, \ldots, \boldsymbol{w}_k\}$ および $\mathbb{K}^m$ の標準基底 $\{\boldsymbol{f}_1, \boldsymbol{f}_2, \ldots, \boldsymbol{f}_m\}$ に関する range $(\boldsymbol{A})$ の $\mathbb{K}^m$ の中への埋め込み写像の行列表現は

$$\boldsymbol{w}_j = \sum_{i=1}^{m} \langle \boldsymbol{f}_i \mid \boldsymbol{w}_j \rangle \boldsymbol{f}_i = \sum_{i=1}^{m} w_{ij} \boldsymbol{f}_i$$

なので $\boldsymbol{W}$ となります。これらのことから、次の左の式がいえます。同様にして、右の式もいえます。

$$\boldsymbol{A} = \boldsymbol{W} \begin{bmatrix} \sigma_1 & 0 & \cdots & 0 \\ 0 & \sigma_2 & \cdots & 0 \\ \vdots & \vdots & \ddots & \vdots \\ 0 & 0 & \cdots & \sigma_k \end{bmatrix} \boldsymbol{V}^*, \quad \boldsymbol{A}^\dagger = \boldsymbol{V} \begin{bmatrix} 1/\sigma_1 & 0 & \cdots & 0 \\ 0 & 1/\sigma_2 & \cdots & 0 \\ \vdots & \vdots & \ddots & \vdots \\ 0 & 0 & \cdots & 1/\sigma_k \end{bmatrix} \boldsymbol{W}^*$$

定理 10.1（特異値分解）　$\boldsymbol{A} \in M_{\mathbb{K}}(m, n)$ に対し、$\boldsymbol{A}^*\boldsymbol{A}$ の 0 でない固有値を重複度も込めて

$$\sigma_1{}^2 \geqq \sigma_2{}^2 \geqq \cdots \geqq \sigma_k{}^2 > 0 \quad (\text{各}\,\sigma_i\,\text{は正の実数})$$

とする。このとき、$\mathbb{K}^m$ 上のユニタリ行列 $\boldsymbol{U}_1$、$\mathbb{K}^n$ 上のユニタリ行列 $\boldsymbol{U}_2$、および (m, n) 型の行列 $\boldsymbol{\Sigma}$ が存在して

$$\boldsymbol{A} = \boldsymbol{U}_1 \boldsymbol{\Sigma} \boldsymbol{U}_2, \quad \boldsymbol{\Sigma} = \left[\begin{array}{ccc|cc} \sigma_1 & \cdots & 0 & \cdots & 0 \\ \vdots & \ddots & \vdots & & \vdots \\ 0 & \cdots & \sigma_k & \cdots & 0 \\ \hline \vdots & \cdots & \vdots & & \vdots \\ 0 & \cdots & 0 & \cdots & 0 \end{array}\right]$$

と書ける。$\sigma_1, \sigma_2, \ldots, \sigma_k$ を $\boldsymbol{A}$ の特異値という。

証明　$\{\boldsymbol{w}_{k+1}, \boldsymbol{w}_{k+2}, \ldots, \boldsymbol{w}_m\}$ を kernel $(\boldsymbol{A}^*)$ の基底とする。$\{\boldsymbol{w}_1, \boldsymbol{w}_2, \ldots, \boldsymbol{w}_k\}$ と合わせて $\mathbb{K}^m$ の基底として、ユニタリ行列

$$\boldsymbol{U}_1 = \begin{bmatrix} \boldsymbol{w}_1 & \boldsymbol{w}_2 & \cdots & \boldsymbol{w}_k & \boldsymbol{w}_{k+1} & \cdots & \boldsymbol{w}_m \end{bmatrix}$$

ができる。一方、$\{\boldsymbol{v}_1, \boldsymbol{v}_2, \ldots, \boldsymbol{v}_k\}$ に kernel $(\boldsymbol{A})$ の基底 $\{\boldsymbol{v}_{k+1}, \boldsymbol{v}_{k+2}, \ldots, \boldsymbol{v}_n\}$ を合わせて $\mathbb{K}^n$ の基底として、ユニタリ行列 $\boldsymbol{U}_2$ を

$$\boldsymbol{U}_2{}^* = \begin{bmatrix} \boldsymbol{v}_1 & \boldsymbol{v}_2 & \cdots & \boldsymbol{v}_k & \boldsymbol{v}_{k+1} & \cdots & \boldsymbol{v}_n \end{bmatrix}$$

とする。■

$\boldsymbol{A}^*$ の特異値分解は $\boldsymbol{A}^* = \boldsymbol{U_2}^* \boldsymbol{\Sigma}^* \boldsymbol{U_1}^*$ であり、

$$\boldsymbol{A}^* \boldsymbol{A} = \boldsymbol{U_2}^* (\boldsymbol{\Sigma}^* \boldsymbol{\Sigma}) \boldsymbol{U_2}, \qquad \boldsymbol{A} \boldsymbol{A}^* = \boldsymbol{U_1} (\boldsymbol{\Sigma} \boldsymbol{\Sigma}^*) \boldsymbol{U_1}^*$$

が成立します。$\boldsymbol{\Sigma}^* \boldsymbol{\Sigma}$ と $\boldsymbol{\Sigma} \boldsymbol{\Sigma}^*$ の正の対角成分どうしは一致するので、$\boldsymbol{A}$ の特異値と $\boldsymbol{A}^*$ の特異値は一致します。

(m, n) 型行列 $\boldsymbol{\Sigma}$ に斜めに並んでいる特異値をそれぞれ逆数に置き換えて転置をとった (n, m) 型行列が $\boldsymbol{\Sigma}^\dagger$ です。したがって、$\boldsymbol{A}^\dagger = \boldsymbol{U_2}^* \boldsymbol{\Sigma}^\dagger \boldsymbol{U_1}^*$ が成立します。

$\boldsymbol{A}$ が正方行列であるとします。$\boldsymbol{A}$ の特異値分解を考えて

$$|\boldsymbol{A}| \overset{\text{def}}{=} \boldsymbol{U_2}^* \boldsymbol{\Sigma} \boldsymbol{U_2}$$

と定義すると、$|\boldsymbol{A}|$ は半正定値行列であり、$|\boldsymbol{A}| = (\boldsymbol{A}^* \boldsymbol{A})^{1/2}$ です。$\boldsymbol{V} \overset{\text{def}}{=} \boldsymbol{U_1} \boldsymbol{U_2}$ とおくと、次の 1 から 4 が成立します。証明は練習問題とします。

1. $\boldsymbol{A} = \boldsymbol{V} |\boldsymbol{A}|$　　2. $|\boldsymbol{A}| = \boldsymbol{V}^* \boldsymbol{A}$　　3. $|\boldsymbol{A}^*| = \boldsymbol{V} |\boldsymbol{A}| \boldsymbol{V}^*$　　4. $\boldsymbol{A}^* = \boldsymbol{V}^* |\boldsymbol{A}^*|$

1 は、複素数の極形式表示 $z = e^{i\theta} |z|$ の行列への一般化ともいえます。

問 10.2　上の 1 から 4 を証明しなさい。

NumPy には、ムーア・ペンローズの一般化逆行列、および、特異値分解を求める関数が用意されています。

```
1  >>> from numpy import array, diag, zeros
2  >>> from numpy.linalg import pinv, svd
3  >>> A = [[1, 2], [3, 4], [5, 6], [7, 8]]
4  >>> pinv(A)
5  array([[-1.00000000e+00, -5.00000000e-01,  1.60786705e-15,
6           5.00000000e-01],
7         [ 8.50000000e-01,  4.50000000e-01,  5.00000000e-02,
8          -3.50000000e-01]])
9  >>> U1, S, U2 = svd(A)
10 >>> Z = zeros((4, 2))
11 >>> Z[:2, :2] = diag(S)
12 >>> U1.dot(Z.dot(U2))
13 array([[1., 2.],
14        [3., 4.],
15        [5., 6.],
16        [7., 8.]])
```

■ **1行目** … diag は 1 次元配列を与えると、その要素を対角成分とする対角行列を表すアレイを返す

関数です。

- **2行目** … ムーア・ペンローズの一般化逆行列`pinv`と、特異値分解`svd`は、モジュール`linalg`に定義されています。
- **3行目** … $\boldsymbol{A} \in M_{\mathbb{R}}(4,2)$を考えます。
- **4〜8行目** … $\boldsymbol{A}^{\dagger}$の計算です。
- **9行目** … 行列$\boldsymbol{A}$の特異値分解を$\boldsymbol{U}_1\boldsymbol{\Sigma}\boldsymbol{U}_2$としたとき、`svd(A)`はユニタリ行列$\boldsymbol{U}_1$に相当するアレイ、$\boldsymbol{\Sigma}$の対角成分が並んだ1次元アレイ、ユニタリ行列$\boldsymbol{U}_2$に相当するアレイの三つからなるタプルを返します。
- **10, 11行目** … 特異値が対角線に並んだ$\boldsymbol{\Sigma}$に相当する行列を作ります。
- **12〜16行目** … $\boldsymbol{U}_1\boldsymbol{\Sigma}\boldsymbol{U}_2$を計算して$\boldsymbol{A}$になるかを検証します。

問10.3　下のプログラム`ginv.py`は、7.3節で作成したグラム・シュミット直交化法のモジュール`gram_schmidt2`を用いて、ムーア・ペンローズの一般化逆行列を求める関数`ginv`を定義したものです。この計算の正当性を検証しなさい。ここで、`ginv`の引数`A`はNumPyの`matrix`で大きさは任意、成分は実数でも複素数でも構いません。

▼プログラム：ginv.py

```
from numpy import *
from gram_schmidt2 import gram_schmidt

def ginv(A):
    P = gram_schmidt(A.H)
    Q = gram_schmidt(A)
    B = Q.H * A * P
    return P * B**(-1) * Q.H
```

10.3　テンソル積

VおよびWを$\mathbb{K}$上の線形空間であるとし、VとWの直積集合$V \times W$上に線形構造を導入する方法を考えます。

一つの方法として、ベクトル和は

$$(\boldsymbol{v}_1, \boldsymbol{w}_1) + (\boldsymbol{v}_2, \boldsymbol{w}_2) \;=\; (\boldsymbol{v}_1 + \boldsymbol{v}_2, \boldsymbol{w}_1 + \boldsymbol{w}_2)$$

で、スカラー倍は

$$a\,(\boldsymbol{v}, \boldsymbol{w}) \;=\; (a\boldsymbol{v}, a\boldsymbol{w})$$

で定義することが考えられます。このとき、$(\boldsymbol{v}, \boldsymbol{w})$ を $\boldsymbol{v} \oplus \boldsymbol{w}$ で表し、$\boldsymbol{v} \oplus \boldsymbol{w}$ の全体を $V \oplus W$ で表します。これを、V と W の**直和空間**といいます。$\mathbb{K}^m \oplus \mathbb{K}^n$ は、線形同型写像

$$(v_1,\, v_2,\, \ldots,\, v_m) \oplus (w_1,\, w_2,\, \ldots,\, w_n) \mapsto (v_1,\, v_2,\, \ldots,\, v_m,\, w_1, w_2,\, \ldots,\, w_n)$$

により、$\mathbb{K}^{m+n}$ と同型です。

NumPyでの直和ベクトルの作り方を見てみます。

```
>>> [1, 2] + [3, 4, 5]
[1, 2, 3, 4, 5]
>>> from numpy import array, concatenate
>>> concatenate([array([1, 2]), array([3, 4, 5])])
array([1, 2, 3, 4, 5])
```

リストでベクトルを表現した場合は、リストどうしの和が直和になります。NumPyの場合、アレイどうしの和はベクトル和になるので、直和ベクトルを作るにはconcatenate関数を用います。

SymPyでの直和ベクトルの作り方を見てみます。

```
>>> from sympy import Matrix
>>> Matrix([1, 2]).col_join(Matrix([3, 4, 5]))
Matrix([
[1],
[2],
[3],
[4],
[5]])
>>> Matrix([[1, 2]]).row_join(Matrix([[3, 4, 5]]))
Matrix([[1, 2, 3, 4, 5]])
```

SymPyでは、列ベクトルどうしの直和はcol_joinメソッドを、行ベクトルどうしの直和はrow_joinを用います。

m 次の正方行列 $\boldsymbol{A}$ と n 次の正方行列 $\boldsymbol{B}$ に対して

$$(\boldsymbol{A} \oplus \boldsymbol{B})\,(\boldsymbol{x} \oplus \boldsymbol{y}) \stackrel{\text{def}}{=} \boldsymbol{A}\boldsymbol{x} \oplus \boldsymbol{B}\boldsymbol{y}$$

と定義します。$\boldsymbol{A} \oplus \boldsymbol{B}$ の行列表現は $m+n$ 次の正方行列 $\begin{bmatrix} \boldsymbol{A} & \boldsymbol{O} \\ \boldsymbol{O} & \boldsymbol{B} \end{bmatrix}$ の形をしています。これを行列 $\boldsymbol{A}$ と行列 $\boldsymbol{B}$ の直和といいます。

$V \times W$ 上に線形構造を導入するもう一つの考え方は、ベクトル和は

$$(\boldsymbol{v}_1, \boldsymbol{w}) + (\boldsymbol{v}_2, \boldsymbol{w}) = (\boldsymbol{v}_1 + \boldsymbol{v}_2, \boldsymbol{w})$$

$$(\boldsymbol{v}, \boldsymbol{w}_1) + (\boldsymbol{v}, \boldsymbol{w}_2) = (\boldsymbol{v}, \boldsymbol{w}_1 + \boldsymbol{w}_2)$$

を満たすと考え、スカラー倍は

$$a(\boldsymbol{v}, \boldsymbol{w}) \ = \ (a\boldsymbol{v}, \boldsymbol{w}) \ = \ (\boldsymbol{v}, a\boldsymbol{w})$$

を満たすと考えるものです。このとき、$V \times W$の要素は、順序対としては異なるものでも$=$で結ばれるものが出てきます[注4]。ここで、

$$\boldsymbol{v} \otimes \boldsymbol{w} \ \stackrel{\text{def}}{=} \ \{(\boldsymbol{v}', \boldsymbol{w}') \mid (\boldsymbol{v}', \boldsymbol{w}') = (\boldsymbol{v}, \boldsymbol{w})\}$$

と定義します[注5]。これを$\boldsymbol{v}$と$\boldsymbol{w}$の**テンソル積**といいます。テンソル積の形式的な線形結合の表現

$$a_1(\boldsymbol{v}_1 \otimes \boldsymbol{w}_1) + a_2(\boldsymbol{v}_2 \otimes \boldsymbol{w}_2) + \cdots + a_n(\boldsymbol{v}_n \otimes \boldsymbol{w}_n)$$

の全体の集合を考えます。ここで、

$$(\boldsymbol{v}_1 \otimes \boldsymbol{w}) + (\boldsymbol{v}_2 \otimes \boldsymbol{w}) = (\boldsymbol{v}_1 + \boldsymbol{v}_2) \otimes \boldsymbol{w}$$
$$(\boldsymbol{v} \otimes \boldsymbol{w}_1) + (\boldsymbol{v} \otimes \boldsymbol{w}_2) = \boldsymbol{v} \otimes (\boldsymbol{w}_1 + \boldsymbol{w}_2)$$

および

$$a(\boldsymbol{v} \otimes \boldsymbol{w}) \ = \ (a\boldsymbol{v}) \otimes \boldsymbol{w} \ = \ \boldsymbol{v} \otimes (a\boldsymbol{w})$$

が成立するとして、等しいものを同一視してできる空間[注6]を$V \otimes W$で表し、VとWの**テンソル積空間**といいます。

$\{\boldsymbol{v}_1, \boldsymbol{v}_2, \ldots, \boldsymbol{v}_m\}$を$V$の基底、$\{\boldsymbol{w}_1, \boldsymbol{w}_2, \ldots, \boldsymbol{w}_n\}$を$W$の基底としたとき、$\boldsymbol{v}_i \otimes \boldsymbol{w}_j$の形のベクトル全体の集合には決して互いに等しくなる要素はなく、$V \otimes W$の基底になります。

$$\boldsymbol{x} \ = \ x_1\boldsymbol{v}_1 + x_2\boldsymbol{v}_2 + \cdots + x_m\boldsymbol{v}_m, \quad \boldsymbol{y} \ = \ y_1\boldsymbol{w}_1 + y_2\boldsymbol{w}_2 + \cdots + y_n\boldsymbol{w}_n$$

としたとき、

$$\boldsymbol{x} \otimes \boldsymbol{y} \ = \ \sum_{i,j} x_i y_j (\boldsymbol{v}_i \otimes \boldsymbol{w}_j)$$

であり、$V \otimes W$のベクトルはすべて$\displaystyle\sum_{i,j} a_{ij}(\boldsymbol{v}_i \otimes \boldsymbol{w}_j)$の形で一意に表現できます。したがって$V \otimes W$は、線形同型写像

$$\sum_{i,j} a_{ij}(\boldsymbol{v}_i \otimes \boldsymbol{w}_j) \mapsto \begin{bmatrix} a_{11} & a_{12} & \cdots & a_{1n} \\ a_{21} & a_{22} & \cdots & a_{2n} \\ \vdots & \vdots & & \vdots \\ a_{m1} & a_{m2} & \cdots & a_{mn} \end{bmatrix}$$

注4　正確には、この$=$は**同値関係**といいます。
注5　同値関係$=$による**同値類**と呼ばれるものになります。
注6　同値関係$=$による**商空間**と呼ばれるものを考えます。

によって $M_{\mathbb{K}}(m,n)$ と同型になります。特に、$\mathbb{K}^m \otimes \mathbb{K}^n$ を考えると、$\boldsymbol{x} \in \mathbb{K}^m$ と $\boldsymbol{y} \in \mathbb{K}^n$ のテンソル積は、$\boldsymbol{x}$ および $\boldsymbol{y}$ をそれぞれ $(m,1)$ 型行列と $(n,1)$ 型行列と見て、$\boldsymbol{x}$ と $\boldsymbol{y}$ の転置行列の行列積

$$\boldsymbol{x} \otimes \boldsymbol{y} \mapsto \boldsymbol{x}\boldsymbol{y}^{\mathrm{T}} = \begin{bmatrix} x_1 \\ x_2 \\ \vdots \\ x_m \end{bmatrix} \begin{bmatrix} y_1 & y_2 & \cdots & y_n \end{bmatrix} = \begin{bmatrix} x_1y_1 & x_1y_2 & \cdots & x_1y_n \\ x_2y_1 & x_2y_2 & \cdots & x_2y_n \\ \vdots & \vdots & & \vdots \\ x_my_1 & x_my_2 & \cdots & x_my_n \end{bmatrix}$$

と対応付けられます。この対応関係を、$\mathbb{K}^m \otimes \mathbb{K}^n$ から $M_{\mathbb{K}}(m,n)$ への線形同型写像に拡張できます。一方 $M_{\mathbb{K}}(m,n)$ は、$\mathbb{K}^{mn}$ と同型です。したがって、$\mathbb{K}^m \otimes \mathbb{K}^n$ は $\mathbb{K}^{mn}$ と同型になります。

NumPy を用いたテンソル積の作り方を見てみます。

```
>>> x = [1, 2]
>>> y = [3, 4, 5]
>>> [[a * b for b in y] for a in x]
[[3, 4, 5], [6, 8, 10]]
>>> from numpy import array, outer, tensordot
>>> outer(x, y)
array([[ 3,  4,  5],
       [ 6,  8, 10]])
>>> tensordot(x, y, axes=0)
array([[ 3,  4,  5],
       [ 6,  8, 10]])
```

リスト内包表記を使っても作れますが、outer 関数[注7]と tensordot 関数が使えます。

SymPy では $\boldsymbol{x}\boldsymbol{y}^{\mathrm{T}}$ の式通りに表現できます。

```
>>> from sympy import Matrix
>>> x = Matrix([1, 2])
>>> y = Matrix([3, 4, 5])
>>> x * y.T
Matrix([
[3, 4,  5],
[6, 8, 10]])
```

m 次の正方行列 $\boldsymbol{A}$ と n 次の正方行列 $\boldsymbol{B}$ に対して

$$(\boldsymbol{A} \otimes \boldsymbol{B})(\boldsymbol{x} \otimes \boldsymbol{y}) = \boldsymbol{A}\boldsymbol{x} \otimes \boldsymbol{B}\boldsymbol{y} = \boldsymbol{A}\boldsymbol{x}\boldsymbol{y}^{\mathrm{T}}\boldsymbol{B}^{\mathrm{T}}$$

および線形性が成り立つように定義します。$\boldsymbol{A} \otimes \boldsymbol{B}$ の行列表現は mn 次の正方行列

注7　テンソル積を**外積**（outer product）ということもあるためです。

$$\begin{bmatrix} a_{11}\boldsymbol{B} & a_{12}\boldsymbol{B} & \cdots & a_{1m}\boldsymbol{B} \\ a_{21}\boldsymbol{B} & a_{22}\boldsymbol{B} & \cdots & a_{2m}\boldsymbol{B} \\ \vdots & \vdots & \ddots & \vdots \\ a_{m1}\boldsymbol{B} & a_{m2}\boldsymbol{B} & \cdots & a_{mm}\boldsymbol{B} \end{bmatrix}$$

の形をしています[注8]。これを行列$\boldsymbol{A}$と行列$\boldsymbol{B}$の**クロネッカー積**と呼びます。

三つの線形空間U、V、Wによるテンソル積$U \otimes V \otimes W$は、U、V、Wの基底をそれぞれ$\{\boldsymbol{u}_i\}$、$\{\boldsymbol{v}_j\}$、$\{\boldsymbol{w}_k\}$としたとき、

$$\left(\sum_i x_i \boldsymbol{u}_i\right) \otimes \left(\sum_j y_j \boldsymbol{v}_j\right) \otimes \left(\sum_k z_k \boldsymbol{w}_k\right) = \sum_{i,j,k} x_i y_j z_k \left(\boldsymbol{u}_i \otimes \boldsymbol{v}_j \otimes \boldsymbol{w}_k\right)$$

が成り立つものとして[注9]

$$\sum_{i,j,k} a_{ijk} \left(\boldsymbol{u}_i \otimes \boldsymbol{v}_j \otimes \boldsymbol{w}_k\right)$$

の形のベクトルの全体を$U \otimes V \otimes W$で表します。この空間は$(U \otimes V) \otimes W$とも、$U \otimes (V \otimes W)$とも同型になります。$V \otimes W$は**2階のテンソル積空間**といい、そのベクトルは2次元配列（行列）$[\![a_{ij}]\!]_{i=1}^{\dim(V);}{}_{j=1}^{\dim(W);}$で表現できます[注10]。$U \otimes V \otimes W$は**3階のテンソル積空間**であるといい、そのベクトルは3次元配列$[\![a_{ijk}]\!]_{i=1}^{\dim(U);}{}_{j=1}^{\dim(V);}{}_{k=1}^{\dim(W);}$で表現できます。同様に、$n$階のテンソル積空間のベクトルは$n$次元配列で表現できます。

テンソル積の特別な場合として、$\boldsymbol{x} \in \mathbb{K}^m$および$\boldsymbol{y} \in \mathbb{K}^n$に対して、$(m,1)$型行列と$(n,1)$型行列の随伴行列の行列積で定義される

$$\boldsymbol{x} \otimes \overline{\boldsymbol{y}} \overset{\text{def}}{=} \boldsymbol{x}\boldsymbol{y}^* = \begin{bmatrix} x_1 \\ x_2 \\ \vdots \\ x_m \end{bmatrix} \begin{bmatrix} \overline{y_1} & \overline{y_2} & \cdots & \overline{y_n} \end{bmatrix} = \begin{bmatrix} x_1\overline{y_1} & x_1\overline{y_2} & \cdots & x_1\overline{y_n} \\ x_2\overline{y_1} & x_2\overline{y_2} & \cdots & x_2\overline{y_n} \\ \vdots & \vdots & & \vdots \\ x_m\overline{y_1} & x_m\overline{y_2} & \cdots & x_m\overline{y_n} \end{bmatrix}$$

を、$\boldsymbol{x}$と$\boldsymbol{y}$の**シャッテン積**といいます。このとき、任意の$\boldsymbol{v} \in \mathbb{K}^n$に対して

$$(\boldsymbol{x} \otimes \overline{\boldsymbol{y}})\boldsymbol{v} = \boldsymbol{x}\boldsymbol{y}^*\boldsymbol{v} = \langle \boldsymbol{y} \mid \boldsymbol{v} \rangle \boldsymbol{x}$$

がいえます。したがって、シャッテン積は階数が1の行列です。特に、$\boldsymbol{e} \in \mathbb{K}^n$で$\|\boldsymbol{e}\| = 1$であるとき、$\boldsymbol{e} \otimes \overline{\boldsymbol{e}}$は$\boldsymbol{e} \in \mathbb{K}^n$が生成する部分空間上への直交射影になります。このとき、正規行列は

$$\boldsymbol{A} = \sum_{i=1}^{n} \lambda_i \left(\boldsymbol{e}_i \otimes \overline{\boldsymbol{e}_i}\right)$$

注8　$M_{\mathbb{K}}(m,n)$を$\mathbb{K}^{mn}$と考えます。ただし、行列の要素を1列に並べる際、行ごとに上からとって横に並べていきます。
注9　ここでも、正確には同値関係による議論が必要です。
注10　配列については、1.7節を参照してください。

と分解されます。ここで、$\{\boldsymbol{e}_1, \boldsymbol{e}_2, \ldots, \boldsymbol{e}_n\}$ は $\boldsymbol{A}$ の固有ベクトルからなる V の正規直交基底です。この分解を、$\boldsymbol{A}$ の**スペクトル分解**といいます。正規行列のスペクトル分解は、正規行列の対角化に他なりません。

問10.4 正規行列 $\boldsymbol{A}$ に対して、スペクトル分解の式が対角化

$$\boldsymbol{A} = \boldsymbol{U}\mathbf{diag}(\lambda_1, \ldots, \lambda_n)\boldsymbol{U}^*$$

の式と同値であることを示しなさい。
ヒント：ユニタリ行列 $\boldsymbol{U}$ の列ベクトルが $\boldsymbol{e}_1, \ldots, \boldsymbol{e}_n$ であることに着目します。

$\boldsymbol{A} \in M_{\mathbb{K}}(m, n)$ の特異値分解も同様にシャッテン積を用いて、$\mathrm{range}(\boldsymbol{A})$ の正規直交基底 $\{\boldsymbol{w}_i\}$ と $\mathrm{range}(\boldsymbol{A}^*)$ の正規直交基底 $\{\boldsymbol{v}_i\}$ によって

$$\boldsymbol{A} = \sum_{i=1}^{k} \sigma_i (\boldsymbol{w}_i \otimes \overline{\boldsymbol{v}_i})$$

と表現できます。ここで、k は $\boldsymbol{A}$ の階数です。内積を用いて表現すれば、$\boldsymbol{x} \in V$ に対して

$$\boldsymbol{A}\boldsymbol{x} = \sum_{i=1}^{k} \sigma_i \langle \boldsymbol{v}_i \mid \boldsymbol{x} \rangle \boldsymbol{w}_i$$

であることとも同値です。

量子力学では、互いに随伴行列の関係にある行ベクトルと列ベクトルを

$$\langle i| = \begin{bmatrix} \overline{x_1} & \overline{x_2} & \cdots & \overline{x_n} \end{bmatrix}, \qquad |i\rangle = \begin{bmatrix} x_1 \\ x_2 \\ \vdots \\ x_n \end{bmatrix}$$

で表し、それぞれ**ブラベクトル**と**ケットベクトル**と呼びます。$\mathbb{C}^n$ のある正規直交基底 $\{|1\rangle, |2\rangle, \ldots, |n\rangle\}$ のベクトルを**純粋状態**といい、$\lambda_1, \lambda_2, \ldots, \lambda_n \in \mathbb{R}$ に対して決まるエルミート行列[注11]

$$\boldsymbol{A} = \sum_{i=1}^{n} \lambda_i |i\rangle \langle i|$$

を**オブザーバブル**（**観測量**）といいます。このとき、$\boldsymbol{A}$ を観測して λ_i が観測されると、その系の状態は $|i\rangle$ にあると解釈します。ノルムが1のベクトル $|\mu\rangle \in \mathbb{C}^n$ は

$$|\mu\rangle = \mu_1 |1\rangle + \mu_2 |2\rangle + \cdots + \mu_n |n\rangle$$

とフーリエ展開され、$\sum_{j=1}^{n} |\mu_j|^2 = 1$ を満たします。このとき、$|\mu\rangle$ は純粋状態の**重ね合わせ**である**混合状態**であるといい、$\mu_1, \mu_2, \ldots, \mu_n \in \mathbb{C}$ を**確率振幅**といいます。系が重ね合わせの状態にある

注11　シャッテン積によるスペクトル分解の表現と本質的に変わりませんが、ブラベクトルとケットベクトルの表現は計算に便利なこともあります。

とき$\boldsymbol{A}$を観測すると、$|\mu_i|^2$の確率でλ_iが観測されると解釈し、期待値は

$$\langle\mu|\,\boldsymbol{A}\,|\mu\rangle = \langle\mu|\left(\sum_{i=1}^{n}\lambda_i\,|i\rangle\langle i|\right)|\mu\rangle = \sum_{i=1}^{n}\lambda_i\,\langle\mu|\,|i\rangle\,\langle i|\,|\mu\rangle = \sum_{i=1}^{n}\lambda_i\,|\mu_i|^2$$

で計算します。

$\{|1\rangle, |2\rangle, \ldots, |n\rangle\}$として$\mathbb{C}^n$の標準基底を考えます。もう一つ別の基底として

$$u_{ij} = \frac{1}{\sqrt{n}}e^{2\pi\sqrt{-1}(i-1)(j-1)/n} \quad (i, j = 1, 2, \ldots, n)$$

とおいて

$$|1'\rangle = \begin{bmatrix} u_{11} \\ u_{21} \\ \vdots \\ u_{n1} \end{bmatrix}, \quad |2'\rangle = \begin{bmatrix} u_{12} \\ u_{22} \\ \vdots \\ u_{n2} \end{bmatrix}, \quad \ldots, \quad |n'\rangle = \begin{bmatrix} u_{1n} \\ u_{2n} \\ \vdots \\ u_{nn} \end{bmatrix}$$

からなる正規直交基底$\{|1'\rangle, |2'\rangle, \ldots, |n'\rangle\}$と、ユニタリ行列

$$\boldsymbol{U} = \begin{bmatrix} u_{11} & u_{12} & \cdots & u_{1n} \\ u_{21} & u_{22} & \cdots & u_{2n} \\ \vdots & \vdots & \ddots & \vdots \\ u_{n1} & u_{n2} & \cdots & u_{nn} \end{bmatrix}$$

を考えます[注12]。

$$\boldsymbol{B} \stackrel{\text{def}}{=} \boldsymbol{UAU}^* = \sum_{i=1}^{n}\lambda_i\,|i'\rangle\langle i'|$$

で、新たなオブザーバブル$\boldsymbol{B}$が定義できます。オブザーバブル$\boldsymbol{A}$を観測して観測値λ_iが得られたとします。系の状態は$|i\rangle$です。このとき、オブザーバブル$\boldsymbol{B}$を観測すると、

$$|i\rangle = \sum_{j=1}^{n}\langle j'|\,|i\rangle\,|j'\rangle = \sum_{j=1}^{n}\overline{u_{ij'}}\,|j'\rangle$$

より[注13]、どの純粋状態$|j'\rangle$も等確率$|\overline{u_{ij}}|^2 = 1/n$で得られるので、期待値は

$$\langle i|\,\boldsymbol{B}\,|i\rangle = \sum_{j=1}^{n}\lambda_j\,|\overline{u_{ij}}|^2 = \frac{1}{n}\sum_{j=1}^{n}\lambda_j$$

となります。すなわち、どの状態$|i\rangle$が起こったかを観測で確実に知ろうとすると、同時にどの状態$|j'\rangle$が起こっているかを観測で知ろうとしても全くあいまいになってしまいます。これを、**不確定性原理**といいます。

注12　$\boldsymbol{x} \in \mathbb{C}^n$に対して、$\boldsymbol{Ux}$は$\boldsymbol{x}$の離散フーリエ変換です（第4章参照）。
注13　最初の等号は正規直交基底$\left\{|1'\rangle, |2'\rangle, \ldots, |n'\rangle\right\}$によるフーリエ展開です。

10.4 ベクトル値確率変数のテンソル表現

確率論を数学的に厳密に定式化するには、測度論的確率論という枠組みで行います。ここではその準備がないので、有限確率空間での説明に留めます。測度論的確率論では確率変数と期待値の計算で、総和 Σ が積分[注14] $\int$ に代わり、極限操作が必要になってきますが、代数的な性質はほとんど変わることがありません。

有限集合 Ω と $\displaystyle\sum_{\omega\in\Omega} p(\omega) = 1$ を満たす $p:\Omega\to[0,1]$ の対 (Ω,p) を**有限確率空間**といいます。このとき、Ω の部分集合を**事象**といい、事象の全体 2^Ω を**事象系**といいます。事象 A に対して

$$P(A) \overset{\text{def}}{=} \sum_{\omega\in A} p(\omega)$$

で定義して、これを A が**生起する確率**であるといいます。このとき、$X:\Omega\to\mathbb{R}$ を (Ω,p) 上の**確率変数**といいます。$\omega\in\Omega$ に対して $X(\omega)$ を、ω が起きたときの X の**実現値**といいます。確率変数 X に対して、

$$E(X) \overset{\text{def}}{=} \sum_{\omega\in\Omega} X(\omega)\,p(\omega)$$

と定義して、これを確率変数 X の**期待値**といいます。(Ω,p) 上の確率変数の全体を $L(\Omega,p)$ で表すことにします。$aX+bY:\omega\mapsto aX(\omega)+bY(\omega)$ により、$L(\Omega,p)$ 上に線形構造が入ります。$E:L(\Omega,p)\to\mathbb{R}$ は線形写像になります。また、$X,Y\in L(\Omega,p)$ に対して、$XY:\omega\mapsto X(\omega)Y(\omega)$ によって確率変数どうしの積も定義できます。

$$\langle X \mid Y\rangle \overset{\text{def}}{=} E(XY) \qquad (X,Y\in L(\Omega,p))$$

により、$L(\Omega,p)$ 上に内積が定義されます。そして内積から

$$\|X\| = \sqrt{\langle X \mid X\rangle} = \sqrt{E(X^2)}$$

により、ノルムが定義できます。

線形空間 V に対して、$\boldsymbol{X}:\Omega\to V$ を**ベクトル値確率変数**といいます。ベクトル値確率変数に対しても、

$$E(\boldsymbol{X}) \overset{\text{def}}{=} \sum_{\omega\in\Omega} \boldsymbol{X}(\omega)\,p(\omega)$$

により、期待値を定義することができます。

二つのサイコロを投げる実験を考えます。$\Omega=\{1,\ldots,6\}\times\{1,\ldots,6\}$ で、

$$p\big((\omega_1,\omega_2)\big) = \frac{1}{36} \qquad ((\omega_1,\omega_2)\in\Omega)$$

注14　ルベーグ積分と呼ばれる積分の考え方です。

とします[注15]。このとき、

$$\boldsymbol{X}\big((\omega_1, \omega_2)\big) \ = \begin{bmatrix} \omega_1 + \omega_2 \\ \omega_1 - \omega_2 \end{bmatrix} \qquad ((\omega_1, \omega_2) \in \Omega)$$

は$\mathbb{R}^2$に値をとるベクトル値確率変数の一つです。これは、サイコロの出た目の和、および差を表しています。この確率モデルを数学の記号に合わせてPythonで表現すると次のようになります。

▼プログラム：probability1.py

```
from numpy import *

random.seed(2024)
N = [1, 2, 3, 4, 5, 6]
Omega = [(w1, w2)  for w1 in N for w2 in N]

def omega():
    return Omega[random.randint(len(Omega))]

def P(w):
    return 1 / len(Omega)

def X(w):
    return array([w[0] + w[1], w[0] - w[1]])

def E(X):
    return sum([X(w) * P(w) for w in Omega], axis=0)

samples = [tuple(X(omega()).tolist()) for n in range(8)]
print(samples)
print(tuple(E(X).tolist()))
```

▼実行結果

```
[(5, -1), (9, 3), (2, 0), (9, 1), (3, -1), (12, 0), (7, -3), (4, -2)]
(7.0, -8.326672684688674e-17)
```

期待値の計算は

$$E\,(\boldsymbol{X}) \ = \ \frac{1}{36}\begin{bmatrix} 21 \times 6 + 6 \times 21 \\ 21 \times 6 - 6 \times 21 \end{bmatrix} \ = \ \begin{bmatrix} 7 \\ 0 \end{bmatrix}$$

となります。上の実行結果では、分数$\dfrac{1}{36}$を浮動小数点としたときに誤差を含むので、E(X)の計算結

注15　別に等確率である必要はありません。

果も誤差を含んだ浮動小数点となります。もっと数多くのサイコロを投げる、あるいは何度も投げ続けるなどの確率的な問題を考えるならば、Ω はもっと大きな集合になります。

コンピュータで発生させる乱数も確率変数であり、この場合の確率空間の Ω はコンピュータのメモリの取りうるすべての場合の数ぐらい大きなものと考えられます。実際にどの $\omega \in \Omega$ が起きたのかはわかりません。確率変数 X がどのように定義されているかもわかりません。わかるのは、乱数の実現値 $X(\omega)$ と、それがどのような確率的性質を持つかだけです。

V に値をとる (Ω, p) 上のベクトル値確率変数の全体を $L(\Omega, p; V)$ で表すことにします。このとき、$X \in L(\Omega, p)$ および $\boldsymbol{v} \in V$ に対して $X\boldsymbol{v} : \omega \mapsto X(\omega)\boldsymbol{v}$ を考えると、$X\boldsymbol{v} \in L(\Omega, p; V)$ となります。X と $\boldsymbol{v}$ のテンソル積 $X \otimes \boldsymbol{v}$ と $X\boldsymbol{v}$ は互いに1対1に対応が付き[注16]、この対応でテンソル積空間 $L(\Omega, p) \otimes V$ と $L(\Omega, p; V)$ は線形空間として同型になります。

確率空間 (Ω_1, p_1) と (Ω_2, p_2) に対して、

$$p_{12}\big((\omega_1, \omega_2)\big) \overset{\text{def}}{=} p_1(\omega_1)\, p_2(\omega_2) \qquad \big((\omega_1, \omega_2) \in \Omega_1 \times \Omega_2\big)$$

により確率空間 $(\Omega_1 \times \Omega_2, p_{12})$ ができます。$X \in L(\Omega_1 \times \Omega_2, p_{12})$ に対して、任意の $\omega_1 \in \Omega$ を固定して

$$X_1(\omega_1) : \omega_2 \mapsto X\big((\omega_1, \omega_2)\big)$$

を考えると、$X_1(\omega_1) \in L(\Omega_2, p_2)$ となります。X_1 はベクトル空間 $L(\Omega_2, p_2)$ に値をとるベクトル値確率変数とみなせます。この X と X_1 の対応関係は互いに1対1の関係です。したがって、$L(\Omega_1 \times \Omega_2, p_{12})$ は $L(\Omega_1, p_1) \otimes L(\Omega_2, p_2)$ と同型になります。確率変数としての X と X_1 の関係をPythonで表現した例を次に示します。

▼プログラム：probability2.py

```
from numpy.random import seed, choice

seed(2024)
W1 = W2 = [1, 2, 3, 4, 5, 6]

def X(w):
    return w[0] + w[1]

def X1(w1):
    return X((w1, choice(W2)))

samples = [X1(choice(W1)) for n in range(20)]
print(samples)
```

注16　テンソル積として等しい関係を保存しています。

▼実行結果

```
[4, 2, 9, 4, 9, 6, 7, 7, 7, 9, 5, 8, 5, 10, 12, 9, 7, 4, 5, 4]
```

$L(\Omega_1 \times \Omega_2, p_{12}; V)$ は $L(\Omega_1, p_1) \otimes L(\Omega_2, p_2) \otimes V$ と同型になります。先ほど取り上げた二つのサイコロを投げる例で $\mathbb{R}^2$ に値をとるベクトル値確率変数の全体は、一つのサイコロを投げる実験の確率変数の全体が $\mathbb{R}^6$ と同型になるので、3階のテンソル積空間 $\mathbb{R}^6 \otimes \mathbb{R}^6 \otimes \mathbb{R}^2$ と同型になります。

線形空間 V は有限次元で、その基底を $\{\boldsymbol{v}_1, \boldsymbol{v}_2, \ldots, \boldsymbol{v}_m\}$ とします。任意の $\omega \in \Omega$ に対して、$\boldsymbol{X}(\omega)$ は基底による表現

$$\left(X_1(\omega), X_2(\omega), \ldots, X_m(\omega)\right) \in \mathbb{R}^m$$

を持ちます。ここで、$X_1, X_2, \ldots, X_m$ はいずれも確率変数です。このとき、$\boldsymbol{X}$ の期待値 $E(\boldsymbol{X}) \in V$ の表現は

$$\left(E(X_1), E(X_2), \ldots, E(X_m)\right)$$

となります。

線形空間 V としては、いろいろ考えることができます。例えば、$M_{\mathbb{R}}(m, n)$ に値をとるベクトル値確率変数

$$\boldsymbol{X}(\omega) = \begin{bmatrix} X_{11}(\omega) & X_{12}(\omega) & \cdots & X_{1n}(\omega) \\ X_{21}(\omega) & X_{22}(\omega) & \cdots & X_{2n}(\omega) \\ \vdots & \vdots & & \vdots \\ X_{m1}(\omega) & X_{m2}(\omega) & \cdots & X_{mn}(\omega) \end{bmatrix}$$

を考えると、

$$E(\boldsymbol{X}) = \begin{bmatrix} E(X_{11}) & E(X_{12}) & \cdots & E(X_{1n}) \\ E(X_{21}) & E(X_{22}) & \cdots & E(X_{2n}) \\ \vdots & \vdots & & \vdots \\ E(X_{m1}) & E(X_{m2}) & \cdots & E(X_{mn}) \end{bmatrix}$$

となります。このとき、**期待値の線形性**

$$E(\boldsymbol{AXB}) = \boldsymbol{A}E(\boldsymbol{X})\boldsymbol{B}$$

がいえます[注17]。ここで、$\boldsymbol{A} \in M_{\mathbb{R}}(l, m)$、$\boldsymbol{B} \in M_{\mathbb{R}}(n, k)$ です。

注17　まず、$\boldsymbol{A}$ と $\boldsymbol{B}$ がそれぞれマトリックス・ユニット（一つの成分が1で他は0の行列）であるときに成立することを調べます。

10.5　主成分分析とKL展開

$\mathbb{R}^n$に値をとるベクトル値確率変数$\boldsymbol{X}$に対して、

$$\boldsymbol{X}(\omega) = \begin{bmatrix} X_1(\omega) \\ X_2(\omega) \\ \vdots \\ X_n(\omega) \end{bmatrix} \quad (\omega \in \Omega), \qquad E(\boldsymbol{X}) = \boldsymbol{m} = \begin{bmatrix} m_1 \\ m_2 \\ \vdots \\ m_n \end{bmatrix}$$

とします。このとき、(n,n)型行列に値をとる確率変数

$$(\boldsymbol{X}-\boldsymbol{m})(\boldsymbol{X}-\boldsymbol{m})^{\mathrm{T}}(\omega) \stackrel{\text{def}}{=} (\boldsymbol{X}(\omega)-\boldsymbol{m})(\boldsymbol{X}(\omega)-\boldsymbol{m})^{\mathrm{T}} \qquad (\omega \in \Omega)$$

に対して、

$$E\left((\boldsymbol{X}-\boldsymbol{m})(\boldsymbol{X}-\boldsymbol{m})^{\mathrm{T}}\right)$$

を$\boldsymbol{X}$の**分散共分散行列**といいます（あるいは、単に**分散行列**または**共分散行列**と呼ぶこともあります）。この行列の対角要素は$s_{ii} = E\left((X_i - m_i)^2\right)$であり、これを確率変数$X_i$の**分散**といいます。また、非対角要素は$s_{ij} = E((X_i - m_i)(X_j - m_j))$で、これを確率変数$X_i$と確率変数$X_j$の**共分散**といいます。シュワルツの不等式から$|s_{ij}| \leqq \sqrt{s_{ii}}\sqrt{s_{jj}}$が成立するので、

$$r = \frac{s_{ij}}{\sqrt{s_{ii}}\sqrt{s_{jj}}}$$

とすると、$-1 \leqq r \leqq 1$がいえます。この値を、確率変数X_iと確率変数X_jの**相関係数**といいます。$r > 0$のときX_iとX_jに**正の相関がある**といい、$r < 0$のときX_iとX_jに**負の相関がある**といいます。$r = 0$のときは、X_iとX_jに**相関がない**といいます。この節の前半でこれから扱う話は、$\mathbb{R}^n$の基底を取り替えることによって、$\boldsymbol{X}$の異なる成分の確率変数どうしを相関がないようにすることです[注18]。

分散共分散行列はn次の半正定値対称行列であり、$E\left(\boldsymbol{X}\boldsymbol{X}^{\mathrm{T}}\right) - \boldsymbol{m}\boldsymbol{m}^{\mathrm{T}}$と表現できます。この行列は直交行列$\boldsymbol{U}$により

$$\boldsymbol{U}\left(E\left(\boldsymbol{X}\boldsymbol{X}^{\mathrm{T}}\right) - \boldsymbol{m}\boldsymbol{m}^{\mathrm{T}}\right)\boldsymbol{U}^{\mathrm{T}} = \operatorname{diag}\left({\sigma_1}^2, {\sigma_2}^2, \ldots, {\sigma_n}^2\right)$$

と対角化できます。左辺は期待値の線形性から、

$$E\left(\boldsymbol{U}\boldsymbol{X}(\boldsymbol{X}\boldsymbol{U})^{\mathrm{T}}\right) - \boldsymbol{U}\boldsymbol{m}(\boldsymbol{m}\boldsymbol{U})^{\mathrm{T}}$$

と変形できます。$\boldsymbol{U}$は$\mathbb{R}^n$の基底変換行列であり、

$$\boldsymbol{U}^{\mathrm{T}} = \boldsymbol{U}^{-1} = \begin{bmatrix} \boldsymbol{v}_1 & \boldsymbol{v}_2 & \cdots & \boldsymbol{v}_n \end{bmatrix}$$

注18　異なる成分の確率変数どうしが独立になるようにする考え方もあり、これを**独立成分分析**といいます。主成分分析とは異なる数学のテクニックが必要になります。

として、$\mathbb{R}^n$ の正規直交基底 $\{\boldsymbol{v}_1, \boldsymbol{v}_2, \ldots, \boldsymbol{v}_n\}$ による $\boldsymbol{X}$ の表現が $\boldsymbol{UX}$、$\boldsymbol{m}$ の表現が $\boldsymbol{Um}$ です。$\boldsymbol{UX}$ はベクトル値確率変数であり、$\boldsymbol{Um}$ はその期待値、その分散共分散行列が対角行列 $\mathrm{diag}\left({\sigma_1}^2, {\sigma_2}^2, \ldots, {\sigma_n}^2\right)$ となっています。すなわち、$\mathbb{R}^n$ の正規直交基底を取り替えることで得られたベクトル値確率変数 $\boldsymbol{UX}$ は、異なる成分の確率変数どうしの相関が0になります。分散共分散行列を対角化して、値の大きな固有値に対する固有ベクトルの方向に、より重要な情報が隠されていると見る考え方を、**主成分分析**といいます。

ある模擬試験の成績データ（表10.1）がCSVファイルdata.csv（QRコードからダウンロードできます）になっているとします。このデータを用いて主成分分析をしてみましょう。

▼**表 10.1**　成績データ

英語	数学A	数学B
95	92	81
94.5	98	56
84	87	84
⋮	⋮	⋮

▼プログラム：scatter.py

```
import numpy as np
import vpython as vp
import matplotlib.pyplot as plt

with open('data.csv', 'r') as fd:
    lines = fd.readlines()
data = np.array([eval(line) for line in lines[1:]])

def scatter3d(data):
    o = vp.vec(0, 0, 0)
    vp.curve(pos=[o, vp.vec(100, 0, 0)], color=vp.color.red)
    vp.curve(pos=[o, vp.vec(0, 100, 0)], color=vp.color.green)
    vp.curve(pos=[o, vp.vec(0, 0, 100)], color=vp.color.blue)
    vp.points(pos=[vp.vec(*a) for a in data], radius=3)

def scatter2d(data):
    A = data.T
    fig, axs = plt.subplots(1, 3, figsize=(15, 5))
    for n, B in enumerate([A[[0, 1]], A[[0, 2]], A[[1, 2]]]):
        s = B.dot(B.T)
        cor = s[0, 1] / np.sqrt(s[0, 0]) / np.sqrt(s[1, 1])
        print(f'{cor:.3}')
```

```
23            axs[n].scatter(B[0], B[1])
24        plt.show()
25
26    if __name__ == '__main__':
27        scatter3d(data)
28        scatter2d(data)
```

- **5〜7行目** … CSV形式のファイルをテキストファイルとして、そのまま読み込みます。タイトル行を除く各行にはカンマ区切りの数字が三つ並んでいるので、3次元ベクトルが生徒の人数分並んだ行列に変換します。
- **9〜14行目** … 3次元空間の散布図を描く関数を定義します。
- **16〜24行目** … 2科目ごとの相関係数と2次元散布図（相関図）を表示する関数を定義します。
- **26〜28行目** … 3次元散布図（図10.5左）と、相関図（図10.6）を描きます。ここで用いたデータでは、数学Aと数学Bの相関係数0.972（図10.6右）が一番高く、次いで英語と数学Aが0.966（図10.6左）、英語と数学Bが0.954（図10.6中央）でした。

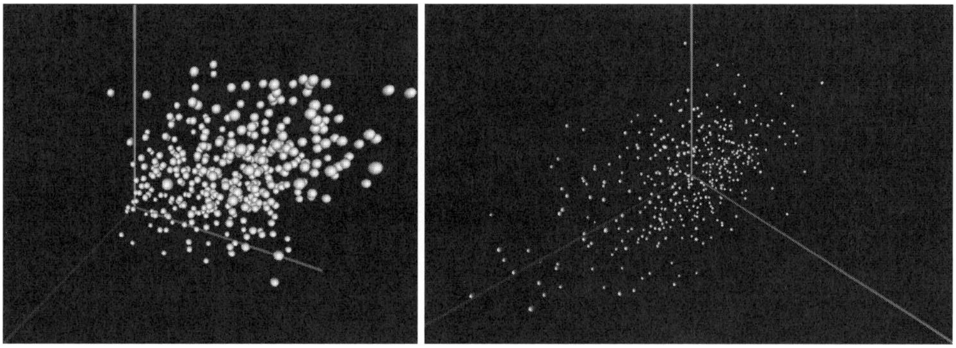

▲**図 10.5**　3次元空間での散布図

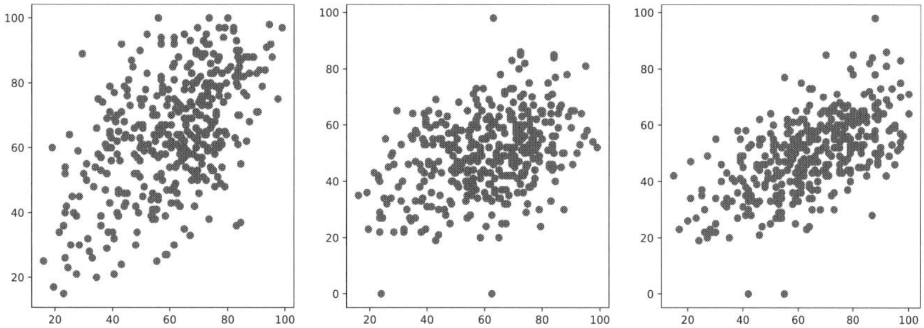

▲**図 10.6**　2次元平面での散布図

生徒の人数をn、i番目の生徒の成績を(x_i, y_i, z_i)とします。$\Omega = \{1, 2, \ldots, n\}$として、$p(i) = 1/n$ $(i = 1, 2, \ldots, n)$ と確率空間(Ω, p)で、確率変数は$\boldsymbol{X}(i) = (x_i, y_i, z_i)$とします。このとき、

$$E(\boldsymbol{X}) = \frac{1}{n}\sum_{i=1}^{n}\begin{bmatrix} x_i \\ y_i \\ z_i \end{bmatrix} = \begin{bmatrix} \frac{1}{n}\sum_{i=1}^{n} x_i \\ \frac{1}{n}\sum_{i=1}^{n} y_i \\ \frac{1}{n}\sum_{i=1}^{n} z_i \end{bmatrix} \left(= \begin{bmatrix} m_x \\ m_y \\ m_z \end{bmatrix} = \boldsymbol{m} \quad \text{とおく} \right)$$

および

$$\begin{aligned} & (\boldsymbol{X} - \boldsymbol{m})(\boldsymbol{X} - \boldsymbol{m})^{\mathrm{T}}(i) \\ = & (\boldsymbol{X}(i) - \boldsymbol{m})(\boldsymbol{X}(i) - \boldsymbol{m})^{\mathrm{T}} \\ = & \begin{bmatrix} (x_i - m_x)(x_i - m_x) & (x_i - m_x)(y_i - m_y) & (x_i - m_x)(z_i - m_z) \\ (y_i - m_y)(x_i - m_x) & (y_i - m_y)(y_i - m_y) & (y_i - m_y)(z_i - m_z) \\ (z_i - m_z)(x_i - m_x) & (z_i - m_z)(y_i - m_y) & (z_i - m_z)(z_i - m_z) \end{bmatrix} \end{aligned}$$

なので、分散共分散行列は

$$E\left((\boldsymbol{X} - \boldsymbol{m})(\boldsymbol{X} - \boldsymbol{m})^{\mathrm{T}}\right) = \begin{bmatrix} s_{xx} & s_{xy} & s_{xz} \\ s_{yx} & s_{yy} & s_{yz} \\ s_{zx} & s_{zy} & s_{zz} \end{bmatrix}$$

となります。ここで

$$s_{xx} \overset{\text{def}}{=} \frac{1}{n}\sum_{i=1}^{n}(x_i - m_x)^2$$

$$s_{xy} \overset{\text{def}}{=} \frac{1}{n}\sum_{i=1}^{n}(x_i - m_x)(y_i - m_y)$$

とし[注19]、s_{xz}, s_{yx}, s_{yy}, s_{yz}, s_{zx}, s_{zy}, s_{zz}も同様に定義したものとします。

▼プログラム：principal.py

```
from numpy.linalg import eigh
from scatter import data, scatter2d, scatter3d

n = len(data)
mean = sum(data) / n
C = data - mean
A = C.T
```

注19　データがある母集団から抽出された標本で、母集団の分散や共分散を推定する場合は、不偏推定量とするためにnではなく$n-1$で割ります。しかし、分散共分散行列の固有ベクトルの方向および大きさによる固有値の並びだけに興味があるので、どちらで割っても構いません。

```
8  AAt = A.dot(C) / n
9  E, U = eigh(AAt)
10 print(E)
11 scatter3d(C.dot(U))
12 scatter2d(C.dot(U))
```

- **1行目** … エルミート行列の固有値と固有ベクトルを求める関数を使います。固有ベクトルが正規直交基底となると都合がよいので、eigではなく、eighを用います。
- **5行目** … 平均$\boldsymbol{m}$を、meanで表します。
- **6〜9行目** … 分散共分散行列を計算しています。
- **10行目** … 分散共分散行列の固有値を表示します。
- **11, 12行目** … ユニタリ行列であるUによって座標変換し、3次元の散布図（図10.5右）および相関図（図10.7）を描きます。

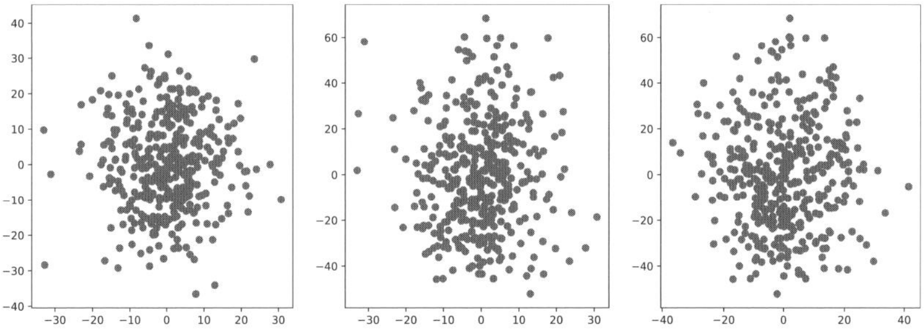

▲**図 10.7** 主成分分析後の相関図

$\boldsymbol{a}_1, \boldsymbol{a}_2, \ldots, \boldsymbol{a}_n \in \mathbb{R}^m$ を、時間とともに変化する m 次元のデータとします。$\boldsymbol{A} \overset{\text{def}}{=} \begin{bmatrix} \boldsymbol{a}_1 & \boldsymbol{a}_2 & \ldots & \boldsymbol{a}_n \end{bmatrix} \in M_{\mathbb{R}}(m,n)$として、特異値分解

$$\boldsymbol{A} = \boldsymbol{U}\boldsymbol{\Sigma}\boldsymbol{V}$$

を考えます。$\boldsymbol{\Sigma}$には(i,i)成分（$i = 1, 2, \ldots, k$）に、特異値$s_1 \geqq s_2 \geqq \cdots \geqq s_k > 0$が並んでいます。$\boldsymbol{e}_i$を$\boldsymbol{U}$の列ベクトル、$\varphi_{ij}$を$\boldsymbol{V}$の成分とすると、

$$\boldsymbol{a}_j = \sum_{i=1}^{k} s_i \boldsymbol{e}_i \varphi_{ij} \qquad (j = 1, 2, \ldots, n)$$

と書けます。これを、**KL展開**[注20]といいます。これは、時間とともに変化する$\mathbb{R}^m$上の運動$j \mapsto \boldsymbol{a}_j$が、$\mathbb{R}^m$のある部分空間の直交座標軸上を独立に動く運動$j \mapsto s_i \boldsymbol{e}_i \varphi_{ij}$（$i = 1, 2, \ldots, k$）の和で書け

注20 Karhunen-Loève（カルフーネン・ロエーブ）展開の略です。

ることを意味しています。特異値はこれら独立に動く運動の寄与の大きさを表す量となります。

n個の変量があり、これらの変量は隠れたk個の変量の線形結合になっているとします。隠れた変量を見つけるのに、KL展開を使うことができます。

時間とともに変化する四つの変量があり、その中に寄与の大きな隠れた二つの変量があるようなモデルを人工的に作成し、隠れた変量を見つけることをPythonで実験してみましょう。

▼プログラム：KL.py

```
1  from numpy import array, diag, linspace, random, linalg
2  import matplotlib.pyplot as plt
3  
4  random.seed(2024)
5  tmax, N = 100, 1000
6  dt = tmax / N
7  W = random.normal(0, dt, (2, N))
8  B = W.cumsum(axis=1)
9  Noise = random.normal(0, 0.25, (4, N))
10 P = array([[1, 0], [1, 1], [0, 1], [1, -1]])
11 A = P.dot(B) + Noise
12 U, S, V = linalg.svd(A)
13 print(S)
14 C = U[:, :2].dot(diag(S[:2]).dot(V[:2, :]))
15 fig, axs = plt.subplots(1, 3, figsize=(20, 5))
16 T = linspace(0, tmax, N)
17 [axs[0].plot(T, A[i]) for i in range(4)]
18 [axs[1].plot(T, V[i]) for i in range(2)]
19 [axs[2].plot(T, C[i]) for i in range(4)]
20 plt.show()
```

- **7〜11行目** … 独立な二つのブラウン運動$b_1(t)$と$b_2(t)$を作り、

  $$a_1(t) = b_1(t),\ a_2(t) = b_1(t) + b_2(t),\ a_3(t) = b_2(t),\ a_4(t) = b_1(t) - b_2(t)$$

  として、さらにノイズを加え$\boldsymbol{A}$を作ります（$t = 0, 0.1, 0.2, \ldots, 999.9$）。$b_1(t)$と$b_2(t)$が隠れた二つの変量です。観測できる変量は$a_i(t)$（$i = 1, 2, 3, 4$）の四つです。

- **12行目** … $\boldsymbol{A}$の特異値分解を行います。この例における特異値は約97.3、50.3、8.1、7.7であり、大きな二つと小さな二つがあります。

- **14 行目** … $\boldsymbol{\Sigma}$ の二つの小さな特異値を 0 にしたものを $\boldsymbol{\Sigma}'$ とした $\boldsymbol{U\Sigma'V}$ にあたるものを計算します。

- **15〜20 行目** … 元々の四つのデータの動き、KL 展開で得られた二つの主成分（隠れた変量）の動き、主成分から再構成したデータの動きを表示します（図 10.8）。

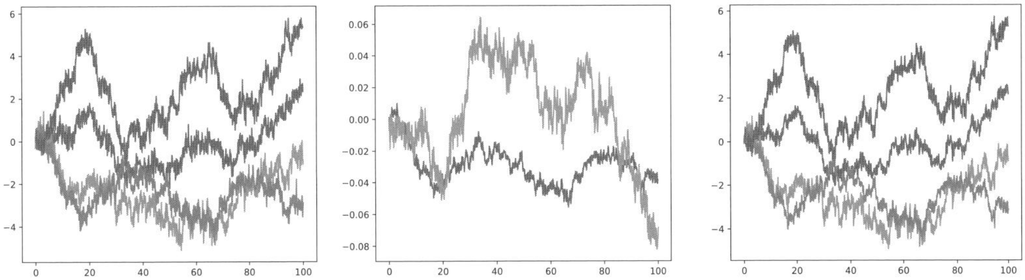

▲**図 10.8**　与えられたデータ（左）、二つの主成分（中央）、その主成分で再構成したもの（右）

$\boldsymbol{A} \in M_{\mathbb{K}}(m,n)$ の特異値分解 $\boldsymbol{A} = \boldsymbol{U\Sigma V}$ に対し、$d \leqq k$ として $\boldsymbol{\Sigma}$ の対角線に並んでる特異値を大きいほうから d 個だけ残して他を 0 にしたものを $\boldsymbol{\Sigma}_d$ とします。$\boldsymbol{\Sigma}_d = \boldsymbol{P\Sigma Q}$ と表現できます。ここで、$\boldsymbol{P}$ は m 次の正方行列、$\boldsymbol{Q}$ は n 次の正方行列であり、いずれも $(1,1)$ から (d,d) までの対角成分のみ 1 で他の成分はすべて 0 の行列です。このとき、

$$\boldsymbol{U\Sigma}_d\boldsymbol{V} = \boldsymbol{UP\Sigma QV} = (\boldsymbol{UPU}^*)\,\boldsymbol{A}\,(\boldsymbol{V}^*\boldsymbol{QV})$$

であり、$\boldsymbol{UPU}^*$ および $\boldsymbol{V}^*\boldsymbol{QV}$ はそれぞれ、$\mathbb{K}^m$ および $\mathbb{K}^n$ 上で定義された直交射影です。

(m,n) 型行列 $\boldsymbol{X}$ および $\boldsymbol{Y}$ に対して

$$\langle \boldsymbol{X} \mid \boldsymbol{Y} \rangle \overset{\text{def}}{=} \mathrm{Tr}\,(\boldsymbol{X}^*\boldsymbol{Y})$$

により内積が定義でき、$M_{\mathbb{K}}(m,n)$ は内積空間になります。

$$\mathfrak{P}_d\boldsymbol{X} \overset{\text{def}}{=} (\boldsymbol{UPU}^*)\,\boldsymbol{X}\,(\boldsymbol{V}^*\boldsymbol{QV})$$

とすると、${\mathfrak{P}_d}^2 = \mathfrak{P}_d$ であり

$$\begin{aligned}\langle \mathfrak{P}_d\boldsymbol{X} \mid \boldsymbol{Y} \rangle &= \mathrm{Tr}\left(((\boldsymbol{UPU}^*)\,\boldsymbol{X}\,(\boldsymbol{V}^*\boldsymbol{QV}))^*\,\boldsymbol{Y}\right)\\ = \mathrm{Tr}\,(\boldsymbol{X}^*\,(\boldsymbol{UPU}^*)\,\boldsymbol{Y}\,(\boldsymbol{V}^*\boldsymbol{QV})) &= \langle \boldsymbol{X} \mid \mathfrak{P}_d\boldsymbol{Y} \rangle\end{aligned}$$

なので、${\mathfrak{P}_d}^* = \mathfrak{P}_d$ も成立します。したがって、$\mathfrak{P}_d$ は $M_{\mathbb{K}}(m,n)$ で定義され、$d \times d$ 次元部分空間への直交射影になります。

第 1 章で取り上げた MNIST の文字データは、$\boldsymbol{A}_1, \boldsymbol{A}_2, \ldots, \boldsymbol{A}_N \in M_{\mathbb{R}}(28,28)$ と考えられます。パターンを文字ごとに分けて、$28 \times 28 = 784$ 次元のベクトルとしてそれぞれの平均（重心）を求めて画像にすると、各文字に対し図 10.9 左のような画像が得られます。また、全部の平均を求める

と図 10.9 右の画像が得られます。全パターンの平均を $\boldsymbol{A}$ とします。この $\boldsymbol{A}$ に対して直前に述べた直交射影 $\mathfrak{P}_d$ を計算し、それを各数字のパターンに施したらどうなるかを、Python で実験してみましょう。

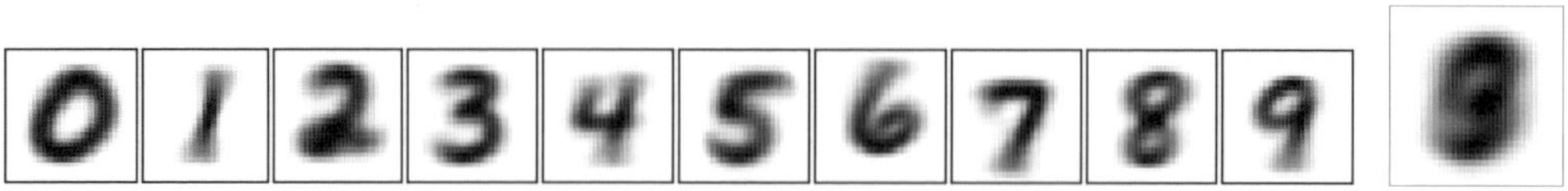

▲図 10.9　パターンの数字ごとの平均と全平均

▼プログラム：mnist_KL.py

```
import numpy as np
import matplotlib.pyplot as plt

d = 14
with open('train-images.bin', 'rb') as fd:
    X = np.fromfile(fd, 'uint8', -1)[16:]
with open('train-labels.bin', 'rb') as fd:
    Y = np.fromfile(fd, 'uint8', -1)[8:]
N = 60000
X = X.reshape((N, 28, 28))
D = {y: [] for y in set(Y)}
for x, y in zip(X, Y):
    D[y].append(x)
A = np.sum(X, axis=0) / N
U, Sigma, V = np.linalg.svd(A)
print(Sigma)

def proj(d, X, U, V):
    U1, V1 = U[:, :d], V[:d, :]
    P, Q = U1.dot(U1.T), V1.T.dot(V1)
    return P.dot(X.dot(Q))

fig, axs = plt.subplots(10, 10)
for y in D:
    for k in range(10):
        ax = axs[y][k]
        A = D[y][k]
        B = proj(d, A, U, V)
        ax.imshow(255 - B, 'gray')
```

```
30         ax.tick_params(labelbottom=False, labelleft=False,
31                        bottom=False, left=False)
32 plt.show()
```

- **4行目** … $d \leqq 28$ の値を与えます。$d = 28$ のとき、$\mathfrak{P}_d$ は $M_{\mathbb{K}}(28, 28)$ 上への恒等写像です。
- **5〜13行目** … 教師データ 60,000 件の手書き数字画像と対応する数字を読み込み、数字をキーとし、手書き数字画像のリストを値とする辞書を作ります。
- **14〜16行目** … X は、$60,000 \times 28 \times 28$ 型 3 次元アレイです。これを 60,000 個の 28×28 型 2 次元アレイとみて、要素ごとに平均をとります。
- **18〜21行目** … $\mathfrak{P}_d$ を計算する関数です。
- **23〜32行目** … 各数字から 10 パターン取り出して、それぞれに直交射影 $\mathfrak{P}_d$ を適用した手書き数字画像を表示します（図 10.10）。

MNIST のデータでは、784 次元空間の点として 1 文字のデータが表現されていました。それを d^2 次元部分空間に直交射影したとき、どれくらい小さい d に対して文字が判読可能かを調べるのが、この実験の目的です。特に大きい特異値に対応する固有ベクトルの方向が、文字を読み取るためには重要な方向であるといえます。これは情報圧縮や文字認識の技術に一つの考え方を与えます。

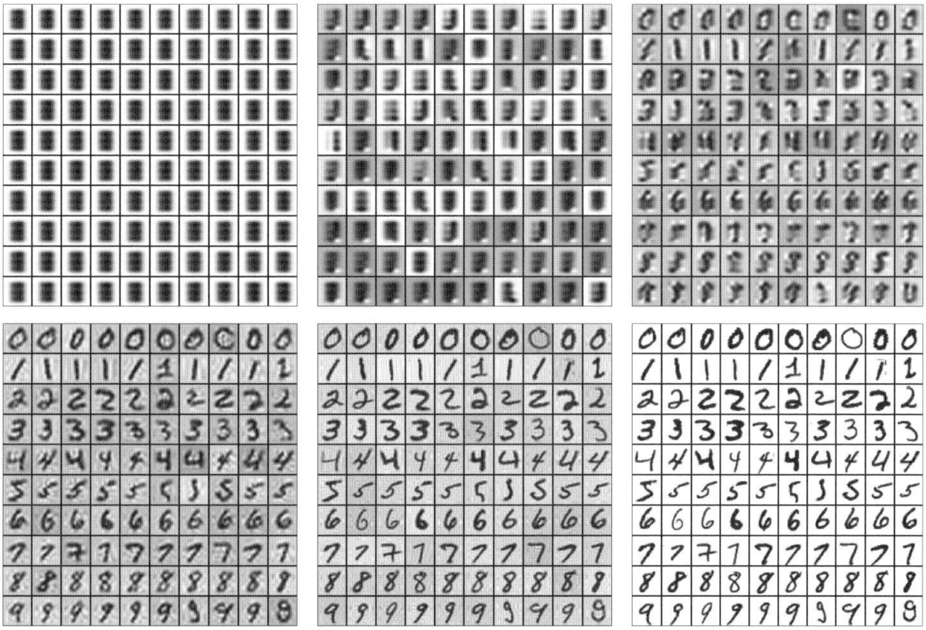

▲**図 10.10**　手書き数字画像に直交射影を適用したもの（d の値は上段左から 1, 2, 4、下段左から 7, 14, 28）

10.6　線形回帰による確率変数の実現値の推定

直接その実現値を知ることのできない確率変数の列$X_1, X_2, \ldots, X_n$があり、その線形結合である確率変数$Y_1, Y_2, \ldots, Y_m$の実現値を知って$X_1, X_2, \ldots, X_n$の実現値を推定したいという問題を考えます。ここで、次のことを仮定します。

$$E\left(X_i X_j\right) = \begin{cases} 0 & i \neq j \text{のとき} \\ 1 & i = j \text{のとき} \end{cases}$$

また、$X_1, X_2, \ldots, X_n$と$Y_1, Y_2, \ldots, Y_m$は

$$\begin{bmatrix} Y_1 \\ Y_2 \\ \vdots \\ Y_m \end{bmatrix} = \begin{bmatrix} a_{11} & a_{12} & \cdots & a_{1n} \\ a_{21} & a_{22} & \cdots & a_{2n} \\ \vdots & \vdots & & \vdots \\ a_{m1} & a_{m2} & \cdots & a_{mn} \end{bmatrix} \begin{bmatrix} X_1 \\ X_2 \\ \vdots \\ X_n \end{bmatrix}$$

の関係にあるとして、この係数行列$\boldsymbol{A}$の成分はわかっているとします。$\boldsymbol{A}$が正則行列であれば、この問題は両辺に$\boldsymbol{A}$の逆行列を掛ければよいだけなので、$\boldsymbol{A}$は必ずしも正則行列ではないとします。$\{X_1, X_2, \ldots, X_n\}$の生成する線形空間を$H$、$\{Y_1, Y_2, \ldots, Y_m\}$の生成する線形空間を$K$とすると、$K$は$H$の部分空間です。$H$は、$U, V \in H$に対して$\langle U \mid V \rangle = E(UV)$により内積を定義でき、さらにこれよりノルムが定義できます。このとき、仮定から$\{X_1, X_2, \ldots, X_n\}$は$H$の正規直交基底の一つです。各$X_1, X_2, \ldots, X_n$に対して、部分空間$K$上への直交射影をそれぞれ$Z_1, Z_2, \ldots, Z_n$とすると、

$$\|X_i - Z_i\| = E\left(\left(X_i - Z_i\right)^2\right)^{1/2} \qquad (i = 1, 2, \ldots, n)$$

はX_iとKの要素との最短距離になっていて、Z_iは$Y_1, Y_2, \ldots, Y_n$の線形結合で書けるので、Z_iはX_iの$Y_1, Y_2, \ldots, Y_n$による**最良推定**であるということができます。

Hを正規直交基底$\{X_1, X_2, \ldots, X_n\}$によって、確率変数を$\mathbb{R}^n$のベクトルとして表現することにしましょう。$X_1, X_2, \ldots, X_n$の表現はそれぞれ、$\mathbb{R}^n$の標準基底に属すベクトルからなる$\boldsymbol{e}_1, \boldsymbol{e}_2, \ldots, \boldsymbol{e}_n$です。一方、$Y_1, Y_2, \ldots, Y_m$の表現はそれぞれ

$$\boldsymbol{y}_1 = \boldsymbol{A}^{\mathrm{T}} \boldsymbol{f}_1,\ \boldsymbol{y}_2 = \boldsymbol{A}^{\mathrm{T}} \boldsymbol{f}_2,\ \ldots,\ \boldsymbol{y}_m = \boldsymbol{A}^{\mathrm{T}} \boldsymbol{f}_m$$

です。ここで、$\{\boldsymbol{f}_1, \boldsymbol{f}_2, \ldots, \boldsymbol{f}_m\}$は$\mathbb{R}^m$の標準基底です。したがって、$K$の表現は

$$\langle \boldsymbol{y}_1, \boldsymbol{y}_2, \ldots, \boldsymbol{y}_m \rangle = \mathrm{range}\left(\boldsymbol{A}^{\mathrm{T}}\right)$$

であり、$\mathrm{range}\left(\boldsymbol{A}^{\mathrm{T}}\right)$上への直交射影は$\boldsymbol{A}^{\dagger}\boldsymbol{A}$なので、

$$\boldsymbol{z}_1 = \left(\boldsymbol{A}^{\dagger}\boldsymbol{A}\right)\boldsymbol{e}_1,\ \boldsymbol{z}_2 = \left(\boldsymbol{A}^{\dagger}\boldsymbol{A}\right)\boldsymbol{e}_2,\ \ldots,\ \boldsymbol{z}_n = \left(\boldsymbol{A}^{\dagger}\boldsymbol{A}\right)\boldsymbol{e}_n$$

がそれぞれ$Z_1, Z_2, \ldots, Z_n$の表現になります。よって、表現を元の空間へ引き戻すと

$$\begin{bmatrix} Z_1 \\ Z_2 \\ \vdots \\ Z_n \end{bmatrix} = \boldsymbol{A}^\dagger \boldsymbol{A} \begin{bmatrix} X_1 \\ X_2 \\ \vdots \\ X_n \end{bmatrix} = \boldsymbol{A}^\dagger \begin{bmatrix} Y_1 \\ Y_2 \\ \vdots \\ Y_m \end{bmatrix}$$

という自然な結果を得ます。

例 10.1 X_1 および X_2 を $-\sqrt{3}$ と $\sqrt{3}$ の間の一様分布とします。X_1 および X_2 のそれぞれに標準正規分布の誤差が加わった Y_1 および Y_2 が観測されたとします。X_3 および X_4 を標準正規分布とし、X_1、X_2、X_3、X_4 が互いに独立とすれば

$$\begin{bmatrix} Y_1 \\ Y_2 \end{bmatrix} = \begin{bmatrix} 1 & 0 & 1 & 0 \\ 0 & 1 & 0 & 1 \end{bmatrix} \begin{bmatrix} X_1 \\ X_2 \\ X_3 \\ X_4 \end{bmatrix}, \qquad \begin{bmatrix} 1 & 0 & 1 & 0 \\ 0 & 1 & 0 & 1 \end{bmatrix}^\dagger = \begin{bmatrix} 0.5 & 0 \\ 0 & 0.5 \\ 0.5 & 0 \\ 0 & 0.5 \end{bmatrix}$$

であり、$Z_1 = 0.5Y_1, Z_2 = 0.5Y_2$ が最良推定となります。

NumPy でこの計算を行い、真値、観測値、推定値の関係を図示して、推定値が観測値より真値に近い場合が多いことを確かめてみましょう。

▼プログラム：estimate1.py

```
from numpy import array, random, linalg
import matplotlib.pyplot as plt

n = 10
random.seed(2024)
x1 = [random.uniform(-0.5, 0.5) for n in range(n)]
x2 = [random.uniform(-0.5, 0.5) for n in range(n)]
x3 = [random.normal(0, 1) for n in range(n)]
x4 = [random.normal(0, 1) for n in range(n)]
A = array([[1, 0, 1, 0], [0, 1, 0, 1]])
y1, y2 = A.dot([x1, x2, x3, x4])
B = linalg.pinv(A)
z1, z2, z3, z4 = B.dot([y1, y2])
plt.scatter(x1, x2, s=50, marker='o')
plt.scatter(y1, y2, s=50, marker='x')
plt.scatter(z1, z2, s=50, marker='s')
xy = xz = 0
for u1, u2, v1, v2, w1, w2 in zip(x1, x2, y1, y2, z1, z2):
    plt.plot([u1, v1], [u2, v2], color='red', linestyle='dotted')
```

```
20     plt.plot([u1, w1], [u2, w2], color='green', linestyle='dashed')
21     xy += (u1 - v1)**2 + (u2 - v2)**2
22     xz += (u1 - w1)**2 + (u2 - w2)**2
23 print(f'||x-y||^2 = {xy / n}')
24 print(f'||x-z||^2 = {xz / n}')
25 plt.axis('scaled'), plt.xlim(-1.6, 1.6), plt.ylim(-1.6, 1.6), plt.show()
```

- **5〜9行目** … 確率変数X_1〜X_4の実現値をそれぞれn個作り、x1〜x4（それぞれ長さnのアレイ）とします。これらを、X_1〜X_4の大きさnの**標本**と呼びます。
- **10, 11行目** … X_1〜X_4の標本から、Y_1およびY_2の標本y1とy2を作ります。
- **12, 13行目** … Y_1およびY_2の標本から、X_1〜X_4の推定値であるZ_1〜Z_4の標本z1〜z4を作ります。
- **14〜22行目** … x1とx2、y1とy2、z1とz2のそれぞれから要素を取り出し、真値(u1, u2)、観測値(v1, v2)、推定値(w1, w2)として、それぞれの点をプロットするとともに、真値と観測値、真値と推定値をそれぞれ線分で結んでみます（図10.11）。
- **23, 24行目** … 真値と観測値、および、真値と推定値の2乗平均誤差を計算します。

▼実行結果

```
||x-y||^2 = 1.668555769161164
||x-z||^2 = 0.49941436395122746
```

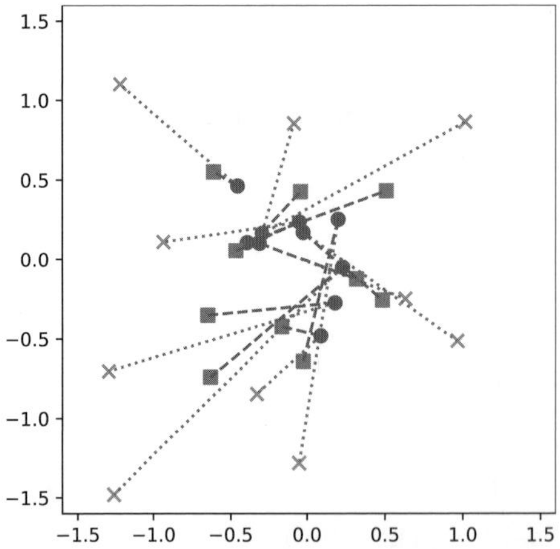

▲図 10.11　×が観測値、■が推定値、●が真値

例 10.2 $U_1, U_2, \ldots, U_n, V_1, V_2, \ldots, V_n$ を標準正規分布に従う独立な確率変数列とし、$\tau, \rho, \sigma > 0$ に対して

$$
\begin{aligned}
X_1 &= \sigma U_1, \quad X_i = \rho X_{i-1} + \sigma U_i \qquad (i = 2, 3, \ldots) \\
Y_i &= X_i + \tau V_i \qquad (i = 1, 2, \ldots)
\end{aligned}
$$

とします。$Y_1, Y_2, \ldots, Y_n$ を観測して $X_1, X_2, \ldots, X_n$ を推定したいとします。これは

$$
\begin{bmatrix} Y_1 \\ Y_2 \\ Y_3 \\ \vdots \\ Y_n \end{bmatrix}
=
\begin{bmatrix}
\sigma & 0 & 0 & \cdots & 0 & \tau & 0 & 0 & \cdots & 0 \\
\rho\sigma & \sigma & 0 & \cdots & 0 & 0 & \tau & 0 & \cdots & 0 \\
\rho^2\sigma & \rho\sigma & \sigma & \cdots & 0 & 0 & 0 & \tau & \cdots & 0 \\
\vdots & \vdots & \vdots & \ddots & \vdots & \vdots & \vdots & \vdots & \ddots & \vdots \\
\rho^{n-1}\sigma & \rho^{n-2}\sigma & \rho^{n-3}\sigma & \cdots & \sigma & 0 & 0 & 0 & \cdots & \tau
\end{bmatrix}
\begin{bmatrix} U_1 \\ \vdots \\ U_n \\ V_1 \\ \vdots \\ V_n \end{bmatrix}
$$

と表現できます。右辺の行列の一般化逆行列を計算することで、$Y_1, Y_2, \ldots, Y_n$ から $U_1, U_2, \ldots, U_n$ を推定できます。それらを $W_1, W_2, \ldots, W_n$ として、

$$
Z_1 = \sigma W_1, \quad Z_i = \rho Z_{i-1} + \sigma W_i \qquad (i = 2, 3, \ldots, n)
$$

による $Z_1, Z_2, \ldots, Z_n$ が、$X_1, X_2, \ldots, X_n$ の最良推定といえます。

NumPy でこの計算を行い、時間とともに変化する真値、観測値、推定値をグラフにして、推定値の変化が観測値の変化よりも真値の変化に近いことを確かめてみましょう。

▼プログラム：estimate2.py

```
from numpy import zeros, random, linalg
import matplotlib.pyplot as plt

random.seed(2024)
N, rho, sigma, tau = 100, 1.0, 0.1, 0.1
x, y = zeros(N), zeros(N)
for i in range(N):
    x[i] = rho * x[i - 1] + sigma * random.normal(0, 1)
    y[i] = x[i] + tau * random.normal(0, 1)
A = zeros((N, 2*N))
for i in range(N):
    for j in range(i + 1):
        A[i, j] = rho**(i - j) * sigma
    A[i, N + i] = tau
B = linalg.pinv(A)
v = B.dot(y)
```

```
17 z = zeros(N)
18 for i in range(N):
19     z[i] = rho*z[i - 1] + sigma*v[i]
20 print(f'(y-x)^2 = {sum((y-x)**2)}')
21 print(f'(z-x)^2 = {sum((z-x)**2)}')
22 plt.figure(figsize=(20, 5))
23 t = range(N)
24 plt.plot(t, x, color='red', linestyle='solid')
25 plt.plot(t, y, color='green', linestyle='dotted')
26 plt.plot(t, z, color='blue', linestyle='dashed')
27 plt.show()
```

- **4行目** … 後述のカルマン・フィルタによる推定と比較するために、乱数の種を明示的に設定します。
- **5行目** … パラメタを設定します。
- **6〜9行目** … $X_1, X_2, \ldots, X_n$ の実現値と、$Y_1, Y_2, \ldots, Y_n$ の実現値を作ります。
- **10〜15行目** … 推定に用いる一般化逆行列を求めます。
- **16〜27行目** … 推定値を実際に求め、2乗誤差を計算します。また真値、観測値、推定値を表すグラフを描画します。

▼実行結果

```
(y-x)^2 = 0.9949520679495215
(z-x)^2 = 0.47536415119146597
```

真値と観測値の2乗誤差は約0.99、真値と推定値の2乗誤差は約0.48で、約1/2になっています。

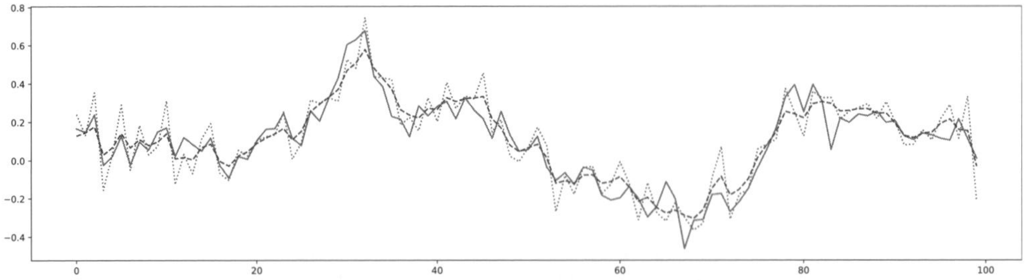

▲**図 10.12**　緑色の点線が観測値、青色の破線が推定値、赤色の実線が真値

10.7 カルマン・フィルタ

デコボコした路面を自動走行するロボットを考えてみましょう。ロボットはセンサーで自分の状態を知り、路面の影響で目的の方向とずれてしまった場合は動きを修正します。しかし、センサー（例えばカメラ）も路面の影響で振動して、正しい状態を教えてくれるとは限らないとします。この場合、センサーに加わった間違った成分を取り除いて正しい状態を推定することは、リアルタイムに行わなければ意味がありません。

前節の例10.2の推定問題では、$Y_1, Y_2, \ldots, Y_n$ の実現値を知って、$X_1, X_2, \ldots, X_n$ の実現値を推定しました。ここでは同じ確率モデルに対して、時刻 $k = 1, 2, \ldots, n$ の経過と共に、観測値 Y_k と時刻 $k-1$ における X_{k-1} の推定値 Z_{k-1} から X_k を逐次推定していくことを考えます。確率変数 $U_1, U_2, \ldots, U_n, V_1, V_2, \ldots, V_n$ は前と同じものとして、これらの全体が生成する線形空間を H とします。

$X_1, X_2, \ldots, X_n, Y_1, Y_2, \ldots, Y_n$ はすべて $U_1, U_2, \ldots, U_n, V_1, V_2, \ldots, V_n$ の線形結合だったので、H のベクトルになります。$X, Y \in H$ に対して、$\langle X \mid Y \rangle = E(XY)$ で内積を定義でき、さらにノルム（**2乗平均ノルム**と呼ぶ）が定義されます。H に属するすべての確率変数は平均が0なので、H に属する二つの確率変数が独立ならば直交していることに注意します[注21]。

$Y_1, Y_2, \ldots, Y_k$ が生成する部分空間を H_k として、そこへの直交斜影を $\boldsymbol{P}_k$ で表すことにします。$X \in H$ に対して、$\boldsymbol{P}_k(X)$ は、$Y_1, Y_2, \ldots, Y_k$ の線形結合で表される $Z \in H_k$ の中で、$E\left((X-Z)^2\right)$ を最小にするものです。我々が求めたいのは、$Z_k \stackrel{\text{def}}{=} \boldsymbol{P}_k(X_k)$ です。$Z_k{}' \stackrel{\text{def}}{=} \boldsymbol{P}_{k-1}(X_k)$ とおきます。ただし、$\boldsymbol{P}_0$ は零写像とします。Z_k は $Y_1, Y_2, \ldots, Y_k$ による X_k の最良推定で、$Z_k{}'$ は一つ手前までの $Y_1, Y_2, \ldots, Y_{k-1}$ による X_k の最良推定といえます。

$$F_k \stackrel{\text{def}}{=} Y_k - Z_k{}', \quad a_k \stackrel{\text{def}}{=} \left\|X_k - Z_k{}'\right\|^2 \qquad (k = 1, 2, \ldots)$$

とおきます。$a_1 = \sigma^2$ です。ピタゴラスの定理から

$$\|F_k\|^2 = \left\|X_k - Z_k{}' + \tau V_k\right\|^2 = \left\|X_k - Z_k{}'\right\|^2 + \|\tau V_k\|^2 = a_k + \tau^2$$

を得ます。$Z_k - Z_k{}'$ は H_k に属し H_{k-1} に直交しています。一方、

$$\boldsymbol{P}_{k-1}(Y_k) = \boldsymbol{P}_{k-1}(X_k + \tau V_k) = \boldsymbol{P}_{k-1}(X_k) + \tau \boldsymbol{P}_{k-1}(V_k) = Z_k{}'$$

なので、$F_k = Y_k - Z_k{}' = Y_k - \boldsymbol{P}_{k-1}(Y_k) \in H_k$ も H_{k-1} と直交し、F_k と H_{k-1} で H_k を生成しているので、$Z_k - Z_k{}' = b_k F_k$ と表すことができます。このとき、

$$\begin{aligned} b_k \|F_k\|^2 &= \left\langle Z_k - Z_k{}' \mid F_k \right\rangle = \left\langle Z_k \mid F_k \right\rangle = \left\langle X_k \mid F_k \right\rangle = \left\langle X_k - Z_k{}' \mid F_k \right\rangle \\ &= \left\langle X_k - Z_k{}' \mid Y_k - Z_k{}' \right\rangle = \left\langle X_k - Z_k{}' \mid X_k - Z_k{}' \right\rangle = \left\|X_k - Z_k{}'\right\|^2 = a_k \end{aligned}$$

であるから

注21　確率変数の期待値、および確率変数の独立性の定義の議論が必要ですが、ここでは内積、直交性、2乗平均ノルムだけに着目してください。

$$b_k = \frac{a_k}{\|F_k\|^2} = \frac{a_k}{\tau^2 + a_k}$$

を得ます。したがって、

$$Z_k \;=\; Z_k{}' + b_k F_k \;=\; Z_k{}' + \frac{a_k}{\tau^2 + a_k}\left(Y_k - Z_k{}'\right)$$

となり、a_k と $Z_k{}'$ を求めることができれば、Z_k を計算できます。

$$X_k = \rho X_{k-1} + \sigma U_k \qquad \cdots (*)$$

なので、両辺に $\boldsymbol{P}_{k-1}$ を施すと、$\boldsymbol{P}_{k-1}\left(U_k\right) = 0$ より

$$Z_k{}' = \boldsymbol{P}_{k-1}\left(X_k\right) = \rho \boldsymbol{P}_{k-1}\left(X_{k-1}\right) = \rho Z_{k-1} \qquad \cdots (**)$$

を得るので、

$$Z_k \;=\; \rho Z_{k-1} + \frac{a_k}{\tau^2 + a_k}\left(Y_k - \rho Z_{k-1}\right)$$

という差分方程式を得ます。$(*)$ と $(**)$ より

$$X_k - Z_k{}' \;=\; \rho\left(X_{k-1} - Z_{k-1}\right) + \sigma U_k$$

であり、右辺の二つの項は直交するのでピタゴラスの定理から

$$\left\|X_k - Z_k{}'\right\|^2 \;=\; \rho^2 \left\|X_{k-1} - Z_{k-1}\right\|^2 + \sigma^2$$

がいえます。したがって、$\|X_k - Z_k\|^2 = c_k$ とおけば

$$a_k \;=\; \rho^2 c_{k-1} + \sigma^2$$

と書けます。一方、

$$\left\langle X_k - Z_k \mid Z_k - Z_k{}' \right\rangle = \left\langle \boldsymbol{P}_k\left(X_k - Z_k\right) \mid Z_k - Z_k{}' \right\rangle = \left\langle Z_k - Z_k \mid Z_k - Z_k{}' \right\rangle = 0$$

より、$X_k - Z_k$ と $Z_k - Z_k{}'$ は直交するので、ピタゴラスの定理から

$$\left\|X_k - Z_k{}'\right\|^2 \;=\; \left\|X_k - Z_k\right\|^2 + \left\|Z_k - Z_k{}'\right\|^2$$

すなわち、次が成立します。

$$a_k \;=\; c_k + \left\|b_k F_k\right\|^2 \;=\; c_k + {b_k}^2\left(\tau^2 + a_k\right) \;=\; c_k + \frac{{a_k}^2}{\tau^2 + a_k}$$

以上をまとめると、$Z_0 = 0$ および $a_1 = \sigma^2$ として、

$$Z_k = \rho Z_{k-1} + \frac{a_k}{\tau^2 + a_k}\left(Y_k - \rho Z_{k-1}\right)$$

$$c_k = a_k - \frac{{a_k}^2}{\tau^2 + a_k}$$

$$a_{k+1} = \rho^2 c_k + \sigma^2$$

によって、Z_k を逐次計算していくことができます。この Z_k を、観測値 $Y_1, Y_2, \ldots, Y_k$ による X_k の**カルマン・フィルタ**と呼びます。

注意 1

途中の計算で $(**)$ の関係から、$Y_1, Y_2, \ldots, Y_k$ による X_{k+1} の予測（これを外挿といいます）は、$Y_1, Y_2, \ldots, Y_k$ による X_k のフィルタ Z_k を ρ 倍すればよいだけであることがわかります。予測は、今わかっている以上のことはわからないといえます。

注意 2

ここでは σ、τ、ρ を時間によらず一定（定常）としましたが、時間に依存して σ_k、τ_k、ρ_k と変化と変化（非定常）しても差分方程式は σ、τ、ρ をそれぞれ σ_k、τ_k、ρ_k とするだけです。ただし、これらはすべての時間にわたって既知でなければなりません。

プログラム estimate2.py で推定を行いましたが、同じ真値と観測値の変化のデータに対して、カルマン・フィルタによる推定値を求めてみましょう。

▼プログラム：kalman.py

```
from numpy import zeros, random
import matplotlib.pyplot as plt

random.seed(2024)
N, r, s, t = 100, 1.0, 0.1, 0.1
x, y, z = zeros(N), zeros(N), zeros(N)
a = s**2
for i in range(N):
    x[i] = r * x[i - 1] + s * random.normal(0, 1)
    y[i] = x[i] + t * random.normal(0, 1)
    z[i] = r * z[i - 1] + a/(t**2 + a)*(y[i] - r*z[i - 1])
    c = a - a**2 / (t**2 + a)
    a = r*c + s**2
print(f'(y-x)^2 = {sum((y-x)**2)}')
print(f'(z-x)^2 = {sum((z-x)**2)}')
plt.figure(figsize=(20, 5))
t = range(N)
plt.plot(t, x, color='red', linestyle='solid')
plt.plot(t, y, color='green', linestyle='dotted')
```

```
20  plt.plot(t, z, color='blue', linestyle='dashed')
21  plt.show()
```

■ **8～13行目** … 真値 x と観測値 y を更新しながら、その都度カルマンの方法で推定値 z を計算します。

▼実行結果

```
(y-x)^2 = 0.9949520679495215
(z-x)^2 = 0.6413166249533495
```

真値と観測値の2乗誤差は約0.99、真値と推定値の2乗誤差は約0.65で、約2/3になっています。線形回帰による推定は全区間の観測値で推定値を求める（これを**内挿**ともいいます）のに対して、カルマン・フィルタは各時刻までの観測値でその時刻の推定値を求める（未来の情報は使えない）ので、その分、推定誤差が大きくなります。

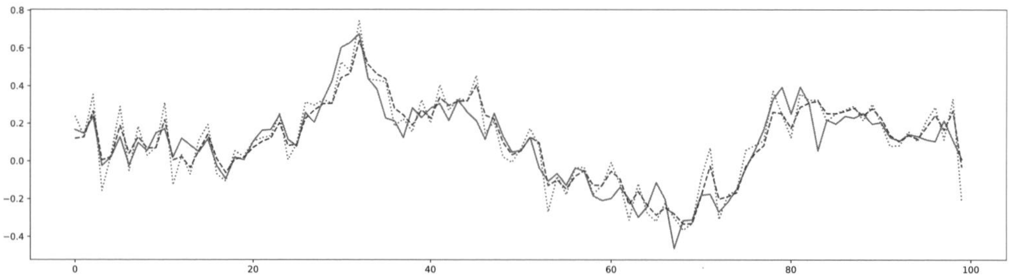

▲**図 10.13**　緑色の点線が観測値、青色の破線が推定値、赤色の実線が真値

あとがきに代えて

本書は、線形代数学の教科書であり、Pythonプログラミングの入門書であり、線形代数学の応用の解説書であるという、三つの目的を同時に達成するという意図で書かれました。これはかなり無謀ともいえる試みではありますが、その理由については「はじめに」で述べました。

第一の、線形代数学の教科書であるという部分については、ほぼ目的を達成できていると自負しています。Pythonのコードと出力およびその解説を読み飛ばして、数式だけを追って読むという読み方も可能です。線形代数学の授業で数学の部分だけを講義して、演習でPythonを利用させるという使い方もできると思います。

一方、第二、第三の目論見がどの程度達成できているかという判断は、読者に委ねるしかありません。第二の、Pythonプログラミングの入門書であるという部分については、言語体系の系統的な説明はないので、Pythonの文法を勉強することが目的であれば、他の資料を参照する必要があるでしょう。本書では、線形代数学を勉強しているうちに、気がついたらPythonのコードがある程度書けるようになる、ということを期待しています。どうだったでしょうか。

第三の、線形代数学の応用の解説書であるという部分については、紙数の制約もあり幅広さにも深さにも欠け、筆者たちの好みに偏っているという面は否めません。線形代数学の応用は多方面にわたり、それら一つひとつのテーマの専門書には、名著と呼ばれるものが多くあります。それらを手にしても、いきなりジャングルに立ち入ったかのように戸惑い、何が本質であるかを見失うことがあります。自身の目的によって読む文献を選択し、読破し、実践する上での何がしかのヒントになれば、本書の第三の目的は達成できたと思います。以下では、本書の執筆時に参考にしたものも含めて、読者の今後の参考にもなる文献を取り上げることで、あとがきの代わりとしたいと思います。

本書と似たような趣旨で書かれたと思われる大著があります。

[1] P. N. Klein 著、松田晃一・弓林司・脇本佑紀・中田洋・齋藤大吾 訳、『行列プログラマー Pythonプログラムで学ぶ線形代数』、オライリー・ジャパン、2016.

内容的にも重なり合う部分が多く、異なる目線で説明していたり、一方で触れることができなかったテーマを他方が扱っていたりするので、合わせて読むと理解が深まると思われます。

プログラミング言語Pythonの文献については枚挙にいとまがありませんが、はじめてPythonに接する人がPythonの世界を俯瞰するための入門書としては、次の本を挙げるのに留めておきます。

[2] B. Lubanovic 著、斎藤康毅 監訳、長尾高弘 訳、『入門Python3』、オライリー・ジャパン、2015.

ただし、この本が準拠しているPython3は少し古いバージョンです。実際に利用しているPythonのバージョンのドキュメントもインターネットで参照するようにしてください。

本書では、3Dの可視化のためのライブラリVPythonを利用しました。VPythonはPythonの優れたライブラリの一つですが、解説した本は多くありません。

[3] 上坂吉則、『VPythonプログラミング入門』、牧野書店、2011.

この本のコードは、最新のVPythonの環境で動かすには修正が必要ですが、VPythonを用いたプログラミングの練習書としてはよく書かれています。自分でコードを書き換えながら読むのもいいでしょう。

次は、線形代数学の教科書として長い間、二枚看板でした。

[4] 齋藤正彦、『線型代数入門』、東京大学出版会、1966.
[5] 佐武一郎、『線型代数学』、裳華房、1958.『行列と行列式』、1974（増補改題）.

特に[4]は、その後あまた出版された線形代数学の教科書に大きく影響を与え、現在でもその価値はいささかも色あせていないといえるでしょう[注1]。一般的な線形代数学の教科書には書かれていない事柄がきちんとした証明付きで書かれているので、本書の執筆時にも大いに参考にさせてもらいました。その他にも、特徴のある線形代数学の教科書をいくつか挙げておきます。

[6] 上坂吉則・塚田真、『入門線形代数』、近代科学社、1987.
[7] 笠原皓司、『線型代数と固有値問題 スペクトル分解を中心に』、現代数学社、1972.
[8] 金子晃、『線形代数講義』、サイエンス社、2004.
[9] 小山昭雄、『線型代数と位相・上下／経済数学教室』、岩波書店、2010.

本書の執筆者の一人が関わった[6]は、本書の第1章から第8章のジョルダン標準形までの数学の部分がほぼ同じ流れになっています。[7, 8]は、本書で扱いきれなかった二次形式、双対空間などにも目を配っている良書です。[9]は、著者が経済学者という珍しい線形代数学の教科書です。

本書は、他の線形代数学の教科書に比べて、多くのページを内積とノルムに充当しています。フーリエ解析の序章ともなることを意識しているためです。無限次元の線形空間である関数空間が登場しますが、コンピュータに実装するときは有限次元に射影しなければならず、線形代数の範疇の計算に帰着されます。この辺りの事情がPythonの利用によって大いに説明しやすくなり、あえてかなり踏み込んだ内容となっています。

このテーマを本格的に勉強しようとするならば、関数解析学と呼ばれる分野になります。本書の第6章と、固有値、固有ベクトルを学ぶ第7章以降では、解析学の知識が少し必要になります。数列の収束や関数の連続性、あるいは完備性とコンパクト性という距離や位相に関する概念が関わってきます。古典的名著である

[10] 高木貞治、『解析概論　改訂第三版』、岩波書店、1961.

の第1章に相当する内容を知っておくとよいでしょう。

注1　『線型』と『線形』、ひと昔前までは前者が多く使われていましたが、最近はもっぱら後者が使われています。

[11] 高橋渉、『非線形・凸解析学入門』、横浜図書、2005.
[12] 日合文雄・柳研二郎、『ヒルベルト空間と線型作用素』、牧野書店、1995. オーム社、2021.
[13] 梅垣壽春・大矢雅則・塚田真、『測度・積分・確率』、共立出版、1987.

位相的な概念は[11]の前半でも、わかりやすく説明されています。この本の後半では、本書で扱うことができなかった凸解析を論じています。関数解析学の基礎となるヒルベルト空間とルベーグ積分を個別に扱った教科書として[12, 13]を挙げておきます。[12]では、行列の固有値問題の無限次元空間への一般化である線形作用素のスペクトル理論などが詳細に議論されています。[13]はフーリエ変換および測度論的確率論についても詳しく書かれています。

第6章をより踏み込んで勉強したい人のために、以下を参考書に挙げておきます。

[14] 伏見康治・赤井逸、『直交関数系　増補版』、共立出版、1987.
[15] 河田龍夫、『Fourier解析』、産業図書、1975.
[16] 新井仁之、『新・フーリエ解析と関数解析学』、培風館、2010.

工学的立場で書かれたフーリエ解析の成書としては次があります。高速フーリエ変換（FFT）のアルゴリズムについても説明されています。

[17] 大類重範、『ディジタル信号処理』、日本理工出版会、2001. オーム社、2022.

本書の第7章、第8章は固有値問題を扱っていますが、行列ノルムやスペクトル半径などについても論じています。ここから、ペロン・フロベニウスの定理、マルコフ過程の定常状態とその応用へとつながっていきますが、うまく自然な流れで論じることに最も苦労した箇所でもあります。[4]にもペロン・フロベニウスの定理が証明付きで示されていますが、数学の教科書では他にあまり見かけません。一方、応用ではこの定理はよく用いられます。[9]に、本書とは違ったアプローチの証明と応用が詳しく論じられています。

固有値問題の一つの応用は、線形の微分方程式の解法です。

[18] S. スメール・M. W. ハーシュ 著、田村一郎・水谷忠良・新井紀久子 訳、『力学系入門』、岩波書店、1976.

の前半は、本書にも大きな影響を与えています。線形代数と微分方程式が同時に学べて、そのご利益がよくわかる良書です。

[19] C. J. Preston, *Gibbs States on Countable Sets*, Cembridge University Press, 1974.
[20] J. E. Besag, "Spatial interaction and the statistical analysis of lattice systems," *Journal of the Royal Statistical Society* B,36, (1974), pp. 192–225.
[21] S. Geman, D. Geman, "Stochastic Relaxation, Gibbs Distributions, and the Bayesian Restoration of Images," *IEEE Transactions on Pattern Analysis and Machine Intelligence* Volume PAMI-6, Issue: 6, Nov. (1984), pp. 721–741.
[22] H. Kaneko and E. Yodogawa, "A Markov Random Field Application to Texture

Classification," *Conference on Pattern Recognition and Image Processing*, PRIP82 (1982), pp. 221–225.
[23] 上坂吉則、『ニューロコンピューティングの数学的基礎』、近代科学社、1993.
[24] 吉田耕作、『物理数学概論』、産業図書、1974.

[19, 20, 21] は、統計物理学におけるイジング・モデルに由来するマルコフ・ランダム・フィールドの文献です。特に、[21] は画像処理の論文ですが、シミュレーティッド・アニーリングを世に広めた論文として、よく知られています。[22] では、画像処理、生物個体分布を解析する立場からマルコフ・ランダム・フィールドを実パターンに当てはめ、解析、識別に利用する研究を行っています。[23] ではマルコフ・ランダム・フィールドやシミュレーティッド・アニーリングも含めて、今日の AI ブームにつながるニューロコンピュータのいくつかのモデルを、わかりやすく数学的に厳密に説明しています。[24] の初版は第二次大戦後間もない出版でしたが注2、本書で取り上げたいくつかのテーマに関係して、古典力学、量子力学、統計力学などの問題が数学的に書かれています。

[25] 柳井晴夫・竹内啓、『射影行列、一般逆行列、特異値分解』、東京大学出版会、1983.
[26] R. Schatten, *Norm Ideals of Completely Continuous Operators*, Springer, 1960.

[25] は、主に統計学の立場で一般逆行列や特異値分解に焦点を当てた本です。[26] は、関数解析学におけるヒルベルト空間論の枠組みで、テンソル積や無限次元空間の線形写像のスペクトル分解や特異値分解を論じています。テンソル積にはさまざまな応用があり、今日 AI の分野でも注目されています。一方、量子力学の系の状態もテンソル積で記述することができます。

[27] 上坂吉則、『量子コンピュータの基礎数理』、コロナ社、2000.
[28] 塚田真、"量子確率論　非可換確率論"、数理科学 No. 402、特集／量子情報理論の新展開、1996、pp. 30–36.

[27] は、本書で取り上げることができなかった量子コンピュータに関するわかりやすい解説書です。[28] は、本書の第 9 章の冒頭で取り上げた 1 次元調和振動子のモデルの量子化と不確定性原理に関する非常に短い解説になっています。

本書では、確率・統計における線形代数学の応用のいくつかを取り上げましたが、確率変数や統計量、あるいは確率過程といった最も基本的な概念の説明を厳密に行う余裕はありませんでした。これについては以下の文献を参考にしてください。

[29] W. フェラー 著、河田龍夫 監訳、卜部舜一・矢部真・池守昌幸・大平坦・阿部俊一 訳、『確率論とその応用・上下』、紀伊国屋書店、1961.
[30] P. G. ホーエル 著、浅井晃・村上正康 訳、『改訂版　初等統計学』、培風館、1970.
[31] C. R. ラオ 著、奥野忠一・長田洋・篠崎信雄・広崎昭太・古河陽子・矢島敬二 訳、『統計的推測とその応用』、東京図書、1973.

注2　日本評論社、1949.

[32] 國田寛、『確率過程の推定』、産業図書、1976.
[33] 柳井晴夫・高木廣文 編著、『多変量解析ハンドブック』、現代数学社、1986.
[34] D. A. ハーヴィル 著、伊理正夫 監訳、『統計のための行列代数・上下』、丸善出版、2007.

線形代数学の応用としては、AIブームの広まりを背景としてパターン認識や機械学習が注目されていますが、長い研究の歴史の積み重ねの結果でもあります。以下の文献はどれも、良書といえると思います。

[35] エルッキ・オヤ 著、小川英光・佐藤誠 訳、『パターン認識と部分空間法』、産業図書、1986.
[36] 上坂吉則・尾関和彦、『パターン認識と学習のアルゴリズム』、文一総合出版、1990.
[37] C. M. ビショップ 著、元田浩・栗田多喜夫・樋口知之・松本裕治・村田昇 監訳、『パターン認識と機械学習・上下』、丸善出版、2012.
[38] 石井健一郎・上田修功・前田英作・村瀬洋、『わかりやすいパターン認識　第2版』、オーム社、2019.

本書では、凸性に関する話題や線形計画法などに触れることができませんでした。これは線形代数学の応用のもう一つの大きなテーマでもあります。以下の文献が参考になるでしょう。

[39] 田中謙輔、『凸解析と最適化理論』、牧野書店、1994. オーム社、2021.
[40] 久保幹雄 監修、並木誠 著、『Pythonによる数理最適化入門』、朝倉書店、2018.

[39]は、ユークリッド空間の位相的、幾何学的性質を理解するのにも適した教科書です。[40]は、線形計算とPythonに関して、本書とは違った側面を体験できると思います。

索引

▼記号・数字

()	31
**	8, 25
&	29
<	29
<=	29
⊥	149
∩	27, 29
○（合成写像）	34
∪	27, 29
$\overset{\text{def}}{=}$	23
⇔	23
⇒	22
∈	26, 29
↔	23
$\mathbb{C}$	26
$\mathbb{N}$	26
$\mathbb{R}$	26
⊕	287
⊗	288
\	27
⊆	27
⊊	27
→	23
△	27
=	27
1径数半群	271
1次元ブラウン運動	169
1対1写像	34
2階のテンソル積空間	290
2乗誤差	278
2乗平均ノルム	311
3階のテンソル積空間	290
3項演算子	34

▼A

Anaconda	1
and	21
array	8

▼B

break文	13

▼C

cumsum	169

▼D

dim	86
dot 関数	98
dot メソッド	98

▼E

evalf	76

▼F

for 文	13

▼G

GUI	45

▼I

IDLE	4
if 文	13
Im	23
import	15
import 文	7
in	29, 36
issubset	29

▼J

Jupyter Notebook	16

▼K

kernel	64
KL展開	301

▼L

l^1 ノルム	150
l^2 ノルム	150
l^∞ ノルム	150
lambda	33
LaTeX	19
linalg	87

▼M

math	6
Matplotlib	7, 44

▼し

▼す

▼せ

〈著者略歴〉

塚田　真（つかだ・まこと）

1976年　東京工業大学理学部情報科学科卒業
1978年　東京工業大学大学院理工学研究科情報科学専攻修士課程修了
1996年　東邦大学理学部情報科学科教授
現　在　東邦大学名誉教授
理学博士（東京工業大学）
専門分野：函数解析学、情報数学

金子　博（かねこ・ひろし）

1970年　東京大学理学部地質鉱物学科卒業
1972年　東京工業大学大学院理工学研究科数学専攻修士課程修了
1972年　日本電信電話公社（現 NTT）
1993年　東邦大学理学部情報科学科教授
現　在　東邦大学名誉教授
工学博士（東京工業大学）
専門分野：画像処理、パターン認識、応用確率論、統計学

小林羑治（こばやし・ゆうじ）

1968年　東北大学理学部数学科卒業
1970年　東北大学大学院理学研究科数学専攻修士課程修了
1972年　京都大学大学院理学研究科数学専攻博士課程退学
1990年　東邦大学理学部情報科学科教授
現　在　数学・ゲーム工房代表
理学博士（広島大学）
専門分野：代数学、アルゴリズム論、数式処理、組合せゲーム

髙橋眞映（たかはし・しんえい）

1967年　新潟大学理学部数学科卒業
1969年　新潟大学大学院理学研究科数学専攻修士課程修了
2007年　山形大学大学院理工学研究科教授
現　在　山形大学名誉教授
理学博士（早稲田大学）
専門分野：函数解析学、実解析学

野口将人（のぐち・まさと）

2001年　東邦大学理学部情報科学科卒業
2003年　東邦大学大学院理学研究科情報科学専攻修士課程修了
2003年　シャープビジネスコンピュータソフトウェア株式会社（現 NTT データ SBC）
2015年　東邦大学理学部情報科学科非常勤講師
現　在　フリーランス、東邦大学理学部情報科学科訪問研究員
エンベデッドシステムスペシャリスト
専門分野：組込みソフトウェア、音楽情報処理

Python で学ぶ線形代数学（第 2 版）

2020 年 4 月 20 日　第 1 版第 1 刷発行
2024 年 11 月 5 日　第 2 版第 1 刷発行

著　者　塚田　真・金子　博・小林羑治・髙橋眞映・野口将人
発行者　村 上 和 夫
発行所　株式会社 オーム社
郵便番号　101-8460
東京都千代田区神田錦町 3-1
電話　03(3233)0641(代表)
URL https://www.ohmsha.co.jp/

組版　トップスタジオ　　印刷・製本　壮光舎印刷
ISBN978-4-274-23279-4　Printed in Japan

B-2004-93

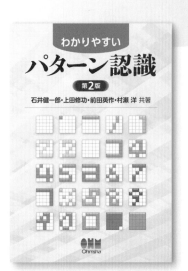

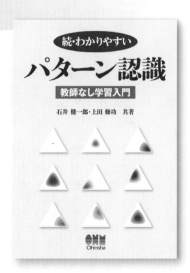